数字新基建的大动脉

光缆技术革新与管线施工

殷 鹏 吴旌 周 斌
邹易风 朱 斌 宋宜泽 等◎编著

人 民 邮 电 出 版 社
北 京

图书在版编目（CIP）数据

数字新基建的大动脉 ： 光缆技术革新与管线施工 / 殷鹏等编著. -- 北京 ： 人民邮电出版社， 2025.
ISBN 978-7-115-65584-4

Ⅰ. TN913.33

中国国家版本馆 CIP 数据核字第 2024SG8771 号

内 容 提 要

光缆管线作为光网络的基石，承载着光纤通信系统的实体架构。本书简述了光纤光缆的基本构造、关键属性、传输性能，以及光缆管线施工的全流程；对架空杆路与管道的测量设计、施工技术和安全监管方法进行了全面介绍；在“光缆敷设技术”“光缆接续、测试与障碍处理”两个章节，提供了近年来光缆管道与线路工程领域的前沿实践。本书旨在为读者构建一个系统化的认知框架，涵盖了光缆管线工程的施工流程、路由选择、关键点质量管控、光缆敷设、光缆接续、光缆测试、特殊环境施工、施工安全、新技术使用等多个知识点。本书适合光缆管线施工、监理及维护工程技术人员阅读参考。

◆ 编　　著　殷　鹏　吴　旌　周　斌　邹易风　朱　斌
　　　　　　宋宜泽　等
　责任编辑　张　迪
　责任印制　马振武

◆ 人民邮电出版社出版发行　　北京市丰台区成寿寺路 11 号
　邮编　100164　　电子邮件　315@ptpress.com.cn
　网址　https://www.ptpress.com.cn
　北京市艺辉印刷有限公司印刷

◆ 开本：787×1092　1/16
　印张：21.75　　2025 年 2 月第 1 版
　字数：432 千字　　2025 年 2 月北京第 1 次印刷

定价：128.00 元

读者服务热线：（010）53913866　印装质量热线：（010）81055316
反盗版热线：（010）81055315

策划委员会

编写委员会

吴　旌　郭培虎　魏忠兵　章　洋　孙从龙　宋宜泽

PREFACE 前言

光缆管线是光网络的重要组成部分，是光纤通信系统的物理基础。5G 网络建设、“东数西算”工程、400G（即 400Gbit/s）及 400G+传输系统的建设均离不开光缆管线技术。我国已建成全球最大的光纤通信网。干线光缆的应用场景不断拓展，新的技术挑战和解决方案层出不穷。总结目前的光缆管线技术，减少设计和施工维护过程中的失误，是业界专家和工程师们共同的期望。为了提供更加全面、深入的指导和参考，我们决定编著《数字新基建的大动脉：光缆技术革新与管线施工》。

中邮建技术有限公司多年从事干线光缆施工，特别是在光缆接续、光纤测试上拥有多种创新技术，这些技术与经验值得推广。近几年，一些非通信单位也需要建设光缆工程，某些光缆工程监管不严，造成比较严重的后果。本次编著《数字新基建的大动脉：光缆技术革新与管线施工》不仅是对原有施工规范的总结，更是对新技术、新应用的一次全面梳理和展望。本书对光纤光缆的结构、特性及其传输性能进行了简要分析，对光缆管线施工建设流程、管线工程设计和施工技术，以及安全管控技术进行了详细介绍，重点介绍了近年来光缆管道和线路工程中的新技术和新方法。本书结构清晰，内容实用并具指导性，适合从事光缆管线施工、监理及维护工作的人员阅读。在读完本书后，读者可以对光缆管线工程的施工过程、路由选择、关键点质量管控、光缆敷设、光缆接续、光缆测试、特殊环境施工、施工安全、新技术使用等知识有体系化的认知。

未来，光缆管线施工将不再局限于电信运营商，而是会逐步扩展应用到水利、交通、公安、智能制造、农业、航天等多个部门和领域。新型室内光缆、新型耦合器、新资料软件使用、无人机敷设架空光缆在最新的国家规范中并未提及，但是已经在一些光缆项目中得到应用。在这个日新月异、技术飞速发展的时代，我国光缆管线施工方法和技术方案，可以为“一带一路”建设，以及全球其他国家的光缆通信建设提供“中国光缆管线施工”案例和模板。

本书在江苏省通信服务有限公司的指导下，由中邮建技术有限公司吴旌劳模创新工作室组织编著，中邮建技术有限公司多位管线专家参与审核，他们仔细推敲、认真审核，提出多条宝贵意见，在此深表感谢。本书得到江苏省通信服务有限公司、常州电信相关领导专家的大力支持和指导，在此表示由衷感谢。在编著过程中，我们参考了许多施工场景照片、图纸资料、技术文献，在此对相关资料提供者和文献作者表示诚挚的谢意。本书在编著过程中还得到袁法华老师、杨建老师、顾军老师的大力支持和帮助，在此深表谢意。

光缆管线施工技术日新月异，本书编著的初衷在于为光缆管线建设行业略尽绵薄之力，普及光缆管线施工的基础知识和基本操作技能，帮助广大业内新人更快了解行业、融入行业，适应工作需要。本书技术性和专业性较强，虽经反复推敲，由于编著者水平有限，对于某些技术的理解可能有所偏差，书中难免有错误与不足之处，恳请读者批评指正。

殷鹏
2024 年 9 月于南京

CONTENTS 目录

第一章 光缆管线基础

1.1 光纤通信系统概述 ………………………………………… 1

1.1.1 通信系统概述 ………………………………………… 1

1.1.2 光纤通信系统构成 …………………………………… 1

1.1.3 光纤通信的发展 ……………………………………… 2

1.1.4 光纤通信的特点 ……………………………………… 3

1.1.5 光纤通信的趋势 ……………………………………… 5

1.2 光纤基础知识 ………………………………………… 6

1.2.1 光纤结构 ……………………………………………… 6

1.2.2 光纤分类 ……………………………………………… 7

1.2.3 传输性能 ……………………………………………… 9

1.2.4 光纤标准 ……………………………………………… 13

1.2.5 光纤的国家标准代号 ………………………………… 15

1.3 光缆基础知识 ………………………………………… 16

1.3.1 光缆的结构 …………………………………………… 16

1.3.2 通信光缆的型号 ……………………………………… 18

1.4 管线工程简介 ………………………………………… 23

1.4.1 管线工程分类 ………………………………………… 23

1.4.2 建设程序 ……………………………………………… 23

1.4.3 施工准备 ……………………………………………… 24

1.4.4 施工流程 ……………………………………………… 26

1.4.5 工程验收 ……………………………………………… 27

1.4.6 施工特点 ……………………………………………… 30

第二章 管线工程前期施工

2.1 路由复测 ······33
2.1.1 工序任务 ······33
2.1.2 工作内容 ······34
2.1.3 修正图纸 ······36
2.2 测量方法 ······37
2.2.1 插标法 ······37
2.2.2 作直角法和作平行线法 ······39
2.2.3 对宽度和高度的测量 ······40
2.3 新建杆路复测 ······42
2.3.1 负荷确定 ······42
2.3.2 杆路定线 ······42
2.3.3 电杆测量 ······45
2.3.4 角深测量 ······49
2.3.5 拉线方向 ······50
2.3.6 拉线参数 ······54
2.3.7 拉线程式 ······57
2.3.8 吊线复测 ······57
2.3.9 保护措施 ······58
2.4 器材检验 ······59
2.4.1 管道建筑器材 ······60
2.4.2 水泥制品 ······64
2.4.3 塑料制品 ······65
2.4.4 镀锌钢绞线及铁件 ······70
2.4.5 接续成端查障材料 ······79
2.4.6 单盘测试 ······85
2.4.7 检验种类 ······90

第三章 架空杆路施工技术

3.1 立杆 …… 93
3.1.1 电杆存放和搬运 …… 94
3.1.2 杆坑挖掘 …… 95
3.1.3 杆根加固 …… 96
3.1.4 立杆操作 …… 98
3.1.5 电杆接高 …… 101
3.1.6 保护措施 …… 102
3.1.7 号杆 …… 104
3.2 安装拉线 …… 105
3.2.1 复核和地锚坑 …… 106
3.2.2 材料准备 …… 107
3.2.3 上把制装 …… 109
3.2.4 地锚埋设 …… 113
3.2.5 中把制作和保护 …… 114
3.2.6 其他拉线和撑杆 …… 116
3.3 架设吊线 …… 118
3.3.1 紧固件安装 …… 119
3.3.2 吊线布放 …… 120
3.3.3 吊线收紧 …… 122
3.3.4 辅助吊线 …… 124
3.3.5 终结和连接 …… 127
3.4 防雷接地 …… 131
3.4.1 避雷线接地 …… 131
3.4.2 吊线接地 …… 133
3.4.3 接地电阻 …… 134

第四章 管道施工技术

4.1 开挖管道施工 …… 140
4.1.1 路由检查 …… 140
4.1.2 沟坑挖掘 …… 140
4.1.3 管道地基与基础 …… 145
4.1.4 管材敷设 …… 151
4.1.5 管道保护 …… 154
4.1.6 回填 …… 155
4.1.7 后期处理 …… 157
4.2 非开挖管道施工 …… 158
4.2.1 定向钻简介 …… 159
4.2.2 定向钻施工 …… 160
4.3 人（手）孔、通道砌筑 …… 164
4.3.1 人（手）孔地基与基础 …… 164
4.3.2 墙体砌筑 …… 165
4.3.3 上覆及沟盖板 …… 170
4.3.4 配件安装 …… 172
4.3.5 砼预制砖人孔 …… 174
4.4 试通与资料 …… 176
4.4.1 管孔试通 …… 176
4.4.2 整理竣工资料 …… 177

第五章 光缆敷设技术

5.1 通用技术 …… 179
5.1.1 端别判定 …… 179
5.1.2 光缆配盘 …… 180

5.1.3 敷设准备 …… 184

5.1.4 光缆受力 …… 187

5.2 架空敷设 …… 189

5.2.1 架空简介 …… 189

5.2.2 光缆布放 …… 191

5.2.3 卡挂挂钩 …… 194

5.2.4 光缆整治 …… 195

5.2.5 线路保护 …… 197

5.2.6 光缆引上 …… 199

5.3 管道敷设 …… 200

5.3.1 管道准备 …… 201

5.3.2 光缆布放 …… 204

5.3.3 人（手）孔整治 …… 206

5.4 直埋和硅芯管敷设 …… 207

5.4.1 缆沟开挖 …… 208

5.4.2 管线敷设 …… 220

5.4.3 人（手）孔建筑 …… 223

5.4.4 线路路由整理 …… 224

5.4.5 机械敷设 …… 229

5.4.6 绝缘测试 …… 231

5.5 气流吹放 …… 233

5.5.1 气吹准备 …… 234

5.5.2 吹缆 …… 236

5.5.3 人（手）孔整理 …… 238

5.5.4 气吹微缆 …… 240

5.6 特殊环境敷设 …… 244

5.6.1 墙壁敷设 …… 244

5.6.2 局（站）内敷设 …… 247

5.6.3 建筑物内敷设 …… 251

第六章 光缆接续、测试与障碍处理

6.1 施工准备 …… 255

6.1.1 人材机配置 …… 255

6.1.2 施工方法 …… 257

6.2 线路接续 …… 258

6.2.1 接续准备 …… 258

6.2.2 光纤接续 …… 262

6.2.3 接续整理 …… 266

6.3 成端接续 …… 272

6.3.1 成端准备 …… 272

6.3.2 尾纤熔接 …… 276

6.3.3 成端整理 …… 277

6.3.4 设备安装 …… 278

6.4 光缆监测 …… 284

6.4.1 OTDR操作 …… 285

6.4.2 双向测试 …… 287

6.4.3 单向测试 …… 290

6.4.4 成端检测 …… 292

6.5 竣工测试 …… 292

6.5.1 准备阶段 …… 293

6.5.2 测试阶段 …… 294

6.5.3 资料整理 …… 297

6.6 障碍处理 …… 300

6.6.1 断缆断纤障碍 …… 300

6.6.2 小圈障碍 …… 301

6.6.3 接续点障碍 …… 304

6.6.4 绝缘障碍 …… 306

第七章 缆线施工安全

7.1 杆路施工 …… 309
7.2 管道建筑 …… 311
7.3 线缆敷设 …… 314
7.4 接续测试 …… 315

附 录

附录A 光缆线路和管道与其他建筑设施间最小净距 …… 317
附录B 多孔塑料管端面 …… 319
附录C 土壤及岩石分类 …… 321
附录D 定型人孔及体积 …… 322
附录E 光缆线路主要工器具 …… 324
附录F 管线工程零星材料 …… 331

第一章

光缆管线基础

1.1 光纤通信系统概述

1.1.1 通信系统概述

在通信技术领域，用户要求传送的语音、图像、数据及其各种组合统称为信息。通信过程就是信息传递的过程。随着科技的发展，通信过程从最初人与人之间的口口相传逐渐演变到目前人与机器、机器与机器之间的信息交换。

随着交换对象类型、数量的增加，数据信息量的扩大，通信系统应运而生。通信系统是用以完成信息传输过程的技术系统的总称，例如中国古代的驿站系统、近代的电报系统、当前的光纤通信系统和5G无线通信系统都是通信系统。

现代通信系统主要借助电磁波在自由空间的传播或在导引媒体中的传输机理来实现，前者被称为无线通信系统，后者被称为有线通信系统。当电磁波的波长达到光波范围时，这样的通信系统特称为光通信系统。有线光通信系统采用特制的玻璃纤维作为光的导引媒体，又称为光纤通信系统。

现代通信系统由交换、移动基站、传输、接入和计算机网络等多种系统相互融合组成。按照通信业务的不同，通信系统又可分为电话通信系统、数据通信系统和图像通信系统等。随着人们对通信容量的要求越来越高，对通信业务的要求越来越多样化，通信系统正迅速朝着数字化、宽带化的方向发展，而光纤通信系统在通信网中发挥着重要的作用，已经成为现代通信的主要支柱之一。

1.1.2 光纤通信系统构成

光纤通信是以光波作为信息载体，以光纤作为传输媒介的一种有线通信方式。光纤通信系统由输入接口、光发送机、光纤线路、光中继、光接收机、输出接口、监控及网关设备等构成。光纤通信系统的构成如图1-1所示。

光纤通信系统基本组成部分是光发送机、光纤线路和光接收机。

光发送机的作用是把输入的电信号转换为光信号，并将光信号最大限度地注入光纤线路。光发送机由光源、驱动器和调制器组成，光发送机的核心是光源。目前，广泛使用的光源有半导体激光器（Laser Diode，LD）和半导体发光二极管（Light Emitting Diode，LED），半导体激光器也称为激光二极管。

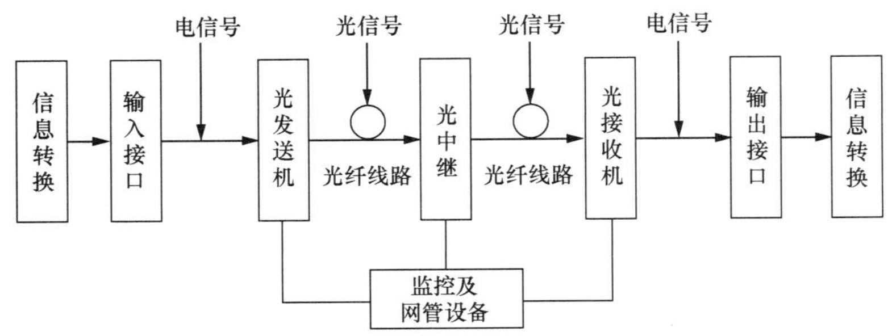

图1-1　光纤通信系统的构成

光纤线路是光信号的传输媒质，光纤线路由光纤、光纤接头和光纤连接器等组成。光纤传输损耗和光纤传输色散是光纤线路最重要的两个传输性能。通信光缆由缆芯、护层及加强构件组成，可以给光纤提供保护，避免受到外界机械力和环境的破坏，使光纤能够适应各种敷设场合。

光接收机的功能是把由光发送机发送的，经光纤线路传输后接收到的，已产生畸变和衰减的微弱光信号转换为电信号，并经放大、再生恢复为原来的电信号。光接收机由光检测器、放大器和相关电路组成，光接收机的核心是光检测器。目前广泛使用的光检测器有光电二极管和雪崩光电二极管（Avalanche Photodiode，APD）。

1.1.3　光纤通信的发展

光纤通信是光通信的主要部分，它的发展经历了三次技术飞跃。

> 高锟博士是杰出的华裔科学家，是公认的光纤通信的奠基人和开创者。1966年，高锟博士发表了一篇具有划时代意义的论述光通信基本原理和材料的文章《光频率介质纤维表面波导》，成为光纤通信开始的标志。

第一次飞跃，20 世纪 60 年代，标志是光纤和激光器件的诞生。1962 年第一个半导体激光器诞生，随后半导体光检测器也研究成功。1966 年，高锟博士提出光纤理论，证明了充分提纯的石英纤维可以用作传输媒质，但是当时光纤的衰减超过了 1000dB/km。1970 年，美国康宁公司成功试验制造出衰减小于 20dB/km 的光纤；同年，贝尔实验室成功实现了可以在室温下连续工作的砷化镓半导体激光器（GaAs 激光器），标志着实用化的光纤通信的开始。

第二次飞跃，20 世纪 70 年代末，标志是长波长、低衰减窗口的发现和长寿命实用化光电器件的出现。1970 年，双异质结构半导体激光器的发明，使得光源与光检测器的寿命都达到了 10 万小时的实用化水平。1979 年，人们发现了光纤 1310nm 和 1550nm 新的低损耗窗口，紧接着单模光纤问世，光纤的衰减系数下降到 0.5dB/km。这使得光纤通信迈进了实用化阶段。1977 年，世界上第一个光纤通信系统在美国芝加哥市投入商用。1979 年，传输衰减降低至 0.2dB/km。从 20 世纪 80 年代初开始，光纤通信便大步迈向了市场。

第三次飞跃，20 世纪 90 年代初，标志是掺铒光纤放大器（Erbium-Doped Fiber Amplifier，EDFA）研制成功。1985 年，英国南安普顿大学首先成功研制 EDFA，即在信号通过的纤芯中掺入了铒离子 Er^{3+} 的光信号放大器。20 世纪 80 年代后期开始，EDFA 的研究工作不断取得重大突破。EDFA 的应用不仅解决了光纤传输衰减的补偿问题，而且为光源的外调制、波分复用器、色散补偿元件和光滤波器等一批光网络器件的应用创造了条件。以上新器件和新技术的应用迅速提高了光纤通信的数字传输速率，促成了波分复用技术的实用化，极大地增加了光纤通信的容量。EDFA 成为当前光纤通信中应用最广泛的光放大器件。

从以上的光纤发展史可以看出，光纤容量很大，没有高速度的激光器和微电子就不能发挥光纤超大容量的作用。目前，电子器件的速率达到 Gbit/s 量级，高速激光器的出现使光纤传输达到 Tbit/s 量级（1Tbit/s=1024 Gbit/s），人们这才认识到“光纤的发明引发了通信技术的一场革命！”光纤通信全面取代其他有线通信的格局也随之形成。

我国光纤通信的研究始于 20 世纪 70 年代，1977 年，国产第一根光纤研制成功；1982 年 12 月 31 日，我国光纤通信的第一个实用化系统“八二工程”按期全线开通，正式进入武汉市市话网，标志着我国进入光纤数字通信时代；1987 年，建成全长 244.86km 的“汉荆沙工程”（武汉—荆州—沙市），即第一个国产长途光纤通信系统……

从 PDH[1] 到 SDH[2] 再到 DWDM[3]，光纤传输系统的速率从单芯 8.448Mbit/s 到 2.5Gbit/s 再到 400Gbit/s。经过数十年的努力，我国已经能够生产光纤通信中主要的有源及无源器件、各类光纤光缆及相关的光纤通信系统，部分技术达到国际先进水平。华为在 2018 年展示了单波 600Gbit/s 超高速光传输系统，该系统能够实现 400Gbit/s、600Gbit/s 的高性能传输，单根光纤容量提升到 40Tbit/s，传输距离提升 30% ～ 50%，这 3 组数据皆是现在通信行业的最高水平。

1.1.4　光纤通信的特点

光纤通信与其他通信方式相比有着巨大的优势，因此获得迅速发展，具体体现在以下 6 个方面。

1　PDH（Plesiochronous Digital Hierarchy，准同步数字系列）。
2　SDH（Synchronous Digital Hierarchy，同步数字体系）。
3　DWDM（Dense Wavelength Division Multiplexing，密集波分复用）。

（1）传输频带宽，通信容量大

目前，光纤通信采用单模光纤，单模光纤的带宽极宽，可以获得极大的通信容量。光通信的工作频率为 10^{12} ～ 10^{16}Hz，假设一个话路的频带为 4kHz，则在一对光纤上可传输 10 亿路以上的话路。目前，96 波 400Gbit/s 光纤传输系统已经投入商用，理论上一对单模光纤全部传送语音，可满足 2500 亿人同时进行无干扰的通话。

（2）传输衰减小，中继距离长

目前商用的 G.652 型光纤在 1310nm 波段的平均衰减可达到 0.36dB/km，在 1550nm 波段的平均衰减可达到 0.18dB/km，G.654 超低损耗光纤在 1550nm 波段上的平均衰减可达到 0.16dB/km。使用目前的光发送设备和光接收设备，采用分布式拉曼放大技术，可使 32 波 × 40Gbit/s 波分复用（Wavelength Division Multiplexing，WDM）系统的无中继距离达到 250km。因此，光通信系统可以减少中继站数目，在降低系统成本和复杂性的同时实现更大的无中继距离。而地面利用微波、同轴电缆通信的中继距离仅为 50km。

（3）重量轻、体积小

相较于电缆，光纤重量轻，直径小，即使做成光缆，在芯数相同的条件下，重量也比电缆轻得多，体积也小得多。在舰船和飞机等空间狭小的场合，这个优点更突出。

（4）抗电磁干扰性能好

光纤的原材料是石英，抗腐蚀性能强，具有良好的绝缘和抗电磁干扰能力，能够避免通信中的电磁干扰问题，不受雷电及太阳黑子等电磁活动的干扰，通过与高压输电线等电力导体形成复合光缆，能够用于强电领域的通信系统。例如，在供电线路、电气化铁道等方面的通信应用，非金属加强芯光缆适合在强电磁干扰的高压电力线路周围、油田、煤矿和化工等易燃易爆环境中使用。

（5）泄漏小、保密性好

在现代社会中，不但国家的政治和经济情报需要保密，企业的经济和技术情报也成为竞争对手窃取的目标，因此，通信系统的保密性能是用户必须考虑的核心问题。电波传输会因为电磁波泄漏而出现串音情况，容易被窃听，现代侦听技术已能做到在离同轴电缆几千米以外的地方窃听电缆中传输的信号，可是窃听光缆却困难得多。因此，在要求保密性高的网络中不能使用电缆。

当光信号在光纤中传播时，光信号位于光纤中间直径 8 ～ 11μm 的区域，不受外界各种电磁干扰，泄漏的光信号非常微弱，即使在弯曲地段也无法被窃听，因此，信息在光纤中传输非常安全。

（6）节约金属材料

制造同轴电缆和波导管的金属材料在地球上的储量是有限的，而制造光纤的石英（主要成分为二氧化硅，即 SiO_2）是地球表面分布最广的矿物之一。

光纤通信还有一些缺点。例如，光纤自身易受轴向拉力、侧向压力、水汽、宏弯曲的影响，对外力冲击、磨损、扭曲的抵抗能力弱，无法满足阻燃、防虫、防鼠、防化学腐蚀和电腐蚀等特殊环境的应用，需要对光纤进行保护。因此，通过光纤成缆，加装外护套和铠装层，供电线路就可以为光纤提供硬度、防潮、防蛀、抗拉等机械保护，满足特殊需要，提高了光纤的适用性。因此，光纤通信的应用范围比较广泛，不仅可以用于通信，而且可以用于工业及其他领域。

1.1.5　光纤通信的趋势

回顾光纤通信的发展历程可以发现，光纤通信总的发展趋势是不断提高信息速率、增加中继距离，满足用户需要。现阶段的光纤通信发展趋势主要体现在以下 5 个方面。

（1）光传输设备向大容量、全光网发展

光电子器件持续升级换代，向模块化、小型化发展；光传送检测技术以相干光通信为主，向光孤子通信方向发展。光纤通信系统的速率不断提高，2005 年，3.2Tbit/s 超大容量的光纤通信系统在上海至杭州开通，目前 38.4Tbit/s 光纤传输系统已经投入商用。原来约一人高的 10Gbit/s 以下的光传输设备，现在的设备体积已经缩小到笔记本大小，可以安装在楼道、电梯间等小型集装架中。

（2）随着光纤通信设备的更新，新一代光纤向大有效面积和超低损耗两个方向发展

超低损耗光纤与普通 G.652 光纤相比性能略小 0.2 ～ 0.3dB/km。超低损耗光纤可以与现网光纤有效对接，接头损耗很小，超低损耗光纤应用到整个传输系统和网络中，增加成本不到 1%，维护方式不变，受到维护部门的认可。与普通 G.652 光纤相比，大有效面积光纤在对抗非线性方面具有无可争议的优势，性能略小 0.5dB/km，较大的有效面积将继续保持。在现有庞大的常规光纤资源范围内，大有效面积光纤的应用会遇到与常规光纤的对接问题。由于两者的有效面积失配，损耗太高，需要特殊设计的熔接机和全新的熔接方法，还需要更改大家非常熟悉和已经习惯的维护体系与维护规程，造成维护成本上升。超低损耗光纤比大有效面积光纤更符合现今传输网的实际需求。

（3）光纤通信的应用领域不再局限于电信行业

光纤通信设备正在加速向电力、铁路、交通、水利、厂矿、视频监控等其他非电信行业普及，这些行业逐步新建或租用光通信网络进行数据传输。

（4）国家发展战略推动完善光纤光缆基础网络的建设

我国建成全球规模最大的光纤宽带网络。光纤宽带用户接入速率实现从十兆到百兆、再到千兆的跃升。截至 2024 年 10 月末，全国互联网宽带接入端口数量达 12 亿个，其中光纤接入端口达到 11.6 亿个，占互联网宽带接入端口的 96.4%。具备千兆网络服务能力的 10G-PON 端口数达 2761 万个。这些数据表明，我国光纤宽带网络建设稳步推进，千兆宽

带用户数量持续增长。未来，我国将继续推进万兆光网建设，提升网络带宽和传输速度，为经济社会数字化转型提供更强有力的支撑。上海市已经率先建成“千兆城市”，并计划进一步实施“万兆启航”行动计划，推动万兆光网技术的应用和发展。

（5）虚拟现实（Virtual Reality，VR）、人工智能（Artificial Intelligence，AI）、物联网和 5G 等新技术带来光纤技术与市场规模的双重提升

新技术的应用带来信息流量的爆发式递增，对光纤通信的传输容量、速率和时延提出了更高的要求，促进光纤通信的快速发展。一方面，5G 的自身建设需要大量的基站，基站致密化的背后将是光纤需求的大幅提升。5G 频谱向高频演进，高频率带来基站覆盖范围缩小导致基站数量增加。据估算，5G 基站所需光纤数量将是 4G 基站的 16 倍以上。另一方面，5G 将开启万物互联新时代，光纤通信网络需要连接除手机、计算机以外的设备，例如汽车、电网和公共设施等，需要更多的光纤去连接更密集的网络。未来，5G 流量的大幅增长将带来巨大的带宽压力，对更大带宽、更高性能光纤通信系统的需求会长期存在，也对光纤网络提出持续的更新换代、扩容升级需求。

1.2 光纤基础知识

1.2.1 光纤结构

光导纤维（即光纤）是一种导光性能良好、直径很小的圆柱形实心光波导。通信用光纤以 SiO_2 为主要材料，外径为 125μm。为了让光信号实现全反射传输，通过在制造过程中对纤芯或包层掺杂，使纤芯折射率大于包层折射率，从而获得相对折射率差，实现光信号的全反射传输。光纤的传输原理如图 1-2 所示。

只有纤芯和包层结构的光纤被称为裸光纤，裸光纤强度低，易折断，通常采用包裹环氧树脂和硅橡胶等高分子材料来增强光纤的柔韧性、机械强度和耐老化特性。单模光纤的纤芯、包层和涂覆层三者的大小对应关系，如图 1-3 所示。经过涂覆的光纤，外径约为 250μm，被称为涂覆光纤，如图 1-4 所示。

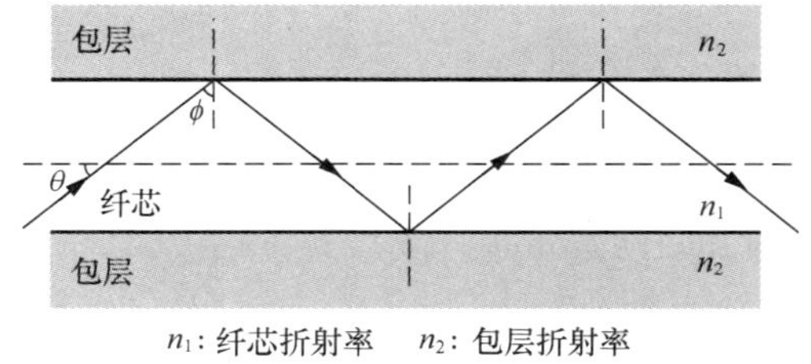

图1-2　光纤的传输原理

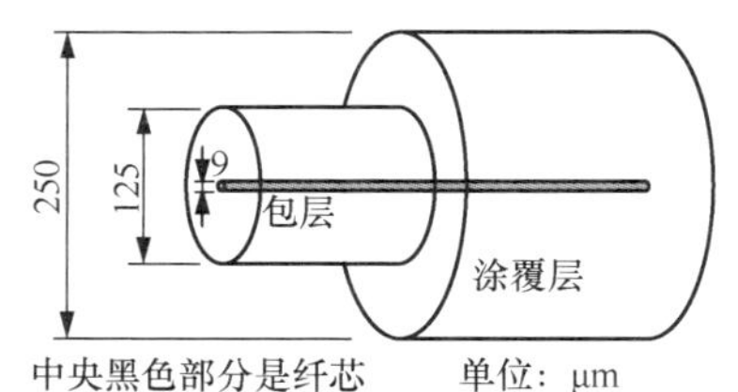

图1-3　单模光纤结构示意

图1-4 涂覆光纤

1.2.2 光纤分类

光纤可以按制造材料、传输光波的模式、光纤截面折射率的分布及二次涂层结构等要素进行分类。下面介绍 4 种常用的分类方法。

（1）按制造材料分类

石英系光纤：以二氧化硅（SiO_2）为主要原料。按不同的掺杂量，可以控制纤芯和包层的折射率，使纤芯折射率大于包层折射率。纤芯掺杂会导致光纤的平均衰减增加，使用纯 SiO_2 作为纤芯外层掺氟，在 1550nm 波长衰减可达到 0.151dB/km。

塑料光纤：主要使用聚甲基丙烯酸甲酯（Polymethyl Methacrylate，PMMA）及其他高透明塑料作为芯层材料，氟塑料为包层材料，直径约为 1mm，平均衰减约为 20dB/km，主要用于医用内窥镜、音箱信号传输、汽车和飞机等短距离传输信息。

（2）按传输光波的模式分类

光在光纤纤芯中传输，传输距离受光纤材料和入射角度的限制，只有满足特定类型的光才可以稳定地传送较远的距离。能够让多种模式的光正常传输的光纤被称为多模光纤（Multi-mode Optical Fiber，MMF），只能让一种模式的光正常传输的光纤被称为单模光纤（Single-mode Optical Fiber，SMF）。

光纤传导光波模式与光纤的结构密切相关。为了传送多种模式的光信号，多模光纤的纤芯直径为 50 ～ 100μm，单模光纤的纤芯直径为 9 ～ 11μm。多模光信号在单模光纤中传送几厘米后就已经衰减，无法长距离传播。

（3）按光纤截面折射率的分布分类

石英系光纤按纤芯和包层的折射率分布可分为阶跃型光纤和渐变型光纤。阶跃型光纤又称为突变型光纤，是指纤芯和包层的折射率变化较大，光信号以近似全反射的形式传播，单模光纤的折射率分布就是阶跃型。渐变型光纤是指纤芯和包层的折射率逐渐变化，又称自聚焦光纤，光信号可以自动聚焦而不发生色散，多模光纤的折射率分布一般以渐变型为主。光纤折射率分布示意如图 1-5 所示。

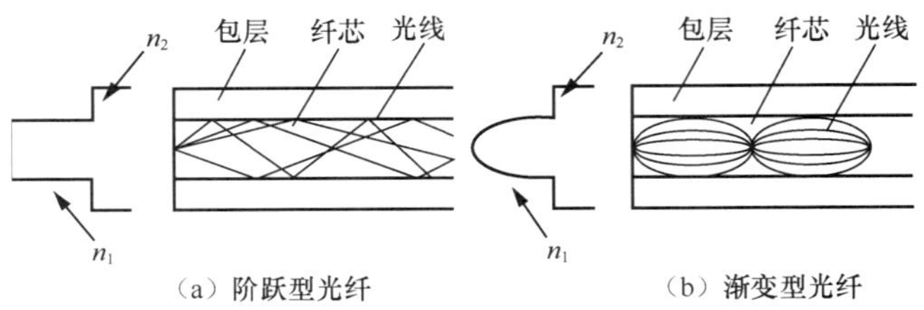

图1-5　光纤折射率分布示意

(4) 按二次涂层结构分类

根据二次涂层结构的不同，涂覆光纤可以分为紧套光纤、松套光纤和带状光纤。

紧套光纤在涂覆光纤外层包裹一层塑料紧套管，直径为 900μm，如图 1-6 所示。紧套光纤的二次涂覆层和一次涂覆层紧密相贴，两层之间没有空隙，因此一次涂覆光纤在二次涂覆层内不能自由移动，两层挤在一起且各层同芯。紧套光纤具有体积小和机械强度较好等特点，但当外界环境变化时，易受微弯影响，温度特性差。

当涂覆光纤在塑料束管中时，光纤和束管二者之间的空隙被阻水油膏填充，光纤在束管内可以自由移动，这种涂覆光纤被称为松套光纤，这种束管被称为松套管。松套管可以隔离外部应力，以及温度变化对光纤的作用，而且管内填充的阻水油膏也对光纤起着保护和阻水两个方面的作用，因此具有更好的机械特性和温度特性，但是松套光纤的直径较大，占用的空间也相对较大。

按照相关标准，将多芯（4、6、8、12 芯等）涂覆光纤沿轴线并排，用特殊材料将其黏排起来，形成一组（也叫一带），这个光纤组（带）被称为带状光纤，如图 1-7 所示。带状光纤具有可以一次性接续，速度快、耗时少，容易盘纤，顺序不容易出错，施工、维护、障碍抢修效率高等优点。

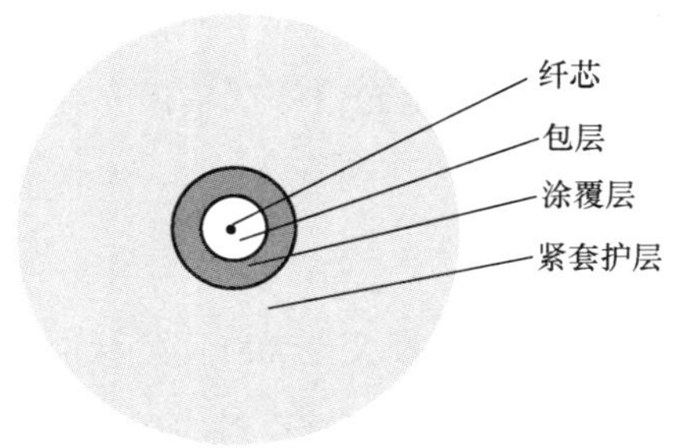

图1-6　紧套光纤结构示意

图1-7　带状光纤结构示意

1.2.3 传输性能

光信号在光纤内传输主要受衰减和色散两个因素影响，了解光纤的衰减和色散性能后可以更加合理地使用和利用光纤。单模光纤具有极大的通信容量和较长的传输距离，是目前光纤通信系统的主要传输通道，本节介绍的光纤传输性能主要针对单模光纤。

（1）光纤的衰减

在一段光纤上，相距 L 的横截面 1 和横截面 2 之间在波长 λ 处的衰减 $A(\lambda)$ 定义见公式（1）。

$$A(\lambda)=\left|10\lg\frac{P_1(\lambda)}{P_2(\lambda)}\right| \quad (\mathrm{dB}) \tag{1}$$

式中：$P_1(\lambda)$ ——通过横截面 1 的光功率；$P_2(\lambda)$ ——通过横截面 2 的光功率。

通过公式（1）可以看出，传输的光能量随着传输距离的增加，其光功率值按指数降低。两个测量点的光功率绝对值的单位应相同。衰减值是一个功率比值，其没有单位，数值后加 dB，表示这个数是经过对数换算后得到的数据。

光功率值可以采用 dBm 表示，见换算公式（2）。

$$\text{光功率值}(\mathrm{dBm})=10\lg\frac{P_{\text{测}}}{1\mathrm{mw}} \quad (\mathrm{dBm}) \tag{2}$$

式中：$P_{\text{测}}$——通过测量点横截面的光功率。

当发射功率 $P_{\text{测}}$绝对值为 1mw 时，换算后为 0dBm（一般情况下 m 可省略，写作 0dB）。以 dBm 形式表示，方便计算。

横截面 1 和横截面 2 的光功率值以 dBm 形式表示后，衰减计算公式简化为公式（3）。

$$A(\lambda)=P_1'(\lambda)-P_2'(\lambda) \tag{3}$$

式中：$P_1'(\lambda)$——通过横截面 1 的光功率；$P_2'(\lambda)$——通过横截面 2 的光功率。

例如，横截面 1 光功率值 −4dBm，横截面 2 光功率值 −7dBm，两点间的衰减值计算式如下。

$$A(\lambda)=(-4)-(-7)=-4+7=3\mathrm{dBm}$$

表示横截面 1 的光功率比横截面 2 大 3dBm，或者横截面 2 的光功率比横截面 1 小 3dBm。光功率值为负值，不是表示该处的光能量是负值，而是表示光能量值小于标准 0dBm。

造成光纤衰减的原因有很多，主要包括光纤本身的损耗和施工过程的附加损耗两个方面。光纤本身的损耗主要有：吸收损耗，包括光纤材料（SiO_2）的本征吸收和杂质吸收；散射损耗，包括瑞利散射、非线性散射和结构不完善散射等，测试光纤的光时域反射仪（Optical Time-Domain Reflectometer，OTDR）就是利用瑞利散射原理制造出来的。光纤经过集束制成光缆，在各种环境下进行光缆敷设、光纤接续，以及由于系统的耦合与连接等操作引起的光纤附加损耗，包括光纤的弯曲损耗、微弯损耗、光纤接续损耗和光器件之间的耦合损耗等。

衰减系数是指光纤在单位长度上的衰减，对于稳态条件下的均匀光纤，可定义单位长度衰减（即衰减系数）$\alpha(\lambda)$计算公式（4）如下。

$$\alpha(\lambda)=\frac{A(\lambda)}{L} \quad (\mathrm{dB/km}) \tag{4}$$

式中：L——光纤长度，单位为 km；$\alpha(\lambda)$值与选择的光纤长度无关。

衰减受测量条件影响：未加以控制的注入条件通常激励较高阶有损耗的模式，这种模式会产生瞬态损耗并导致光纤衰减与光纤长度不成正比；加以控制的稳态注入条件使光纤衰减与其长度成正比。在稳态条件下，能确定光纤衰减系数，串接光纤总衰减可由各段光纤的衰减线性相加得出。衰减系数又称为平均衰减，是光纤最基本和最重要的一个传输性能参数，对光纤质量的评定和对光纤通信系统中继距离的确定起着十分重要的作用。

光纤的衰减谱如图 1-8 所示。

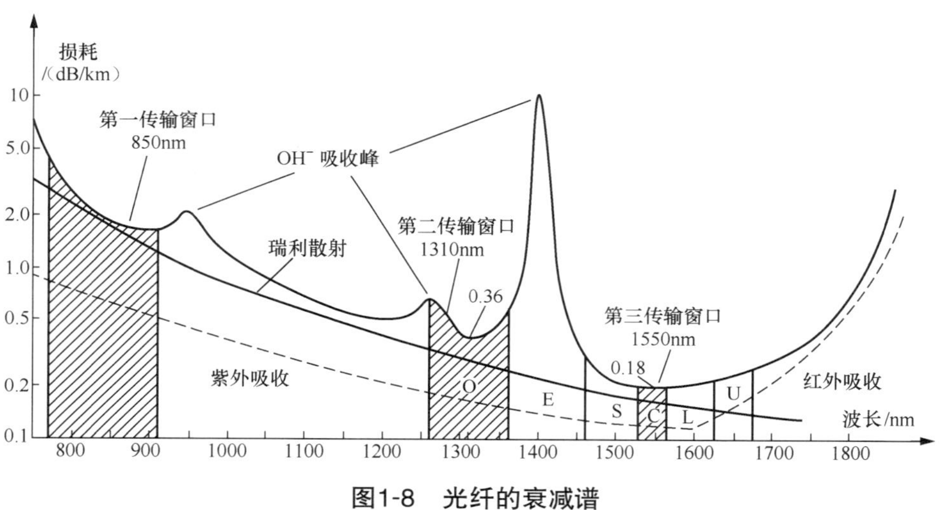

图1-8　光纤的衰减谱

其中，光纤制造过程残留的氢氧根（OH^-）成分导致在 1400nm 波段产生损耗特别严重的 OH^- 吸收峰，对光纤衰减谱的影响较大，使 1310nm 和 1550nm 波段无法被连续使用，OH^- 吸收峰被称为“水峰”。随着制作工艺的改进，目前已经将光纤中的 OH^- 含量降至极低，制成无（低）水峰光纤。某些特殊型号的光纤已经消除了“水峰”。无（低）水峰光纤在 E 波段的光纤衰减系数已经降至 0.35dB 以下。

2002 年 5 月，国际电信联盟电信标准分局（ITU-T）将单模光纤通信系统光波段划分为 O、E、S、C、L、U 共 6 个波段，多模光纤 850nm 为第一传输窗口，单模光纤 O 带为第二传输窗口，C 带为第三传输窗口，L 带为第四传输窗口，E 带为第五传输窗口。C 波段具有最小的光纤衰减系数，理论值是 0.1dB/km，目前在用的光纤中衰减系数最小值达到 0.151dB/km。

多模光纤和单模光纤的通信波段划分见表1-1。

表1-1　多模光纤和单模光纤的通信波段划分

频带	波长范围 /nm	窗口
多模光纤波段	770 ～ 910	1
O 原始波段	1260 ～ 1360	2
E 扩展波段	1360 ～ 1460	5
S 短波长波段	1460 ～ 1530	—
C 常规波段	1530 ～ 1565	3
L 长波长波段	1565 ～ 1625	4
U 超长波长波段	1625 ～ 1675	—

（2）光纤的色散

在光纤传输的光脉冲信号经过长距离传输后，在光纤输出端的光脉冲波形发生了时间上的展宽，这种现象称为色散。色散可以分为材料色散、波导色散和模间色散。单模光纤中的色散主要是由材料色散和波导色散组成的，两种色散数值与光波长相关被称为波长色散，也被称为色度色散；单模光纤只能传送一种模式所以没有模间色散，单一模式光信号中光的振动方向不同，会产生偏振模色散。

色散会导致接收端无法正确判别光脉冲信号，进而导致码间干扰、误码率增大，严重影响信息传送，因此必须控制色散。单模光纤中的色散现象如图1-9所示。早期的光纤和通信设备对色散要求不高，随着传输速率的增大、光发送功率的提高，以及解调方式的改变，较小的色散值可以抑制光信号在光纤中传播产生的非线性效应，从而提高通信质量，所以对波长色散的要求不是色散值为零最好，而是只要产生的色散在容限之内，就可以保证信号的正常传输。

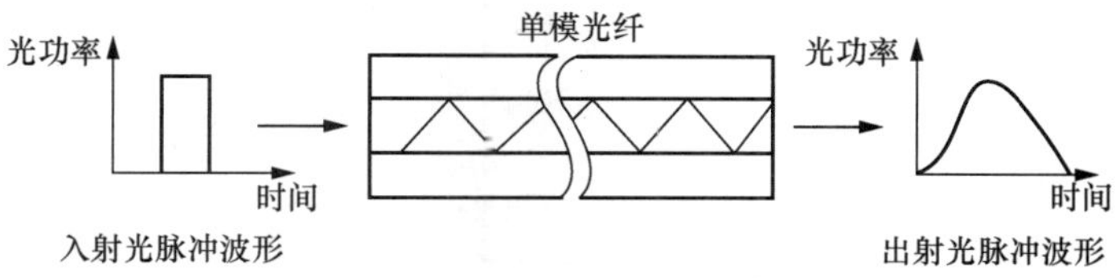

图1-9　单模光纤中的色散现象

光纤的色散值不能通过施工过程改变，一般通过选用合适型号的光纤、插入色散补偿器件进行修正。在竣工验收环节，为了获取每一条光纤通道的色散系数，为后续传输设备的开通提供测算数据，需要对光纤通道进行色散测试。

波长色散：波长色散是由组成光源谱的不同波长光波在光纤中以不同群速度传播引起的时延。定义为每单位光源谱宽的光脉冲展宽，用ps/nm表示，光纤波长色散系数是每单位光纤长度的波长色散，用 ps/（nm · km）表示。波长色散通常由材料色散、波导色散和剖面色散 3 个部分组成。材料色散与制造光纤原材料（SiO_2）的纯度和杂质浓度有关，在光通信频段，材料色散值随着光的波长增加，在波长为 1290nm 附近有一个零材料色散波长，波长小于 1290nm 色散值为负值，大于 1290nm 色散值为正值。

波导色散是光纤的某一传输模式在不同的光波长下的群速度不同引起的脉冲展宽。波导色散与制造光纤过程中纤芯与包层的折射率变化有关，也被称为结构色散。波导色散在光通信频段基本是负值，当材料色散和波导色散相叠加时，总色散值可以为零。最初研制的 G.652 光纤在 1310nm 附近的低损耗窗口具有零色散特性。G.652 单模光纤的色散特性曲线如图 1-10 所示。

剖面色散又被称为折射率剖面色散，与光纤纤芯和包层的相对折射率差相关。光纤纤芯和包层的相对折射率差较小，剖面色散也较小，通常可以被忽略。

材料色散、波导色散和剖面色散这 3 类波长色散产生的时延差与光信号的光谱宽成正比，所以在光源本身起决定性作用的条件下，采用窄线宽的光源是减小波长色散影响的最有效率的措施。

偏振模色散（Polarization Mode Dispersion，PMD）：偏振是与光的振动方向有关的光性能。单模光纤中的光信号只有一种模式，即基模。基模存在两个相互正交的偏振方式，每个偏振方式代表一个偏振模。在理想状态下，两种偏振模应当具有相同的特性曲线和传输性质，但是光纤几何和压力的不对称导致了两种偏振模具有不同的传输速度。两个正交偏振模之间的差分群时延（Differential Group Delay，DGD），被称为 PMD。PMD 导致脉冲分离和脉冲展宽，对传输信号造成降级，并限制载波的传输速率，脉冲宽度越窄的超高速系统，PMD 的影响越大。PMD 的产生原理如图 1-11 所示。PMD 的度量单位为 ps，PMD 系数的表示单位为 $ps/km^{1/2}$。

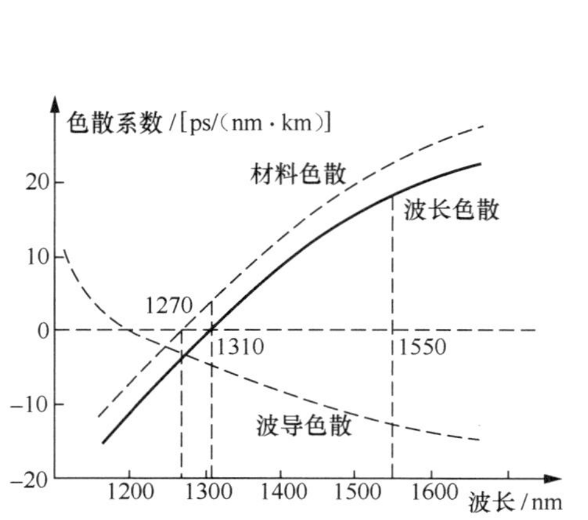

图1-10　G.652单模光纤的色散特性曲线

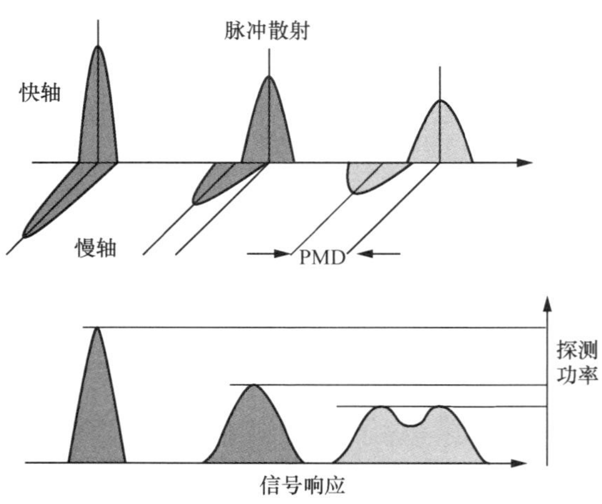

图1-11　PMD的产生原理

PMD与其他色散相比，几乎可以忽略，但是无法完全消除，只能从光器件上使之最小化。造成单模光纤中的PMD的内在原因是纤芯的椭圆度和残余内应力，它们改变了光纤的折射率分布，引起相互垂直的本征偏振以不同的速度传输，进而造成脉冲展宽；外在原因则是成缆和敷设时的各种作用力，即压力、弯曲、扭转及光缆连接等都会引起PMD，外在作用力对光纤损耗的作用变化比偏振模色散更显著。

在光缆线路施工中，PMD的最终结果是每段光纤随机耦合的结果，在工程实践中，多段光纤（≥ 2km）组成的光纤通道可以通过逐段替换的方式找到偏振模色散最大的光纤通道，也可以通过逐段替换的方式形成偏振模色散值相对较小的光纤通道。

1.2.4　光纤标准

ITU-T制定了统一的光纤标准（G标准）。按照ITU-T关于光纤的建议，将光纤的种类分为多模光纤（G.651光纤）、标准单模光纤（G.652光纤）、零色散位移光纤（G.653光纤）、1550nm处最低衰减光纤（G.654光纤）、非零色散位移光纤（G.655光纤）、宽带光传送的非零色散光纤（G.656光纤）、接入网用弯曲衰减不敏感单模光纤（G.657光纤）。

多模光纤多用于低速率、短距离的通信系统，不适合长途通信系统，本书主要介绍单模光纤。

（1）标准单模光纤（G.652光纤）

标准单模光纤又称非色散位移光纤或常规单模光纤，2003年，ITU-T颁布最新的G.652光纤的分类，将G.652光纤分为G.652.A、G.652.B、G.652.C和G652.D共4种类型。G.652光纤可以工作于1310/1550nm两个低衰减波长窗口。在1310nm窗口衰减较小，同时具有最小的常规色散，存在零色散窗口；在1550nm窗口，光纤衰减最小，但具有较大的常规色散，达到17～20ps/(nm · km)。G.652.C、G652.D是无（低）水峰光纤，在1383nm波段消除了“水峰”对衰减的影响。

2013年，国产低衰减光纤正式商用，它属于G.652.D型光纤，纤芯材料使用掺锗二氧化硅，在1550nm窗口光纤衰减达到0.185dB/km，具有比G.652.D光纤更小的PMD值，达到0.004ps/km$^{1/2}$，是可以在1260～1625nm光传输系统上运行的全波段光纤。新的100Gbit/s通信系统降低了对PMD值的要求，低损光纤可以用于100Gbit/s甚至400Gbit/s的通信系统。

（2）零色散位移光纤（G.653光纤）

该型单模光纤折射率剖面结构采用了分段芯和双台阶芯型，不仅成功实现了1550nm波长处低衰减和零色散，而且具有抗弯性能好、连结损耗低等特点。G.653光纤在1.55μm波段色散为零，不利于多信道的WDM传输，当使用的信道数较多时，信道间距较小，这时就会发生四波混频（Four-Wave Mixing，FWM），导致信道间发生串扰，不利于多信道的

WDM 传输。该型光纤在日本短距离通信系统中应用较多。

（3）1550nm 处最低衰减光纤（G.654 光纤）

该型光纤折射率剖面结构与标准单模光纤相同，采用简单阶跃匹配包层型，不同的是选用纯 SiO_2 来降低光纤的衰减，靠包层掺杂氟（F）使折射率下降而获得所需要的折射率差。G.654 光纤原本应用于海底光纤通信，这种光纤的最大优点是理论上在 1550nm 波长处最低衰减为 0.15dB/km。

2008 年，超低损光纤成功研制，使用纯硅纤芯在 1550nm 窗口光纤衰减最小值达到 0.166dB/km，PMD 值比 G.652.D 光纤更小，达到 $0.004ps/km^{1/2}$。2010 年后，陆地高速系统长距离传输 100Gbit/s 及更高速率通信系统对光纤色散的要求降低，且传输速率的提高使通信系统可传输距离缩短。超低损光纤较低的衰减系数可以提供较远的传输距离，可以用于 100Gbit/s 甚至 400Gbit/s 的通信系统。

2016 年 9 月，ITU-T 通过了最新版本的 G.654 标准，添加了 E 子类，对陆地长途大容量高速率传输网络用的截止波长位移大有效面积光纤进行了规范，既保持了低衰减和大有效面积特性，又进一步缩小了有效面积的范围，提升了光纤的弯曲性能，达到 G.652 的水平。

（4）非零色散位移光纤（G.655 光纤）

该型光纤具有三角芯和双环芯两种折射率剖面结构。三角芯和双环芯中的第一个环具有可移动零色散波长的特性。这两种剖面结构的外环对实现大有效面积和微弯曲衰减都起着关键作用。非零色散位移光纤（G.655 光纤）被称为大有效面积光纤（Larger Effective Area Fiber，LEAF），在 1550nm 窗口不仅衰减最小，同时具有较小但不为零的色散值［$1ps/(nm \cdot km) \leqslant |D| \leqslant 4ps/(nm \cdot km)$］，这样可以有效地降低光纤中的 FWM，尤其适用于密集波分复用（Dense Wavelength Division Multiplexing，DWDM）系统。

（5）宽带光传送的非零色散光纤（G.656 光纤）

该型光纤在 1460 ～ 1624nm 波长范围内，其色散为一个大于零的数值。该型光纤色散减小了密集波分复用系统的非线性效应。相较于 G.652 光纤，G.656 光纤能支持更小的色散系数，并能减小 FWM 和交叉相位调制（Cross-Phase Modulation，XPM）的效应；与 G.655 光纤相比，G.656 光纤能支持更宽的工作波长，这种光纤非常适合于 1460 ～ 1624nm 波长范围（S+C+L 3 个波段）的粗波分复用（Coarse Wavelength Division Multiplexing，CWDM）和 DWDM，G.656 光纤可保证通道间隔 100GHz、40Gbit/s 通信系统至少传 400km。

该型光纤是第一个由中国参与制定标准的国际标准光纤。长飞光纤光缆公司对该光纤的应用和具体指标提出了建议。G.656 光纤被预测为可能成为继 G.652 和 G.655 之后的又一个广泛应用的光纤。2016 年，柬埔寨大湄公河骨干网光缆线路工程使用的就是该型光纤。

（6）接入网用弯曲衰减不敏感单模光纤（G.657 光纤）

该型光纤最主要的特性是具有优异的耐弯曲特性，其弯曲半径可实现常规的 G.652 光纤弯曲半径的 1/4 ～ 1/2。G.657 光纤分 A、B 两个子类：G.657.A 光纤的性能及其应用环境和 G.652.D 光纤相近，可以在 1260 ～ 1625nm 的宽波长范围内（即 O、E、S、C、L 5 个工作波段）工作；G.657.B 光纤主要工作在 1310nm、1550nm 和 1625nm 这 3 个波段，更适用于实现 FTTH 的信息传送，一般安装在室内、大楼等转弯狭窄的场所。

1.2.5 光纤的国家标准代号

我国国家标准规定用大写 A 表示多模光纤，用大写 B 表示单模光纤。多模光纤的分类代号见表 1-2。单模光纤的分类代号见表 1-3。其中，B3 色散平坦型光纤由于生产要求高，并没有生产应用。

表1-2 多模光纤的分类代号

分类代号	特性	纤芯直径 /μm	包层直径 /μm	材料
A1a.1	渐变折射率	50	125	二氧化硅
A1a.2	渐变折射率	50	125	二氧化硅
A1a.3	渐变折射率	50	125	二氧化硅
A1b	渐变折射率	62.5	125	二氧化硅
A1d	渐变折射率	100	140	二氧化硅
A2a	突变折射率	100	140	二氧化硅
A2b	突变折射率	200	240	二氧化硅
A2c	突变折射率	200	280	二氧化硅
A3a	突变折射率	200	300	二氧化硅芯塑料包层
A4a	突变折射率	965 ～ 985	1000	塑料
A4b	突变折射率	715 ～ 735	750	塑料
A4c	突变折射率	465 ～ 485	500	塑料
A4d	突变折射率	965 ～ 985	1000	塑料
A4e	渐变或多阶折射率	≥ 500	750	塑料
A4f	渐变折射率	200	490	塑料
A4g	渐变折射率	120	490	塑料
A4h	渐变折射率	62.5	245	塑料

资料来源：YD/T 908—2020《光缆型号命名方法》。

注：A1a.1、A1a.2 和 A1a.3 的区别在于 850mm 波长的满注入条件下最小模式带宽不同。

表1-3　单模光纤的分类代号

分类代号	名称	ITU 分类代号
B1.1	非色散位移光纤	G.652.B
B1.2a	截止波长位移光纤	G.654.A
B1.2b		G.654.B
B1.2c		G.654.C
B1.2d	截止波长位移光纤	G.654.D
B1.2e		G.654.E
B1.3	波长段扩展的非色散位移光纤	G.652.D
B2a	色散位移光纤	G.653.A
B2b		G.653.B
B4c	非零色散位移光纤	G.655.C
B4d		G.655.D
B4e		G.655.E
B5	宽波长段光传输用非零色散光纤	G.656
B6.a1	接入网用弯曲损耗不敏感光纤	G.657.A1
B6.a2		G.657.A2
B6.b2		G.657.B2
B6.b3		G.657.B3

资料来源：YD/T 908—2020《光缆型号命名方法》。

1.3 光缆基础知识

光缆依靠其中的光纤来完成传送信息的任务，是以通信光纤为主要元件，并对其进行加强和保护的整体。光缆的结构设计必须保证其中的光纤具有稳定的传输特性和足够的机械强度，能够适应外部条件、环境的变化，保障通信线路的使用寿命。

工程中使用的光缆种类繁多、结构各异，用户对光缆的需求和使用场合也不相同。通信市场上用量较多的光缆有层绞式光缆、中心管式光缆、骨架式光缆、自承式光缆、带状光缆、全介质自承式光缆、架空地线光缆、蝶形光缆、室内光纤带光缆和应急光缆等。

1.3.1 光缆的结构

光缆一般由缆芯、加强构件、填充物和护层等部分构成，根据使用环境的需要还可以增加拉线、金属导线、铠装层、防水层和缓冲层等构件。GYTS-36B1.3 光缆横截面示意如图 1-12 所示。

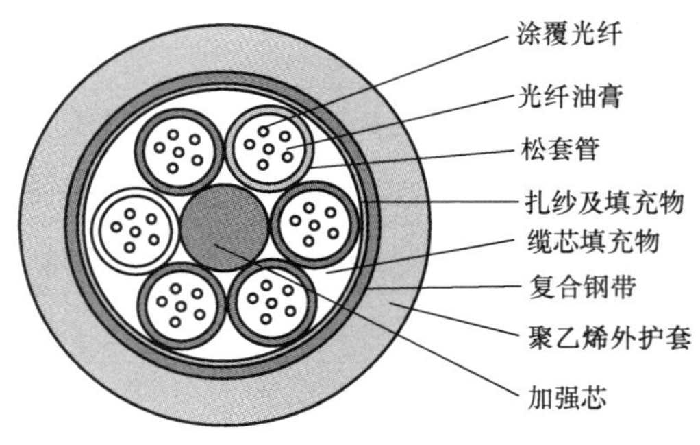

图1-12　GYTS-36B1.3光缆横截面示意

（1）缆芯

套塑后满足制造机械强度要求的单根或多芯光纤结构称为缆芯。图 1-12 中除去缆芯填充物、复合钢带和聚乙烯（PE）外护套，由扎纱环向缠绕全部松套管、加强芯和涂覆光纤的部分是缆芯。

在涂覆光纤外再套上一层塑料，进一步保护涂覆光纤，提高光纤的机械强度的过程，称为套塑。套塑后在松套管内部填充油膏或防水颗粒，对涂覆光纤起到防潮保护的作用，涂覆光纤以单芯或多芯一组的形式悬浮在松套管中。缆芯中的涂覆光纤如果是带状光纤，则该光缆可称为带状光缆。

以某种适当的方式集合光纤，使在光缆内或剥离外护套时，均能保持光纤集合的结构，被称作光缆光单元。典型的光缆光单元形式有：含有光纤的松套管、光纤带、中心管、光纤束，以及含有光纤或光纤带的骨架槽，或其他包含一群光纤的可识别的单元等。

光缆中同一光单元中的光纤应能通过光纤涂覆层或缓冲层的颜色来加以唯一识别。颜色应符合 GB/T 6995.2—2008《电线电缆识别标志方法 第 2 部分：标准颜色》的规定，并应在光缆的全生命周期内都具有很好的稳定性，不褪色，不迁移。光纤或光缆光单元的识别色谱见表 1-4。光缆中光纤芯数常用 4 ～ 288 且宜被 4、6、8、12 整除的偶数。

表1-4　光纤或光缆光单元的识别色谱

序号	1	2	3	4	5	6	7	8	9	10	11	12
颜色	蓝	橙	绿	棕	灰	白	红	黑	黄	紫	粉红	青绿

注：在不影响识别的情况下，允许使用本色代替本表中的某一颜色。

（2）加强构件

为了增强光缆的抗拉强度、提高光缆的机械性能，所使用的钢丝、钢丝绳、芳纶丝、玻璃增强塑料（玻璃钢）被称为加强构件。加强构件有时要包一层塑料起到防锈、保持接触面光滑和确保具有一定弹性的作用，图 1-12 中位于光缆中心的加强芯就是加强构件。加强芯一般使用镀锌高碳钢丝，非金属光缆常用玻璃钢和芳纶纤维做加强芯。

（3）填充物

为了提高光缆的防潮性能，一般使用油膏来防止潮气进入光缆，在光缆纤芯的空隙填充芯膏，在束管之间的空隙填充缆膏。当开剥光缆时，油膏常会流出而污染地面，将灰尘吸附在光纤上，需要使用清洁纸清除油膏。含有新的填充物（阻水微粒）的光缆可以在满足防止潮气被入侵的同时，保持光缆开剥后光纤表面干净、清爽，没有油污。

（4）护层

护层按防护作用可以分挡潮层、内护套和外护层。光缆厂商通过增加或减少部分护层，让光缆适应各种施工环境。

挡潮层宜采用金属纵包带结构，其中金属包带应粘贴双面复合塑料薄膜，并保证金属包带纵包后有足够的搭接宽度，内外塑料薄膜粘结牢固。挡潮层也可以是类似结构的金属铠装层。无铠装光缆的挡潮层一般位于内护套下，双层护套光缆的外护套若包含金属铠装层也相当于挡潮层，其内护套可以不再使用挡潮层。

内护套主要对缆芯起保护作用。对于外护层中含有铠装层的光缆，缆芯外的包带层上宜再有一层内护套，其标称厚度应不小于 0.8mm，最小厚度应不小于标称厚度的 80%。材料宜采用聚乙烯。

外护层由铠装层（可能有）、外套、抗生物攻击保护层组成，用以增强对光缆的保护，使光缆具有耐压力、防潮、温度特性好、重量轻、耐化学浸蚀和阻燃等特性。铠装层可以增加光缆的抗拉强度，提供对可能的外部伤害（例如压扁、冲击、啃咬等）的保护。金属铠装应考虑由于腐蚀而造成的析氧，非金属光缆可使用芳纶纱、玻璃纤维增强绳或包带等。光缆外套宜采用抗紫外线的线性低密度、中密度或高密度黑色聚乙烯护套料，根据护套的层数和用途不同，护套最小厚度为 0.4 ～ 1.0mm。当需要阻燃时，可使用低烟无卤（或低卤）阻燃聚烯烃材料，也可采用其他合适的材料。外套的表面应圆整光滑，任何横断面上均应无人眼可见的气泡、砂眼和裂纹。铠装层和外套可兼备抗生物攻击保护层的功能，但当需要时，可单独设置抗生物攻击保护层。保护层材料应对人体无害、不污染环境。在光缆的外套上，应采用烧结、压纹、热贴、喷码、凹痕、烙印等方法之一来进行标志，标志内容包括：光缆名称或型号；光纤芯数；光纤种类；制造厂名称（代号、商标）；制造年份；计米长度。光缆上的计米长度标志是一个重要的标记，将帮助施工人员计算布放长度和余线距离。

1.3.2 通信光缆的型号

光缆一般按适用场合、自身结构、敷设方式和使用光纤种类等进行分类，详见表 1-5。

表1-5 光缆常用分类方式

分类方式	光缆名称
适用场合	室外、室内、室内外和其他型
有无金属构件	金属加强件、非金属光缆
护层	塑铝、细圆钢丝、钢带铠装光缆
缆芯结构	中心束管、层绞、骨架和蝶形光缆
敷设方式	架空、管道、直埋和水下光缆
使用光纤种类	多模光纤光缆和单模光纤光缆
特种用途	全介质自承式光缆、架空地线光缆、野战光缆、应急抢修光缆

不同侧重点的分类方法会导致同一种光缆有多个不同的名称，指示不明确。工程中按YD/T 908—2020《光缆型号命名方法》中规定的方式对光缆型号进行分类和命名。对于光缆的某些特殊性能可以增加相应的特殊性能标识。

YD/T 908—2020《光缆型号命名方法》中光缆型号由型式、规格和特殊性能标识（可缺省）三大部分组成。型式代号、规格代号和特殊性能标识之间应空一格。光缆型号的组成如图1-13所示。

（1）型式

光缆型式由分类、加强构件、结构特性、护套和外护层5个部分组成，如图1-14所示。结构特性指缆芯结构和光缆派生结构特征　采用大写英文字母和阿拉伯数字作为命名代号，字符中间不留空格。

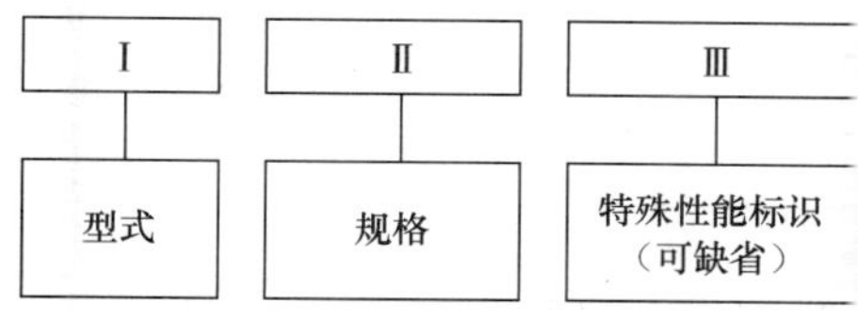

图1-13　光缆型号的组成

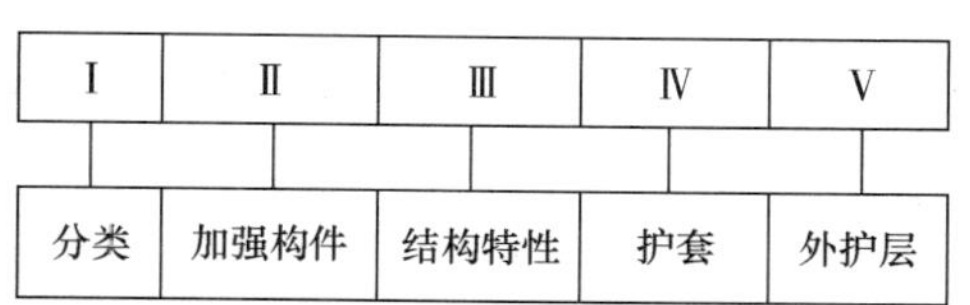

图1-14　光缆型式的构成

① **分类的代号和含义。**光缆按适用场合分为室外型、室内型、室内外型和其他型，每一大类下面还细分成小类，光缆分类的代号和含义见表1-6。

表1-6　光缆分类的代号和含义

类别	代号	含义	类别	代号	含义
室外型	GY	通信用室（野）外光缆	室内外型	GJY	通信用室内外光缆
	GYC	通信用气吹微型室外光缆		GJYR	通信用室内外圆形引入光缆
	GYL	通信用室外路面微槽敷设光缆		GJYX	通信用室内外蝶形引入光缆
	GYQ	通信用轻型室外光缆		GJYQ	通信用轻型室内外光缆
室内型	GJ	通信用室（局）内光缆	其他型	GH	通信用海底光缆
	GJC	通信用气吹微型室内光缆		GM	通信用移动光缆
	GJP	通信用室内配线光缆		GS	通信用设备光缆
	GJH	隐形光缆		GT	通信用特殊光缆
	GJX	通信用室内蝶形引入光缆		GD	通信用光电混合缆

资料来源：YD/T 908—2020《光缆型号命名方法》。

② **加强构件的代号和含义。**加强构件是指护套以内或嵌入护套中用于光缆抗张力的构件，包括缆芯内加强件、缆芯外加强件、护套内加强件等。代号“无符号”含义是金属加强构件，代号“F”含义是采用非金属加强构件。

③ **结构特性的代号和含义。**光缆的结构特性应表示出缆芯的主要结构类型和光缆的派

生结构。当光缆型式有若干个结构特征需要表明时，可用组合代号表示，其组合代号按下列相应的各代号自上而下的顺序排列，光缆结构特性的代号和含义见表 1-7。

表1-7　光缆结构特性的代号和含义

序号	特征	代号	含义
1	光纤组织方式	（无符号）	分立式
		D	光纤带式
		S	固化光纤束式
2	二次被覆结构	（无符号）	塑料松套被覆结构
		M	金属松套被覆结构
		E	无被覆结构
		J	紧套被覆结构
3	缆芯结构	（无符号）	层绞式结构
		G	骨架式结构
		R	束状式结构
		X	中心管式结构
4	阻水结构特征	（无符号）	全干式
		HT	半干式
		T	填充式
5	缆芯外护套内加强层	（无符号）/0	无加强层
		1	钢管
		2	绕包钢带
		3	单层圆钢丝
		33	双层圆钢丝
		4	不锈钢带
		6	非金属丝
6	承载结构	（无符号）	非自承式结构
		C	自承式结构
7	吊线材料	（无符号）	金属加强吊线或无吊线
		F	非金属加强吊线
8	截面形状	（无符号）	圆形
		8	“8”字形
		B	扁平形
		E	椭圆形

资料来源：YD/T 908—2020《光缆型号命名方法》。

注：1. 层绞式结构也包含无中心加强件的单元绞结构。

2. 截面形状的代号在分类代号中已体现截面形状的 GJR、GJX、GJYR、GJYX 等，本条规定的代号不适用。

④ **护套的代号和含义。**光缆护套的代号表示护套的材料和结构，当护套有若干个特征

需要表明时，可用组合代号表示，其组合代号按各自代号的序号顺序排列。其中，V、U 和 H 护套具有阻燃特性，不必在前面加 Z。光缆护套的代号和含义见表 1-8。

表1-8　光缆护套的代号和含义

序号	特征	代号	含义
1	护套阻燃特性	（无符号）	非阻燃材料护套
		Z	阻燃材料护套
2	护套结构	（无符号）	单一材质的护套
		A	铝—塑料粘结护套
		S	钢—塑料粘结护套
		W	夹带平行加强件的钢—塑料粘结护套
		P	夹带平行加强件的塑料护套
		K	螺旋钢管—塑料护套
3	护套材料	（无符号）	与护套结构代号组合时，表示聚乙烯护套
		Y	聚乙烯护套
		V	聚氯乙烯护套
		H	低烟无卤护套
		U	聚氨酯护套
		N	尼龙护套
		L	铝护套
		G	钢护套

⑤ **外护层的代号和含义。**当光缆有外护层时，外护层包含垫层、铠装层和外被层。外护层代号用两组数字表示（垫层不需要表示），第一组表示铠装层，可以是一位或两位数字；第二组表示外被层，可以是一位或两位数字。当存在两层及以上的外护层时，每层外护层代号之间用“+”连接。当光缆有外被层时，用代号“0”表示“无铠装层”；当光缆无外被层时，用代号“（无符号）”表示“无铠装层”。光缆铠装层、外被层的代号和含义见表 1-9、1-10。

表1-9　光缆铠装层的代号和含义

代号	含义	代号	含义
0 或（无符号）	无铠装层	5	镀铬钢带
1	钢管	6	非金属丝
2	绕包钢带	7	非金属带
3	单层圆钢丝	8	非金属杆
33	双层圆钢丝	88	双层非金属杆
4	不锈钢带		

资料来源：YD/T 908—2020《光缆型号命名方法》。

表1-10　光缆外被层的代号和含义

代号	含义	代号	含义
0 或（无符号）	无外被层	5	尼龙套
1	纤维外被	6	阻燃聚乙烯套
2	聚氯乙烯套	7	尼龙套加覆聚乙烯套
3	聚乙烯套	8	低烟无卤阻燃聚烯烃套
4	聚乙烯套加覆尼龙套	9	聚氨酯套

资料来源：YD/T 908—2020《光缆型号命名方法》。

（2）规格

光缆的规格由光纤、通信线和馈电线的有关规格组成。光缆规格的构成如图 1-15 所示。光纤、通信线及馈电线的规格之间用“+”号隔开。通信线和馈电线可以全部或部分缺省。

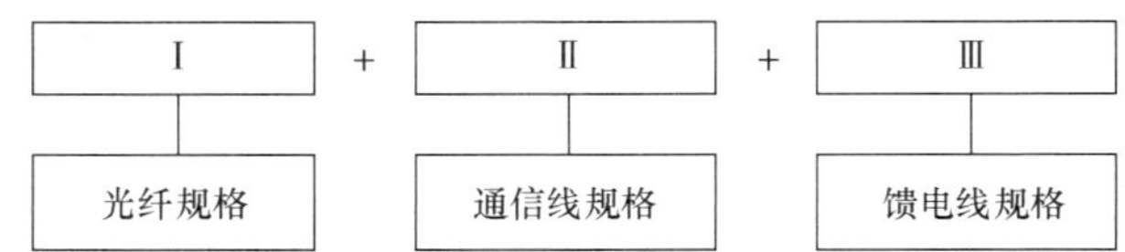

图1-15　光缆规格的构成

① **光纤规格。**光纤规格由光纤数和光纤类别组成。如果同一根光缆中含有两种或两种以上规格（光纤数和类别）的光纤时，中间应用“+”号连接。光纤数的代号用光缆中同类别光纤的实际有效数目的数字表示。光纤类别应采用光纤产品的分类代号表示，即用大写字母 A 表示多模光纤，用大写字母 B 表示单模光纤，再用数字和小写字母表示不同类型光纤。具体的光纤类别代号应符合 GB/T 12357《通信用多模光纤》以及 GB/T 9771《通信用单模光纤》系列标准中的规定。多模光纤、单模光纤的类别代号分别参见表 1-2 和表 1-3。

② **通信线规格。**通信线规格的构成应符合 YD/T 322—2013《铜芯聚烯烃绝缘铝塑综合护套市内通信电缆》中表 2 的规定。示例：2×2×0.4，表示 2 对标称直径为 0.4mm 的通信线对。

③ **馈电线规格。**馈电线规格的构成应符合 YD/T 1173—2024《通信电源用阻燃耐火软电缆》中表 2 的规定。示例：2×1.5mm^2，表示 2 根标称截面积为 1.5mm^2 的馈电线。

（3）示例

GYFDGY63 144B1.3 表示非金属加强构件、光纤带骨架全干式、聚乙烯护套、非金属丝铠装、聚乙烯套通信用室外光缆，包含 144 根 B1.3 类单模光纤。

GYTA 12B1.3+6B4 表示金属加强构件、松套层绞填充式、铝—聚乙烯粘接护套通信用室外光缆，包含 12 根 B1.3 类单模光纤和 6 根 B4 类单模光纤。

GYFTA53 12B1.3+2×2×0.4+4×1.5 表示非金属加强构件、松套层绞填充式、铝—聚乙烯粘接护套、皱纹钢带铠装、聚乙烯护套通信用室外光缆，包含 12 根 B1.3 类单模光纤、2 对标称直径为 0.4mm 的通信线和 4 根标称截面积为 1.5mm^2 的馈电线。

1.4 管线工程简介

通信线路是通信系统的一部分，光缆线路为光纤通信系统提供良好、稳定、可靠、畅通的物理传输信道。通信管道是用以穿放光（电）缆的一种地下管线建筑，可以减少光（电）缆直接受到外力的破坏，进一步保障通信安全。

1.4.1 管线工程分类

YD 5192—2009《通信建设工程量清单计价规范》中将通信线路工程和通信管道工程确定为单位工程，又分为若干个分部工程，内容见表 1-11。通信线路和通信管道的建设工程称为通信管线工程。

表1-11　通信线路工程单位和分部工程

单位工程	分部工程	编码
通信线路工程 编码：TX40000	施工测量与开挖路面工程	TX41
	敷设埋式光（电）缆工程	TX42
	敷设架空光（电）缆工程	TX43
	敷设管道及其他光（电）缆工程	TX44
	光（电）缆接续与测试工程	TX45
	安装光（电）缆线路设备工程	TX46
	建筑与建筑群综合布线系统工程	TX47
通信管道工程 编码：TX50000	施工测量与挖、填管道沟及人孔坑工程	TX51
	铺设通信管道工程	TX52
	砌筑人（手）孔工程	TX53
	管道防护工程及拆除工程	TX54

光缆通信线路工程由一个或若干个中继段组成，单位工程一般按独立的中继段进行划分。中继段分界点为光纤终端设备线路侧法兰盘，以光纤终端设备法兰盘线路侧为起点，通过连续的光纤光缆至另一端光纤终端设备法兰盘线路侧止，这称为一个完整的中继段。常用的光纤终端设备有光纤配线架（Optical Distribution Frame，ODF）、光纤交接箱和光纤终端盒等。当一个通信线路工程中包含部分通信管道建设时，一般仍称为通信线路工程。

1.4.2 建设程序

建设程序是指建设项目从设想、选择、评估、决策、设计、施工到竣工验收、投入生产的整个过程中，各项工作必须遵循的先后顺序和规则，这个规则是建设项目科学决策和顺利进行的重要保证，也是多年来建设管理经验的高度概括，更是取得较好投资效益必须遵循的工程建设管理方法。

从建设前期的项目立项阶段到建设中的项目实施阶段，再到建设后期的验收投产阶段，整个建设过程要经过项目建议书、可行性研究、初步设计、年度计划、施工准备、施工图设计、施工招投标、开工报告、施工、初步验收、试运转、竣工验收和投产使用等环节。通信工程建设程序如图 1-16 所示。

光纤通信线路工程与其他类型的工程建设项目相比，尽管其投资管理、建设规模等有所不同，但建设过程中的主要程序基本相同。光缆通信线路施工主要涉及其中的实施阶段和验收投产阶段。

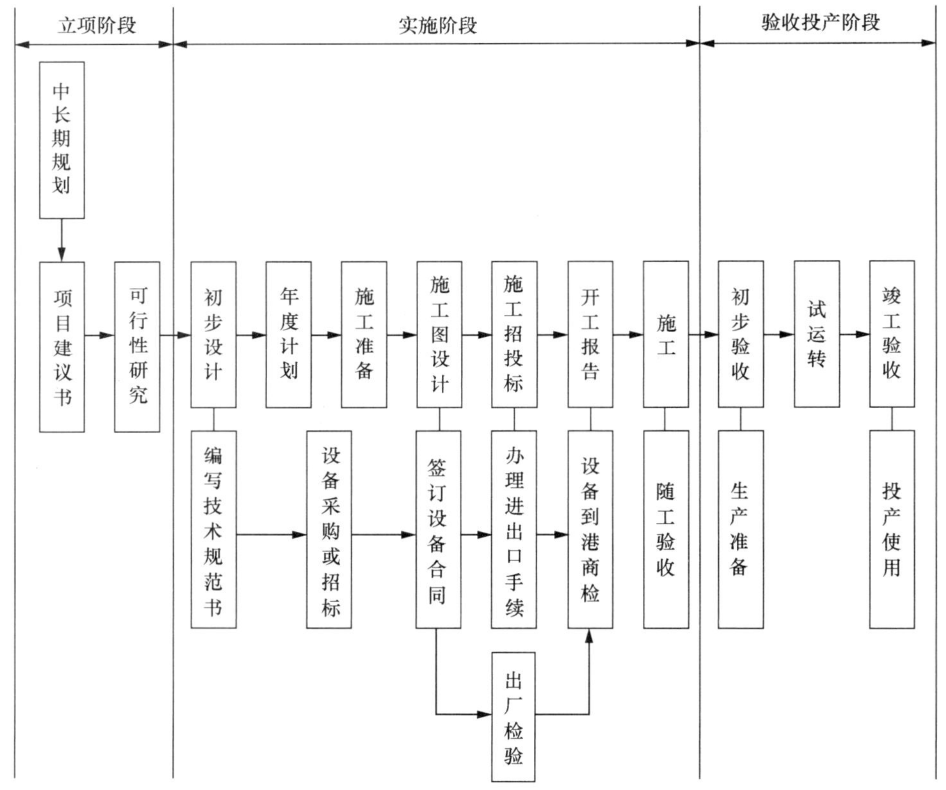

图1-16　通信工程建设程序

1.4.3 施工准备

为了保证光缆通信线路工程的顺利实施，施工单位在准备阶段需要做好技术准备、现场准备、组建项目部，完成施工组织设计编制和施工资源配置。

（1）技术准备

施工前的技术准备主要是收集相关技术资料，认真阅读施工图设计，了解设计意图，做好设计交底、技术示范，统一操作要求，使参加施工的每个人都明确施工任务及技术标准，严格按施工图设计施工。技术准备工作包括施工技术资料准备、施工图设计审核、编制施工组织设计或施工方案、技术交底及新技术培训等。

施工中采用非开挖技术敷设管道、气流吹放光缆、大桥钢箱梁内部敷设光缆、高铁地槽敷设光缆、地下管廊敷设光缆、光缆单盘测试PMD值等新技术时，需要对施工人员进行新技术培训。

（2）现场准备

施工现场准备主要是为了给项目施工创造有利的施工条件和物资保证。现场准备工作应根据光缆通信线路工程施工的特点进行，主要包括施工现场勘查、设立临时设施、协调施工障碍、材料准备和工器具准备等。

土地占用的协调工作是影响工程施工工期的重要因素之一，施工单位应安排专人负责，对由建设单位负责的协调工作应给予配合并及时掌握进展情况，对由施工单位负责的协调工作应根据工程施工承包合同的约定有序开展，杜绝发生协调不畅导致误工的现象。

我国气候复杂多样，其中高原气候和严寒气候对通信施工的影响较大。在特殊地区施工，最重要的是保障施工人员的身体健康。施工时，应采用持续操作与短休息交替的方法，负荷重的体力劳动要增加休息次数，以免由于超负荷劳动发生意外；要考虑积雪、冻融、大风、台风和暴雨等气象危害，并采取相应的措施。

（3）组建项目部

组建项目部就是依据项目情况、历史经验、公司相关制度要求及资源状况组建一个临时的高效的施工管理组织机构。通常情况下，一个项目部的组织机构应设立项目管理层和施工作业层。某光缆通信线路工程的组织机构如图1-17所示。

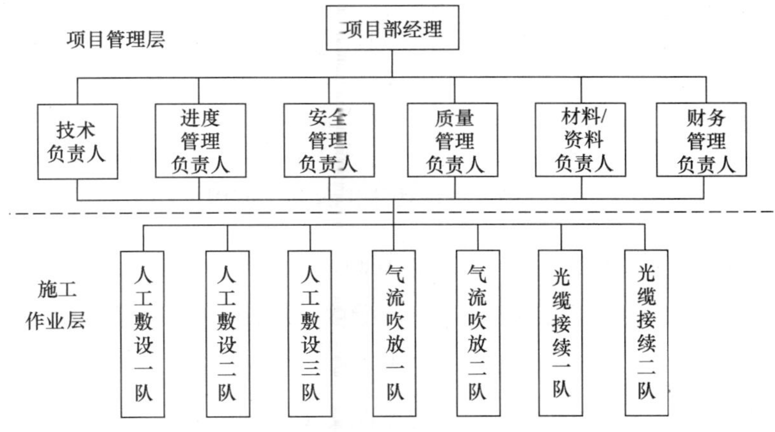

图1-17 某光缆通信线路工程的组织机构

1.4.4 施工流程

光缆通信线路工程的施工工序可以分为路由复测、单盘检测、光缆配盘、路由施工、敷设光缆、光缆接续、路由保护、中继段测试、竣工资料编制和工程验收，其中，路由施工和路由保护根据敷设方式不同有多种施工流程，以架空、管道和直埋这 3 种施工流程为主，如图 1-18、图 1-19、图 1-20 所示。

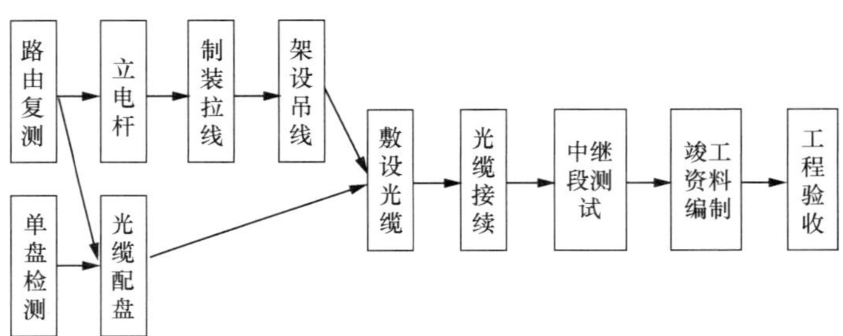

图1-18 架空线路工程施工流程

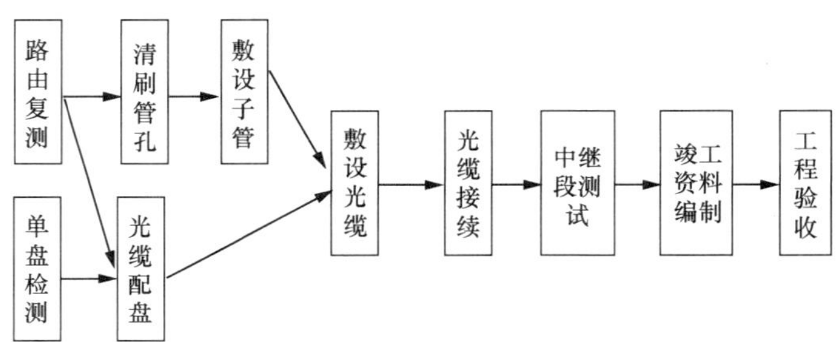

图1-19 管道线路工程施工流程

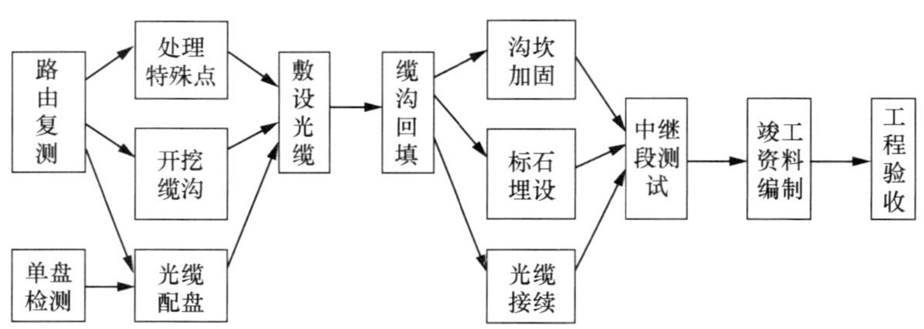

图1-20 直埋线路工程施工流程

通信管道工程的施工工序可以分为路由复测、沟坑挖掘、地基与基础、铺管、包封、铺沙、回填、管道试通、竣工资料编制、工程验收；当采用非开挖管道施工时，可以不进行沟坑挖掘；当进行人（手）孔砌筑时，施工工序为墙体砌筑、上覆安装、配件安装；当进行通道施工时，施工工序为墙体砌筑、沟盖板安装、配件安装。通信管道工程施工流程如图 1-21 所示。

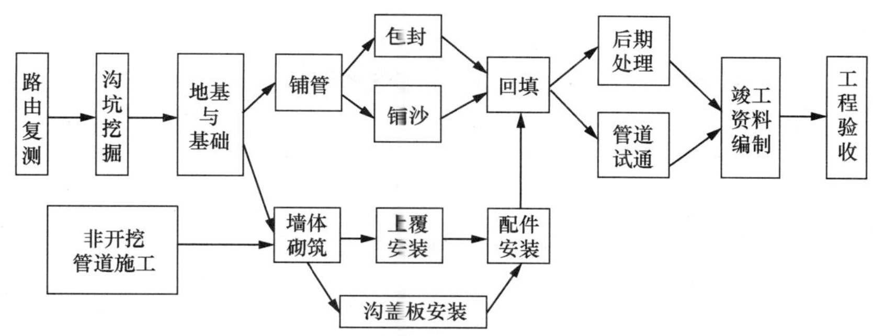

图1-21　通信管道工程施工流程

光缆通信线路工程施工通常按时间顺序分为前期施工阶段、主要施工阶段和施工收尾阶段：前期施工阶段包含路由复测、器材检验、单盘检测等内容；主要施工阶段包含路由施工、沟坑挖掘、人（手）孔砌筑、敷设光缆、光缆接续、路由保护、中继段测试和管道试通等内容；施工收尾阶段包含现场整理、竣工资料编制和工程验收等内容。

在施工过程中，施工单位完成每一道工序后，由建设单位随工代表或委托的监理工程师进行随工验收，验收合格后才能进行下一道工序。在工程项目完工并自检合格后，施工单位方可向建设单位提交“交（完）工报告”。

1.4.5　工程验收

工程验收是对已经完成的施工内容进行质量检验的重要环节，光缆通信线路工程验收过程包括随工验收、初步验收、部分验收、试运行和工程终验。进行工程验收必须准备工程竣工文件，工程竣工文件是记录和反映施工项目全过程中工程技术和管理档案的总称，由竣工技术文件、竣工图和竣工测试记录组成。

（1）随工验收

随工验收是对工程中隐蔽部分在施工过程中与施工同步的一种验收方式，由建设单位委托的质量监督人员（通常是建设单位随工人员或监理工程师）随工时采取巡视、旁站等方式进行，并形成验收记录，随工验收签证应作为竣工资料的组成部分。

（2）初步验收

工程在施工完毕并经工程监理单位预检合格后，由建设单位组织设计、施工、监理负责人，并由工程质量监督机构和维护等部门进行初步验收。初步验收时，应严格检查工程质量，审查竣工资料，分析投资效益，对发现的问题提出处理意见，并组织相关责任单位落实解决，形成工程质量的评语和质量等级报告，初验后半个月内向上级主管部门报送初验报告。对施工单位来说，初验合格表明工程正式完工，标志着施工阶段正式结束，工程将被移交至维护部门进行试运行及日常维护。

光缆通信线路初验是对承建单位的部分线路施工质量进行全面、系统的检查和评价，包括对工程设计质量进行检查。线路初验应对安装工艺进行抽查，对线路的主要技术指标进行复测，工程各部分的竣工验收项目、内容及抽验比例应符合表 1-12 的规定。初步验收过程中已取得随工验收签证的安装和测试项目，在初步验收阶段可不再检验，验收小组认为有必要复验的，可进行买方复测验证。初验阶段除按表 1-12 的内容验收，还应对工程资料进行全面检查评议。

表1-12　光缆通信线路工程的初步验收项目

项目	内容	检验方式
安装工艺	1. 路由走向及敷设位置 2. 埋式路段的保护、标志牌、标石的安装位置、规格、符号和编号等 3. 水下光缆的走向、安装质量、标志规格和位置 4. 架空光缆安装质量、接头盒及预留光缆安装、杆路与其他建筑物的间距，以及电杆避雷线安装等 5. 管道光缆安装质量、接头盒及预留光缆安装、光缆与子管的标识 6. 局（站）内光缆走向、光缆预留长度，ODF 安装质量、光缆标志 7. ODF 上光缆的接地	按 10%左右的比例抽查
主要传输特性	1. 光纤平均接头损耗及接头最大衰减值 2. 光纤后向散射曲线 3. 光纤线路衰减（dB）、衰减系数（dB/km）、光纤通道总衰减（dB）、偏振模色散系数（注）	
光缆护层完整性	在对地绝缘监测装置的引线上测量金属护层对地绝缘电阻（埋式光缆）	按 15%左右的比例抽查
接地电阻	1. 地线位置 2. 对地线组进行测量	地线按 15%比例抽测

注：工程设计或业主对光缆通信线路色散与 PMD 有具体要求时，应进行色散及 PMD 测试。

通信管道工程初验包括：竣工图标注的管道走向、人（手）孔位置、标高、各段管道的断面和段长、弯管道的具体位置及弯曲半径要求；已验收签证的隐蔽工程验收项目；管孔的试通情况；管孔封堵及管孔间隙；人（手）孔内的各种装置是否齐全、合格。

（3）部分验收

通信建设工程中的单位工程建设完成后，需要提前投产或交付使用时，经报请上级主管部门批准后，可按有关规定进行部分验收。部分验收工作由建设单位组织。部分验收工程的验收资料应作为竣工验收资料的组成部分。在竣工验收时，对已部分验收合格的工程一般不再进行复验。

随工验收和初步验收是通信建设工程中的一个关键步骤，是考核工程建设成果，检验工程设计和施工质量能否满足要求的重要环节。

（4）试运行

初步验收合格后，经过试运转周期后立即组织工程的试运行。试运行由建设单位组织维护部门、设备厂商和设计、施工单位参与，对设备性能、设计、施工质量及系统指标等方面进行全面考核，试运行时间一般为 3 个月。

（5）工程终验

一般在 3 个月的试运行结束后，工程试运行达到设计要求，系统功能全部实现的条件下由建设单位组织终验。工程终验是基本建设的最后一个程序，是考核全部工程建设成果、检验工程设计和施工质量，以及工程建设管理的重要环节。

工程终验由主管部门、建设、设计、施工、监理、维护使用、质量监督等相关单位组成验收委员会或验收小组，负责审查竣工报告和初步决算，质量监督单位宣读对工程质量的评定意见，讨论通过验收结论，颁发验收证书。相比于施工过程，工程终验与工程使用、生产维护的关系更加密切。

（6）隐蔽工程验收

施工时应特别注意隐蔽工程验收，隐蔽工程验收不合格将导致整个工程不合格。光缆通信线路施工中涉及的隐蔽工程如下。

- 直埋光缆线路工程包括路由位置、埋深及沟底处理、与其他设施的间距、缆线的布放质量、防雷排流线的埋设质量、引上管及引上缆的安装质量、沟坎加固等保护措施的质量、保护和防护设施的规格数量、安装地点及安装质量、接头装置的安装位置及安装质量、回填土的质量等。
- 管道光缆线路工程包括塑料子管的规格及质量、子管敷设安装质量、光缆敷设安装质量、光缆接头装置的安装质量等。
- 架空光缆线路工程包括电杆洞深、拉线坑深度、拉线下把的制作、接头装置的安装及保护、防雷地线的埋设深度等。
- 通信管道工程包括管道沟及人（手）孔坑的深度、地基与基础的制作、结构各部位钢筋制作与绑扎、混凝土配比、管道铺管质量、人（手）孔砌筑质量、管道试通、障碍处理情况等。
- 机房防雷接地系统施工包括地线系统工程的沟槽开挖与回填质量、接地导线跨接安装质量、接地体安装质量、接地土壤电导性能处理情况、接地电阻测量值等。

隐蔽工程随工验收的程序如下。

① 施工单位根据施工进度，在需要检验的施工工序时间节点上向建设单位或监理单位

提出隐蔽工程随工验收申请，并提交隐蔽施工前和施工过程中的所有技术资料。

② 建设单位、监理单位对隐蔽工程随工验收申请和隐蔽工程的技术资料进行审验，确认符合条件后，确定验收小组、验收时间及验收安排。

③ 建设单位、监理单位和项目部共同进行隐蔽工程随工验收工作，并进行工程实施结果与实施过程图文记录资料的对比分析，形成隐蔽工程随工验收记录。

④ 对验收中发现的隐蔽工程 / 工序不合格情况，若存在质量问题，施工单位应在监理单位的监督下立即返工整改，完成后需要提交整改结果并进行复检和再次验收；若隐蔽工程验收不合格，则不能进行下一步的施工。工程隐蔽部分随工验收合格的，竣工验收时一般不再进行复查。

⑤ 隐蔽工程随工验收后，应办理隐蔽工程随工验收手续，存入施工技术档案。

这个验收程序虽然是针对隐蔽工程随工验收提出的，但其验收步骤同样适用于工程的部分验收和初步验收。对于规模较大、较复杂的工程建设项目，应先进行初步验收，再进行全部工程建设项目的竣工验收；对于规模较小、较简单的工程项目，可以一次进行全部工程项目的竣工验收。

1.4.6 施工特点

光缆通信线路工程的施工过程需要施工单位根据施工合同、批准的施工图设计文件和施工组织设计组织施工，工程项目应满足设计文件和验收规范的要求，确保工程施工质量、工期、成本、安全等目标实现。

整个过程需要施工单位对所属人员、材料、工器具、后勤、施工技术方法和外界环境等进行协调和组织。项目部需要合理协调施工过程中劳动力、劳动对象和劳动手段在空间和时间安排上的冲突，做好人员、安全、进度、质量、成本、器械、材料和环境等各个方面的控制和管理；按照工程设计的工程规模与技术要求、工期安排，贯彻执行技术政策、技术规范、规程、标准和规章制度；调配技术装备和人员，合理使用资金，协调保障物资供应及后勤服务；疏通外部渠道，创造顺利施工条件，做到施工安全、工程质量优良，保证施工进度，按期或提前竣工、投入使用。整个过程的施工方法、困难点等方面具体如下。

（1）工程分级

根据光缆通信线路的用途，通信建设单位将光缆通信线路分为不同等级：一级干线为省际干线，一般是连接省会城市之间的通信线路，具有传送距离长、传输质量高、传输速率大等特点；二级干线为省内干线，是连接省会城市和地市及地市之间的通信线路，一般传输速率略低于一级干线；市区内中继线路属于本地线路网，按照城市建设规模，线路容量和重要性各不相同，传输速率和线路要求相对较低；从局（站）至小区或用户的用户线路属于接入网，传输速率和线路要求相对更低。但是一些经济发达的省份由于自身通信流量较高，二级干线的施工质量和维护要求与一级干线的基本相同，一些发达城市的部分本地线路网的施工质量和维护要求与普通二级干线的基本相同。

光纤光缆在现代通信一级干线、二级干线中已经成为主流应用，本书介绍的管线工程施工以干线光缆施工为主。在干线光缆施工工程中，可以按照工作内容将施工单位参与的时间分为施工准备期、施工过程和验收时期。通常施工准备期和验收时期的时间比较短，整个施工过程的时间较长。

（2）受多种外界因素影响

光缆管线工程位于室外且呈线性分布，存在的障碍点数量多、种类多。光缆根据地理环境需要，采取架空、管道、直埋、吹缆、墙壁、室内等多种敷设方式，穿越城镇、公路、铁路、河流、水库和桥梁等地形地物，需要占用通信管道和杆路，线路经过所有位置的结构、走向和分支连接情况称为光缆路由。在市区内通信管道建设、光缆敷设施工等需要合理处理对交通造成的影响，并考虑交通对光缆线路安全造成的影响，光缆线路中间任意一个位置的中断都将导致一个完整的光纤光缆中继段无法贯通。一般在不发达地区或郊区多采用直埋敷设，城区以管道敷设为主，架空敷设施工成本较低但应用较多。

另外，光缆管线工程建设前期工作缺少空间布局规划，且光缆管线工程的建设单位没有光缆管线路由占用的土地产权或管理权，因此施工过程中需要通过协调并处理来自土地产权单位或管理单位的各种阻力，如果前期准备工作不充分将导致光缆管线工程的工期不受控制，因此前期必须完成相关施工许可的办理。例如向公路、铁路、河流、堤坝等建筑物的产权或管理权单位申办各类施工许可；与街道、乡村等当地政府部门联系，取得其配合与支持。

（3）多种方法协作

一个光缆管线工程可能包含架空杆路建设、管道建设、光缆人工敷设、气流吹放光缆等一个或多个施工工序，需要的施工人员数量多、种类多，可以根据实际情况采用顺序作业、平行作业和流水作业 3 种作业组织形式。

顺序作业即按照施工顺序依次完成各工序的作业内容，具有管理简单、资源使用量少的特点，但完成任务需要的工期相对较长，对于作业面较小的工程，一般都按照工序顺序作业。

平行作业是指几个单位工程或工程的几道工序同时开始施工。采用这种作业形式，虽然占用的资源量较大，但施工工期相对较短。在因工期较短而不适合采用顺序作业或需要工程赶工期时，可以考虑采用这种作业形式组织施工。

流水作业是由专门的作业人员或团队依次完成专项的作业活动，具有生产专业性强、劳动效率高、操作人员熟练、工程质量好、资源利用均衡、工期短和成本低的特点。在长距离施工中，工期和工作量较大，在工作区间内可以按人员劳动强度、技能种类、技能熟练程度及工作繁简情况合理调整、安排人员的工作，以加快施工进度。施工前必须做好周密的组织工作，提前制订问题处理计划和应急预案。此种方法适用于长距离、施工障碍较少的光缆管线工程。

施工时，应根据施工条件和线路实际情况决定具体的作业组织形式，也可以将多种方法组合使用，基本原则是利于发挥人员、设备的最佳效能，确保工程的速度和质量。

（4）光纤连接技术要求高

光纤的连接质量是光缆线路工程质量优劣的重要评价指标，光纤连接质量受工器具、仪表精度和操作人员技能高低的影响较大。光纤连接需要专业施工人员使用专用高精度工器具进行接续，且接续时应实时对接续质量进行监测，对接续质量达不到要求的光缆接续点及时重新接续。

另外，在接续过程中，专业施工人员必须保证纤芯的整洁、纤芯不因外力影响而受到损伤，以及接续点保护装置的密封性，否则将有可能导致光缆线路在投产使用过程中产生突发纤芯断纤等故障。

（5）光纤测试技术比较复杂

光纤测试技术不仅要求有高精度的测试装置，而且要求测试人员必须掌握一定的技能和理论基础。例如，光缆线路测试时需要根据被测光纤的长度选择不同的脉冲宽度，以测量该段光纤的损耗曲线。位于光纤段落中间的同一个位置，即使是相同的人、相同的仪表、相同的平均时长、相同的脉冲宽度，测得的位置信息也可能不同。

第二章 管线工程前期施工

光缆管线工程施工阶段从总监理工程师批复开工报告之日开始计算。前期施工包含路由复测、新建杆路复测、器材检验等工作，需要敷设光缆的工程必须增加光缆单盘检测工序。

2.1 路由复测

路由复测以批准的施工图设计文件和规划部门批准的红线为依据，在审核施工图设计的基础上，对光缆管线工程的设计路由进行详细的施工图纸复核、关键点定位和现场距离测量，为光缆、子管、硅芯管的配盘，为在施工前及时发现、改正施工图设计中存在的问题，并为工作量、传输指标的计算和施工任务安排、材料的需求分析等提供科学的基础数据。路由复测通常也称为施工测量、线路复测。

2.1.1 工序任务

路由复测需要完成施工图纸复核、关键点定位和距离复测 3 项任务。

（1）施工图纸复核

光缆线路工程复核范围从起点 ODF 开始至终点 ODF 结束，新建管道工程从起始人（手）孔开始至末端人（手）孔结束，内容包括光缆（或硅芯管）的路由走向及敷设方式、敷设位置、环境条件及配套设施（包括中继站站址）的安装地点，以及管道光缆占用管孔位置等。复核中确认存在问题的位置应按程序修改、补充施工图。

（2）关键点定位

光缆线路工程施工测量时，应核定光缆线路穿越铁路、公路、河流、湖泊、大型水渠和地下管线等障碍的具体位置和保护措施；核定防腐蚀、防白蚁、防强电和防雷等地段的长度以及保护措施，根据环境条件，初步确定接头位置。

（3）距离复测

光缆线路工程的距离测量包括对局（站）内光缆路由、局外通信线路距离的测量。当直埋光缆线路及硅芯塑料管道线路施工测量时，应随地形测量地面的距离；管道光缆线路应测量人（手）孔中心间的距离；如果人（手）孔之间有标石，应测量人（手）孔与标石之间、标石与标石之间的距离；架空杆路应测量两电杆间的直线距离。

距离数值的记录精度宜按照相关规范条款的要求进行。例如，竣工资料中的中继段地面距离、光缆缆长、光纤长度以 0.01km 为单位；长距离杆距、井距以 m 为单位；测量建筑高度、间距、最小净距以 0.01m 为单位；测量光缆弯曲半径、人（手）孔窗口距左右井壁、上覆、基础的距离以 mm 为单位。

2.1.2 工作内容

路由复测由施工单位组织，由施工、监理、建设（或维护）和设计单位的人员组成复测小组。路由复测过程应按照设计文件及城市规划部门已批准的位置、坐标和高程进行。直埋光缆、硅芯塑料管道光缆和通信管道、通道与其他地下管线及建筑物间的最小净距应符合国家标准。架空通信线路与其他设施接近、交越时，其间隔也应符合国家标准。

路由复测实施过程中要完成定线、测距、打标桩、划线、绘图和登记等工作。对于利旧的管道、杆路上敷设光缆，可以免去定线、划线和打标桩工作，直接进行测距、绘图和登记这 3 项工作。

（1）定线

定线就是在地面确定一段用于施工测量的直线段落，段落间隔为 1 ～ 2km。施工时，在该段落的两端分别插上醒目的大标旗，在始标点至前方大标旗间按需要的长度不断地插入标杆，使始标、标杆和大标旗成一条直线，这条直线就是线路工程的路由。路由复测示意如图 2-1 所示。整个线路工程的路由就是由一段一段的直线段落连接组成的。

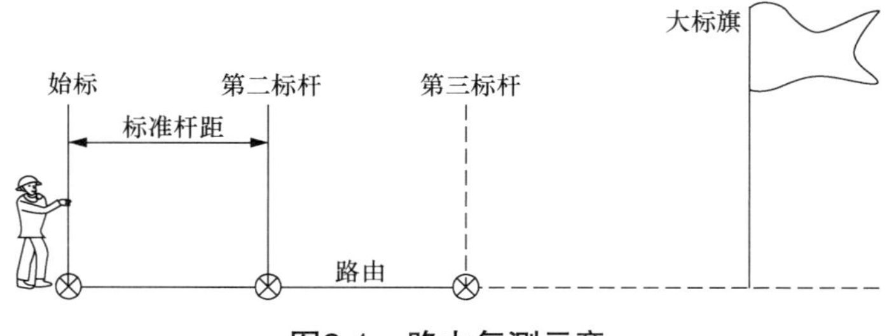

图2-1 路由复测示意

（2）测距

测距是指使用测量器材测量路由长度，获得路由距离数值的过程。测量距离一般使用钢卷尺、皮尺或绳尺，长度一般选择 50 ～ 100m。皮尺受热胀冷缩的影响较明显，常用于较短距离的测量；钢卷尺和绳尺受热胀冷缩的影响较小，常用于较长距离的测量。

使用钢卷尺测距时，应将钢卷尺拉紧，钢卷尺应无“扭花”，钢卷尺两端摆在被测段落同一水平的高度，置于被测段落的同一侧。量完距离后应随时卷起钢卷尺，不应把抽出的钢卷尺卷成一团或拖来拖去与地面摩擦，并且应避免让钢卷尺落进水里。绳尺直径较细，中间有钢丝，当绳尺中部被草根、石块等物体绊住时，避免用力拖拽，应手动解开牵绊部位。拖拽力量过大、拖拽时间较长，会造成绳尺刻度间距变长，被测数值变小，实际距离缩短。使用绳尺前需要用精度较高的钢卷尺或已知长度的物体进行校准，不合格的绳尺不能继续使用。

在有坡度的地段测量距离时，记录的数据是线路形成实际形状的测量值。如图 2-2 中（a）和（b）所示，线路沿坡建设应沿着斜坡地面测量距离，当线路沿直线前进高于中间杆顶时，应拉平皮尺或绳尺测量杆距。如果遇到坡度较大的情况，可用皮尺和引标分段测量。此时测量的数据与绘制竣工图中的数据允许有误差，验收时以竣工图中的数据为准。

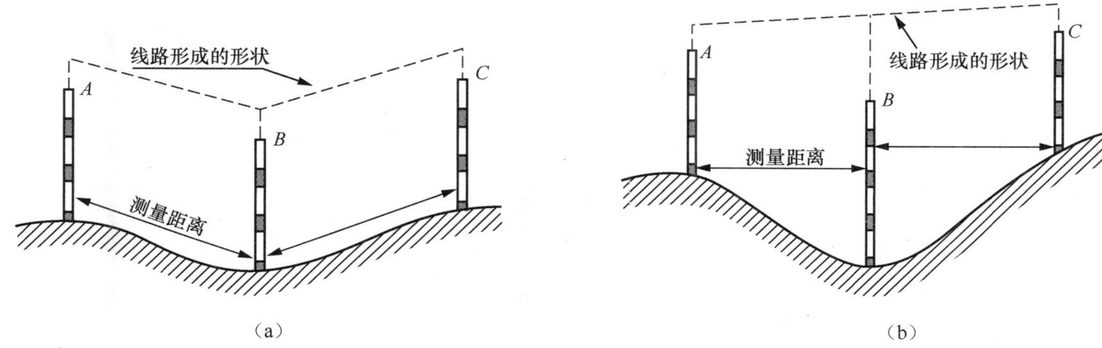

图2-2 斜坡量距法

（3）打标桩

路由确定后，在路由上按一定的距离打标桩，每逢测量长度达 500m 及所有转弯和重要处需要打一个重点桩，穿越障碍物及转角点也要打上标记桩。新建管道和新建直埋光缆通常每 100m 打一个计数桩。

设置平面位置临时用桩及控制沟槽基础标高的临时水准点。临时用桩的间距应根据施工需要确定，以 20 ～ 25m 为宜。临时水准点的间距以不超过 150m 为宜，应满足施工测量的精度要求。通信管道应避免与燃气管道、高压电力电缆在道路同侧建设，若不可避免，应保持与其他管线的最小净距。新建架空杆路工程可在立杆位置打标桩。

桩点设置应牢固，顶部宜与地面平齐。使用的标桩上应标有长度标记或杆号标记，例如，标记长度的标桩与起始站点的距离为 7.413km，可记作“7+413”。标桩标有数字的一面应面向公路一侧或面向前进方向的反面。管道工程的建设方式、光缆敷设方式或光缆程式等改变的起止点等重要标桩应进行三角定标。三角定标示意如图 2-3 所示，通过 *a*、*b*、

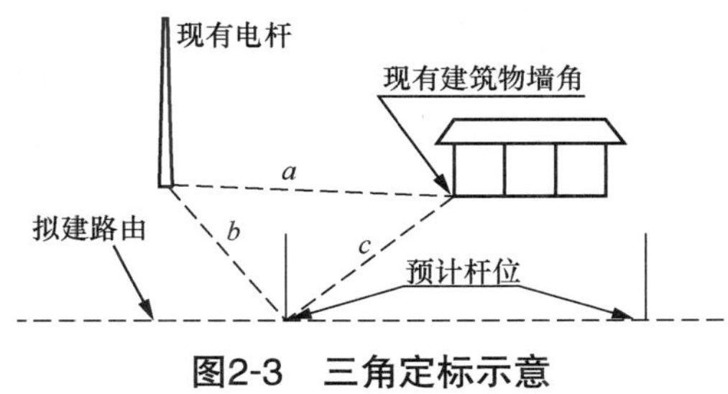

图2-3 三角定标示意

c 三边的长度和已有的参照物就可以确定路由桩点的位置。

（4）划线

划线是指用石灰粉将测量确定的路由用线清晰地标注在地面上，以便后续的挖沟施工，光缆管线工程的开挖施工应按照地面的划线痕迹开挖。一般地形采用单线划，复杂地形可采用双线划，两线的间隔就是光缆沟或管道沟的宽度。划线的直线部位要求笔直，转弯点应划成满足光缆弯曲半径的缓弯。

管道沟划线定位时，应确定并划出管道中心线及人（手）孔中心的位置；直埋光缆在穿越河流、跨度较大的公路及大坡度地段时，光缆要求做“S”弯敷设，通常光缆在河岸的“S”弯处的预留长度为5m。“S”弯的弯度大小视光缆的预留量而定，不得小于光缆的允许弯曲半径。

（5）绘图

绘图是将测量结果在设计图纸的基础上进行补充绘制。当新光缆路由变动不大时，可利用设计图纸做部分修改；当新光缆路由变动较大时，应重新绘制设计图纸。绘图时要求按施工图的比例绘出线路工程路由位置、路由两侧 50m 以内的地形和主要建筑物，以及“三防”设施的位置和保护措施、具体长度等。当穿越较大的河流、铁路等障碍物时，若位置变更，应测绘新的断面图。

（6）登记工作

登记工作是指统计各施工测量段落的累计长度、局（站）位置和沿线土质，与河流、渠塘、公路、铁路、树林、经济作物和其他管线等资源平行和交越情况，通信基础设施的埋深、沟坎加固等的范围、长度和累计数量等，同时记录对材料规格数量的需求，以及运输、施工车辆进入通路的资料等。这些数据是工作量统计、材料供应和青苗赔偿等内容的依据。

2.1.3 修正图纸

施工测量完成后应根据实际情况修正设计图纸，增加有助于施工点位置确定的参照物位置信息、障碍物位置信息、需要机械辅助施工时机械安装固定的位置，以及出入道路情况等信息，增加新建管道工程人（手）孔位置，以及光缆线路工程光缆接续点位置的地形和交通情况等信息。

如果现场条件发生变化、有特殊情况而设计图纸中没有显示时，需要做到早发现、早汇报和早安排。根据环境条件，施工测量时在不违背设计意图、不违反相关规范标准的情况下，可对直埋光缆接头坑、硅芯塑料管道人（手）孔、光缆接头位置等进行微调，保证其被安排在地势较高、较平和或地质稳固之处，避开水塘、河渠、道路、已有接头处，以及企业和工厂门口等有可能受到扰动的地点。市区内光缆管线工程的路由和在规划线内穿越公路、铁路的位置如果发生变动，应重新上报当地相关部门审批后确定。

对于设计图纸的变更，施工单位可向监理单位提出申请，由监理单位要求设计单位按建设程序办理变更手续，形成施工会议纪要。通常设计单位会依据更新的施工测量结果，绘制并出版新版设计图纸或更改页，原版本的设计图纸应立即作废，不得继续使用。

2.2 测量方法

路由复测中的施工测量以水平距离测量为主，一般采用插标法、作直角法和作平行线法等，在工作中可根据地形及工作需要选用不同的测量方法。对于宽度和高度的测量，一般采用标杆法，利用相似三角形的比例关系计算得出。

粗略估算线路长度时，通常采用尺规在图纸上量取长度后再依照比例计算后得到；也可以利用地图软件，使用线段在地图界面上连接得到。

2.2.1 插标法

当目视所有测量标杆位置均落在同一条直线上，再测量标杆间距的测量方法被称为插标法，常用于新建管道或直埋路由的直线段划线和新建杆路确定杆位等工作中。

使用插标法时，先在测量段落的起点处插立标旗等显著标志物，另在本次测量的终点插立一面大标旗，用来标明测量行进的方向。按照设计图纸给定的路由，转角处插立大标旗或长标杆，相邻两个大标旗或长标杆之间就是直线段，当直线过长或有其他障碍物妨碍视线时，可以在中间适当处增插大标旗或长标杆。测量每一个直线段的距离，直到测出全部首尾数据。只有测量完当前段落后，才可以撤去该段的大标旗，继续往前插标杆，继续测量直线段，使测量工作一段一段地进行下去。为避免大标旗或大标杆被风吹斜而产生误差，可采用三方拉绳将大标旗或大标杆拉紧，以保持正直。

利用插标法每测量完 3 ～ 5 根标杆后，看标员应分别从标杆两侧观察所有标杆是否在同一条直线上，以免所测直线产生“眉毛弯”现象。

（1）看标法

现场有两人配合工作时，可采用看标法，看标法示意如图 2-4 所示。看标员站在距离 *A* 标杆约 1m 的位置，身体站正，两眼平视 *A* 标杆，通过标杆的遮掩确定从 *A* 标杆到 *B* 标杆再到角杆的一条线段。插标员执杆在看标员的指挥下，将中间杆依次插入该线段。当插到 *D* 标杆时，看标员可前行至 *B* 标杆指挥。这样一直往前进行直至全部插完中间标杆。

（2）边看边插法

看标员在无人配合的情况下进行施工测量，可采用边看边插法，边看边插法示意如

图2-5所示。图2-5中*A*和*B*是已经插好的标杆，看标员手执一根标杆站在*C*处，对正*BA*方向，手臂向正前方伸直，用拇指和食指夹住标杆，标杆保持自由下垂。看标员微微向左右挪动，同时目测标杆找准直线，当标杆能同时遮掩*B*、*A*两标杆时，位置*C*正确。看标员两手握紧标杆，在已测好位置的地面上压个小洞，再提起标杆向洞中用力插牢，如果杆梢部歪斜，应立即用两手握紧标杆扶正并旋拧结实。看标员按照此方法进行直至全部插完中间标杆。

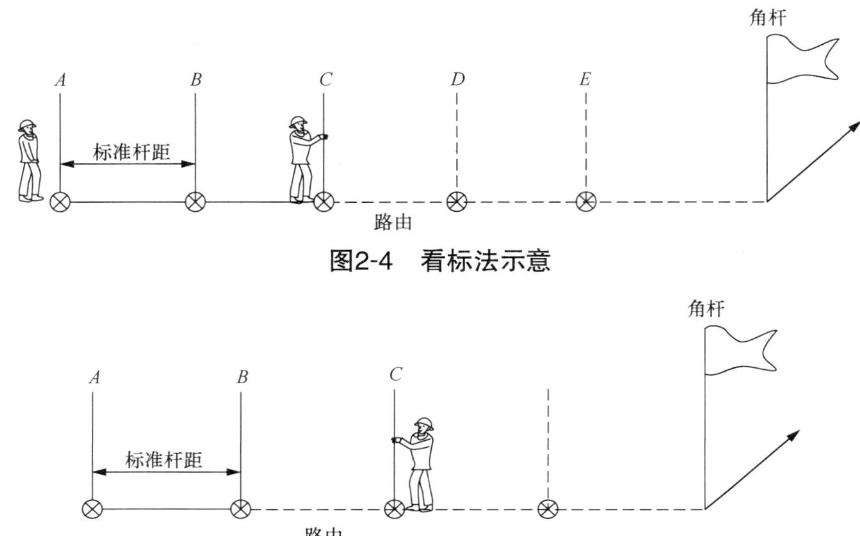

图2-4　看标法示意

图2-5　边看边插法示意

（3）插引标法

当直线线路遇到障碍物时可选用插引标法，插引标法也被称作引标法，插引标法一示意如图2-6所示。*C*标杆处只能看到*B*标杆而看不到*A*标杆，则此时看标员无法确定*C*标杆、*B*标杆、*A*标杆是否处于同一直线上，于是在*B*标杆、*C*标杆间先插引标（*E*标杆），让*A*标杆、*B*标杆、*E*标杆成一条直线。然后由看标员将*B*标杆、*E*标杆、*C*标杆校正成一条直线。这样*A*标杆、*B*标杆、*C*标杆确定在同一条直线上。

插引标法二示意如图2-7所示，*C*标杆处看不到*A*、*B*标杆，此时需要插两根引标（*E*标杆和*F*标杆），先将*A*标杆、*B*标杆、*E*标杆、*F*标杆校正为一条直线，后将*E*标杆、*F*标杆、*C*标杆校正为一条直线，这样*A*标杆、*B*标杆、*C*标杆确定在同一条直线上。

插引标法三示意如图2-8所示，当看标员站在*C*标杆处完全看不到*B*、*A*标杆，同时高坡上（如*R*点）无法插引标时，可沿直线前进至能看见*B*、*A*两标杆处，插好*P*、*Q*标杆；然后站在*C*标杆处对正*PQ*方向插好*C*标杆，此时*C*标杆也位于*AB*直线上。

（4）插对标法

插对标法是在相向测量时确定接合点处标杆的测量方法，插对标法如图2-9所示。线路分别从两侧相对进行测量至 A、B 两标杆处，D、E 为待插标杆且必须位于 AB 直线上，此时可同时调整 D、E 两根标杆，并反复试标，直至达到 D 标杆、E 标杆、B 标杆为一条直线，且和 A 标杆、D 标杆、E 标杆均为一条直线。

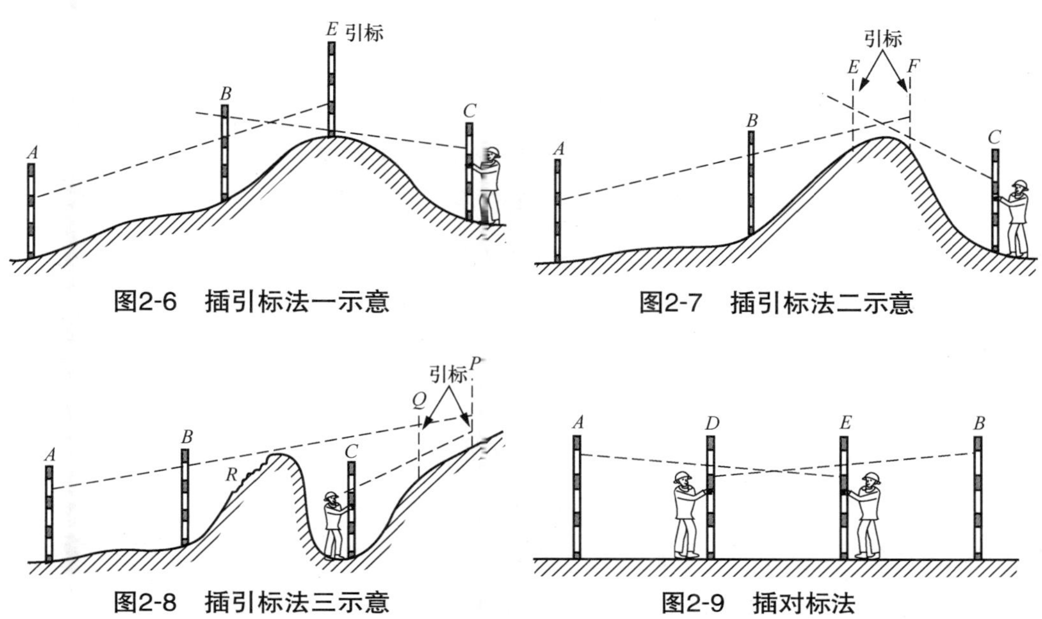

图2-6　插引标法一示意

图2-7　插引标法二示意

图2-8　插引标法三示意

图2-9　插对标法

2.2.2　作直角法和作平行线法

在直线上的任一点，找出一个垂直于该直线方向的做法，称为“作直角”，如图 2-10 所示。将地链的 0m 和 12m 点放在一起，拉直 4m 和 9m 点，根据勾股定理，则 0 ～ 4m 段和 9 ～ 12m 段必然垂直。利用直角测量可以测出转角的角平分线，从而确定拉线的方向和地锚开挖的位置。

平行线测量法如图 2-11 所示，被测路由 CC' 的位置与现有线路 AA' 平行，AA' 可以直接测量距离，CC' 中间有障碍物而无法直接拉线测量。在 A 点，量取 $AN = AM = 5\text{m}$，得到 M、N 两点距离，将地链的 0m、20m 标记处分别放在 M、N 处（也可以是其他使 BM 与 BN 相等的值），10m 标记处拉成顶点 B，再由三点一线定标法确定 C 点；同理确定 C' 点，则 CC' 为与 AA' 线路平行且有给定隔距的路由。

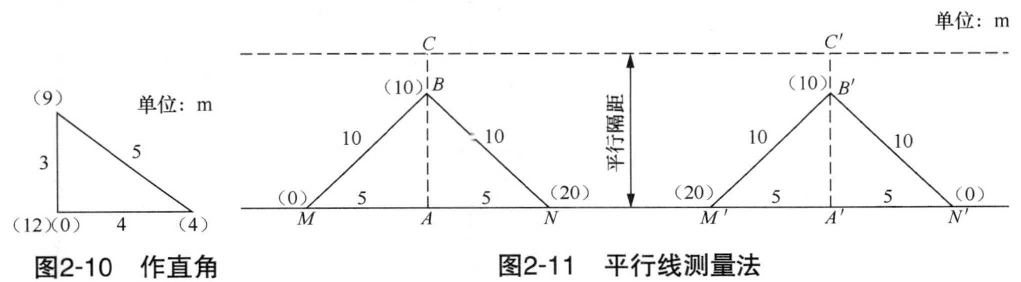

图2-10　作直角

图2-11　平行线测量法

2.2.3 对宽度和高度的测量

在通信线路跨越河流、山谷、房屋、树木、电杆线等较高的障碍物，不能直接测量距离时，可用普通标杆间接测量距离。当测量所用标杆长度为 1m 时，被测物体的长度在数值上等于地面两个所在点距离的比值。

（1）河流宽度的测量

通信线路工程中测量河流的宽度，实际上是测量两根跨越杆或穿越河流管道之间的距离。测量时要注意利用地形的便利条件，一般选择在河道平坦、地势较低的一侧岸上测量。测量时应在河流两岸起点 A 和终点 B 处各插一根标杆或旗杆，再按照图 2-12 提供的方法在对应点继续插标杆，通过测量地面标杆距离，计算出 A、B 两点之间的距离。

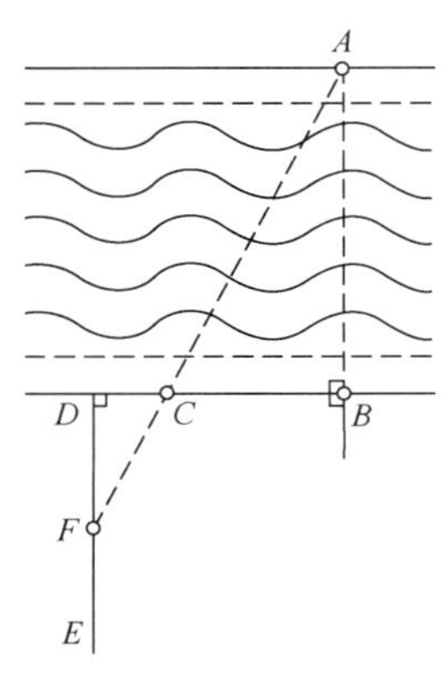

图2-12　河宽测量法一

方法一：河宽测量法一如图 2-12 所示，从 B 标杆处，作 $BD \perp AB$，再从 D 处作 $DE \perp BD$，并在 BD 上择定一点 C，使 $BC = k$ 倍的 CD（k 取 CD 的整数倍，一般取 3 或 4），然后由三点一线的定标原则确定 F 标杆的位置，此时△ $FDC \backsim$ △ ABC，见公式（1）。

$$\frac{AB}{DF} = \frac{BC}{CD} = k$$
$$\therefore AB = k \cdot DF \tag{1}$$

方法二：如图 2-13（a）所示，延长 BA 至 C 处，且使 AC 等于适当整数，作 $AE \perp BAC$，并使 D、E、B 三点位于同一条直线上，再做 $EF \perp DC$，则△ $DEF \backsim$ △ EAB，见公式（2）。

$$\therefore \frac{AB}{EF} = \frac{EA}{DF} \Rightarrow AB = \frac{EA}{DF} \cdot EF \tag{2}$$

若因场地限制无法作出直角，则可以利用皮尺定好尺码使 $EACF$ 成为一个平行四边形，如图 2-13（b）所示，同样△ $DEF \backsim$ △ EAB，见公式（3）。

$$AB = \frac{EA}{DF} \cdot EF \tag{3}$$

如图 2-13（c）所示，延长 BA 至 E 处，作 $DA \perp BE$，在 D 处作直角，使∠ BDC=90°（作直角时应加一 D' 标杆，使 D、D'、B 在一条直线上），DC 交 BE 于 C 点，由几何中的射影定律可得公式（4）。

$$AD^2 = AC \cdot AB$$
$$\therefore AB = \frac{AD^2}{AC} \tag{4}$$

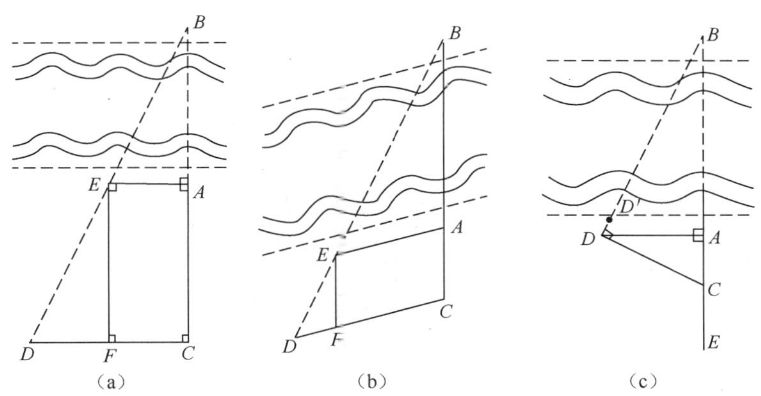

图2-13　河宽测量法二

（2）高度的测量

方法一：当可以直接测量标杆和观测点之间的距离时，利用两根标杆和物体组成一组相似三角形，利用三角形的相似性测量物体高度。如图 2-14 所示，在离 A 点适当距离的地面上立两标杆 B 和 C，并使 A、B、C 这 3 点在同一条直线上，自 B 标杆上的 D 点观测 A、A' 两顶点，交 C 标杆上两点间的距离为 L_C，由相似三角形原理可得公式（5）。

$$h_A = \frac{AB}{BC} \cdot L_C \tag{5}$$

方法二：利用影子进行测定。直射的阳光可以当作平行线，在同一时刻，利用标杆、物体和二者的影子组成一组相似三角形，利用三角形的相似性可以测量物体高度。如图 2-15 所示，在测量对象 AA' 的旁边立标杆 B，分别测得它们的投影长度 D_A 和 D_B，标杆长度 L_B 为已知，则由相似三角形原理可得公式（6）。

$$h_A = \frac{D_A}{D_B} \cdot L_B \tag{6}$$

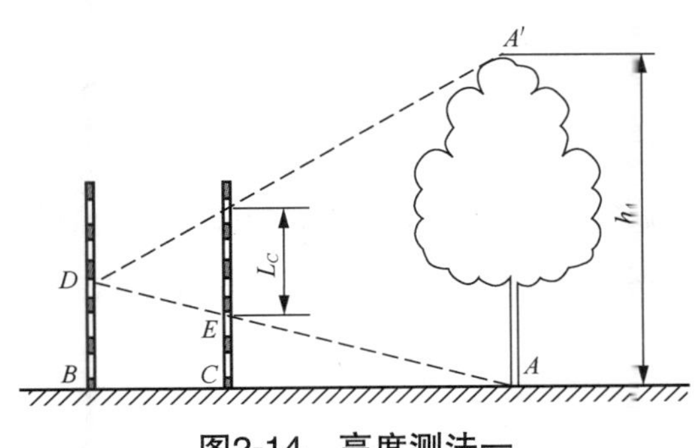

图2-14　高度测法一

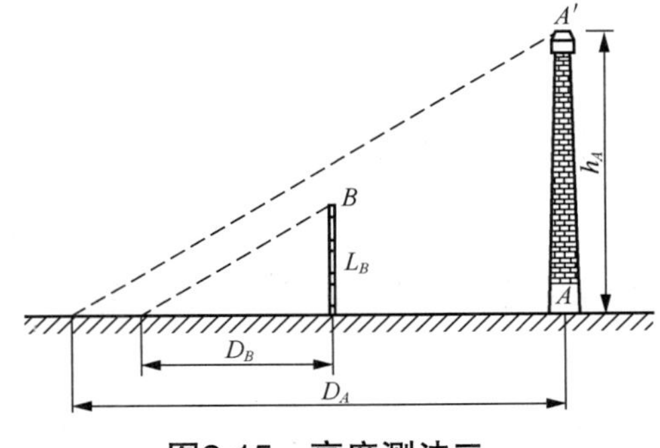

图2-15　高度测法二

新建杆路复测

新建通信架空杆路的路由复测应按照安全稳固、便于施工维护、节约器材、投资经济合理的原则开展工作。架空杆路路由复测要求在常规复测的基础上，增加依据施工图设计文件，做好架空杆路特有的负荷确定、杆路定线、电杆测量、角深测量，拉线方向、入土点和拉线洞的测定，拉线程式、电杆保护装置的选择，以及做好拉线的防护、遇强电平行交越、防雷处理等。

2.3.1 负荷确定

根据所经地区的风速、吊线或光缆上冰凌厚度，可将通信线路负荷区划分为轻负荷区、中负荷区、重负荷区、超重负荷区 4 类。划分线路负荷区的气象条件见表 2-1。负荷确定考虑的是整条杆路或其中的某一部分杆路的建筑规格与建设地点的气象负荷区。

表2-1 划分线路负荷区的气象条件

气象条件	轻负荷区	中负荷区	重负荷区	超重负荷区
冰凌等效厚度 /mm	≤ 5	≤ 10	≤ 15	≤ 20
结冰时温度 /℃	–5	–5	–5	–5
结冰时最大风速 /（m/s）	10	10	10	10
无冰时最大风速 /（m/s）	25	—	—	—

注：1. 冰凌的密度为 0.9g/cm³。如果是冰霜混合物，则一般以厚度的 1/2 折算为冰厚。
2. 最大风速以气象台自动记录 10 分钟平均最大风速为依据。
3. 气象台测风仪标准高度为距离地面 12m，通信线路平均架设高度为 5 ～ 6m，实际计算风速应按气象台记载或预报风速 × 高度系数（0.88）计算得出。
4. 房屋建筑的屏蔽系数不予考虑。

2.3.2 杆路定线

杆路定线应确定架空杆路的总体路由走向。复测时，杆路定线主要是检验设计图纸中确定的路由是否满足规范要求，通常路由情况结合路况、市区、电力、附挂、交越等状况加以考虑。

（1）路况

野外杆路一般应沿交通线立杆，杆路定线应在交通线用地之外，并保持一定的平行隔距。如果需要占用道路、铁路的规划用地，需要提前与产权单位协商占用事宜。杆路距公路界 15 ～ 50m；杆路与铁路接近时应在铁路路界红线外立杆；在铁路或公路拐弯处，杆路可适当顺路取直立杆，遇到障碍物可适当避让，但距公路不宜超过 200m。

（2）市区

原则上，市区不进行架空杆路建设，必须建设时，应在城建管理部门审批通过的位置建设。在市区，一般应在道路（或规划道路）的人行道旁立杆，避免跨越房屋等建筑物。

（3）电力

通信线不宜与电力线布放在同一侧。杆路与 35kV 以上电力线应垂直交越，当不能垂直交越时，其最小交越角度不得小于 45°。架空光缆交越其他电气设施的最小垂直净距不应小于表 2-2 的规定，该规定摘自 GB 51171—2016《通信线路工程验收规范》。

表2-2　架空光缆交越其他电气设施的最小垂直净距

<table>
<tr><th rowspan="2">其他电气设施名称</th><th colspan="2">最小垂直净距 /m</th><th rowspan="2">备注</th></tr>
<tr><th>架空电力线路
有防雷保护设备</th><th>架空电力线路
无防雷保护设备</th></tr>
<tr><td>10kV 以下电力线</td><td>2.0</td><td>4.0</td><td rowspan="7">最高缆线
到
电力线</td></tr>
<tr><td>35 ～ 110kV
电力线（含 110kV）</td><td>3.0</td><td>5.0</td></tr>
<tr><td>110 ～ 220kV
电力线（含 220kV）</td><td>4.0</td><td>6.0</td></tr>
<tr><td>220 ～ 330kV
电力线（含 330kV）</td><td>5.0</td><td>—</td></tr>
<tr><td>330 ～ 500kV
电力线（含 500kV）</td><td>8.5</td><td>—</td></tr>
<tr><td>500 ～ 750kV
电力线（含 750kV）</td><td>12.0</td><td>—</td></tr>
<tr><td>750 ～ 1000kV
电力线（含 1000kV）</td><td>18.0</td><td>—</td></tr>
<tr><td>供电线接户线</td><td colspan="2">0.6</td><td>—</td></tr>
<tr><td>霓虹灯及其铁架</td><td colspan="2">1.6</td><td>—</td></tr>
<tr><td>电气铁道及电车滑接线</td><td colspan="2">1.25</td><td>—</td></tr>
</table>

注：1. 供电线为被覆线且最小净距不符合表 2-2 中要求时，光（电）缆应在供电线上方交越。

2. 光（电）缆与供电线交越时，跨越档两侧电杆及吊线安装应做加强保护装置。

3. 通信线应架设在电力线的下方位置，以及电车滑接线和接触网的上方位置。

（4）附挂

通信架空杆路的一条吊线上通常吊挂一条通信光缆，利用杆路上原有的吊线及挂钩敷设新的光缆，这个行为称为附挂。采用附挂方式敷设新光缆时，需要确认新光缆和采用的路由应不妨碍已有杆路和光缆运行的安全。附挂时，新旧光缆可以源自同一个通信企业，也可以由电力、广电或其他运营商提供。附挂时要注意杆路承受能力，应根据需要在原杆路上新增拉线、三线保护管、防雷接地线等保护装置。

一般情况下，架空杆路应避免附挂，可以在原有杆路路由上增设一条吊线，在新放吊线上敷设光（电）缆。当新建杆路确有实际困难，需要改为附挂时，应充分阐述理由，提出解决方案，并呈报相关主管部门审批。

（5）交越

架空杆路应避免与铁路、公路、河流、房屋等障碍物交越。当架空通信线路与其他设施接近、交越时，其间隔应符合下列规定。杆路与其他设施的最小水平净距应符合表 2-3 的规定，该规定摘自 GB 51171—2016《通信线路工程验收规范》。

表2-3　杆路与其他设施的最小水平净距

其他设施名称	最小水平净距 /m	备注
消火栓	1.0	消火栓与电杆距离
地下管线、缆线	0.5 ～ 1.0	包括通信管、缆线与电杆间的距离
火车铁轨	地面杆高的 4/3	—
人行道边石	0.5	—
地面上已有其他杆路	地面杆高的 4/3	以较长杆高为基准。其中，对于 500 ～ 750kV 输电线路不小于 10m，对于 750kV 以上输电线路不小于 13m
市区树木	0.5	缆线到树干的水平距离
郊区树木	2.0	
房屋建筑	2.0	缆线至房屋建筑的水平距离

注：在地域狭窄地段，当拟建架空光缆与已有架空线路平行敷设，且间距不能满足以上要求时，杆路可共享或改用其他方式敷设光（电）缆线路，并满足隔距要求。

当光缆无法避免与铁路、高速公路交越时，应首选地下通过方式，可采用顶管、预埋管、微控地下定向钻孔敷管或在涵洞中穿越；与通航河流或河面较宽的河流交越时，可优先考虑从桥梁上通过，也可采用微控地下定向钻孔敷管等方式；如果必须采用架空方式，架空光缆的架设高度不应低于表 2-4 的规定，该规定摘自 GB 51171—2016《通信线路工程验收规范》。同时应避免架空杆路频繁往返跨越公路或铁路。

表2-4　架空光缆架设高度

<table>
<tr><th rowspan="2">名称</th><th colspan="2">与线路方向平行时</th><th colspan="2">与线路方向交越时</th></tr>
<tr><th>架设高度 /m</th><th>备注</th><th>架设高度 /m</th><th>备注</th></tr>
<tr><td>市内街道</td><td>4.5</td><td rowspan="5">最低缆线到地面</td><td>5.5</td><td rowspan="5">最低缆线到地面</td></tr>
<tr><td>市区里弄（胡同）</td><td>4.0</td><td>5.0</td></tr>
<tr><td>铁路</td><td>3.0</td><td>7.5</td></tr>
<tr><td>公路</td><td>3.0</td><td>5.5</td></tr>
<tr><td>土路</td><td>3.0</td><td>5.0</td></tr>
<tr><td rowspan="2">房屋建筑物</td><td rowspan="2">—</td><td rowspan="2">—</td><td>0.6</td><td>最低缆线到屋脊</td></tr>
<tr><td>1.5</td><td>最低缆线到房屋平顶</td></tr>
<tr><td>河流</td><td>—</td><td>—</td><td>1.0</td><td>最低缆线到最高水位时的船桅顶</td></tr>
<tr><td>市区树木</td><td>—</td><td>—</td><td>1.5</td><td rowspan="2">最低缆线到树枝的垂直距离</td></tr>
<tr><td>郊区树木</td><td>—</td><td>—</td><td>1.5</td></tr>
<tr><td>其他通信线</td><td>—</td><td>—</td><td>0.6</td><td>一方最低缆线到另一方最高线条</td></tr>
</table>

2.3.3　电杆测量

通信电杆测量需要测量杆位、杆距、杆高。设计图纸应明确杆位、杆距、杆高，当发生设计与施工的时间间隔过长导致现场情况发生变化时，需要重新测量。杆位、杆距、杆高的测定是新建杆路路由复测的主要工作。

竣工图上需要标注杆位的经纬度。地图软件可以显示地面已有的道路、建筑物、农田、树林、河道位置，地图软件允许操作者在地图上选点、定杆位，并且导出杆位的经纬度。计算机屏幕上的操作过程比较简单且直观，但是存在地图比例问题，且当前环境可能较地图拍摄时发生变化，仍然需要人员去现场复核、确定杆位的经纬度。

（1）杆位

电杆杆位的确定除了考虑避免对周边交通及其他已建设施的安全性、使用功能造成影响，还应选择在土质比较坚实、周围无塌陷并避免易积水或洪水淹没等地点，为了新建杆路施工和后期维护的方便，电杆杆位不应设在施工、维护有很大困难的地点。

电杆杆位（包括杆上建筑距其他地下或地上建筑物的最小水平净距）应符合杆路与其他设施的最小水平净距要求，架空光缆线路与其他建筑物间距应符合表 2-5 的规定，该规定摘自 YD 5148—2007《架空光（电）缆通信杆路工程设计规范》。

表2-5 架空光缆线路与其他建筑物间距

序号	间距说明	最小净距 /m	交越角度
1（光缆距地面）	一般地区	3.0	—
	特殊地点（在不妨碍交通和线路安全的前提下）	2.5	
	市区（人行道上）	4.5	
	高杆农林作物地段	4.5	
2（光缆距路面）	跨越公路及市区街道	5.5	—
	跨越通车的野外大路及市区巷弄	5.0	
3（光缆距铁路）	跨越铁路（距轨面）	7.5	≥ 45°
	平行间距	30.0[1]	
4（光缆距树枝）	在市区的平行间距	1.25	—
	在市区的垂直间距	1.0	
	在郊区的平行及垂直间距	2.0	
5（光缆距房屋）	跨越平顶房顶	1.5	—
	跨越人字屋脊	0.6	
6	光缆距建筑物的平行间距	2.0	—
7	与其他架空通信缆线交越时	0.6	≥ 30°
8	与架空电力线交越时[2]	1.5	≥ 30°
9（跨越河流）	不通航的河流，光缆距最高洪水位的垂直间距	2.0	—
	通航的河流，光缆距最高通航水位时的船桅最高点	1.0	
10	消火栓	1.0	—
11	光缆沿街道架设时，电杆距人行道边石	0.5	—
12	与其他架空线路平行时	不宜小于 4/3 地面以上杆高	—

注：1. 30.0m 为光缆路由与铁路应保持的间距。在特殊情况下，电杆离铁路隔距必须大于 4/3 杆高。

2. 指 1kV 以下的电力线裸线，最小净距考虑杆上操作时必要的安全隔距。

杆位测量的正常顺序为：先确定起点、终点和角杆的位置，再确定每个直线段落中间电杆、人字拉、四方拉等电杆的位置，最后测量相邻两根电杆之间的距离。测定需要加装拉线（或撑杆）的杆位时，应考虑拉线（或撑杆）的位置。需要设置拉线（或撑杆）的地方有以下 8 处。

① 在线路路由改变走向的地点应设立角杆。

② 线路终结的地点应设立终端杆。

③ 线路中间有光缆需要分支的地点应设立分线杆。

④ 架空杆路按一定的间隔杆数要求设立抗风拉线和防凌拉线的电杆。

⑤ 长杆档两侧和跨越铁路及高速公路两侧的电杆。

⑥ 坡度变更大于 20% 的吊杆档，杆高大于 12m 的电杆。

⑦ 超过两个接头的接杆。

⑧ 其他杆位不够稳固的电杆。

架空杆路应相隔一定杆数交替设立抗风杆和防凌杆，抗风杆及防凌杆隔装数见表 2-6。安装抗风拉线和防凌拉线的杆位遇角杆或装设地点的地形无法装设拉线的情况时，可将抗风杆及防凌杆向前移 1 ～ 3 个杆位，并从该杆位重新计数。市区通信架空杆路可不装设抗风杆及减少防凌杆安装数。松土、沼泽地等经常淹积水、塌陷滑坡等地点的电杆，在安装杆根加强装置仍不够稳固时，可加装双方拉线加以巩固。

表2-6　抗风杆及防凌杆隔装数

风速	架空光（电）缆条数	轻、中负荷区		重、超重负荷区	
		抗风杆 / 个	防凌杆 / 个	抗风杆 / 个	防凌杆 / 个
一般地区（风速≤ 25m/s）	≤ 2	8	16	4	8
	＞ 2	8	8	4	8
25m/s ＜风速≤ 32m/s	≤ 2	4	8	2	4
	＞ 2	4	8	2	4
风速＞ 32m/s	≤ 2	2	8	2	4
	＞ 2	2	4	2	4

注：风速为 24.5 ～ 28.4m/s 指 10 级风，为狂风等级，可以连根拔起树木、摧毁建筑物，陆地上较少见。

在长杆档两侧电杆的反侧方向上加装一条顶头拉线，超过标准杆距 50% 或风速超过 10m/s 的地区，宜加装三方拉线层。飞线杆跨越计算杆高超过 12m 时，飞线跨越档两侧的电杆应设置终端杆和跨越杆；飞线杆跨越计算杆高不超过 12m 时，跨越杆和终端杆宜合成终端跨越杆。超过两个接头的接杆，上部接头处应加装双方或四方拉线。在人行道上应尽量避免使用拉线。

（2）杆距

杆距测量通常伴随杆位确定，应按设计的杆距要求测定杆位，当测定杆位遇到土壤不够稳固或与其他建筑物隔距达不到规定要求时，可将杆位适当前后移动，杆位移动后的杆距应满足标准杆距的要求，一般不超过规定允许的偏差，如果必须超出标准杆距，应按长杆档处理。

① 标准杆距范围。杆距应按杆上负载和所经过地区的负荷区和地理环境确定，标准杆距可在表 2-7 标称杆距范围内选择。

表2-7 标称杆距范围

负荷区	轻负荷区	中负荷区	重负荷区	超重负荷区
野外杆路 /m	50 ～ 65	50 ～ 60	25 ～ 50	25 ～ 50
市区杆路 /m	35 ～ 55	35 ～ 50	25 ～ 40	25 ～ 40

② 长杆档划分范围和加固要求。架空线路的杆距在轻负荷区超过 60m、中负荷区超过 55m、重负荷区超过 50m 时，应采用长杆档建筑方式。长杆档加强设计要求为：在长杆档两侧电杆的反侧方向加装一条顶头拉线，超过标准杆距 50% 或风速超过 10m/s 的地区，宜加装三方拉线；顶头拉线采用 7/3.0mm 钢绞线，三方拉线中的双方拉线采用 7/2.2mm 钢绞线；电杆根部应加装卡盘或固根横木。超过标准杆距 50% 的长杆档两侧的电杆上应在面向长杆档侧加装与吊线同一程式的辅助吊线（钢绞线），作为辅助终结。

③ 飞线划分范围。超过标准杆距 100% 的杆距应采用飞线装置。飞线跨越杆距范围见表 2-8。

表2-8 飞线跨越杆距范围

负荷区	无冰及轻负荷区	中负荷区	重负荷区
无辅助吊线 /m	≤ 150（100）	≤ 150（100）	≤ 100（65）
有辅助吊线 /m	≤ 500（300）	≤ 300（200）	≤ 200（100）

注：1. 超重负荷区不宜做飞线跨越，需要时应做特殊设计。

2. 当每条吊线架挂的光缆重量大于 250kg/km 时，适用表 2-8 中括号内数值范围，重量超过 500kg/km 的光缆不宜做架空飞线跨越。

（3）杆高

杆高主要依据杆上加挂光缆终期数量、最底层光缆的最大垂度离地面的高度及电杆埋深等要求选定，如图 2-16 所示。图中，a = 光缆架挂层数（n–1）×0.40m（新建杆路应考虑杆路最终容量的光缆架挂数量）；b = 最大垂度，按架空光缆吊线原始安装垂度表的最高温度时间的垂度再加 0.50m（挂缆后下垂度）；c = 杆上最下层缆的最大垂度离地面的高度；d = 电杆埋深，按标准杆高、普通土的埋深规定详见表 3-1；h = 电杆的杆高，见公式（7）。

$$h=0.15\text{（或 }0.50\text{）}+a+b+c+d\text{（m）} \qquad (7)$$

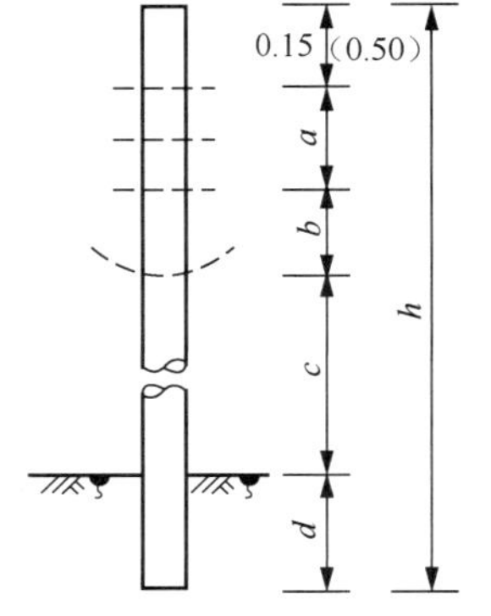

图2-16 杆高计算示意

一般杆高配置：架空杆路应尽量采用标准杆高的电杆，地势较为低洼或跨越障碍物时将会提高杆高。杆路在跨越其他建筑物或障碍物，或者在山区地形起伏较大需要减小光缆及吊线的坡度变更时，应根据需要配置杆高。

坡度变更一般不大于 20%，坡度大于 20% 时，可采用加高吊档电杆的杆高来减小坡度变更，若仍达不到要求则应采用加强装置。单根电杆的高度一般不超过 10m，杆高超过 10m 时，可采用接高措施或采用 10m 以上杆高的电杆。水泥杆可用杆顶槽钢接高装置，但接高高度不超过 2m。杆高超过 10m又需要接高时，宜采用等径钢筋混凝土电杆。

飞线跨越杆配置：飞线跨越杆除一般要求外，还应考虑跨越杆杆位的地势与所跨越河流、山谷或飞越的其他建筑物的高程差；上下层光缆吊线的间距由普通的 0.4m 增加到 0.6m；随跨距增大的吊线与光缆的垂度，可以按照可用空载吊线的垂度增加 0.5 ～ 1.0m 加以考虑；正辅吊线的间距、埋深的加大等因素。

2.3.4 角深测量

架空杆路转角点的电杆称为角杆。角深示意如图 2-17 所示。角深是指角杆至两侧邻杆的距离均采用 50m 时，所测得的底边上高的距离（图 2-17 中 *PM* 的值）。

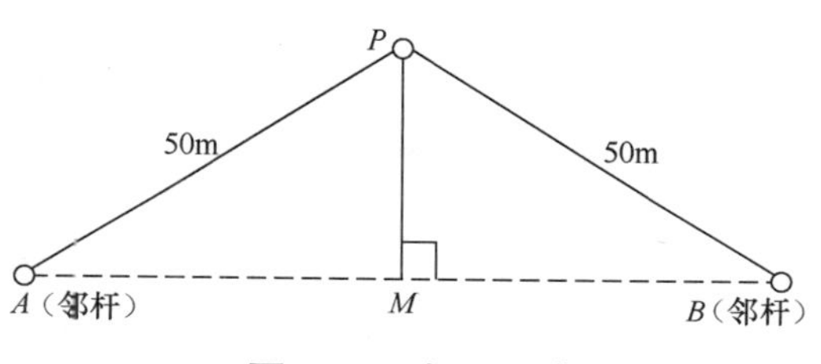

图2-17 角深示意

用角深表示角杆转角的大小，比较直观。通常角杆需要做拉线，测量角深的同时还可以确定角杆拉线的方向。在实际测量时，取 50m 较为不便，因此往往可以采用缩小 *PA*、*PB* 的方式来测量角深。角深的测量方法分为内角深测量和外角深测量，两种测量方法测得的角深数值是相同的。

测量内角深，如图 2-18（a）所示，将 *PA*、*PB* 缩小 10 倍，得到 *A*′、*B*′ 两点，*PA*′=*PB*′=5m，*A*′*B*′ 间 *M*′ 点与 *P* 之间的距离为角深 *PM* 的 1/10，*PM* = 10×*M*′*P*（m）。

测量外角深，如图 2-18（b）所示，在 *AP* 延长线上立一标杆 *E*，且使 *PE* = 5m，在 *PB* 线上找一点 *F*，使 *PF* = 5m，则该角杆的角深 *PM* = 5×*EF*（m）。

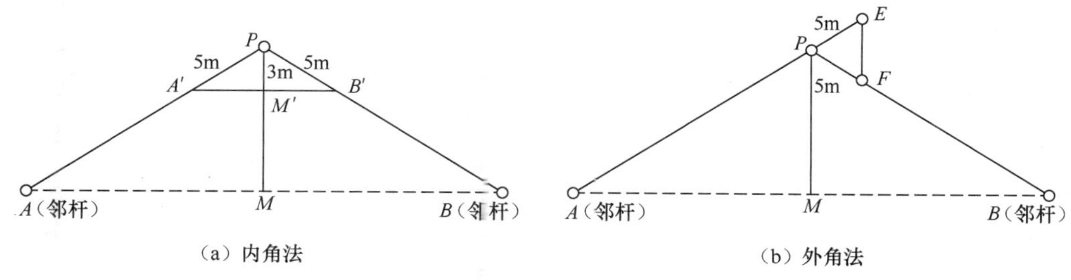

图2-18 比例测角深

（1）角深和标准角度换算

角深和标准角度虽然都能表示转角的大小，但架空杆路施工过程中常用角深表示转角的度数。当标准杆距为 50m 时，角深与内角度数的关系应符合表 2-9 的要求。

（2）双转角的测量

当线路转角角深超过 25 m 时，可以分为两个角杆，两个角杆的角深和角杆前后的杆距宜相等或相近。双角杆示意如图 2-19 所示，原设定 P 杆位分为两个转变方向相同、角深大小相等的角杆 E、F，其中，角深 $D \approx D_1+D_2$，$L_1 \approx L_2 \approx L_3 \approx$ 标准杆距。

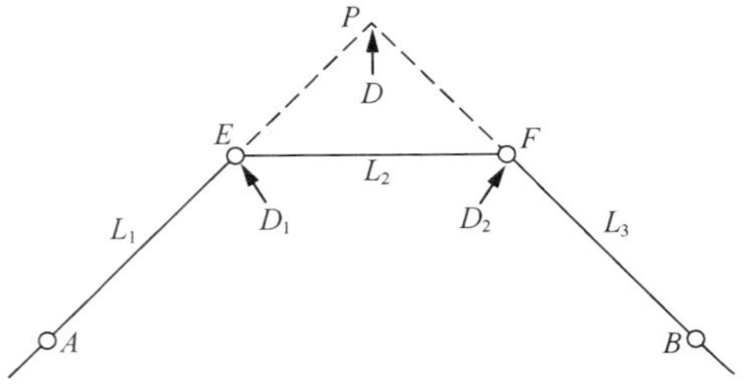

图2-19 双角杆示意

两个转变方向相同、角深大小相等的转角测量称为双转角测量，双转角测量过程中每个角杆按正常的角深和标准角度测量。角深与内角关系对照见表 2-9。

表2-9 角深与内角关系对照

角深 /m	内角（180°−θ）	角深 /m	内角（180°−θ）	角深 /m	内角（180°−θ）
1.0	178.0	9.5	158.0	18.0	138.0
1.5	176.5	10.0	157.0	18.5	137.0
2.0	175.5	10.5	156.0	19.0	135.5
2.5	174.0	11.0	154.5	19.5	134.0
3.0	173.0	11.5	153.5	20.0	133.0
3.5	172.0	12.0	152.0	20.5	131.5
4.0	171.0	12.5	151.0	21.0	130.5
4.5	170.0	13.0	150.0	21.5	129.0
5.0	168.5	13.5	148.5	22.0	128.0
5.5	167.5	14.0	147.5	22.5	127.0
6.0	166.0	14.5	146.0	23.0	125.0
6.5	165.0	15.0	145.0	23.5	124.0
7.0	164.0	15.5	144.0	24.0	123.0
7.5	163.0	16.0	143.0	24.5	121.0
8.0	161.5	16.5	141.5	25.0	120.0
8.5	160.5	17.0	140.0		
9.0	159.0	17.5	139.0		

2.3.5 拉线方向

安装通信电杆后，电杆除受自身重力和地面支撑力外，杆梢还受到吊线的弹性拉力。电杆受力处于平衡状态时，才能平稳立于地面，安装拉线是为了平衡外力，否则电杆在外力的作用下会发生倾倒，造成事故。为平衡转角电杆、终端杆承受的吊线张力，需要安装拉线；在直线杆路上，电杆吊线承受风侧压或冰凌等负载，为防止电杆向两侧或顺线倾倒，需要每隔若干根电杆用双方、三方或四方拉线将电杆加固。

根据安装位置和数量可以将拉线分为角杆拉线、顶头拉线、双方拉线（抗风拉线）、三方拉线、四方拉线（防凌拉线）等，当角杆或终端杆外侧无法做拉线时，可改为撑杆。

（1）角杆拉线方向的测定

角杆拉线的主要作用是抵消转弯角杆内角两边吊线和光缆的水平合力，角杆所受的合力大小与架设的吊线程式和数量、线缆数量和角深等因素有关。

通常角深较小，线路负荷不大的转角角杆可安装一条拉线。角杆拉线应装设在角杆内角平分线的反侧，左右偏差不超过 5cm，如图 2-20（a）所示。

角杆拉线方向测定如图 2-20（b）所示。*A* 为角杆，用看标法在 *AC*、*AB* 直线上分别测得 *E*、*F* 点，使 *AE*=*AF*=3m，在 *E*、*F* 点插标杆；将卷尺的“0m”“12m”处分别固定在 *E*、*F* 点，另一人拉紧卷尺的“6m”处向转角外侧移动，绷紧卷尺得到 *D* 点；*D* 点插上标杆，则 *AD* 方向为角杆拉线方向。

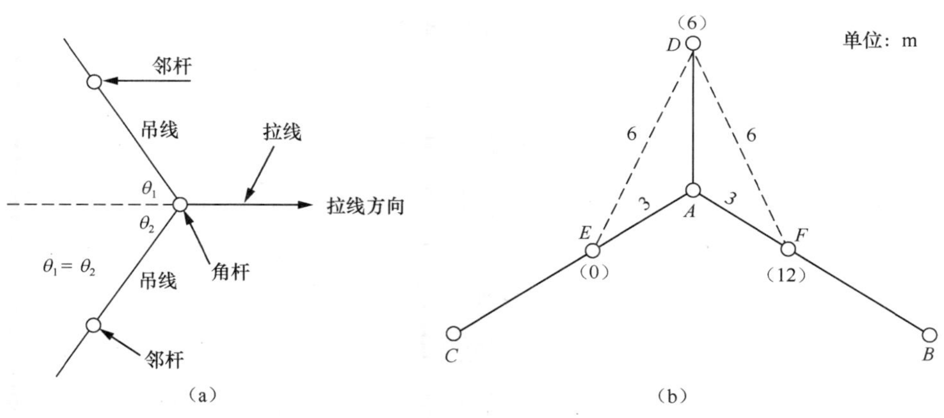

图2-20 角杆拉线装设

角深较大、线路负荷较大的双转角角杆需要安装两条拉线时，每条拉线应分别装在对应的线条张力的反侧方向，两条拉线的出土点均内移 600mm，如图 2-21（a）所示；十字角杆顶头拉线是角深较大转角杆拉线的典型应用，如图 2-21（b）所示。

（2）顶头拉线方向的测定

顶头拉线（又称终端拉线、顺杆拉线）可用在线路的终端或直线线路相邻两杆档距离相差较大（长杆档）、电杆两侧的线缆数和负荷相差较大时，顶头拉线应装设在杆路直线受力方向的反侧方向，如图 2-22 所示。

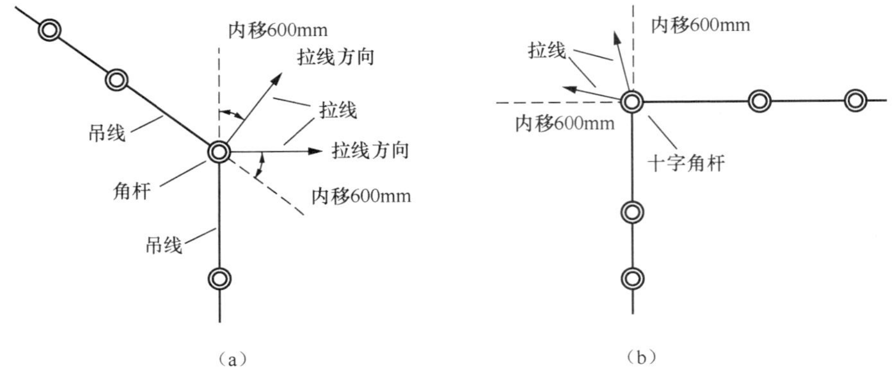

图2-21　角杆安装两条拉线的装设方向

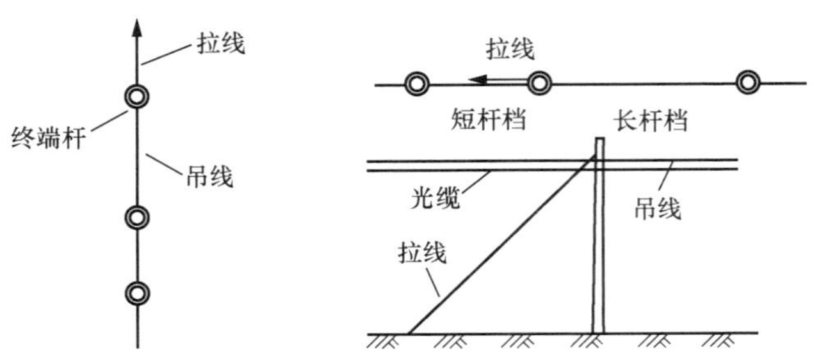

图2-22　顶头拉线装设方向

（3）双方拉线方向的测定

双方拉线又称抗风拉线，只有当风从线路的侧面吹来，对杆线产生压力时，其迎风侧的一条拉线才发挥抗风的作用。双方拉线装设方向为杆路直线方向左右两侧的垂直线方向上，如图 2-23（a）所示。

测量方法如图 2-23（b）所示，由 *A* 标杆处用看标法在 *AB*、*AC* 直线上分别测得 *E*、*F* 点，且使 *AE*=*AF*=3m，于 *E*、*F* 点各插一标杆，将卷尺的“0m”“10m”处分别固定于 *E*、*F* 两点，另一人拉紧卷尺的“5m”处向线路左右两侧绷紧并分别得到 *D*、*G* 两点，并在 *D*、*G* 点插上标杆，则 *AD*、*AG* 方向为双方拉线方向。

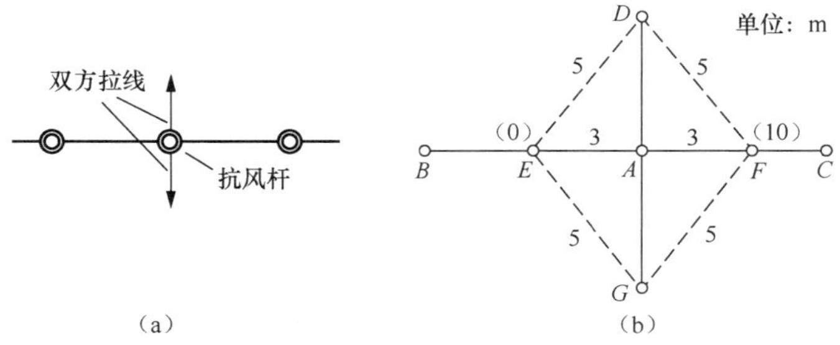

图2-23　双方拉线装设方向

（4）三方拉线方向的测定

三方拉线适用于线路的跨越杆上，作用在于防止侧风吹过来产生的对杆线的压力和跨越杆距离较长产生的对顺线杆路的拉力。三方拉线采用双方拉线加一条顺线拉线（装在跨越档或长杆档反侧）；其中双方拉线可以与顺线拉线转角 120° 装设，如图 2-24（a）所示。

双方拉线转角 120° 装设时，测量方法如图 2-24（b）所示。在 *AC* 直线上，测得 *G* 点，使 *AG* = 3m，将卷尺的"0m""6m"处分别固定于 *A*、*G* 两点，另一人拉紧卷尺的"3m"处向线路左右两侧绷紧，分别插上 *E*、*F* 标杆；再在 *AC* 直线的反方向上测得 *D* 点，则 *AE*、*AF*、*AD* 方向为三方拉线的方向。当 *AE*、*AF* 方向与 *DAC* 线段垂直时，采用双方拉线方向的测定办法。

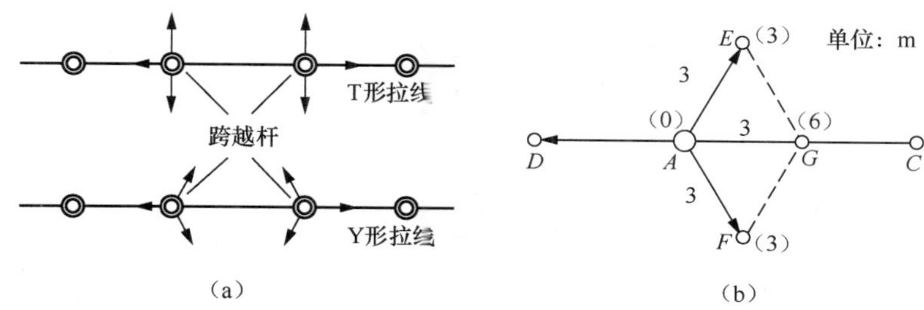

图2-24　三方拉线装设方向

（5）四方拉线的测定

四方拉线又称为防凌拉线，由双方拉线和两条顺线拉线组成，受到地形限制时可以均偏转 45° 装设，四方拉线装设方向如图 2-25 所示。四方拉线在正常气候下，作用不凸显，当架空杆路上结冰或断线时，即发挥分段保护架空杆路的作用，可以将电杆连续倾斜、倒杆情况限制在装设四方拉线的段落。

（6）其他作用拉线

在地形不平的情况下制作拉线，对电杆进行受力分析，考虑吊线施加的合力方向，仰角杆应采用仰角拉线，俯角杆应采用撑杆，仰角的拉线和俯角的撑杆装设方向如图 2-26 所示。此时仰角拉线、撑杆平衡的力与直线杆路不同，不仅包含水平方向的力，还包含竖直方向的力。

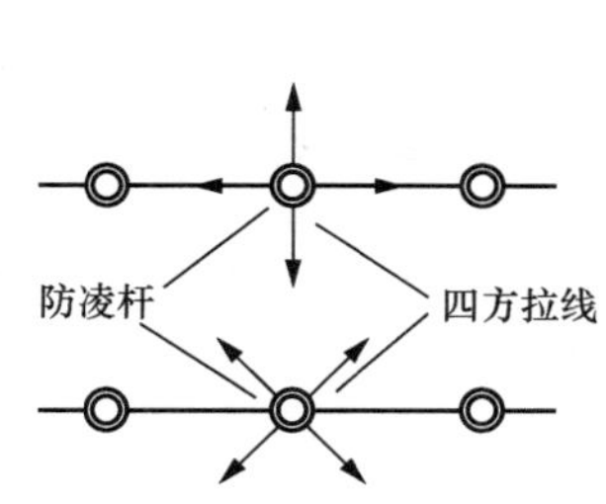

图2-25　四方拉线装设方向

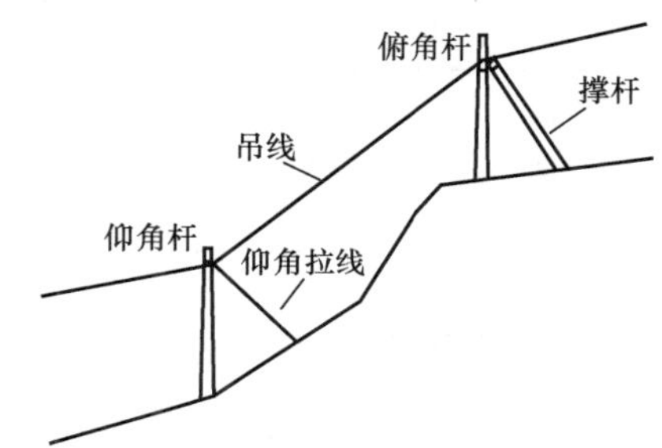

图2-26　仰角的拉线和俯角的撑杆装设方向

（7）特殊拉线

一般电杆采用普通拉线，但受地形等限制时，可采用高桩拉线、吊板拉线、V 形拉线等。

高桩拉线的测定：在角杆或双方拉线的拉线方向上，如果遇拉线需要跨道路或其他障碍物（例如平房）时，需要采用高桩拉线，如图 2-27 所示。高桩拉线的主拉线的高度应满足架空杆路的高度要求。

吊板拉线的测定：普通拉线的距高比宜为 1，最小不应小于 3/4，若小于 3/4，则可设置吊板拉线。行道上无法按正常距高比选定拉线入地点时，可采用吊板拉线。吊板拉线示意如图 2-28 所示。

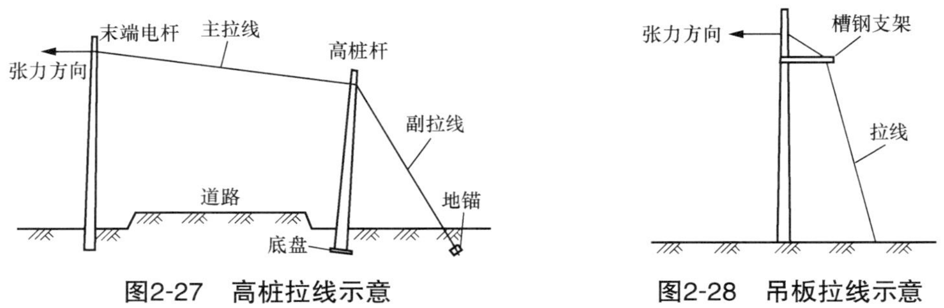

图2-27　高桩拉线示意　　图2-28　吊板拉线示意

V 形拉线的测定：V 形拉线适用于吊线层数较多或架挂重量较大缆线的电杆，以及需要承受特强张力的情况，可用于抵消特强线条张力。V 形拉线示意如图 2-29 所示。

（8）撑杆方向的测定

在角杆或终端杆外侧无法做拉线时，可改做撑杆。当电杆使用撑杆加固平衡外力时，撑杆应设在线路合力或张力的同侧，例如角杆使用撑杆时安装在角杆内侧的转角平分线上，终端杆使用撑杆时安装在杆路同一直线上的顺线侧。撑杆安装示意如图 2-30 所示。

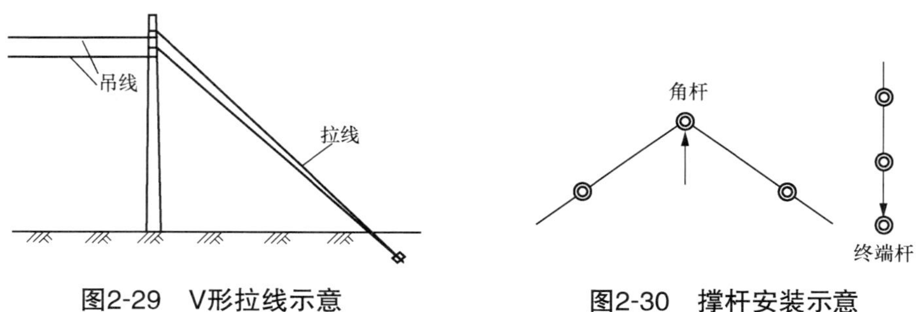

图2-29　V形拉线示意　　图2-30　撑杆安装示意

2.3.6　拉线参数

一条拉线自电杆杆梢而下，决定拉线外观的参数有距高比、拉线入地点、拉线洞位置。这 3 项参数确定后，一条拉线的位置就确定了。

（1）距高比

通常，拉高是指电杆装设拉线抱箍的位置至地面的距离；拉距是指拉线入地点的位置距电杆的水平距离。通常架空杆路上方第一个拉线抱箍离杆顶的距离为 0.5m。

电杆上拉线与电杆形成的夹角通常用距高比（*H*/*L*）来表示，水平地面和坡地的拉高、拉距如图 2-31 所示，其中 *H* 的值为拉高，*L* 的值为拉距。落地拉线的距高比不应小于 0.75 且不应大于 1.25，通常距高比（*H*/*L*）为 1。

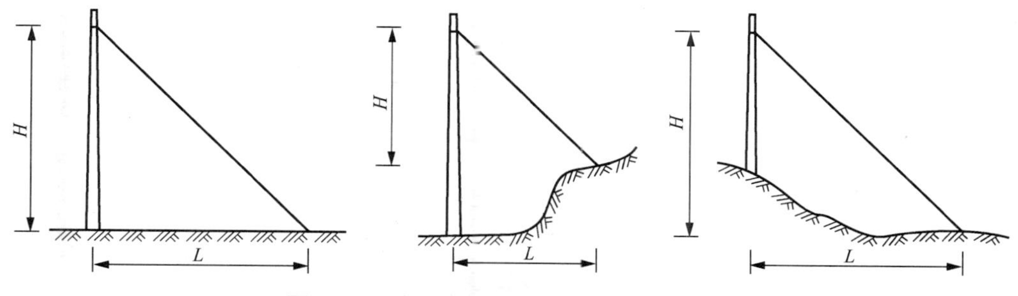

图2-31　水平地面和坡地的拉高、拉距

（2）拉线入地点

拉线入地点即地锚的出土位置，入地点的选取应依照拉线方向，不能左右偏移，可以结合地势调整“距高比”数值作前后移动。撑杆安装示意如图 2-32 所示。

（3）拉线洞位置

拉线洞位置与拉线距高比、拉线地锚坑的深度有关，拉线地锚坑深见表 2-10。拉线地锚坑的近似中心位置距拉线入土点的距离应等于地锚坑深乘距高比，拉线洞位置如图 2-33 所示。沿拉线方向取 *E* 点，使 *DE*= 拉线洞洞深，则 *E* 点即为拉线洞位置。由于地形起伏不同，拉线出土位置及拉线洞位置的测量应根据具体地形测定，在求出拉线出土点 *D* 后，继续沿拉线方向外移一个拉线洞深的距离，则该处就是拉线洞位置。

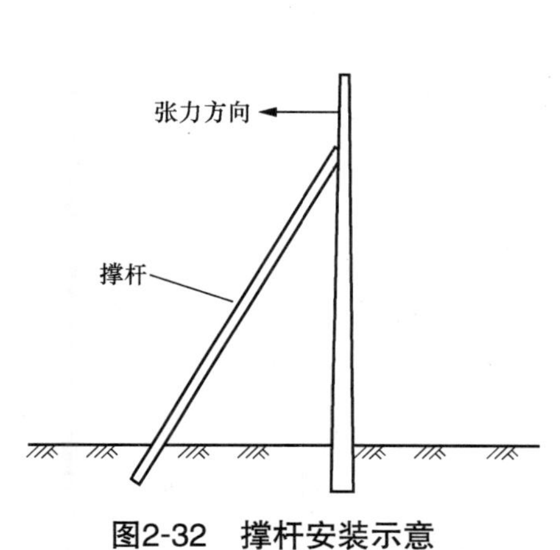

图2-32　撑杆安装示意

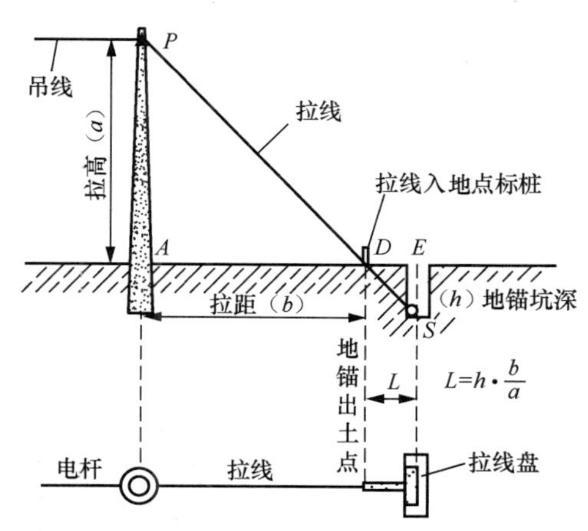

图2-33　拉线洞位置

表2-10　拉线地锚坑深

拉线程式	普通土 /m	硬土 /m	水田、湿地 /m	石质 /m
7/2.2mm	1.3	1.2	1.4	1.0
7/2.6mm	1.4	1.3	1.5	1.1
7/3.0mm	1.5	1.4	1.6	1.2
2 × 7/2.2mm	1.6	1.5	1.7	1.3
2 × 7/2.6mm	1.8	1.7	1.9	1.4
2 × 7/3.0mm	1.9	1.8	2.0	1.5
V 形 上 2 / 下 1 × 7/2.6mm	2.1	2.0	2.3	1.7

资料来源：GB/T 51421—2020《架空光（电）缆通信杆路工程技术标准》。

① 较平坦地区。平坦地段一般设拉线的距高比等于 1，沿拉线方向上在地面直接量取 $AD = PA$，D 点即为拉线入土位置。

② 起伏不平地段。起伏不平地段的拉线入地及杆洞位置需要分阶段测量，起伏不平地区求拉线出土点示意如图 2-34 所示。A 点是角杆，距高比为 1，从 A 点起用卷尺按照水平方向测量拉距并与 C 标杆交于 B 点，此时 AB 等于拉高，但因 B 点离地面较高，则 C 点不能作为拉线地锚的出土点，必须再从 C 点起量，用卷尺按照水平方向继续丈量一段距离，相交 E 杆于 D 点，使 $DF=BF$，一直到 DE 的高度小于 10cm 时，即可认为 E 点为拉线出土点。

③ 上坡地段。先计算拉高 PA 的长度，设 PA=7.0m，将卷尺“7m”处置于电杆根部，沿 AP 标杆向上拉尺子，并在其中的某一点（E 点位置）保持 90° 折弯，当 D 点接触到地面时，该接触点即为拉线入地点。上坡地段拉线出土点的确定如图 2-35 所示。

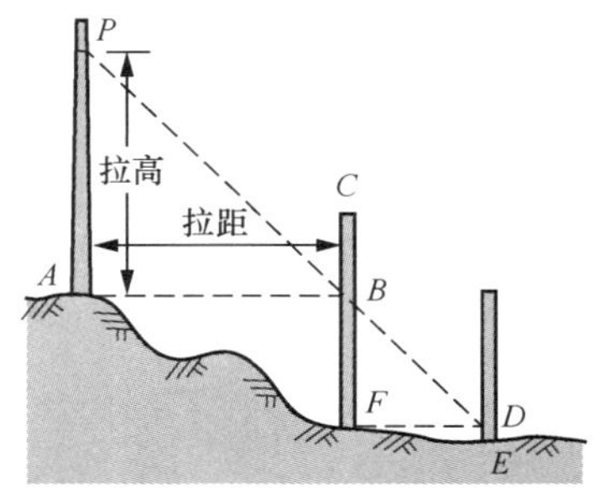

图2-34　起伏不平地段求拉线出土点示意

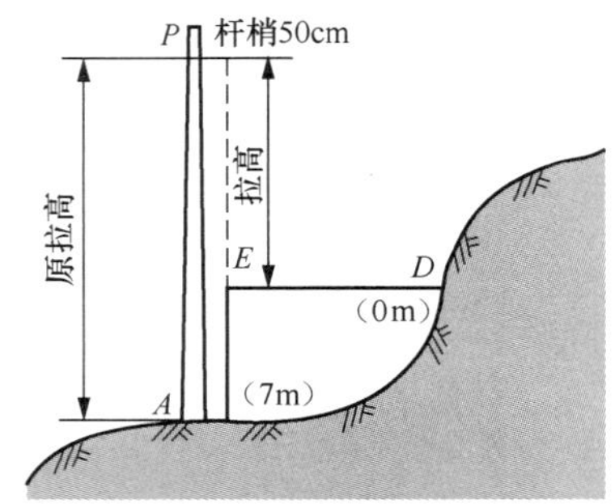

图2-35　上坡地段拉线出土点的确定

2.3.7 拉线程式

在架空杆路工程施工中，通常从角深的大小和拉线的距高比考虑选用拉线的程式。吊线可以选用 7/2.2mm、7/2.6mm、7/3.0mm 3 种程式的钢绞线，为便于与吊线比较和描述，拉线程式的选用通常分为与吊线同一程式、比吊线程式大一级和选用最大程式钢绞线 3 种情况。

（1）与吊线同一程式

角深不大于 13m 的角杆，可安装一根与光缆吊线同一程式的钢绞线作拉线。坡度变更大于 20% 的吊档杆可采用 7/2.2mm 钢绞线作双方拉线，地势限制时双方拉线可以做顺线安装。

使用木电杆时，杆高大于 12m 的木电杆（接杆）应装设一层 7/2.2mm 钢绞线作双方或四方拉线，例如三接杆应在每一个接杆处增加一层双方或四方拉线。

（2）比吊线程式大一级

角深在 13 ～ 25m 的角杆，拉线距高比为 0.75 ～ 1 且角深大于 10m 的角杆，拉线距高比小于 0.5 且角深大于 6.5m 的电杆，应采用比吊线程式大一级的钢绞线作拉线或与吊线同一程式的两根钢绞线作拉线。角深大于 25m 的角杆应装设两根顶头拉线，也可分成两个角深大致相等且转角方向相同的双角杆。

终端杆的每条吊线应装设一根顶头拉线，顶头拉线程式应采用比吊线程式大一级的钢绞线。分线杆在分线光缆方向的反侧加顶头拉线，顶头拉线采用比分支吊线程式大一级的钢绞线作拉线。采用长杆档跨越河流、道路等建筑时，长杆档两侧的电杆应装设顶头拉线，拉线程式应采用比吊线程式大一级的钢绞线。

（3）选用最大程式钢绞线

选用最大程式钢绞线就是使用 7/3.0mm 钢绞线作为拉线，以下情况需要采用最大程式的钢绞线。

跨越铁路的两侧电杆应装设一层三方拉线，其中，双方拉线可采用 7/2.2mm 钢绞线，顺线拉线为 7/3.0mm 钢绞线。抗风杆装置应采用一层双方拉线，拉线程式为同杆上吊线中最大的一种吊线程式；防凌杆装设一层四方拉线，其侧面拉线程式同抗风杆拉线程式、顺线拉线应为 7/3.0 mm 钢绞线。终端杆前一档可设立辅助终端杆（也称为泄力杆）安装一根 7/3.0 mm 钢绞线的顺线拉线。

2.3.8 吊线复测

吊线复测通常在利旧杆路施工中进行，以吊线规格的选用为主，吊线规格选用见表 2-11。当杆距超过表 2-11 的范围时，宜采用正副吊线跨越装置。

表2-11　吊线规格选用

吊线规格 /mm	负荷区别	杆距 /m
7/2.2	轻负荷区	≤ 150
7/2.2	中负荷区	≤ 100
7/2.2	重负荷区	≤ 65
7/2.2	超重负荷区	≤ 45
7/3.0	中负荷区	101 ～ 150
7/3.0	重负荷区	66 ～ 100
7/3.0	超重负荷区	45 ～ 80

2.3.9　保护措施

（1）电杆保护

在土质松软地点的角杆、抗风杆 / 防凌杆及跨越铁路两侧的电杆、坡度变更大于 20% 的电杆、接杆；在松土、沼泽地、斜坡等杆位不够稳固的地点，经常受水淹或可能受洪水冲刷的地点应装置根部加固或保护装置。

角深小于 13m 的角杆、抗风杆；跨越铁路两侧的电杆、终端杆前一档的辅助终端杆；松土地点的电杆或坡度变更大于 20% 的吊杆档；长杆档电杆，应装设单卡盘。

接杆、撑杆、立在沼泽地的电杆、坡度变更大于 20% 的抬杆应装设底盘。角深大于 13m 的角杆、防凌杆、终端杆应装设卡盘及底盘。

在土壤不稳定的地点立杆时，应考虑杆根加固及杆位保护措施，电杆根部加固装置的数量、安装位置应参照设计要求，可采用护桩、木围桩、石笼、护墩等保护措施。斜坡、滑坡地点的电杆，可以做木围桩保护；水淹或土壤易流失地点的电杆可以做石笼保护；河中立杆由于可能受到洪水冲刷，可用打桩法并在水流方向上游 2 ～ 3m 处设立挡水桩。安装过程在杆路敷设光缆部分介绍。

（2）拉线防护

靠近电力设施及闹市区的拉线，应根据设计规定加装绝缘子。如果必须在人行道上安装拉线，在路由复测时应统计位于人行道或人车经常通行的地点拉线及地锚的数量，该处的拉线距离地面高 2m 以下的部位应用塑料管或毛竹筒包封，并在塑料管或毛竹筒外部涂上红白相间色作告警标志。

（3）强电交越

当架空杆路必须与中心点接地的 110kV 以上架空输电线平行，或与发电厂及变电站的地线网、高压杆塔的接地装置接近时，应考虑输电线故障和工作状况时由电磁感应、地电位升高等因素对架空杆路吊线和光缆内导线或金属构件产生的危险影响；与不对称强电线路（例如电气铁路滑接线）平行时，应考虑其正常运行时对通信线的危险影响和干扰影响。路由复测时应注明具体的段落范围及防护措施。

与输电线交越时，除了用户引入被复线，外通信线应在输电线下方通过并保持规定的安全隔距；交越档两侧的架空杆路吊线应做接地，杆上地线在离地 2m 处断开 50mm 的放电间隙，两侧电杆上的拉线应在离地 2m 处加装绝缘子，做电气断开。

（4）防雷措施

路由复测时应对架空杆路做系统的防雷保护接地要求并记录在图纸中。

架空杆路主要采用架设避雷线的方式避免受雷电影响。当带电的云堆接近地面时，地面上感应的静电通过避雷线逐渐对云堆放电，使云堆的电荷被中和不至于产生雷击现象。避雷线直线保护范围有限，但对附近区域内的线路能起到降低雷击影响的效果，因此有下列情况之一的架空杆路，都需要装置避雷线。

市区周围没有高大建筑物的装有分线设备、交接设备的电杆；郊区线路的角杆、跨越杆、分线杆、超过 12m 的高杆、坡度变更的顶杆、终端杆、直线杆，10 根左右安装一处避雷线；通信线路与 10kV 以上高压输电线路交越的两侧电杆；曾受雷击的电杆，必须装设避雷线。光缆接头盒靠近的电杆、角杆、分线杆、终端杆、跨越杆、H 形杆，以及直线杆路上每隔 10 ～ 15 档的电杆均应装设避雷线，其接地电阻不超过 20Ω。光缆线路与孤立大树、杆塔、高耸建筑、行道树、树林等易引雷目标及其他接地体的净距应符合设计要求或按设计要求采用消弧线、避雷线等措施。

在全年雷暴日数大于 20 天的空旷区域或郊区，每隔 250m 左右的电杆、角深大于 1m 的角杆、飞线跨越杆、杆长超过 12m 的电杆、山坡顶上的电杆等应做避雷线，架空吊线应与地线连接；每隔约 2000m，在测定地点对架空吊线做一处保护接地；市郊或郊区装有交接设备的电杆应做避雷线；重复遭受雷击地段的杆档应架设架空地线，架空地线每隔 50 ～ 100m 接地一次。

2.4 器材检验

光缆管线工程中使用的主要材料分为光缆、电缆、塑料及塑料制品、木材及木制品、水泥及水泥构件、钢材及其他六大类。施工材料的质量是影响工程质量的主要因素之一，产品的质量直接关系工程质量，施工单位需要了解这些材料并通过多次检验录用合格产品，将不合格品退回。

2.4.1 管道建筑器材

通信管道工程所使用的器材包含水泥及水泥制品、砂、石子、砖、砌块、水、水泥管块、塑料管及配件、钢材、钢管与铁件等。

其中，水泥及水泥制品、砂、石子多用于管道和人（手）孔基础、管道包封、人（手）孔上覆建设；砖、砌块多用于管道和通道墙体的砌筑；建筑施工用水一般就地取材，这些材料常称为管道建筑材料，一般由施工单位在工程施工当地现场采购。水泥管块、塑料管及配件、钢材、钢管和人（手）孔建筑所用的口圈、上覆、盖板、铁件等可以使用制成品，各类管材及配件一般由建设单位采购，人（手）孔建筑所用的制成品一般由物资采购单位集中从当地生产厂商采购。在施工所在地采购的材料一般被称为地材。物资采购单位采购的器材在进场前应按要求进行进场检验。

（1）水泥及水泥制品

通信管道工程中使用水泥的品种、标号应符合设计要求，一般使用袋装水泥。袋装水泥的外包装上应有水泥标号、净含量、包装日期及出厂编号，如图 2-36 所示。

通信管道工程应采用水泥标号为 42.5 号的普通硅酸盐水泥。水泥在存储过程中应防止受潮，并应分批购置，按进货日期分别堆放，避免压垛。

图2-36 某品牌袋装水泥的外包装示意

（2）砂

天然砂是指自然生成的，经人工开采和筛分的粒径小于 4.75 mm 的岩石颗粒，包括河砂、湖砂、山砂、淡化海砂，但不包括软质、风化的岩石颗粒。砂子的粗细按照细度模数分为粗砂、中砂、细砂、特细砂 4 级，天然砂外观如图 2-37 所示。

通信管道工程宜使用平均粒径为 0.35 ～ 0.5mm 的天然中砂，松散状态下的容重应为 1300 ～ 1500kg/m^3，在密实状态下宜为 1600 ～ 1700kg/m^3。

（3）石子

卵石和碎石统称为石子。卵石是由自然风化、水流搬运和分选、堆积形成的，粒径大于 4.75mm 的岩石颗粒，石子如图 2-38 所示。进场检验需要满足的要求为：碎石是天然岩石、卵石或矿山废石经机械破碎、筛分制成的，粒径大于 4.75mm 的岩石颗粒。

图2-37 天然砂外观

图2-38 石子

通信管道工程应采用人工碎石或天然砾石，不得使用风化石，宜使用粒径 5 ～ 32mm 的连续粒级石子，大小粒径石子应搭配使用。部分连续粒级的累计筛余见表 2-12。

表2-12　部分连续粒级的累计筛余

公称粒级		方孔筛							
		2.36mm	4.75mm	9.50mm	16.0mm	19.0mm	26.5mm	31.5mm	37.5mm
连续粒级	5 ～ 25mm	95% ～ 100%	90% ～ 100%	—	30% ～ 70%	—	0 ～ 5%	0	—
	5 ～ 31.5mm	95% ～ 100%	90% ～ 100%	70% ～ 90%	—	15% ～ 45%	—	0 ～ 5%	0

（4）砖

烧结普通砖是以黏土、页岩、煤矸石、粉煤灰、建筑渣土、淤泥（江河湖淤泥）、污泥等为主要原料，经过焙烧而成，主要用于建筑物承重部位的普通砖，俗称红砖。砖的外形为直角六面体，其公称尺寸为 240mm×115mm×53mm（长 × 宽 × 高），其他规格尺寸由供需双方协商确定。通信管道工程人（手）孔应用一等机制烧结普通砖，砖外观如图 2-39 所示，主要作用是砌筑人（手）孔墙体。

图2-39　砖外观

工程用砖应符合下列规定。

① 砖的外形应完整，烧结普通砖的尺寸偏差见表 2-13。

② 耐水性好，不得使用耐水性差、遇水后强度降低的炉渣砖或硅酸盐砖。

③ 烧结普通砖强度等级见表 2-14。

表2-13　烧结普通砖的尺寸偏差

公称尺寸 /mm	指标	
	样本平均偏差 /mm	样本极差 /mm
240	±2.0	≤ 6.0
115	±1.5	≤ 5.0
53	±1.5	≤ 4.0

表2-14　烧结普通砖强度等级

强度等级	抗压强度平均值 / MPa	变异系数≤ 0.21	抗折强度＞0.21
		强度标准值 /MPa	单块最小抗压强度值 /MPa
MU20	≥ 20.0	≥ 14.0	≥ 16.0
MU15	≥ 15.0	≥ 10.0	≥ 12.0

（5）砌块

砌块是利用混凝土、工业废料（炉渣、粉煤灰等）或地方材料制成的人造块材，外形尺寸比砖大。使用砌块砌筑墙体具有设备简单、砌筑速度快的优点。通信管道工程用于砖砌的混凝土砌块品种、标号均应满足设计要求，其外形应完整，且耐水性能好。

YD/T 5178—2017《通信管道人孔和手孔图集》中砌块为砼预制砖，是以水泥为胶结材料，以砂、石等为主要集料，加水搅拌、成形、养护制成的一种混凝土砖，有甲型砼预制砖、乙型砼预制砖、弧形砖 3 种类型，规格尺寸如图 2-40、图 2-41、图 2-42 所示。

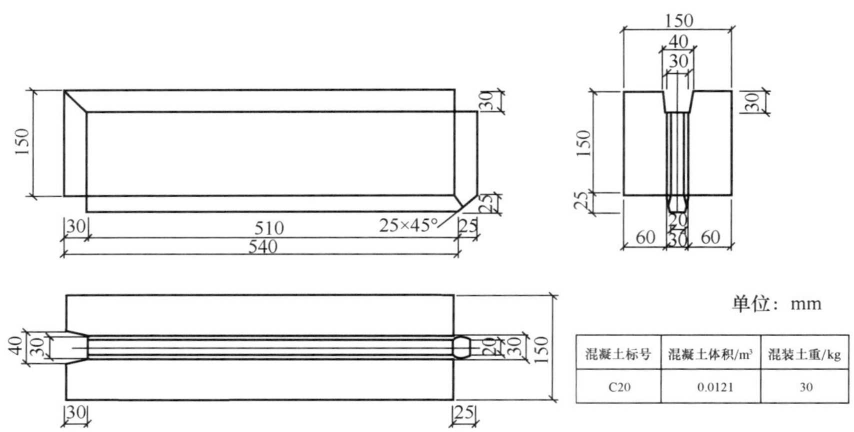

图2-40　甲型砼预制砖规格尺寸

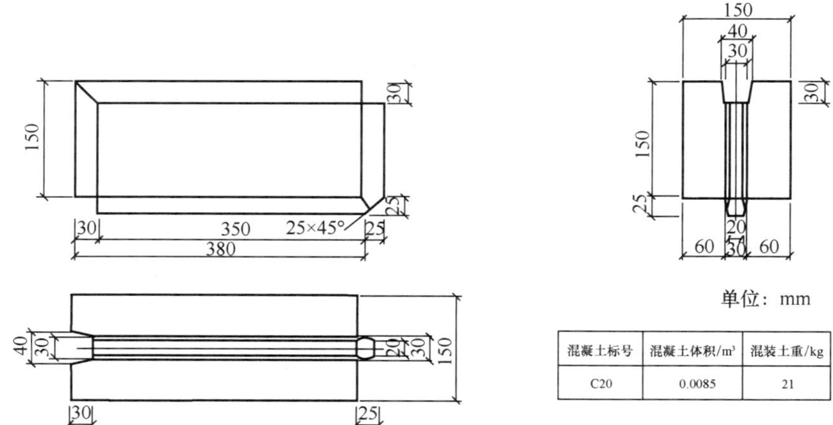

图2-41　乙型砼预制砖规格尺寸

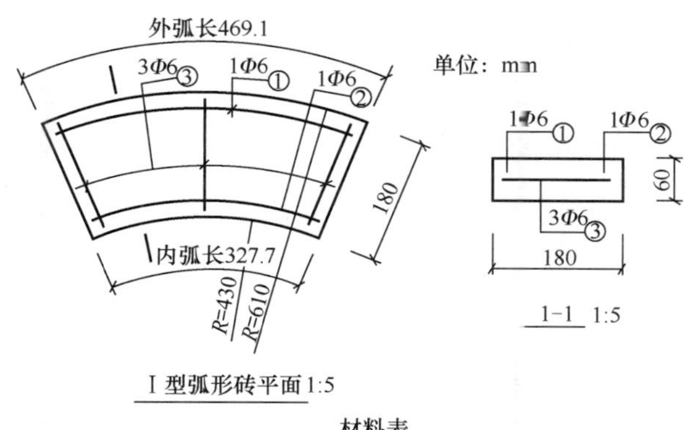

说明

1. 本图Ⅰ型弧形砖为红砖替代品，Ⅰ型弧形砖为配筋混凝土砌块。
2. 材料：砼—C20（细石混凝土）；钢筋—HPB300。
3. Ⅰ型弧形砖为 8 块一组。
4. Ⅰ型弧形砖钢筋混凝土保护层为 20mm，钢筋端部保护层为 10mm。
5. Ⅰ型弧形砖钢筋网采用焊接钢筋网。

材料表

弧形砖编号	钢筋			钢筋重量/kg	混凝土体积/m²	混凝土重量/kg
	①	②	③			
Ⅰ型弧形砖	1Φ6 1=431.0	1Φ6 1=325.8	3Φ6 1=160	0.275	0.0043	10.33

图2-42　弧形砖规格尺寸

（6）水

通信管道混凝土搅拌、砂浆制作等制作时需要用水，水一般在施工地点周边取用。通信管道工程用水的比重应为 1，容重应为 1000kg/m³。混凝土用水是指混凝土拌和用水和混凝土养护用水的总称，包括饮用水、地表水、地下水、再生水、混凝土企业设备洗刷水和海水等。通信管道工程应使用自来水或洁净的天然水，不得使用工业废污水和含有硫化物的泉水；水中不得含有油、酸、碱、糖类等物质；海水不可作为钢筋混凝土用水；如果在施工中发现水质可疑，应取样送有关部门化验，鉴定确认后再使用。

（7）水泥管块

通信用水泥管块以 Φ90mm、长 600mm 的水泥管列为标准型管，孔数有 3、4、6 这 3 种，称为标三型、标四型、标六型。标准型水泥管块规格及管孔位置示意如图 2-43 所示。

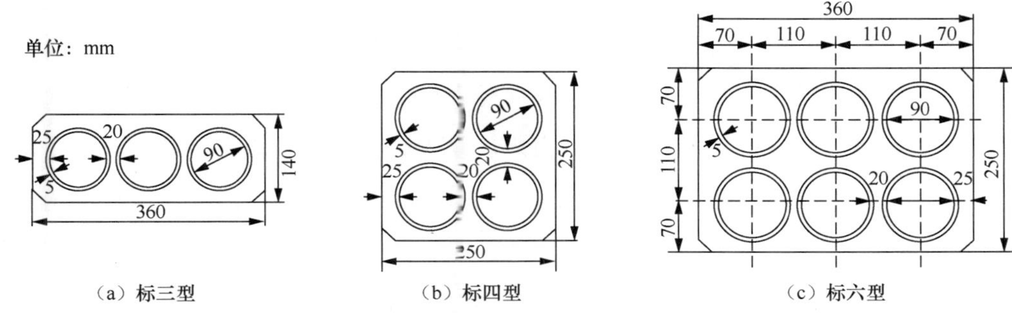

图2-43　标准型水泥管块规格及管孔位置示意

通信管道工程使用的水泥制品管块应脱出氢氧化钙物质，没有经过脱出氢氧化钙物质处理的水泥管块不得在工程中使用。水泥管块的管身应完整，不应缺棱短角，管孔的喇叭口应圆滑，管孔内壁应光滑（无凹凸起伏等缺陷），其摩擦系数不应大于 0.8。水泥管块管体表面的纵、横向裂纹长度应小于 50mm，大于 50mm 的不宜整块使用。水泥管块的管孔外缘缺边应小于 20mm，当外缘缺角的边长小于 50mm 时，应按要求修补后使用。

2.4.2 水泥制品

光缆管线工程敷设方式不同，使用的水泥制品也不同。架空杆路工程使用的水泥制品主要有水泥杆、地锚盘、垫盘和卡盘；通信管道工程使用的水泥制品主要有钢筋混凝土上覆、井盖、口圈、砼预制砖等；直埋光缆线路工程使用的水泥制品主要有标石、水泥盖板、标志牌等。最常见的水泥制品有水泥杆、底盘、卡盘和拉线盘，以及标石。

（1）水泥杆

通信工程一般采用锥形、离心环形预应力钢筋混凝土电杆，杆高为 6 ～ 12m，常用的电杆是 8m 杆，如图 2-44（a）所示。需要接杆时应用混凝土等距电杆如图 2-44（b）所示。

（a）锥形杆　　（b）等距电杆

图2-44　预应力钢筋混凝土电杆

检验电杆出厂证明书时应检查其是否有制造厂技术检验部门签章，并应包括制造厂的厂名、商标、厂址、电话、生产日期、出厂日期、执行标准、产品品种、规格、负载级别、混凝土抗压强度检验结果、纵向受力钢筋抗拉强度检验结果、外观尺寸偏差检验结果，以及力学性能检验结果等内容。仅为敷设光缆建设架空杆路时，常用的杆高 6 ～ 7m 的电杆杆梢直径选用 130mm 或 150mm，杆高 8 ～ 15m 的电杆杆梢直径选用 150mm。

（2）底盘、卡盘和拉线盘

底盘、卡盘的作用是固定杆根，拉线盘的作用是固定拉线地锚，拉线盘也称作地锚石、地锚块。水泥底盘、卡盘和拉线盘外形如图 2-45 所示。

（a）底盘　　（b）卡盘　　（c）拉线盘

图2-45　水泥底盘、卡盘和拉线盘外形

（3）标石

在直埋光缆线路工程、硅芯管管道工程及部分通信管道工程中需要使用标石。标石按用途不同可分为普通标石和监测标石，普通标石是实心结构，内部有钢筋骨架；监测标石中间是空心的，用于容纳专用的监测尾缆。标石上部有一侧面需抹面（长 200mm），供书写标石编号使用。标石外形结构如图 2-46 所示。

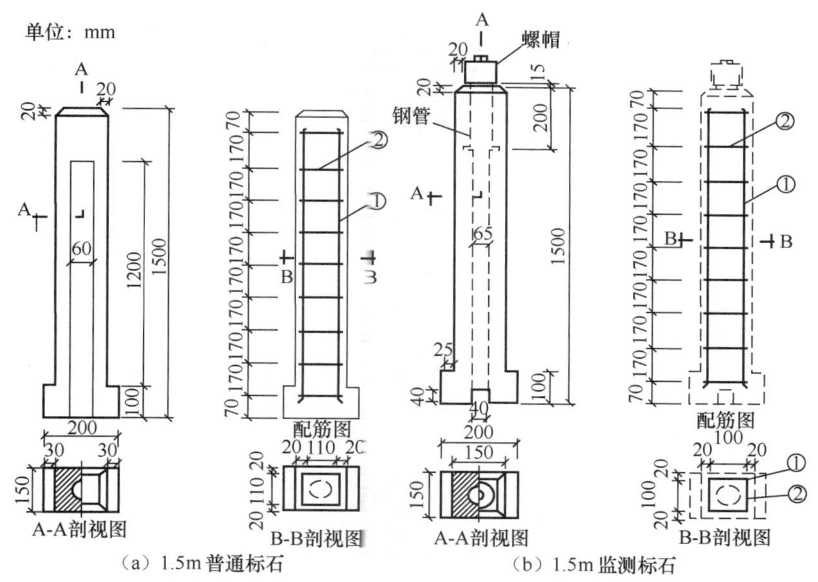

（a）1.5m 普通标石　　（b）1.5m 监测标石

注：① Φ4.0mm 钢筋；② Φ6.0mm 钢筋。

图2-46　标石外形结构

2.4.3 塑料制品

架空杆路工程使用的塑料制品有波纹保护管、塑料挂牌、拉线保护管、过路警示套管、三线交叉保护管；通信管道工程使用的塑料制品主要是各种样式的塑料管道；除塑料管材，还有管道支架、密封胶圈、管道堵头、波纹保护管、塑料挂牌等配件；吹缆管道工程需要使用专用的外保护管、微管、微管束和微管附件；直埋光缆线路工程使用的塑料制品较少，在经济发展较好的区域直埋光缆工程逐渐被硅芯塑料管管道工程所替代。

以上材料在 YD/T 5241—2018《通信光缆和电缆线路工程安装标准图集》、YD/T 5162—2017《通信管道横断面图集》和 YD/T 5178—2017《通信管道人孔和手孔图集》中有详细的安装使用说明。下面主要以普通塑料管道管材，硅芯塑料管，微管、微管束、管缆及微管附件，以及纺织子管进行介绍。

（1）塑料管道管材

光缆管线工程常用的塑料管材品种较多，按使用材料可分为以聚乙烯为主要原料的聚乙烯（PE）管、以硬聚氯乙烯为主要原料的硬质聚氯乙烯（PVC-U）管和以聚氯乙烯（PVC）为主体的塑料合金为主要原料的塑料合金复合型管；按成形外观可划分为，硬直管、硬弯管、可挠管；按结构可分为，实壁管、双壁波纹管、梅花管、栅格管、蜂窝管、塑料合金复合型管。塑料管道管材结构特点见表 2-15。

表2-15　塑料管道管材结构特点

<table>
<tr><th>序号</th><th>名称</th><th>横截面</th><th>孔形</th><th>材质</th><th>外观</th><th>单体长度</th></tr>
<tr><td rowspan="2">1</td><td rowspan="2">实壁管</td><td rowspan="2">实心圆环结构</td><td rowspan="3">单孔</td><td rowspan="3">PE 或 PVC</td><td>可挠管</td><td>200m/卷、300m/卷、500m/卷</td></tr>
<tr><td>硬直管</td><td>6m/根</td></tr>
<tr><td>2</td><td>双壁波纹管</td><td>内壁为实心、外壁为中空波纹复合成型</td><td>硬直管</td><td>最短 6m/根</td></tr>
<tr><td>3</td><td>梅花管</td><td>若干个实心圆环结构</td><td rowspan="3">多孔</td><td>PE 或 PVC</td><td rowspan="3">硬直管</td><td rowspan="3">6m/根</td></tr>
<tr><td>4</td><td>栅格管</td><td>若干个正方形结构</td><td rowspan="2">PVC-U</td></tr>
<tr><td>5</td><td>蜂窝管</td><td>若干个正六边形结构</td></tr>
<tr><td>6</td><td>塑料合金复合型管</td><td>横截面为外带倒角的正方、内近似正多边形</td><td>单孔</td><td>PVC 和合金材料</td><td>硬直管</td><td>6m/根</td></tr>
</table>

在内径 90 ～ 100mm 管道敷设光缆前，为了充分利用管道空间，通常先敷设 3 ～ 4 根直径较小的塑料管，每根小塑料管内均可以穿放 1 根光缆，原本放 1 根光缆的管道则可以多放 2 ～ 3 根光缆，这些小塑料管称为塑料子管，也称为子管。其他塑料管道强度高、重量轻、施工埋设简单。PE 管可以通过工地现场使用专用熔接设备，连接成为较长的管道；双壁波纹管强度高，对管道地面的平整度要求较低，通过套接成为较长的管道；梅花管、栅格管、蜂窝管在敷设时需要使用配套的连接套管才能成为较长的管道，管道需要水泥包封；塑料合金复合型管又称为塑合金管、通信用高强度塑合金管、塑合金复合通信管，该类产品的主要优势是替代钢管穿越马路，使用时需要配套的承插式连接套管。塑料管道管材外形如图 2-47 所示。

塑料子管

PE管

（a）实壁管

（b）双壁波纹管

（c）梅花管

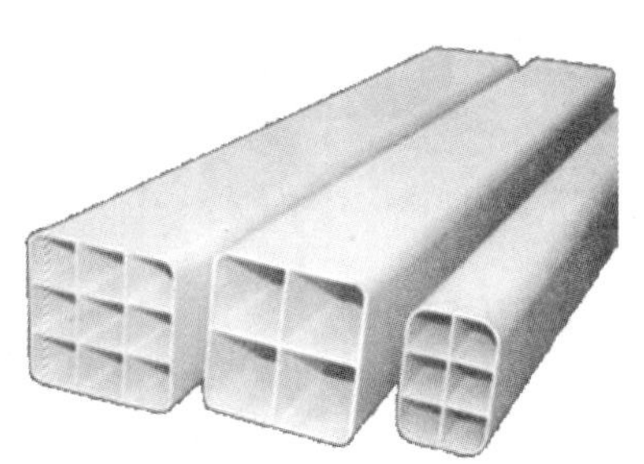
（d）栅格管

（e）蜂窝管

（f）塑料合金复合型管

图2-47　塑料管道管材外形

（2）硅芯塑料管

硅芯塑料管也称为硅芯管，它的外层是高密度聚乙烯（HDPE），内面是厚度不小于0.1mm的永久性固体硅质内润滑层（简称硅芯层）。硅芯管强度高、弹性好、密封性能好、耐化学腐蚀，可广泛应用于长距离气吹光（电）缆线路系统。硅芯塑料管及其相关连接件如图2-48所示。

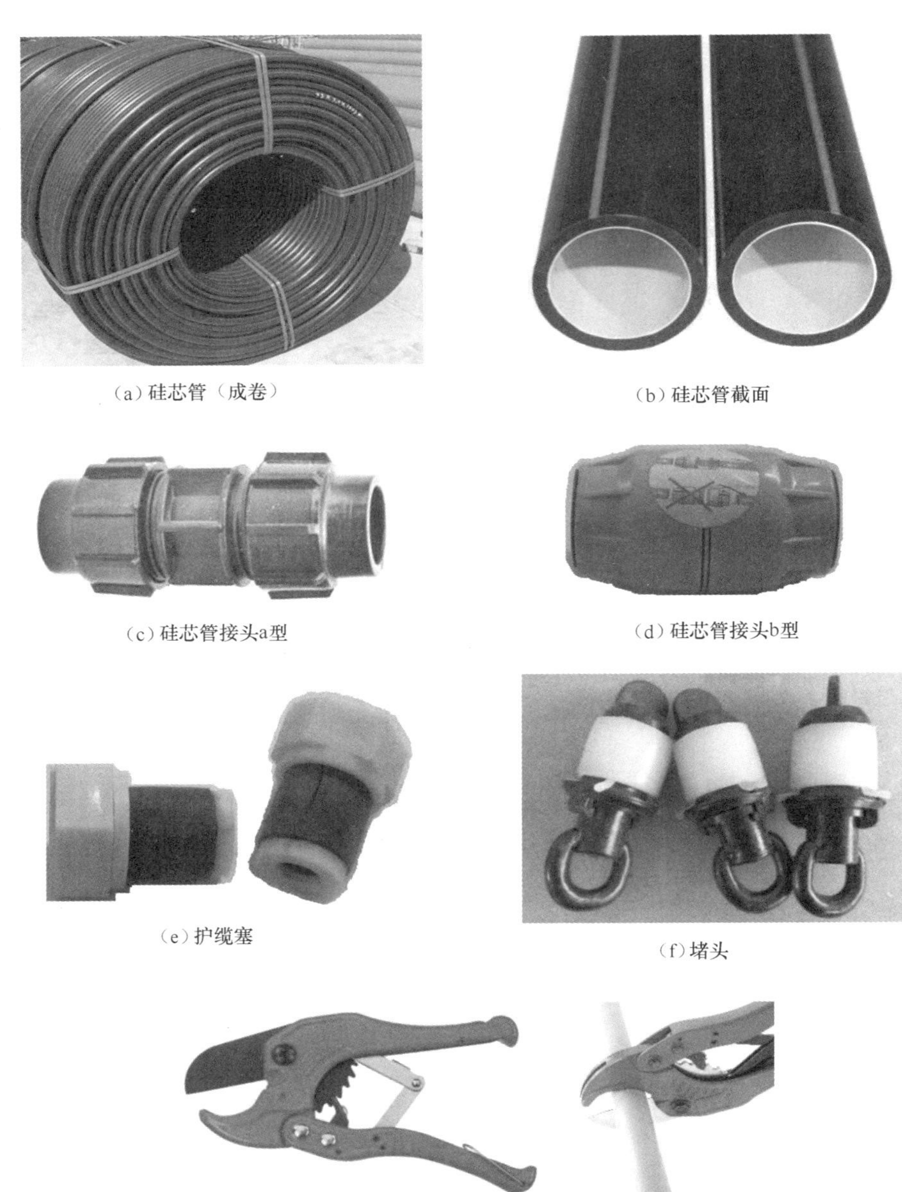

（a）硅芯管（成卷）

（b）硅芯管截面

（c）硅芯管接头a型

（d）硅芯管接头b型

（e）护缆塞

（f）堵头

（g）管子割刀

图2-48　硅芯塑料管及其相关连接件

（3）微管、微管束、管缆及微管附件

为了进一步拓展管孔资源，可以在已有的管孔内敷设微管或微管束，并在微管和微管束内采用气流吹放的方式敷设微缆。管缆是由一定数量的微管集合在一起，具有外护层，并采用一定的保护措施（例如挡潮层）制成的缆，为了便于探测，会在管缆中增加一条金属线缆。

微管、微管束、管缆及微管附件如图 2-49 所示。

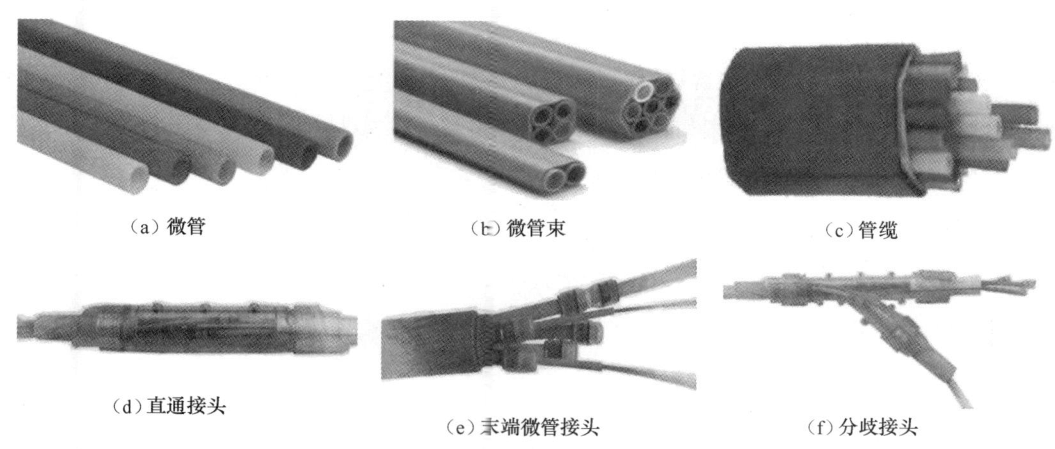

（a）微管　（b）微管束　（c）管缆

（d）直通接头　（e）末端微管接头　（f）分歧接头

图2-49　微管、微管束、管缆及微管附件

（4）纺织子管

纺织子管是一种新型材质的管材，由特殊布料纺织而成，外形像一条柔软的带子，可以起到子管的作用。纺织子管有多种规格，可以是 3 根布管合在一起，也可以是 1 根布管单独布放，每根布管内含 1 根牵引绳，纺织子管外观如图 2-50 所示。

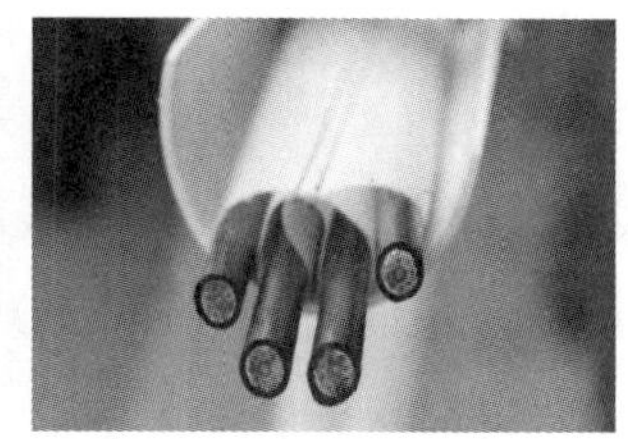

图2-50　纺织子管外观

纺织子管是一种柔性的内管，由高分子聚酯面料制成，具有柔韧性好、敷设快捷、施工方便、防盗窃（回收价值极低）等特点，因为紫外线会加速纺织子管老化，所以纺织子管适合在地下管道、桥梁或室内使用，不适用于室外引上环境。

由于纺织子管占用管道空间小，在同一个管道中可以布放更多的缆线，从而提高管道利用率，节省管道资源，降低管道建设成本。纺织子管在空管道、已有电缆或 PE 子管的老管道，甚至小孔径的梅花管或 PE 子管都可以使用。纺织子管敷设方式如图 2-51

所示。

纺织子管技术从 1997 年开始商用，经过多次改良，逐渐成熟，目前在国外有广泛的应用，2006 年进入中国市场并开始推广。

图2-51　纺织子管敷设方式

2.4.4　镀锌钢绞线及铁件

架空通信线路工程使用镀锌钢绞线及多种架空铁件，有带槽夹板类、挂钩类、抱箍类及光缆预留支架、地锚类及地线棒、钢绞线卡、拉线衬环、拉线双螺旋、钢板类、线担类、撑脚、担夹、管材类、墙壁铁件类、螺脚类、交叉支架、箱体站台类及叉梁。

直埋光缆线路工程使用的铁件主要是防雷处理中使用的防雷线、做消弧线的镀锌圆钢、扁钢，做接地体的扁钢、角钢。在光缆接续人（手）孔内使用的铁件是接头盒托架。当光缆线路穿越特殊区域时，常使用钢管进行保护。

（1）镀锌钢绞线

镀锌钢绞线主要用于架空通信线路的吊架、悬挂、栓系及固定物件，架空通信线路使用的镀锌钢绞线由 7 股镀锌钢丝扭绞而成，通常有 7/2.2mm、7/2.6mm、7/3.0mm 这 3 种规格。镀锌钢绞线与普通钢丝绳相比，其使用的钢丝多为普通碳素钢，因此弯曲性能指标较低，柔软性比钢丝绳差。镀锌钢绞线适用于承受一般静荷载，例如架空杆路的吊线和拉线，不能用于起重场合的承受动荷载，也不能用于弯曲较大、经常捆扎、经常扭转的场所。

单盘镀锌钢绞线的长度不得小于 200m；钢绞线一般以重量计量，进场检验时实际称重应与出厂标称重量相吻合。

（2）通用铁件

① 镀锌钢线。镀锌钢线在光缆通信线路工程中一般用于捆绑、牵拉等用途，常用的直径规格为 Φ1.5mm、Φ3.0mm、Φ4.0mm。镀锌钢线在架空、管道、直埋线路工程中都有应用，在架空线路工程中，镀锌钢线是另缠法做拉线线把的重要材料。

镀锌钢线表面不应有裂纹、斑疤、折叠、竹节及明显的纵向拉痕，镀锌钢线出厂时表面不得有锈蚀；镀锌钢线表面不应有未镀锌的地方，表面应呈基本一致的金属光泽。镀锌钢线可分为经钝化处理和未经钝化处理两种，经钝化处理的钢线锌层表面形成钝化保护膜，呈现彩虹色或浅黄、浅绿、浅红的混合色彩。镀锌钢线缠绕试验后，锌层不得有用裸手指能擦掉的开裂和起皮的部分。镀锌钢线如图 2-52 所示。

图2-52　镀锌钢线

② 镀锌钢管。在架空通信线路工程中，镀锌钢管常用作引上

光缆或硅芯管的保护管，在管道和直埋线路中，镀锌钢管常用作通过特殊地段光缆或管道路由通道和保护管。特殊地段通常指过路、运河、桥梁附挂和通过埋深不足的地段。

镀锌钢管的材质、规格、型号应满足设计要求。钢管管孔内壁应光滑、无结疤、无裂缝、无毛刺；钢管管身及管口不得变形，接续配件应齐全，套管的承口内径应与插口外径吻合。镀锌钢管常用的直径规格为DN40、DN50、DN80、DN100。

（3）架空铁件

架空通信线路铁件种类较多，经常使用的铁件有带槽夹板类、钢绞线卡、抱箍类、拉线衬环、拉线双螺旋、挂钩类、光缆预留支架、地线棒等。

铁件产品不应有裂纹、烧伤等缺陷，允许有不超过材料允许公差的凹痕和不大于0.2mm的毛刺。铁件产品除螺母和电缆挂钩可用电镀产品外，其他线路铁件产品均采用热镀锌处理。铁件表面的防腐处理应符合设计规定，铁件镀锌层应牢固，不应存在气泡、起皮、针孔和缺锌现象，在有配合的部位不得有凸起的锌渣和锌瘤。

① 带槽夹板。架空通信线路中带槽夹板分为3类，电杆上夹紧吊缆钢绞线用的是三眼单槽钢绞线夹板；电杆上夹紧吊缆钢绞线用于接续、制作终端，或用于制作钢绞线拉线，用的是三眼双槽钢绞线夹板；安装电杆地线用的是单眼地线夹板。3类钢绞线夹板实物如图2-53所示。

② 钢绞线卡。在架空通信线路中，钢绞线卡用于7/2.2mm钢绞线拉线接续或终端，可以替代三眼双槽钢绞线夹板，多用在吊线的辅助装置上。钢绞线卡也称为U形钢绞线卡子、镀锌钢丝绳扎头、钢索卡等，架空通信线路的钢绞线卡通常只用一种规格，钢绞线卡如图2-54所示，钢绞线卡结构形式如图2-55所示。

③ 挂钩类。架空通信线路中的挂钩用于承托光（电）缆。挂钩按钢丝防腐工艺可以分为：喷塑挂钩（用S表示）、镀锌挂钩（用X表示）、锌铬涂层挂钩（用G表示）；按照托板类型可以分为，铝托挂钩（用L表示）、塑托（组装）挂钩（用Z表示）、塑托（注塑）挂钩（用S表示）。例如，托板宽度25mm，镀锌钢丝的铝托挂钩表示为GG-XL-D25。挂钩外观如图2-56所示。

（a）三眼单槽钢绞线夹板

（b）三眼双槽钢绞线夹板

（c）单眼地线夹板

图2-53 3类钢绞线夹板实物

图2-54 钢绞线卡

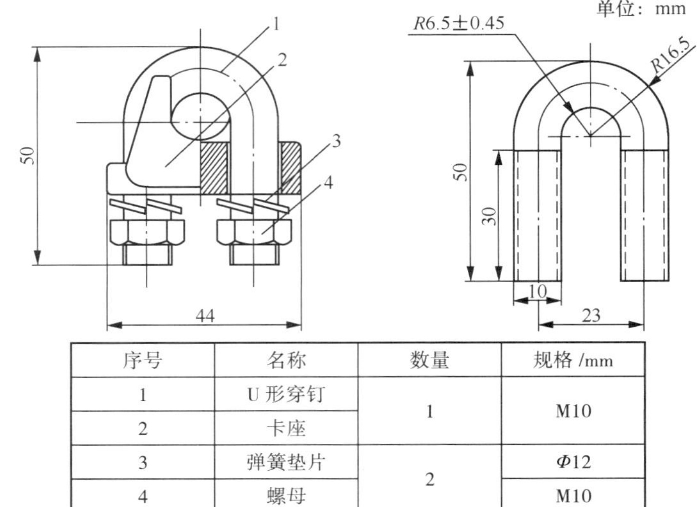

序号	名称	数量	规格 /mm
1	U 形穿钉	1	M10
2	卡座		
3	弹簧垫片	2	Φ12
4	螺母		M10

图2-55 钢绞线卡结构形式

（a）铝托挂钩

（b）塑托（组装）挂钩

图2-56 挂钩外观

④ 抱箍类。架空抱箍类配件在电杆上起到紧固或支撑作用，经常使用的是拉线抱箍和吊线抱箍。通常情况下，D144 常用于 6m 或 7m 电杆，D164 常用于 8m 电杆，D184 常用于 9m 或 10m 电杆，D204 常用于 12m 电杆，D224 常用于 15m 电杆，D224 抱箍通常为电力施工选用。

拉线抱箍可用于钢筋混凝土电杆上安装拉线，拉线抱箍如图 2-57 所示，抱箍配套明细见表 2-16，拉线抱箍规格尺寸系列见表 2-17。

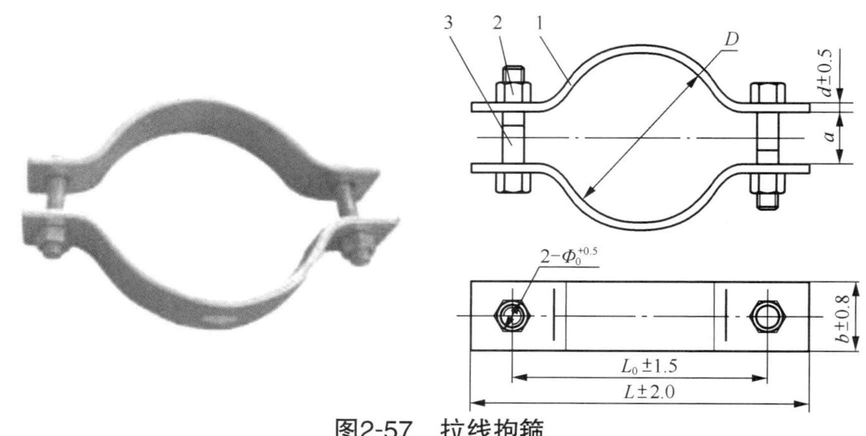

图2-57 拉线抱箍

表2-16　抱箍配套明细

序号	名称	数量 / 个	材料
1	抱箍	2	扁钢
2	螺母	2	圆钢
3	带头穿钉	2	圆钢

表2-17　拉线抱箍规格尺寸系列

单位：mm

编号	规格	L_0	L	b	d	Φ	a	配套带头穿钉	配套螺母
A1	D144	204	264	50	8	20	40	M18 × 80 丝扣长度 45（+5，0）	M18
A2	D164	224	284						
A3	D184	244	304						
A4	D204	264	324						
B1	D124	184	244		6	18		M16 × 80 丝扣长度 45（+5，0）	M16
B2	D144	204	264						
B3	D164	224	284						
B4	D184	244	304						

注：M18 × 80、M16 × 80 的带头穿钉要求采用热锻成形工艺。

吊线包箍可用于钢筋混凝土电杆架挂光缆吊线，吊线抱箍包括单吊线抱箍和双吊线抱箍两种，吊线抱箍外形如图 2-58 所示，吊线抱箍配套明细见表 2-18，吊线抱箍主箍、配箍规格尺寸见表 2-19。

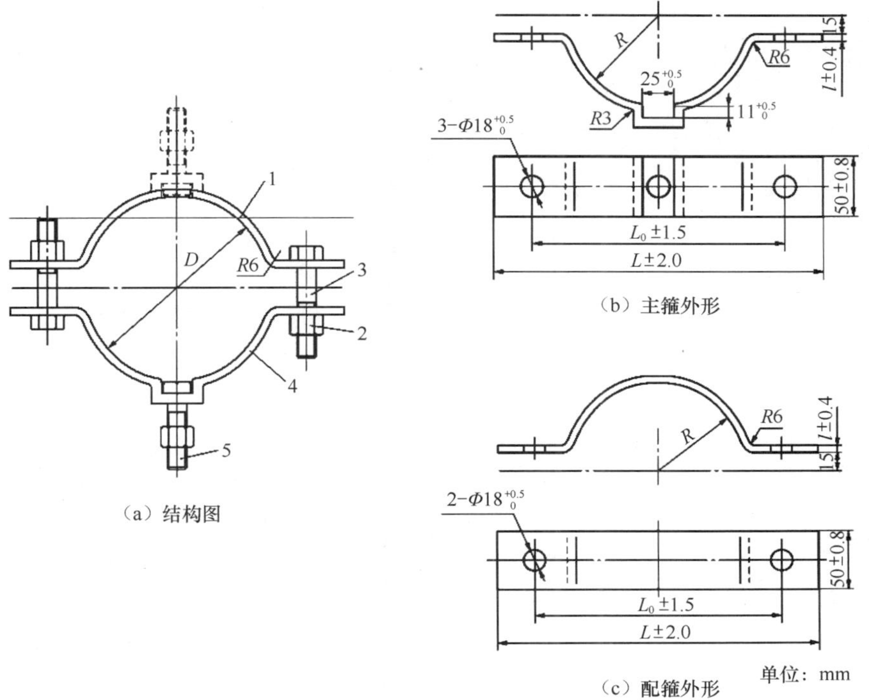

（a）结构图

（b）主箍外形

（c）配箍外形

图2-58　吊线抱箍外形

表2-18 吊线抱箍配套明细

序号	名称	规格 /mm	数量 / 个	
			单吊线	双吊线
1	配箍	—	1	—
2	螺母	M16	3	4
3	带头穿钉	M16×80	2	
4	主箍	—	1	2
5	带头穿钉	M16×60	1	2

注：M16×80 带头穿钉采用热锻成形工艺。

表2-19 吊线抱箍主箍、配箍规格尺寸

尺寸	规格			
	D144	D164	D184	D204
R/mm	72	82	92	102
L_0/mm	204	224	244	264
L/mm	264	284	304	324

⑤ 拉线衬环。在架空通信线路中，拉线衬环可用于固定电杆拉线或吊线端结，起固定钢绞线的作用，拉线衬环又称为拉线环、三角圈、心形圈。拉线衬环外观如图 2-59 所示，拉线衬环外形尺寸如图 2-60 所示，拉线衬环有 3 种规格，规格尺寸见表 2-20。

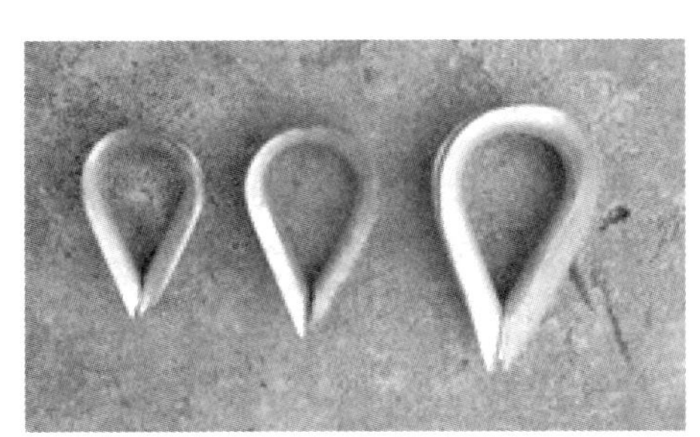

图2-59 拉线衬环外观

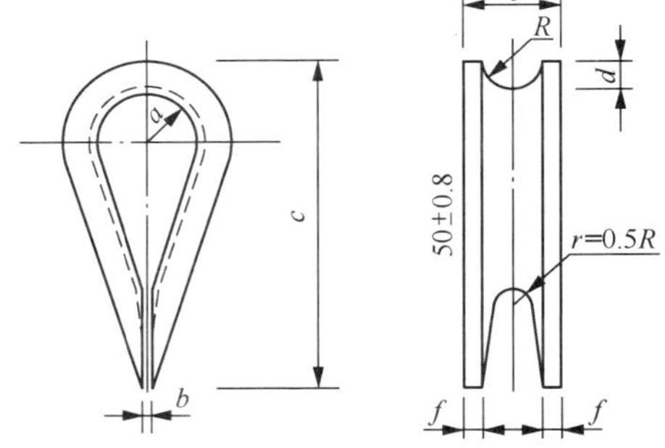

图2-60 拉线衬环外形尺寸

表2-20 规格尺寸

衬环规格	c 尺寸及公差	配合拉线程式
7 股	（86±2）mm	7/3.0mm 拉线，直径 9mm 7/2.6mm 拉线，直径 7.8mm
5 股	（68.5±2）mm	7/2.6mm 拉线，直径 7.8mm
3 股	（63.5±2）mm	7/2.2mm 拉线，直径 6.6mm

⑥ 光缆预留支架。在架空通信线路中，光缆预留支架可用于固定预留光缆。光缆预留支架按照结构可分为 3 类，外弯式 U 形抱箍型光缆预留支架（用 UW 表示），内弯式

U 形抱箍型光缆预留支架（用 UN 表示），圆形抱箍型光缆预留支架（用 Y 表示）。例如，适用电杆直径 164mm、厚度 8mm 的内弯式 U 形抱箍型光缆预留支架表示为 GYJ-UN-D164-8。

外弯式 U 形抱箍型光缆预留支架外形结构如图 2-61 所示。外弯式 U 形抱箍型光缆预留支架明细见表 2-21。

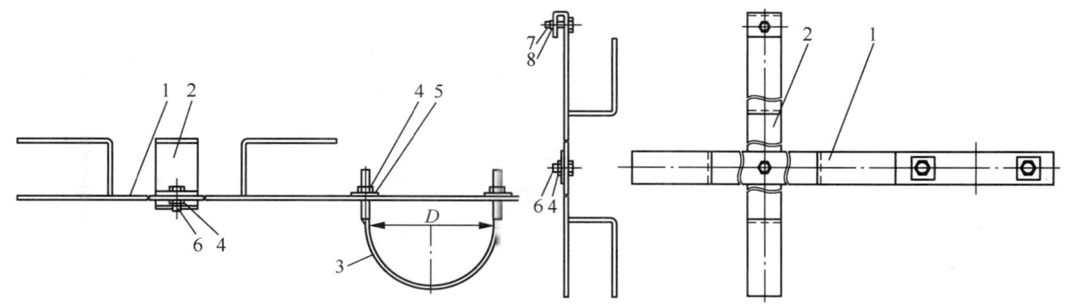

图2-61　外弯式U形抱箍型光缆预留支架外形结构

表2-21　外弯式U形抱箍型光缆预留支架配套明细

序号	名称	规格 /mm	数量 / 个	备注
1	主架	—	1	—
2	配架	—	1	—
3	U 形抱箍	—	1	带头穿钉规格为 M12
4	螺母	M12	3	—
5	方垫片	40 × 40 × 4、孔径 $\Phi 14$	2	—
6	带头穿钉	M12 × 20	1	—
7	带头穿钉	M8 × 20	1	—
8	螺母	M8	1	—

内弯式 U 形抱箍型光缆预留支架外形结构如图 2-62 所示。内弯式 U 形抱箍型光缆预留支架配套明细见表 2-22。

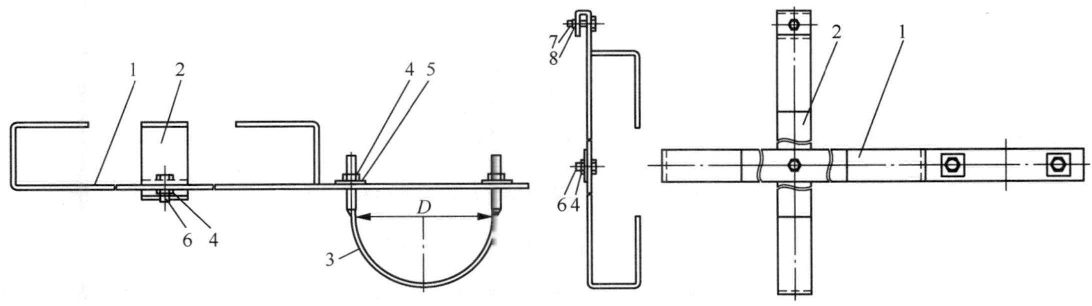

图2-62　内弯式U形抱箍型光缆预留支架外形结构

表2-22　内弯式U形抱箍型光缆预留支架配套明细

序号	名称	规格 /mm	数量 / 个	备注
1	主架	—	1	—
2	配架	—	1	—
3	U 形抱箍	—	1	带头穿钉规格为 M12
4	螺母	M12	3	—
5	方垫片	40 × 40 × 4、孔径 Φ14	2	—
6	带头穿钉	M12 × 30	1	—
7	带头穿钉	M8 × 40	1	—
8	螺母	M8	1	—

圆形抱箍型光缆预留支架外形结构如图 2-63 所示，圆形抱箍型光缆预留支架配套明细见表 2-23。

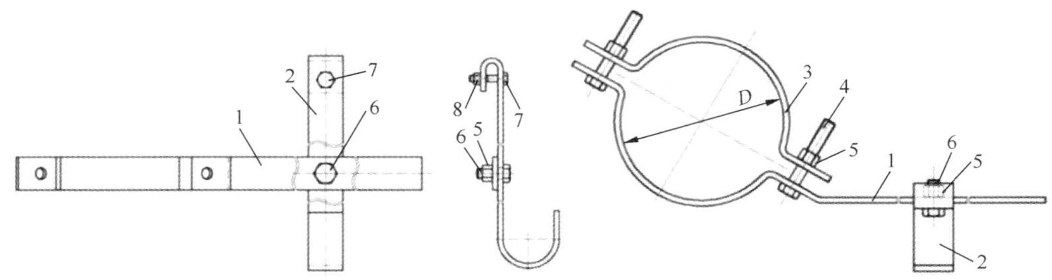

图2-63　圆形抱箍型光缆预留支架外形结构

表2-23　圆形抱箍型光缆预留支架配套明细

<table>
<tr><th>序号</th><th>名称</th><th>规格 /mm</th><th>数量 / 个</th></tr>
<tr><td>1</td><td>主架</td><td>—</td><td rowspan="4">1</td></tr>
<tr><td>2</td><td>配架</td><td>—</td></tr>
<tr><td>3</td><td>配箍</td><td>—</td></tr>
<tr><td>4</td><td>穿钉</td><td>M12 × 80</td></tr>
<tr><td>5</td><td>螺母</td><td>M12</td><td>3</td></tr>
<tr><td>6</td><td>穿钉</td><td>M12 × 30</td><td rowspan="3">1</td></tr>
<tr><td>7</td><td>穿钉</td><td>M8 × 40</td></tr>
<tr><td>8</td><td>螺母</td><td>M8</td></tr>
</table>

⑦ 地线棒。在架空通信线路中，地线棒可用于连接保护地线使用，地线棒外观如图 2-64 所示。地线棒按照结构可分为 A 型和 B 型两类，地线棒外形尺寸如图 2-65 所示。

⑧ 拉线地锚。在架空通信线路中，拉线地锚用于制作拉线的地下部分，按照实际情况可使用不同尺寸、规格的地锚钢柄，其中，Φ16mm×1800mm、Φ16mm×2100mm、Φ20mm×2400mm、Φ20mm×2700mm 这 4 种尺寸规格最为常见，地锚钢柄和方形垫片实物如图 2-66 所示。Φ16mm×1800mm 和 Φ16mm×2100mm 承受拉力要求为 37kN，Φ20mm×2400mm

和 Φ20mm×2700mm 承受拉力要求为 60kN。

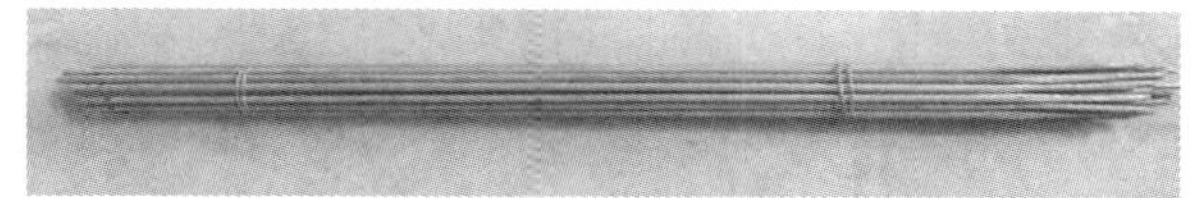

图2-64　地线棒外观

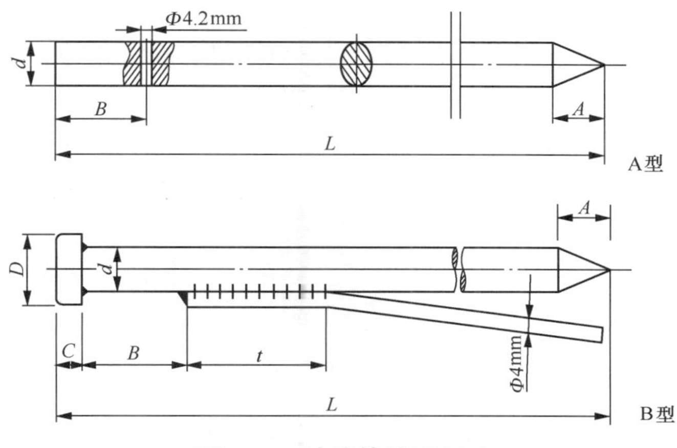

图2-65　地线棒外形尺寸

图2-66　地锚钢柄和方形垫片实物

（4）管道铁件

通信管道工程使用的铁件主要是建筑人（手）孔的配件，有人（手）孔口圈装置、支架、光（电）缆托板、拉力（拉缆）环和穿钉、积水罐等。

管道铁件进场检验要求包括，钢材的材质、规格、型号应满足设计要求，不得有锈片剥落或严重锈蚀，各种铁件的材质、规格及防锈处理等均应满足质量要求，铁件不得有歪斜、扭曲、飞刺、断裂或破损。铁件的防锈处理和镀锌层应做到均匀完整、表面光洁，无脱落、气泡等缺陷。

管道铁件在 YD/T 5241—2018《通信光缆和电缆线路工程安装标准图集》和 YD/T 5178—2017《通信管道人孔和手孔图集》中有详细的使用说明。

① 口圈装置。通信管道工程中人（手）孔口圈装置包括外盖、内盖、口圈等，其规格应符合 YD/T 5178—2017《通信管道人孔和手孔图集》的有关规定。人（手）孔口圈装置应

用灰铁铸铁或球墨铸铁铸造，铸铁的抗拉强度不应小于117.68MPa，铸铁质地应坚实，铸件表面应完整，无飞刺、砂眼等缺陷，铸件的防锈处理应均匀完好；井盖与口圈应吻合，盖合后应平稳、不翘动；井盖的外缘与口圈的内缘间隙应不大于3mm，井盖与口圈盖合后，井盖边缘应高于口圈1～3mm；盖体应密实、厚度一致，不得有裂缝、颗粒隆起或不平；人（手）孔井盖应有防盗、防滑、防跌落、防位移、防噪声设施，井盖上应有明显的用途及产权标志；人（手）孔口圈装置材料的抗拉强度不应低于117.68MPa，表面应有防腐处理。口圈井盖装置如图2-67所示，某些建设单位会使用方形口圈装置。

图2-67　口圈井盖装置

② 支架及光（电）缆托板。在通信管道工程中，人（手）孔或通道内装设的支架及光（电）缆托板应用铸钢（玛钢或球墨铸铁）、型钢或其他工程材料制成，不得使用铸铁制造，铸件应全部为镀锌材质。支架及光（电）缆托板有时也采用塑料制作。支架及光（电）缆托板如图2-68所示。

图2-68　支架及光（电）缆托板

③ 拉力（拉缆）环和穿钉。在通信管道工程中，人（手）孔内设置的拉力（拉缆）环和穿钉，应用Φ16mm普通碳素钢（HRB300级）制造，全部做镀锌防锈处理。穿钉、拉力（拉缆）环不应有裂纹、节瘤、煅接等缺陷。拉力（拉缆）环、穿钉如图2-69所示。

④ 积水罐。在通信管道工程中，人（手）孔内的积水罐宜采用铸铁加工，并应进行热涂沥青防腐处理。积水罐如图2-70所示。

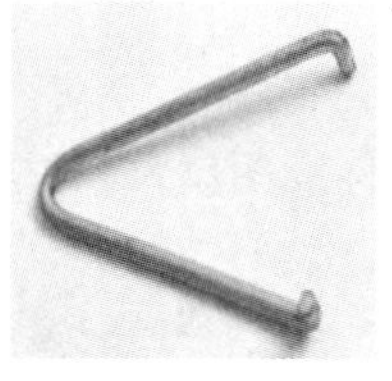
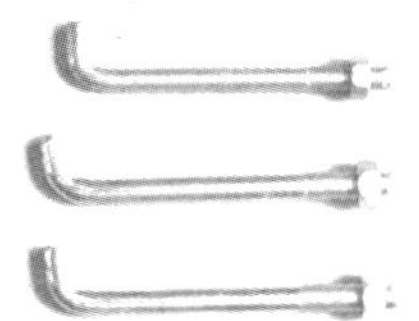
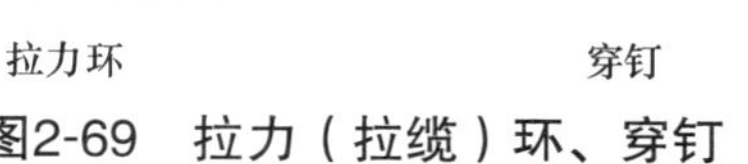

图2-69　拉力（拉缆）环、穿钉

图2-70　积水罐

2.4.5 接续成端查障材料

光缆线路接续需要使用光缆接头盒；光缆成端接续需要光缆终端盒、光纤配线架、光缆交接箱等成端设备和尾纤，成端接续时，将光缆与尾纤进行熔接。这些材料直接与光纤、光缆接触或成为线路的一部分，对材料的质量要求较高。

当光缆内部光纤受压产生损耗、外护套受伤破损，查找修复障碍需要使用电缆热缩套管。

（1）光缆接头盒

光缆接头盒是光缆线路接续的主要器材。光缆接头盒一般由外壳、内部构件、密封元件、光纤固定和接头保护组件组成。在光缆线路施工中，光缆接头盒的材质、规格、型号应满足设计要求。光缆接头盒按照外形可分为帽式（套筒式）和哈弗式（卧式）；按光缆连接方式可分为直通式和分歧式；按密封方式可分为机械密封和热收缩密封。

帽式接头盒由套筒和底座两部分组成，底座上安装熔纤盘。以某公司 FOSC-400 型接头盒为例，帽式接头盒如图 2-71 所示。光缆进入帽式接头盒需要使用锯弓或美工刀切开底座的封口，固定光缆需要使用喷灯封焊；光缆加强芯卡入专用卡座，需要用一字螺丝刀拧紧螺丝固定；两个方向的光纤束引入长度需要大于 60cm，光纤束需要套保护管引入熔纤盘；该型号接头盒的熔纤盘空间大，接续可以自由选择盘大圈或盘圆圈。一片熔纤盘最多可以容纳 24 根单芯热熔管，该型接头盒可叠加 5 片熔纤盘，可用于 120 芯以下的单芯光缆熔接。帽式接头盒多采用竖直安装，可使用不锈钢抱箍固定在电杆上，也可使用两根 C 形卡箍固定在人（手）孔墙壁上。

图2-71　帽式接头盒

哈弗式接头盒由上下两个壳体组成，下壳体安装熔纤盘或在中间铁板上安装熔纤盘。以某公司的 2178-C 型接头盒为例，盒体采用 10 个螺丝密封，需要配备 13 号套筒扳手，哈弗式接头盒如图 2-72 所示。光缆进入该型接头盒需要打磨光缆皮，并用配套胶泥包裹光缆外护套，起到防水作用；光缆加强芯采用 L 形固定件和 13 号螺丝螺母固定，L 形固定件在固定后使用红色橡胶塑料保护套包裹，避免加强芯划伤光纤；在熔接时，两个方向的光纤长度不同，光纤束管使用配套软管引入扁平的熔纤盘，必须通过比纤的方式确定光纤长度后再进行接续。一片熔纤盘最多可容纳 36 芯单芯热熔管，该型接头盒可叠加 4

片熔纤盘，用于 144 芯以下的单芯光缆熔接。哈弗式接头盒使用扎线缠绕或使用不锈钢铁件可以吊挂在架空吊线上；使用两根 L 形挂钩水平托起接头盒用扎带或扎线绑扎，可以安装在人（手）孔墙壁上。

小型接头盒外形尺寸较小，多用于 24 芯以下光缆的接续，在农村光缆线路工程中使用较多。下面以某公司的 2178-CS 型接头盒为例，讲述光缆在接头盒的安装过程。2178-CS 型接头盒如图 2-73 所示，由盒体、熔纤盘、4 块外壳卡板组成，内部还包含多种配件，盒体两端是光缆外护套的固定位置，盒体的中间区域可用于容纳光缆束管、光纤和熔纤盘。

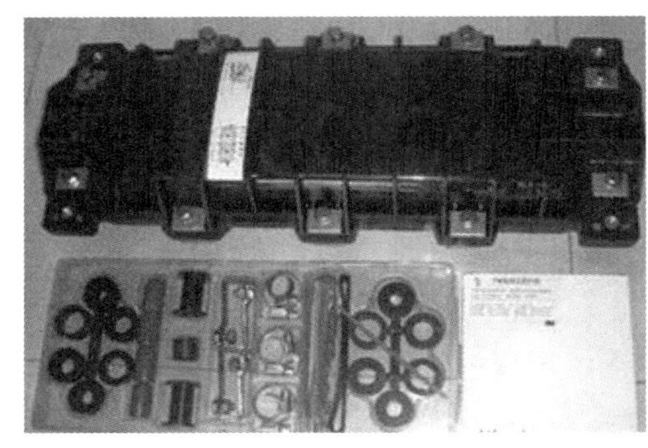

图2-72　哈弗式接头盒

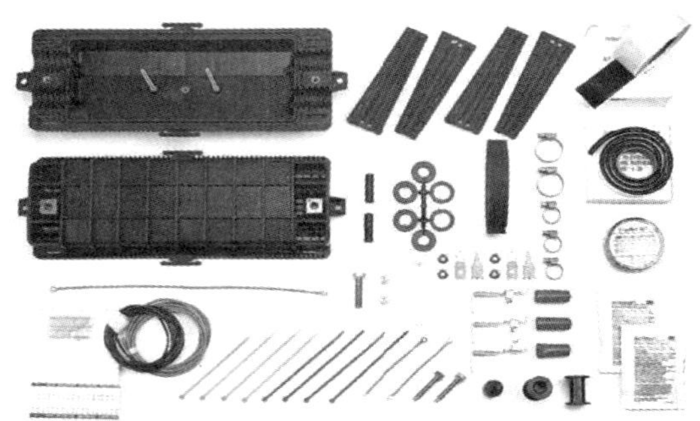

图2-73　2179-CS型接头盒

在光缆进入接头盒前，先开剥光缆的一段外护套，露出束管、加强芯；将光缆按照安装位置摆在盒体上，按照盒体固定光缆的位置在光缆上划出痕迹，确定外护套打磨范围和光缆包裹胶泥的区域。一人握住光缆，另一人用砂纸打磨外护套，至护套起毛后，再包裹胶泥，不得拉伸加宽；将加强芯在 10cm 位置剪断，安装加强芯固定件，用喉箍套住光缆和固定件，用力拧紧喉箍，用红色保护套套入加强芯头部。将加强芯固定件连同光缆卡入盒体凹槽，光缆被喉箍牢固地固定在盒体上。

将熔纤盘安装在盒体中部，光纤束管在进入熔纤盘前 5 ～ 7cm 处划开去除，露出光纤；使用配套软管将光纤束引入熔纤盘。熔纤盘内的熔纤点在盘片正中央，光纤比纤时左右对称，两侧预留长度相同。经过接续后，热熔管摆放在熔纤点的卡槽中，再盘绕多余的光纤。

密封接头盒时，应先用酒精清洁上下盒体四周的沟槽，用盒体密封胶压入下盒体沟槽，在光缆安装位置周围也要补充一些盒体密封胶。将上盒体按照边沿下压，不得错位，将左右两边的 13 号螺丝插入螺丝眼中，用 13 号套筒扳手拧紧，将盒体中的 4 片楔形插片套入，用圆头锤敲击楔形插片至预定位置，此时接头盒密封完成。

在架空吊线上用扎线缠绕可以水平吊挂该型接头盒，在管道人（手）孔中需要在墙壁上安装两根 L 形挂钩水平托起接头盒，在直埋接头坑中可以水平摆放接头盒，直接覆土掩埋。

20 世纪 90 年代初，国内干线工程多使用质量好的进口接头盒产品。经过多年的发展，国产接头盒厂商也推出了高质量接头盒，并在南水北调光缆线路工程中使用。

以某公司的 GPJ09-6804 型接头盒为例介绍。该型接头盒由上下两个壳体组成，采用 16 个螺丝密封，盒内配套有 L 形内六角扳手。国产接头盒如图 2-74 所示。接头盒内光缆固定区域设有两道卡座，每道卡座使用两个十字螺丝固定。光缆使用半干胶泥包裹，防水并可防止光缆抽脱。光纤束管使用配套软管引入熔纤盘，一片熔纤盘可以容纳 24 根单芯热熔管，该型接头盒可叠加 3 片熔纤盘，可用于 72 芯以下的单芯光缆熔接。该型接头盒在架空和管道环境中的安装固定方法和防水操作要求与哈弗式接头盒相同。

（2）光缆终端盒

光缆终端盒可用于固定室内光缆终端、光缆与尾纤的熔接，以及余纤的收容和保护。光缆终端盒可分为可装配适配器型和不可装配适配器型，一般由外壳、光缆固定构件、光纤熔纤盘 3 个部分组成。光缆终端盒的外观如图 2-75 所示。

光缆终端盒的外壳应能方便开启，便于安装，具有不同使用场合的安装功能。使用时，应有将光缆金属构件高压防护接地引出的装置。光缆终端盒的外壳材质分为塑料和金属两种。

图2-74　国产接头盒

图2-75　光缆终端盒的外观

（3）光纤配线架

光纤配线架（Optical Distribution Frame，ODF）是用于光缆和光通信设备之间或光通信设备之间的配线连接设备。不同厂商、型号的光纤配线架形式各异，作用都是对光纤的成端进行保护。

ODF 结构形式可分为封闭式、半封闭式、敞开式 3 种。封闭式一般指 ODF 正面、背面和侧面都安装有面板或门；半封闭式指正面或背面部分暴露，侧面一般封闭；敞开式指正面完全暴露。ODF 按机架操作方式可分为两种：全正面操作式，一般指 ODF 只能正面操作；双面操作式，指能从 ODF 的正面或背面进行操作。普通型 ODF 外观如图 2-76 所示。

（4）光缆交接箱

通信光缆交接箱是用于室外连接主干光缆与配线光缆的接口设备，简称光交箱。光交箱由箱体、光纤连接分配装置、光纤终结装置、光纤存储装置、直熔单元（可选）、光缆引入与接地装置、分光模块（可选）、暂存停泊模块（可选，适用于免跳接光交箱）组成。

光交箱可以选择落地、架空、壁挂、挂杆、地坑安装。落地光交箱的外观如图 2-77 所示。

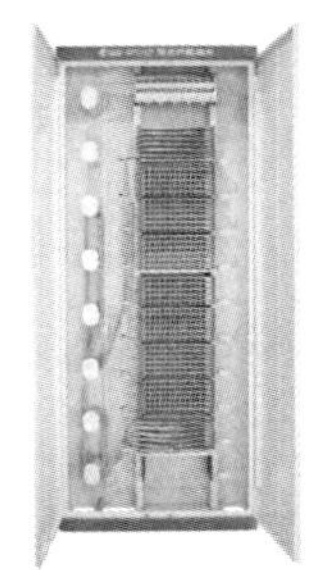
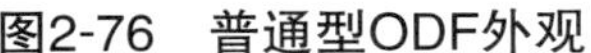

图2-76　普通型ODF外观

图2-77　落地光交箱的外观

（5）光纤活动连接器

光纤活动连接器由跳纤或尾纤和一个与插头匹配的适配器组成，光纤活动连接器可用于光纤在架内的成端固定。对于光纤活动连接器的插头颜色，黄色表示单模，橙色表示 OM1/OM2，水绿色表示 OM3，玫红色表示 OM4，青柠绿表示 OM5，绿色表示 APC8° 接口。

FC 型、SC 型、LC 型、ST/PC 型的光纤活动连接器的使用场景广泛，常见光纤活动连接器插头及适配器外观如图 2-78 所示。FC 型和 SC 型单模光纤活动连接器多是单芯适配器，LC 型和 ST/PC 型光纤活动连接器除单芯适配器外，还有双芯适配器。

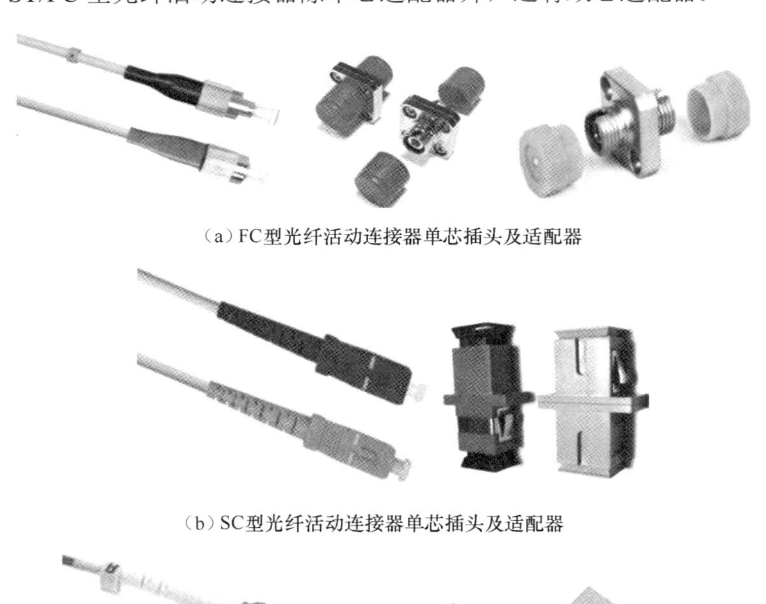

（a）FC型光纤活动连接器单芯插头及适配器

（b）SC型光纤活动连接器单芯插头及适配器

（c）LC型光纤活动连接器插头及适配器

图2-78　常见光纤活动连接器插头及适配器外观

（d）ST/PC型光纤活动连接器

图2-78　常见光纤活动连接器插头及适配器外观（续）

MT-RJ 型、MPO 型、MU 型和 MC 型光纤活动连接器的使用场景较少，多种光纤活动连接器插头及适配器外观如图 2-79 所示。

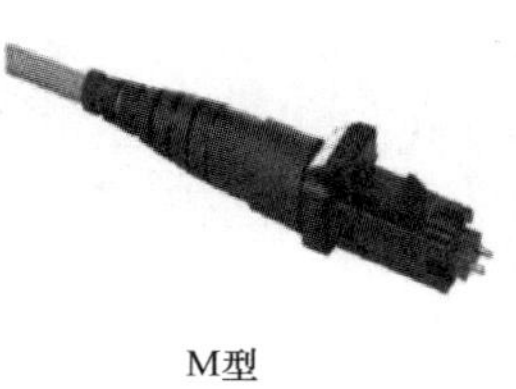

M型

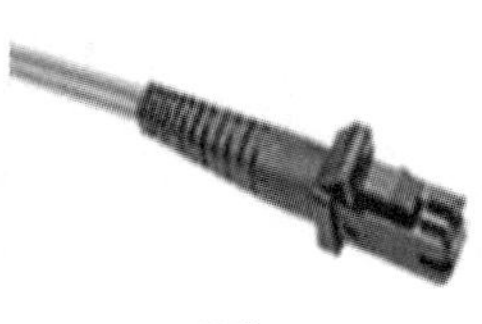

F型

（a）MT-RJ型光纤活动连接器插头及适配器外观

母头插口

公头插口

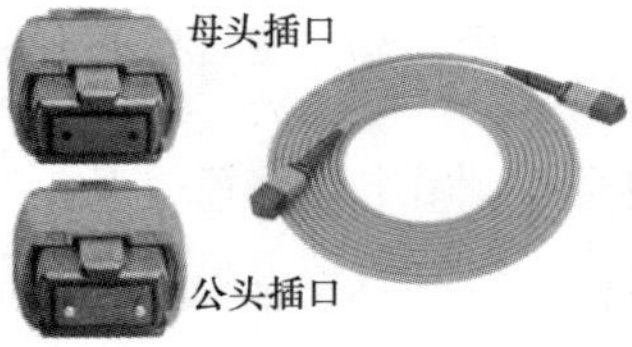

（b）MPO型光纤活动连接器插头及适配器外观

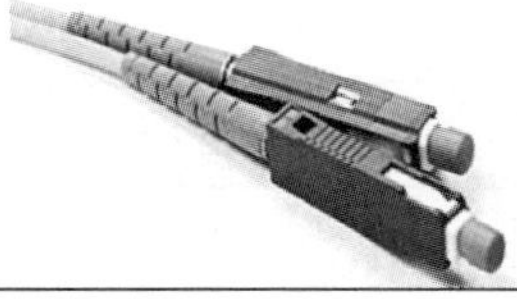

（c）MU型光纤活动连接器

（d）MU-A类连接器外观

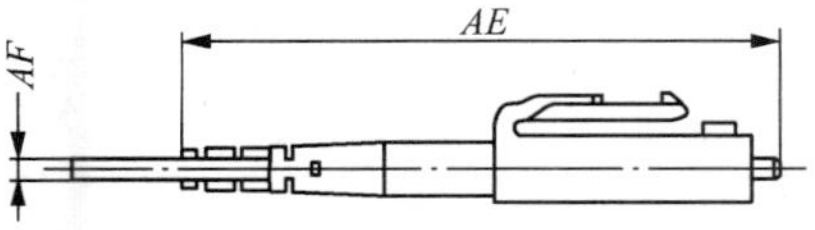

AF

AE

单芯插头外形图示意

AH

AI

AJ

AD

AK

AN

AL

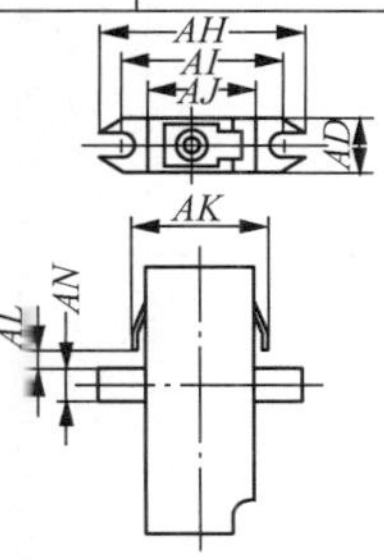

有定位孔结构

单芯适配器外形图示意

AH

AJ

AD

AK

AN

AL

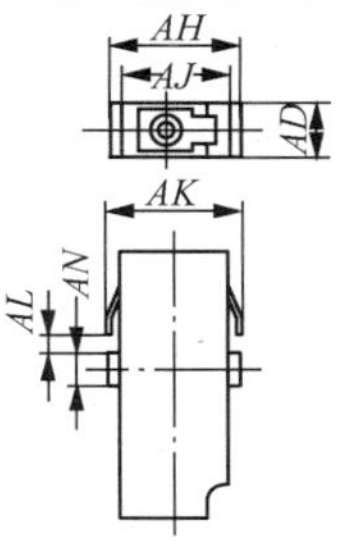

无定位孔结构

单芯适配器外形图示意

（e）MC型单芯插头及单芯适配器外形图

图2-79　多种光纤活动连接器插头及适配器外观

MC 型光纤活动连接器的体积约为目前行业内 LC 型产品的一半，其安装密度也相应提高了一倍，是目前世界上体积最小的单芯光纤活动连接器。MC 型光纤活动连接器是我国第一款具有完全自主知识产权的光纤活动连接器，打破了国际企业的垄断，填补了国内技术空白，带动了我国精密加工、超精密加工等基础工业的发展，促进了产业升级，具有积极而深远的意义。

（6）电缆热缩套管

电缆热缩套管通过加热使套管径向收缩，使套管与电缆塑料外护套构成密封接头。当光缆外护套出现破损，将导致绝缘值下降，使用电缆热缩套管在破损处进行封焊作业可以提高光缆绝缘值。当套管用于光缆破损点密封时，应选用收缩后内径较细的热缩套管。通常，光缆直径约为 20mm，热缩套管热缩后内径较细，可以将处理后的光缆回穿到管道中。电缆热缩套管外观及配件如图 2-80 所示。

图2-80　电缆热缩套管外观及配件

电缆热缩套管型号由 4 个部分组成，各部分型号见表 2-24。热缩套管分为 RSBA、RSYA、RSBJ、RSB、RSY 5 种。非气压维护用纵包式热缩套管型号及适用电缆外径见表 2-25。常用的电缆热缩套管有 RSBJ（非气压维护用纵包式加强型热缩套管）和 RSB（非气压维护用纵包式普通型热缩套管）两种型号。

表2-24　电缆热缩套管型号

分类		代号	分类		代号
产品品种	热缩套管	RS	维护特征	气压维护用	A
	注塑熔接套管	ZS		非气压维护用加强型	J
	装配套管	ZP		非气压维护用普通型	（省略）
	填充式套管	TC		填充型	T
	通气式装配套管	TQ		通气型	K
结构特征	管式	Y	派生	分歧型	F
	纵包式	B		直通型	（省略）
	罩式	Z		气门	Q
	哈弗式	H			

注：在接续套管的型号中，当产品品种代号包含维护特征时，可以省略维护特征的代号。

表2-25 非气压维护用纵包式热缩套管型号及适用电缆外径

序号	型号	允许接头线束最大外径 /mm	允许电缆最小直径 /mm	接头内电缆开口距离 /mm	包管长度 / mm
1	RSBJ 32/11-200	32	11	200	500
	RSBJ 32/11-350			350	650
2	RSBJ 42/15-250	42	15	250	550
	RSBJ 42/15-350			350	650
	RSBJ 42/15-500			500	800
3	RSBJ 50/18-250	50	18	250	600
	RSBJ 50/18-350			350	690
	RSBJ 50/18-500			500	870
4	RSBJ 62/22-350	62	22	350	690
	RSBJ 62/22-500			500	870
	RSBJ 62/22-650			650	1030
5	RSB 32/11-200	32	11	200	500
	RSB 32/11-350			350	650
6	RSB 42/15-350	42	15	350	690
	RSB 42/15-500			500	800
7	RSB 50/18-350	50	18	350	690
	RSB 50/18-500			500	900
8	RSB 62/22-350	62	22	350	690
	RSB 62/22-500			500	900
	RSB 62/22-650			650	1060

2.4.6 单盘测试

光缆从生产厂商经过运输仓储环节运至工地的过程中，存在各种不安全因素，会对光缆造成破坏、影响光纤的各项性能。因此在光缆进场后需要进行全面检验，测试光缆的外观、盘长、光纤传输性能，光缆进场检验也被称为单盘测试。

单盘测试一般按设计文件、采购合同书、GB 51171—2016《通信线路工程验收规范》进行测试。

单盘测试的工作内容包括：检查光缆外观，对照收料单或运货单清点、核对光缆的规格型号、盘数、单盘长度；收集光缆的合格证书和厂商提供的出厂记录；重点测试光缆长度、光纤长度、光纤损耗值、观察光纤后向散射信号曲线，通过测量来检验光纤传输特性是否符合设计要求，盘长与设计规定和出厂标称长度是否吻合；按需要进行光纤偏振模色散测试或色度色散测试；直埋线路工程光缆需要增加绝缘性能测试。

单盘测试要求包括：单盘测试应在光缆进场后尽快完成，测试完成后应提供光缆配盘所必需的测试数据；必须对工程使用的全部光缆中的全部纤芯进行测试，不得抽测；检查出的不合格的光缆应向建设单位报告并配合生产厂商进行更换处理；测试过程中，监理工程师应采用旁站方式进行工程质量随工检验。

在光缆敷设施工前，施工单位根据需要可以再次对光缆进行检测。单盘测试过程一般分为测试准备、光纤测试、资料编制 3 个步骤，单盘测试流程示意如图 2-81 所示。

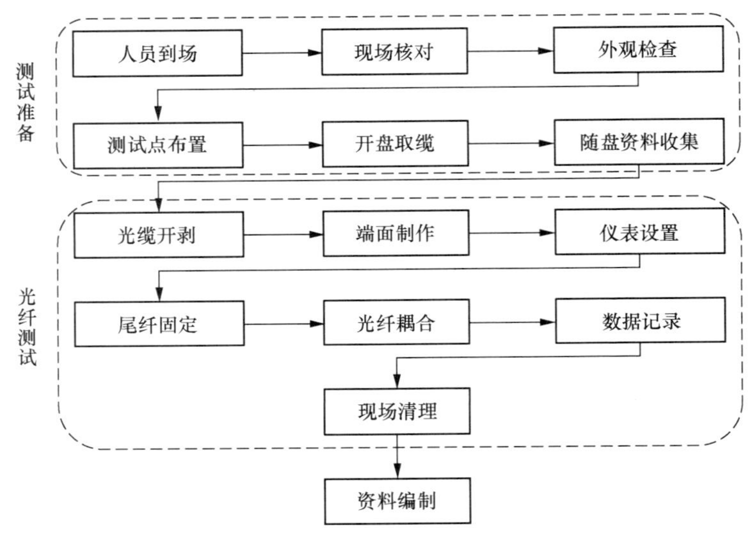

图2-81　单盘测试流程示意

（1）测试准备

单盘检测的地点一般设在材料仓库或施工驻地的材料屯放场地，测试场地宜选择地势平坦、无高压线、无灰尘、外界干扰小的地点，室外测试宜搭设大号晴雨伞或帐篷。单盘测试需要一名测试人员，进行手工测试及判定测试质量；辅助人员负责光缆推盘、开盘、抽缆、拉缆、施工现场清理等工作。现场监理工程师作旁站检查，确认检验结果。

单盘测试前，应根据设计要求和到货清单，对被测光缆的数量、盘号、型号规格、盘长、端别等逐一清点、核对并记录。外观检查应重点检查光缆的外包装是否完整、有无变形，光缆外护套有无破损、光缆标记是否完整清晰等。

辅助人员打开光缆包装后，剪断光缆上的固定钢带，拆除包装的木板、塑料保护材料；取出缆盘内的缆头，光缆头应延伸至测试点，光缆取出长度视现场情况而定，一般为 5 ～ 20m；开盘后，光缆的外包装和外护套应完整无损，光缆端帽密封完好，光缆 A、B 端别应与缆盘上的标注相符；若光缆外皮有损伤，应做好记录和取证工作并记录盘号，在测试时重点检查是否更换光缆。光缆摆放和光缆开盘如图 2-82 所示。

图2-82 光缆摆放和光缆开盘

开盘后，辅助人员收集光缆盘内的产品合格证书和厂商随盘提供的出厂资料，并与光缆盘上的标注核对，两者应相符。对于到货光缆，光缆盘号必须是唯一的且与现场盘号一一对应，原光缆盘上无标注盘号时，应重新标注盘号。对于随盘提供的出厂资料，应核对所列测试项目及指标是否符合设计要求、国家标准或行业标准。

（2）光纤测试

光纤测试过程包含光缆开剥、端面制作、仪表设置、仪表设置、尾纤固定、光纤耦合、数据记录、现场清理等环节。光缆线路工程设计要求测试光缆绝缘时，应对光缆单盘进行绝缘测试。

辅助人员去除被测试光缆缆头 60 ～ 80cm 的光缆外护套，将光纤束剥离，并保持光缆、束管、光纤清洁，不得沾染泥沙、灰尘。缆芯露出后，应核对光缆程式、光纤色谱、光纤芯数、绝缘介质、加强芯、色谱标识是否符合设计中相关技术标准的规定。

此时需要通过光缆截面的光纤或束管判定光缆的 A、B 端。面对光缆截面，光纤或束管按色谱顺序顺时针方向排列，此端为 A 端，反之为 B 端，通常光缆中的铜导线不参与端别判定。例如，某种光缆按“蓝橙绿棕灰白红黑黄紫粉红天蓝”的色谱顺时针排列，此端为 A 端；另一种光缆按“红白……绿”的色谱顺时针排列，此端也是 A 端。对于中心束管光缆无法进行顺时针或逆时针判定，应按设计规定、厂商指示判定，通常依据光缆外护套的米标尺码的增减进行判定，数值由小到大为 A 端、数值由大到小为 B 端。通常接续要求一根光缆的 A 端和另一根光缆的 B 端相接。测试人员应根据光缆 A 端横截面的结构绘制临时光缆结构图留存。

光纤测试前需要制作端面。常使用米勒钳或光纤热剥钳夹住紧套光纤或被测光纤，剥除约 3cm 的塑料护套或涂覆层，露出裸光纤；用切割笔在距裸光纤末端约 5mm 的位置，以垂直于光纤轴的方向划过光纤表面，产生划痕；用手指按压光纤头使光纤弯曲，光纤在划痕处整齐断裂开，形成测试端面。

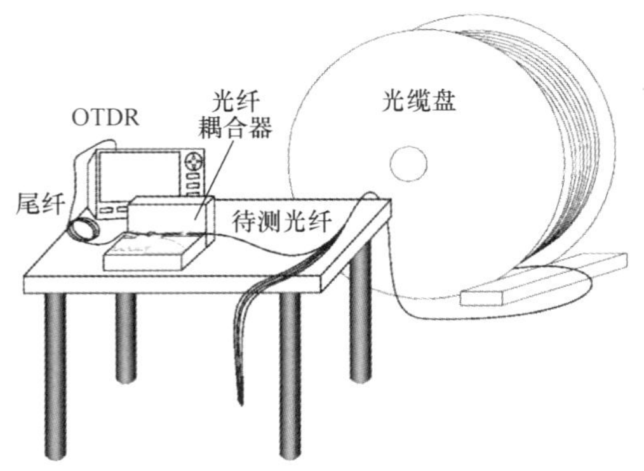

图2-83　单盘测试工器具摆放示意

测试员将 OTDR、做好断面的尾纤、待测光纤摆放在测试桌面上，单盘测试工器具摆放示意如图 2-83 所示。打开 OTDR 后，测量范围通常在 5 ～ 10km，波长选择 1550nm，脉宽选择 500ns 左右；折射率按生产厂商提供的数值设定，通常范围为 1.4660 ～ 1.4690。整个测试过程应保持 OTDR 持续处于实时状态。

选用合适的光纤耦合器可以提高耦合成功率，加快测试速度。3 种光纤耦合器的外观如图 2-84 所示。

（a）KL-51型光纤耦合器

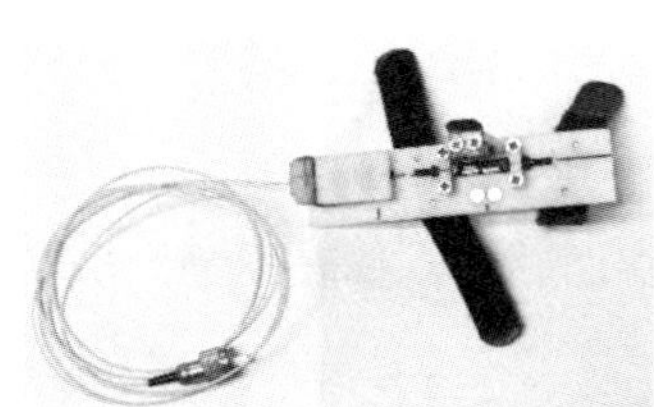

（b）手持式光纤耦合器

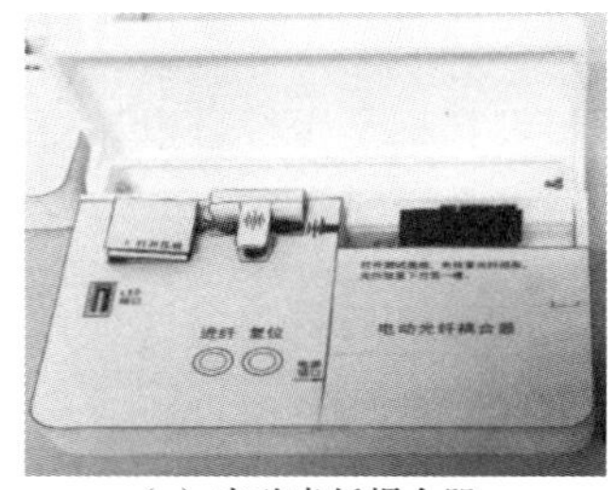

（c）电动光纤耦合器

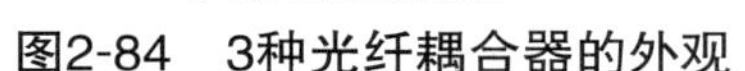

图2-84　3种光纤耦合器的外观

光纤耦合时，取一芯做好端面的被测光纤，用手指捏住距光纤端面 40mm 处，以小于 15° 的倾角从耦合台右侧插入中央 V 形槽中，当光纤端面接触尾纤端面，光纤呈弧形时，将中间压纤板下压、固定尾纤和裸光纤的连接。

未耦合/耦合不成功

耦合成功

图2-85　OTDR屏幕显示图形

测试人员观察 OTDR 屏幕，当屏幕上的图像从“L”形变成“Π”形，说明尾纤与裸光纤耦合成功，轻轻按压中间压纤板使图像水平线段的高度达到最大值并持续保持高度。测试人员将 A、B 测量标记线分别定位于水平图像的左侧和右侧，OTDR 屏幕显示图形如图 2-85 所示。观察标记线间的光纤平均损耗，记录平均损耗、纤长。此时记录的 B 测量标记线距离数值就是被测光纤的纤长，纤长通常大于光缆缆长，若测试纤长小于缆长，则说明光缆存在断纤障碍。将剩余光纤逐一耦合并记录测试数据，直至现场所有光缆盘中的光纤 100% 通过测试。

现场测试完毕，应使用钢筋钳截断光缆端头，用自粘胶带包裹光缆头 5cm 或使用喷灯、光缆端帽封焊光缆头。从缆盘延伸出去的光缆应恢复盘绕后再塞回光缆盘中固定好，推出的光缆盘应推回原位，有序摆放。收集现场遗留的光缆护套、光纤废料、纸屑等垃圾，统一清理，保持现场整洁。

（3）绝缘测试

在绝缘测试时，需要测试光缆的加强芯对地绝缘和金属护套对地绝缘。绝缘测试需要确保光缆盘保持潮湿，光缆盘在露天摆放时，露水、雨水不影响测试结果，如果缆盘过于干燥，也可以将干净的水浇在缆盘上。

在绝缘测试前，首先要将光缆盘两侧的光缆端头悬空并保持端头附近的外护套干燥，然后暴露光缆测试端的金属加强芯和金属护套，便于导线连接。进行单盘测试的光缆，此时测试端的加强芯已经外露，导线缠绕后即可测试金属加强芯的绝缘值。使用美工刀将外护套纵向切开 10mm，再将金属层翘起，用连接导线的金属鳄鱼夹将金属层夹住，可以快速且方便地测量金属护套的绝缘值。

通常使用 500V 兆欧表作为绝缘测试仪表，含水分的土壤、深入地下的金属构件可作为接地点。将绝缘测试仪的一根带有绝缘外皮的导线连接测试仪标记“接地”的一端和接地点；另一根带有绝缘外皮的导线连接测试仪标记“线路”的一端，另一端夹紧或缠绕被测光缆的金属护套或加强芯。测试人员左手按住兆欧表外壳，右手以较快的转速均匀地旋转兆欧表的摇把，一般转速为 60 ～ 80r/min，如图 2-86 所示。测试人员注视兆欧表的指针和刻度，在指针稳定指示一个刻度时，读取指针所在刻度的数值，若指针在两个刻度中间，则读取较小的数值，该数值即为当前的绝缘测试值；更换测试部位和光缆盘，得到现场全部光缆的金属护套和光缆加强芯的绝缘值。

通常单盘测试测得的绝缘值应大于 50MΩ，当测试值小于 2MΩ 时，可以判定该盘光缆绝缘不良，工程中不得使用绝缘不良的光缆，应记录盘号信息并退回光缆厂商。

图2-86　光缆绝缘测试

（4）资料编制

单盘检测记录表是记录单盘测试数据的纸质文档，见表 2-26，其中光缆盘号、光缆型号和光缆长度的数据将用于绘制光缆配盘图。

表2-26　某工程光缆单盘检测记录表示例

光缆厂商	×× 光缆		光缆型号	GYTY53-24B1.3	光缆长度	2009m
光缆盘号	F14050888		测试仪表	MTS-6000	纤芯长度	2033m
折射率	G.652 折射率：1.4675（1310nm）　1.4680（1550nm）					
纤芯序号	1310nm	1550nm	纤芯序号	1310nm	1550nm	
1	0.34	0.22	13	0.35	0.20	
2	0.35	0.20	14	0.36	0.20	
3	0.36	0.20	15	0.34	0.21	
4	0.34	0.21	16	0.34	0.21	
5	0.34	0.21	17	0.35	0.19	
6	0.35	0.19	18	0.34	0.19	
7	0.34	0.19	19	0.35	0.21	
8	0.35	0.21	20	0.33	0.20	
9	0.33	0.20	21	0.36	0.21	
10	0.36	0.21	22	0.35	0.21	
11	0.35	0.21	23	0.36	0.20	
12	0.36	0.20	24	0.35	0.20	
加强芯绝缘电阻		≥ 500MΩ	金属护层绝缘电阻		≥ 500MΩ	
检测结论	是 / 否合格					

测试人员：　　　　　　监理人员：　　　　　　日期：

在表格中部填写测试波长对应的衰减系数，通常分为 1310nm、1550nm 两个测试波长；1550nm 波长必须全部测试，1310nm 波长按光纤总数的 25% 抽测。

记录表底部填写检测结论，评判是否合格。对于直埋光缆的单盘检测，应增加金属护套和光缆加强芯的绝缘电阻测试值。

单盘检测过程需要现场监理工程师旁站，在单盘检测记录表的尾部应填写测试人员、监理人员的签名和测试日期。完成单盘检测工作后，光缆盘内部的随盘资料和缆盘上的合格证、测试记录等资料一并及时移交给项目管理人员。

2.4.7　检验种类

光缆管线工程使用的材料从生产到使用需要经过多次检验，通常有进场检验、使用前自检等，施工单位可根据需要对电杆、管材、光缆、接头盒等主要材料进行出厂检验。

（1）进场检验

进场检验是指工程建设需要的物资被运送至施工现场时，由施工单位委派的管理人员对物资程式、规格、型号、数量等按照设计文件要求进行查验。同时，检查出厂资料、外观等，检查合格后进行接收、登记的过程。

进场检验应在建设方代表或监理方代表和施工方代表同时在场的情况下进行，检验后应及时做好书面检验记录。检查物资外观的包装应完整，外包装应标注程式、规格、型号及数量。物资出厂资料应齐全，应有产品质量检验合格证及厂商提交的产品测试记录。不符合设计要求或无出厂检验合格证的物资不得在工程中使用。

进场检验按材料不同，一般分为水泥制品、塑料材料、钢绞线及铁件、接头盒及成端设备、管道建筑材料、光缆六大类。由于工程建设承包方式的不同，光缆管线工程建设需要的物资有建设单位自行采购的，也有建设单位委托专业采购单位采购或委托施工单位采购的，故本章全部以“物资采购单位”进行描述。

（2）出厂检验

出厂检验简称厂验，主要工作是对拟出厂的物资进行质量检验。厂验工作一般是在供应商根据与物资采购单位签订的合同完成材料生产后及在发货前进行，一般由监理单位牵头组织。厂验小组一般由业主代表、专业设计工程师、施工单位技术负责人、供应商技术负责人、供应商生产负责人等组成。

光缆管线工程项目中对材料需求量较大，对工程质量产生决定性因素的主要材料进行质量检验，例如，光缆、接头盒、管材、电杆、钢绞线等，物资采购单位会根据需要在与供应商签订采购合同时约定在材料出厂前是否安排进行厂验。

第三章 架空杆路施工技术

架空杆路施工是为光缆布放提供架空路由通道，具有投资小、施工周期短的优点，可广泛应用于省级干线及本地网工程。

电杆是架空杆路的主体，20 世纪 60 年代以后，我国从环保及资源开发与利用的角度出发，通信建设基本使用预应力锥形钢筋混凝土电杆，仅在一些特殊地区使用木杆。

新建架空杆路施工涉及立杆、安装拉线、架设吊线等工作，工程工序多、对技术要求较高。利旧杆路施工可以不涉及立杆，但仍要考虑安装拉线、架设吊线等工作。通常一个杆路施工队配有施工人员 6 ～ 20 人，按施工内容不同可分成多个施工小组。本章主要介绍的新建架空光缆线路工程施工流程示意如图 3-1 所示。

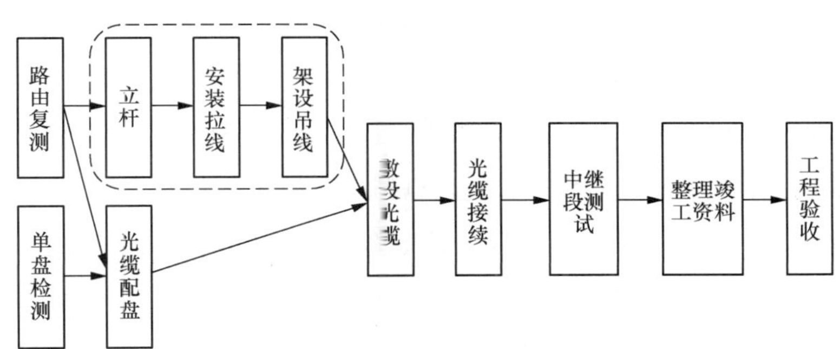

图3-1　新建架空光缆线路工程施工流程示意

3.1 立杆

立杆就是按要求将电杆架设到线路路径上，立杆工序是后续安装拉线、架设吊线的基础。

立杆工序可分为电杆存放和搬运、杆坑挖掘、杆根加固、立杆操作、电杆接高、电杆保护、号杆，立杆施工流程示意如图 3-2 所示。立一批电杆时，可以将施工队分成专业小组，每组完成一个或多个步骤，各小组分工合作可以形成流水施工，提高工作效率。

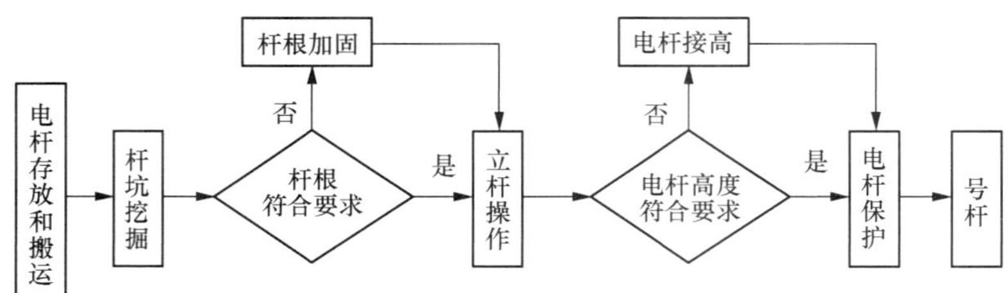

图3-2　立杆施工流程示意

3.1.1　电杆存放和搬运

架空杆路工程所使用通信电杆的杆高在 6 ～ 12m，重量在 450kg 以上，电杆作为施工中的危险源，其存放与搬运过程应特别注意，保障施工安全。

施工前要先做好电杆材料存放计划。计划内容主要包含立杆时二次搬运的存放位置、存放数量、安全注意事项。存放位置应设置在不妨碍行人、车辆的地点；钢筋混凝土电杆堆放不得超过两层；堆放时，杆梢、杆根各在一端，排列整齐、平顺；杆堆底部两侧必须用短木或石块堵挡，堆完后应用钢线捆牢。使用电杆时，应按照堆放高度，顺序拿取，即先从高层开始，逐渐向低层进行。撬移电杆时，下落方禁止站人；从高处向低处移杆时，用力不宜过猛。

使用汽车装运电杆时应注意：车上应设置专用支架，电杆重心应落在车厢中部；严禁电杆超出车厢两侧；车上没有专用支架时，电杆应平放在车厢内，并且杆根向前，杆梢向后，电杆伸出车身尾部的长度应符合交通运输部门的规定；若用其他运输车辆运送电杆，应用绳索捆绑撬紧，保持运输车辆平衡。卸车时，应用木枕或石块稳住前后车轮；卸车松捆时，电杆应按顺序逐一进行，不得全部松开，以防止电杆从车厢两侧滚下；卸车时不得将电杆直接向地面抛掷。

运输单根电杆一般使用运杆车，运杆车如图 3-3 所示。使用运杆车时，应按运输场地和道路运输方向行驶，将运杆车与电杆排成前后纵列；一人负责控制车，两人负责抬杆梢；抬杆人尽力将杆梢抬起时，推车人将车推至杆下，并控制车轮不能移动；抬杆人缓慢放下杆梢，让电杆落在运杆车架上；三人相互配合将运杆车调整至电杆重心点附近再进行运输。运输电杆时，一人在杆梢控制运输方向，两人推杆身，应控制速度，慢速前进。

图3-3　运杆车

人工扛抬电杆时，工人应穿戴垫肩，必须用同侧肩膀抬杆，保持脚步一致。通过坎、沟、泥泞路时，应听从统一指挥，稳步前进。必要时应有备用人员替换。

3.1.2　杆坑挖掘

杆坑挖掘是指开挖电杆洞。一般电杆洞是圆形孔洞，杆洞直径应比电杆杆根直径大15cm左右，以便夯实，洞壁上下笔直、洞底平整。人工挖掘杆坑，工人要经常变换方向，固定在一个地方挖容易将洞身挖倾斜；在水深30cm以下的地区挖洞，应排出积水后再开挖；在流沙地区挖洞时，为防止洞壁倒塌，在挖到一定深度后，应在洞中放置挡土板或预制的撑板，边挖边放，直至挖到需要的深度；岩石地区打洞应采取爆破法，由专业的爆破公司施工。

采用人工立杆时，为便于立杆，在杆坑拉线一侧要开挖顺杆槽（也称为马道、马槽），槽口不要开设在电杆受吊线张力的一侧；对于直线杆路，相邻两个电杆的槽口方向相反；终端杆、角杆的相邻杆槽口应朝向终端杆、角杆。杆洞和顺杆槽挖掘方位示意如图3-4所示。其中，圆形表示杆根位置，连续的短段矩形表示开挖的台阶。

杆坑挖掘时应严格依照路由复测时留下的标桩位置，挖掘过程需要注意杆坑位置与原有电力线、光（电）缆、燃气管、输水管、供热管、排污管等设施的间距，应满足规范要求，发现有误立即上报。

电杆埋深见表3-1，洞深允许偏差为±50mm。地表有临时堆积泥土时，杆洞洞深计量应以永久性地面为计算起点。电杆撑杆的洞深应不小于0.6m，特殊情况应符合设计文件规定。高桩拉的高桩洞深应符合下列规定：普通土、硬土、砂砾土拉桩洞深应不小于1.2m；石质洞深应不小于0.8m。在斜坡地段挖洞，该洞应从洞下坡口往下0.15～0.2m处为起点计算洞深，如图3-5中的（b）所示。

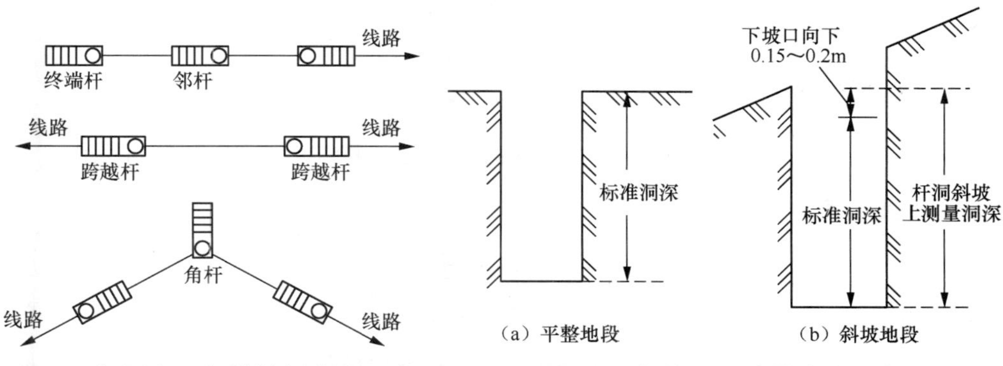

图3-4　杆洞和顺杆槽挖掘方位示意

图3-5　杆坑洞深计量方法示意

表3-1　电杆埋深

单位：m

杆长		6	6.5	7	7.5	8	9	10	11	12
水泥电杆	普通土	1.2	1.2	1.3	1.3	1.5	1.6	1.7	1.8	2.1
	硬土	1.0	1.0	1.2	1.2	1.4	1.5	1.6	1.8	2.0
	水田、湿地	1.3	1.3	1.4	1.4	1.6	1.7	1.8	1.9	2.2
	石质	0.8	0.8	1.0	1.0	1.2	1.4	1.6	1.8	2.0
木质电杆	普通土	1.2	1.3	1.4	1.5	1.5	1.6	1.7	1.7	1.8
	硬土	1.0	1.1	1.2	1.3	1.3	1.4	1.5	1.6	1.6
	水田、湿地	1.3	1.4	1.5	1.6	1.6	1.7	1.8	1.8	2.0
	石质	0.8	0.8	0.9	0.9	1.0	1.1	1.1	1.2	1.2

资料来源：GB/T 51421—2020《架空光（电）缆通信杆路工程技术标准》。

注：本表适用于中、轻负荷区新建的通信线路。重负荷区的杆洞深度按本表规定值另加 0.1 ～ 0. 2m。12m 以上的特种电杆的洞深应按设计文件规定实施。

人工挖掘杆坑，一般使用铁锹、工字镐，挖较深、较细的杆洞时，可以使用洛阳铲、对锹夹铲，方便挖洞时取土，洛阳铲、对锹夹铲如图 3-6 的（a）和（b）所示。机械挖洞可以降低工人劳动强度，提高施工效率，一般选用手抬式挖洞机或挖洞车辆，如图 3-6 的（c）和（d）所示。

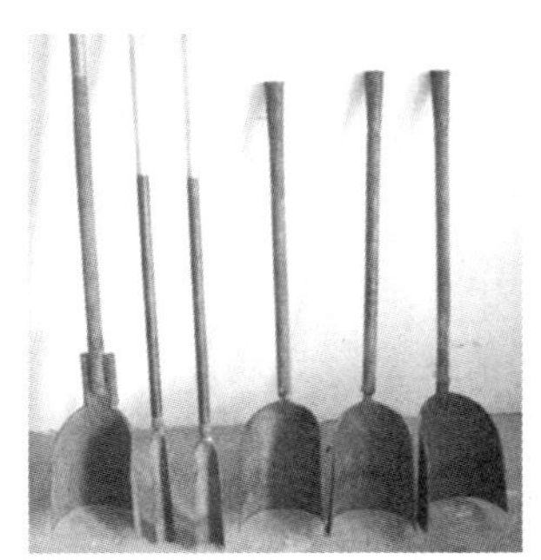

（a）洛阳铲

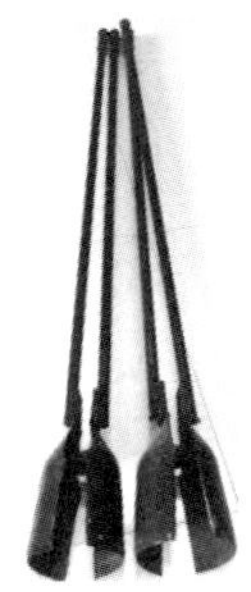

（b）对锹夹铲

（c）手抬式挖洞机

（d）挖洞车辆

图3-6　挖杆坑工具

3.1.3　杆根加固

杆根加固是指把器材安装在电杆的杆根位置，起到承担受力、稳定电杆的作用。

（1）技术要求

钢筋混凝土电杆的杆根装置有卡盘、底盘，使用方式如图 3-7 中的（a）所示。卡盘用 U 形抱箍固定在电杆上。卡盘承受电杆倾覆力，起到防止电杆倒伏的作用。底盘水平放置在杆坑底部，承受水泥杆向下的压力，底盘底部接触面积比电杆截面积大，起到减小压强防止电杆下沉的作用。

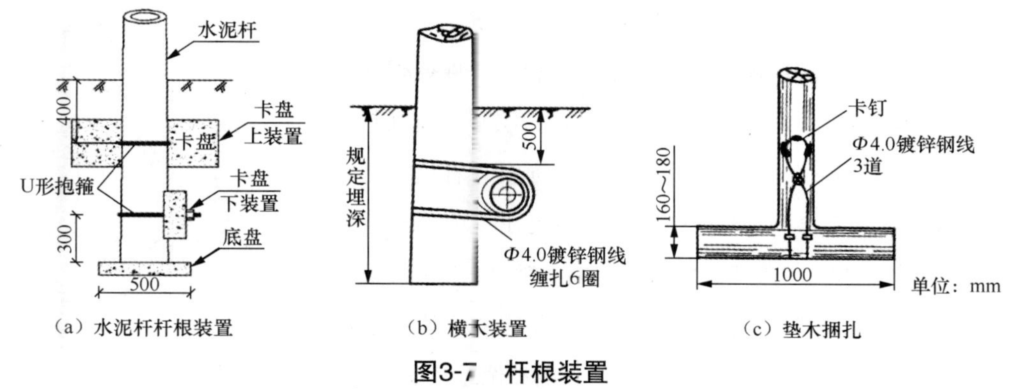

（a）水泥杆杆根装置　　（b）横木装置　　（c）垫木捆扎

图3-7　杆根装置

木杆的杆根装置有横木、垫木，使用方式如图 3-7 中的（b）和（c）所示。横木用 *Φ*4.0mm 镀锌钢线缠扎 6 圈，并用双卡钉钉固，且应涂防腐油。负荷大的终端杆、角杆及跨越杆等，或土质松软的地方可采用杆根垫木，以 *Φ*4.0mm 镀锌钢线进行捆扎。

电杆杆根装置的安装位置尺寸允许偏差为 ±50mm。直线杆路电杆杆根装置一般应按设计规定装置，无特殊规定时应装在线路的一侧，但相邻杆均设置杆根装置时，应交错装设。单卡盘安装示意如图 3-8 所示。杆距长度不等时应装在长杆档侧，多风地带应装在电杆受风较多侧。

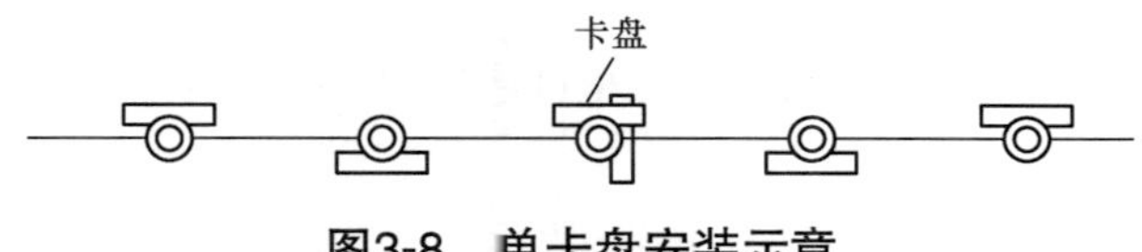

图3-8　单卡盘安装示意

下列电杆应装设单横木或单卡盘：角深小于 13 m 的角杆、抗风杆；跨越铁路两侧的电杆、终端杆前一档的辅助终端杆；松土地点的电杆或坡度变更大于 20%的吊杆档。下列电杆应装设单垫木或底盘：接杆、撑杆；立在沼泽地的电杆、坡度变更大于 20%的抬杆档。下列木杆应装设双横木或水泥杆应装设卡盘及底盘：角深大于 13 m 的角杆、防凌杆；终端杆。

设置角杆、终端杆杆根装置位置，单装置应装在拉线方向的反侧，与拉线呈 T 形垂直。双装置的下装置应装在电杆的拉线侧，上装置应装在拉线的反侧；上下装置应与拉线呈 T 形垂直。

（2）底盘安装

安装底盘的杆坑深度应在原有坑深的基础上继续加深底盘的厚度，约 80mm；坑底一般可不作处理，若遇坑底松软，则可以填土夯实处理；坑底均应保持平整，带坡度坑的坑深以坑中心为准。

底盘安装可采用翻盘法：人力搬运底盘，将底盘竖立在距离坑口约为底盘宽度的 3/5 处，使其底部朝坑口外侧，适当用力使其翻转落入坑底。也可采用滑盘法：用木板形成斜面，使底盘沿斜面滑落至坑底，再抽出木板，如图3-9所示。较重的底盘可用抬放法：用钢丝绑住四角，在底盘重心位置绑扎吊绳，用人力抬起底盘放置于杆坑中。

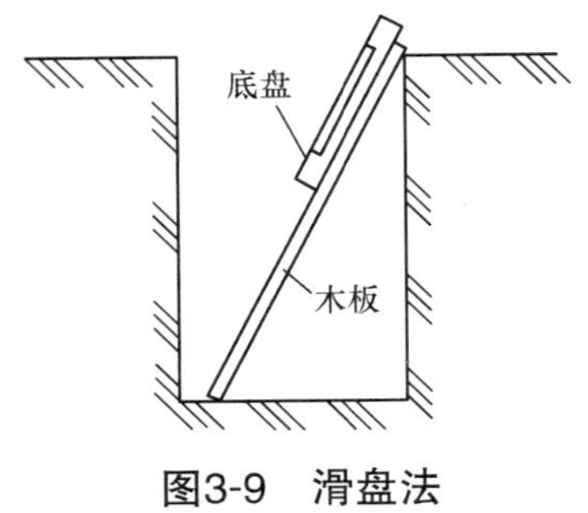

图3-9　滑盘法

底盘安装注意事项：电杆底盘的安装应在基坑检验合格后进行；底盘安装后其圆槽面应与电杆轴线垂直；底盘找正后应填土夯实至底盘表面；底盘安装允许偏差应使连续的电杆组竖立后，满足电杆允许偏差规定。调整电杆偏差时应调整底盘的倾斜角度。

（3）卡盘安装

安装卡盘前，应根据设计图纸规定，在电杆上用红笔画出卡盘位置印记，控制卡盘安装尺寸。卡盘底面以下的坑内应回填土并进行夯实。卡盘位置的下方填土必须夯实，避免卡盘安装后因土壤沉陷产生空隙。

卡盘安装时，电杆旁应临时竖立一根保护木杠，防止卡盘落至坑内碰撞电杆杆身；通常用滑盘法将卡盘送入杆坑，操作要点同底盘的滑盘法；调整卡盘方向（一般为顺线路方向），卡盘安装深度的允许偏差为±50mm。当安装位置、方向、深度符合要求后，安装卡盘抱箍，拧紧螺帽，卡盘与杆身紧密连接。

在无卡盘的条件下，也可用200号砼在电杆四周浇注来代替，浇注厚度不小于300mm。

（4）夯实回填

杆根装置安装完毕后即可进行覆土回填，回填过程要求：土块应打碎；杆坑每回填300mm应夯实一次；松软土质的杆坑回填应增加夯实次数或采取加固措施；回填后的电杆基坑宜设置防沉土层，通常土层上部面积不宜小于坑口面积，回填土高度应超出地面300mm；当采用抱杆立杆留有杆槽时，杆槽回填土应夯实，并留防沉土层。

3.1.4　立杆操作

立杆包括戳杆起立入洞、看直线和看横线法扶正杆身（转杆面）、填土夯实这3个步骤。其中，戳杆起立入洞难度最大、安全要求最高。立杆操作前应观察地形及周围环境，设定施工和安全警戒区域；根据电杆的程式、长短、重量及工作地点的地势、土壤等条件选择合适的立杆方法，按电杆竖起的方式不同，可采用杆叉法、吊杆法、吊车法。立杆用具必须齐全、牢固、可靠；配备作业人员数量和质量应满足施工要求，应做到分工明确，专人指挥。

检查电杆的规格、外观质量是否符合施工要求，若不符合施工要求，则应立即替换；检验杆洞深度，人工立杆应检查马槽是否合适，不合适应进行修正；按需要选择杆根保护装置的位置，应提前装设，使用底盘时，应将底盘水平放置于坑内中心。立杆前，先在杆梢适当位置拴上牵引绳。牵引绳的作用是稳住电杆、代替临时拉线、防止入洞的电杆侧倒。当电杆入洞后，通过牵引绳来校正位置，扶正杆身。

电杆竖立在洞内后，应快速校正杆位、扶正杆身，立即回填。直线线路的电杆位置应在线路路由的中心线上；电杆中心线与路由中心线的左右偏差应不大于 50mm；电杆本身应上下垂直。角杆杆根应在线路转角点内移，内移值为 100 ～ 150mm；杆梢向吊线夹角对角线外侧倾斜，处于两条吊线的交点。如果受地形限制或者用撑杆时，角杆不内移；终端杆应向拉线侧倾斜 100 ～ 200mm。回填时，回填土必须逐层夯实，每回填 300mm 夯实一次。市区便道回填土应高出原地面 50 ～ 100mm，水泥路面回填土应与原地面平齐；在郊区及野外大地回填土应高出地面 100 ～ 150mm。

立有穿钉眼的电杆时，要注意杆面，应使穿钉眼垂直于杆路路由。将粗大的抗拉绳索绕电杆松缠 5 ～ 6 圈，将结实的木棒穿入绳中绞紧，增大摩擦力后，木棒平放；木棒短端顶住电杆，在木棒远端施工人员水平用力推木棒，借助摩擦力将电杆沿自身纵轴线转动至合适角度。

（1）杆叉法

杆叉法也称人工立杆。立杆小组通常由 8 人组成，其中 1 人指挥、4 人抬杆和叉杆、1 人压杆，2 人负责两侧拉牵引绳。主要工器具有：1 根护杆板或钢钎，2.5m、4m 叉杆各 1 根，2 根 10m 带铁钩牵引绳，两把铁锹。杆叉法立杆人员分工示意如图 3-10 所示。

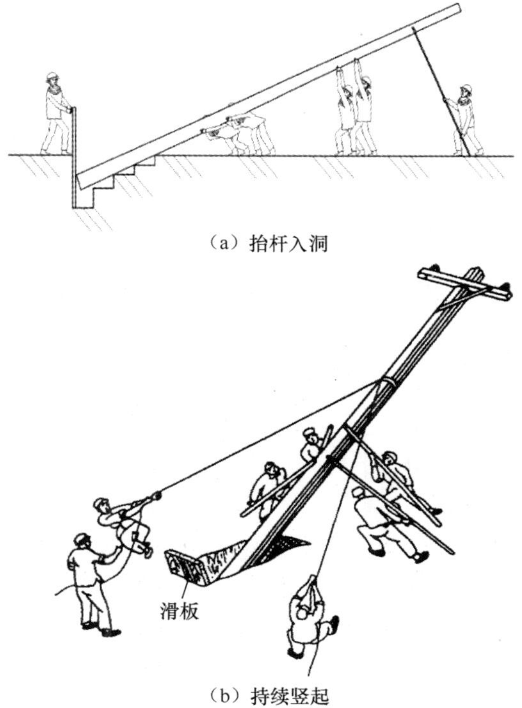

（a）抬杆入洞

（b）持续竖起

图3-10　杆叉法立杆人员分工示意

杆叉法施工可分为 8 个步骤：①清理作业区周边的砖块、石块；②在杆梢下方约 1m 处系好牵引绳；③使用撬棍将电杆杆根移到马槽旁边，调整杆身使杆根与立在坑内的护杆板对准；④压杆人使用护杆板或钢钎贴洞壁插入洞中，以便杆根下滑，同时保护坑壁；⑤抬杆和叉杆人员在抬杆时应使用同侧肩膀，步调一致地抬起杆梢，使杆根顶住护杆板，当杆梢升高至 2m（约 30° ）处时稍作停顿，这一动作称为抬杆入洞；⑥叉杆人员间断退出抬杆，使用 2.5m 杆叉撑在地面顶住杆身，抬杆、叉杆继续竖起电杆；⑦两侧人员听从指挥统一调度，拉牵引绳助力，均匀用力，保持平稳，防止电杆摇摆，直至电杆立于洞中；⑧电杆立起后校正杆根、杆梢位置，及时回填、夯实杆坑。

（2）吊杆法

吊杆法通过在杆坑旁竖立临时吊杆，吊杆用临时拉线固定，在吊杆梢部和根部装上滑轮，钢丝套拴在电杆的适当位置上，通过拉动滑轮将电杆吊起放入洞中。

三角架立杆机采用了吊杆法的原理，其利用三角形的稳定性，不用打地锚，重量轻，承载能力强，便于组装、拆卸。三角架立杆机采用快、慢双速手动或电力绞磨机，结合双滑轮组，降低了立杆劳动强度。三角架立杆机外观如图 3-11 所示。架设三角架立杆机需要注意主杆和两辅杆的杆脚间距应近似相等，杆体与地面间夹角一般在 60° ～ 70° 。夹角增大时，能够承受的重量会减小，夹角较小时，可以承受较大的重量。具体施工步骤如下。

① 连接三角架立杆机主杆（长杆）、两根辅杆，3 名施工人员向上推，将立杆机竖起，3 根杆的连接处应位于杆坑处，两辅杆支撑点距离小于 3.5 ～ 4m。

② 将起重钢丝套牢固绑扎在电杆偏梢的位置上，10m 杆距梢 4.5m 处，12m 杆距梢 5.3m 处，使电杆的杆根“大头向下”。

③ 操作手动或电动绞磨机，起重钢丝通过 3 根杆连接处的滑轮升起电杆。

④ 电杆立起后由 3 人配合，1 人下降起重钢丝，2 人防止电杆摇摆，缓缓将杆根准确送入洞中。

⑤ 电杆立起后校正杆根、杆梢位置，及时回填、夯实。

⑥ 拆除：松开电杆上的起重钢丝，拆除三角架立杆机。

（3）吊车法

竖起高大、较重的电杆时，最好使用吊车操作，可以实现电杆起吊、入坑工作一次性完成，吊车法立杆如图 3-12 所示。施工步骤如下。

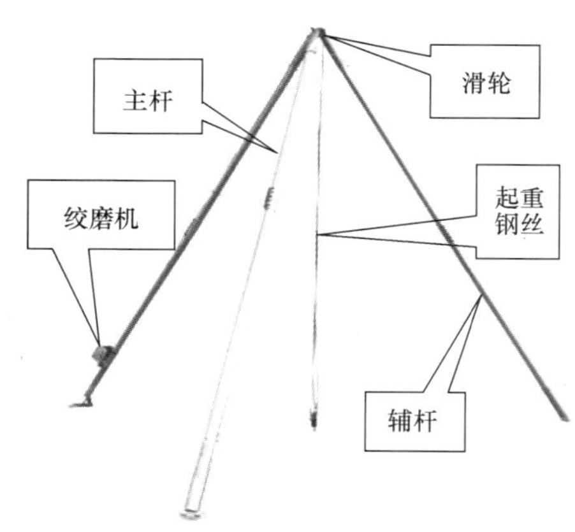

图3-11　三角架立杆机外观

图3-12　吊车法立杆

① 根据起吊电杆的长度、重量选择合适的吊车，吊车起吊重量应大于电杆重量。

② 吊车工作位置应靠近杆洞，避免吊车重心不稳。

③ 起吊前，钢丝套应拴在电杆偏梢的位置，使电杆的杆根向下，电杆尾部系绳索，由人工控制电杆摆动；吊车将电杆升起，缓慢靠近杆坑。

④ 入杆洞时，施工人员在吊车、电杆的另一侧，通过杆根大绳牵引使杆根准确入洞，吊车缓慢下放缆绳直至电杆竖立；施工人员扶正杆身，并立即回填，回填土应逐层夯实。

⑤ 吊车持续下放缆绳，直至钢丝套松弛，松开钢丝套，吊车驶离。

吊车立杆简便快速，减少了施工人员数量，降低了劳动强度，提高了施工效率。使用吊车立杆，杆位附近场地应允许吊车进入，电杆上方空域不得有建筑物、缆线等障碍物。吊车立杆时，吊车臂及电杆下方严禁站人。

3.1.5　电杆接高

单根电杆高度一般不超过10m，若超过，可采用电杆接高措施或采用电力杆。电杆接高在施工中运用较少，一般直接使用长电杆。

（1）水泥杆接杆

水泥杆接杆应采用“等径水泥杆”叠加接长，两杆间用法兰盘或钢板圈焊接。常用钢筋混凝土等径杆规格见表3-2。

表3-2　常用钢筋混凝土等径杆规格

直径 /mm	300	400	500	550
长度 /m	4.5；6.0；9.0			

水泥杆杆顶接高，通常采用杆顶槽钢接高装置，槽钢接高高度不超过2m，采用100mm×48mm×5.3mm的镀锌槽钢，用接高包箍安装在水泥杆上。接高高度不超过1m时，可采用单槽钢接高，槽钢装在水泥杆的顺线方向，槽钢上应预留吊线穿钉孔；接高高度在1～2m时，可采用双槽钢接高，双槽钢装在水泥杆的两侧。

槽钢接高一般用于中间杆，终端杆和角杆等不宜采用。接杆后的杆高超过12m，应加装双方或四方拉线。

（2）木杆接杆

木杆接杆示意如图3-13所示。木杆接杆有单

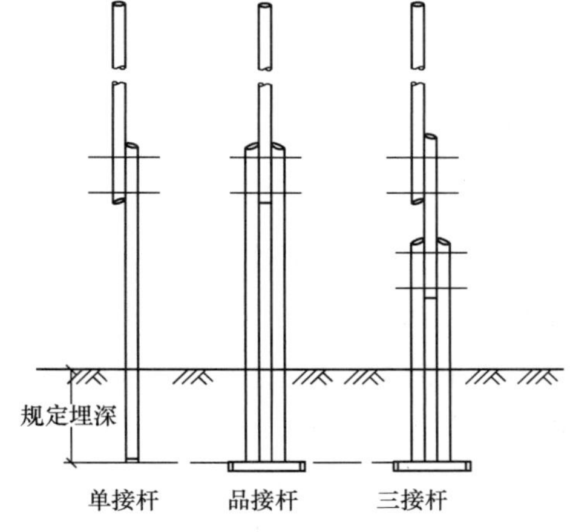

图3-13　木杆接杆示意

接杆、品接杆和三接杆，一般不超过三接杆。

单接杆搭接部位示意如图 3-14 所示，品接杆搭接部位示意如图 3-15 所示。

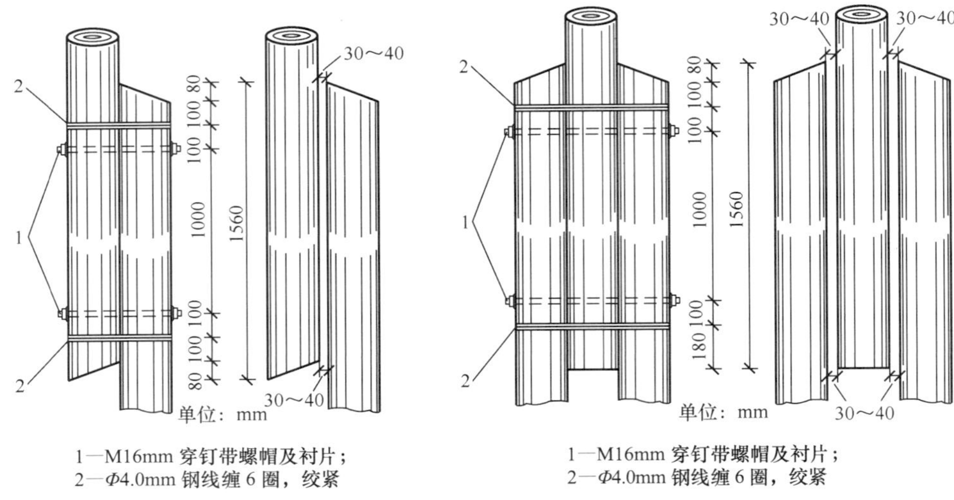

1—M16mm 穿钉带螺帽及衬片；
2—Φ4.0mm 钢线缠 6 圈，绞紧

图3-14　单接杆搭接部位示意

1—M16mm 穿钉带螺帽及衬片；
2—Φ4.0mm 钢线缠 6 圈，绞紧

图3-15　品接杆搭接部位示意

木杆接杆下节杆的梢径应大于上节杆的梢径；下节杆的梢径应不小于上节杆根径的 3/4。单接杆和品接杆的接合长度应为 1560mm，各部分尺寸允许偏差为 ±20mm；单接杆应用 M16mm 穿钉固定，品接杆应用 M19mm 穿钉固定，穿钉孔应端正并在木杆中心线上。穿钉旋紧后，螺母丝扣外露 10 ～ 50mm；接合部分应严密无缝隙，紧贴牢固；穿钉孔及截锯处应涂防腐漆；搭接处用 Φ4.0mm 钢线缠 6 ～ 8 圈并绞紧，应用压头或卡钉封固；木杆接好后，杆身应正直，接合牢固。

3.1.6　保护措施

图3-16　护桩外观

电杆的保护措施常采用护桩、木围桩、石笼、护墩等。护桩外观如图 3-16 所示，木围桩、石笼、石护墩保护方式示意如图 3-17 所示。

（1）护桩

当电杆、拉线埋设在可能被车或行人碰触处时，电杆应设护桩，拉线应设竹筒保护桩或木保护桩；当上述情况不可避免时，斜坡、滑坡地点的电杆，可以做木围桩保护；在河中立杆可能受洪水冲刷的地点，可用打桩法并在水流方向上游 2 ～ 3m 处设立挡水桩。护桩长 2m，可用水泥、砖块、石料砌成；护桩一般埋深 1m，土质山坡埋深不少于 1m，必要时可适当加深；护桩设置点距离电杆 0.5m，距陡坡边缘不得小于 3m；护桩露出地面部分应涂以 10cm 宽的红白相间的油漆圈标记或使用专用套筒做标记。

（2）木围桩

木围桩装设以电杆为中心，直径为 1.0 ～ 1.5m，木桩一般长 2m，下部削成斜面，打入或埋入土中。木桩入土深度约 1m，出土高度约 1m，围桩内填土必须夯实，如图 3-17 中（a）所示。

在四周泥土都不稳固的地点放置木围栏，可在周围打桩成圆形；部分土壤有塌陷危险时，可做半边围桩；木围桩周围土壤存在被水冲刷的地点时，应在木围桩内部四周填放装土的草包。建设直径 1.5m 的木围桩，需要 2m 长的防腐横木 32 根和 Φ4.0mm 镀锌钢线 3.86kg。

（3）石笼

水淹或土壤易流失地点的电杆可以采用石笼、护墩保护。一般情况下，石笼直径为 1.0 ～ 1.5m，笼体高度为 1.0 ～ 1.5m，电杆周围挖坑深度不大于 1m，石笼装设时，按要求开挖电杆周围土坑；采用两股 Φ4.0mm 钢线按开挖直径绕成圆围；在圆围上每隔 0.1m 扎一根 Φ4.0mm 钢线，长度按石笼高度选择，一般情况下，石笼高度 2m，钢线长 4m；全部钢线扎好后，将相邻的两根钢线按顺序互相扭绞，编成网状；编网高度达到与地面齐平时，便可在网中间填石块，将圆坑填满、填紧。然后继续向上编织，每编织一层就堆一层石块，直至达到要求的高度为止；在临近编织完成的几层，需要逐步缩小编织孔；在临近电杆时，将剩余的钢线线头并拢贴合在电杆上，连同电杆一起扎紧；最后回填电杆周围土坑并夯实。石笼装置如图 3-17 中的（b）所示。

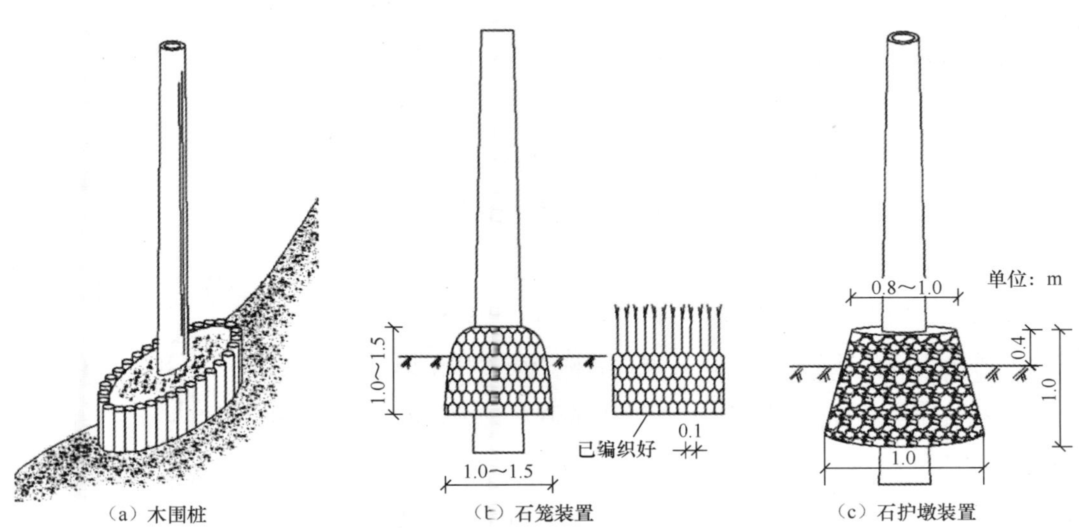

（a）木围桩　　（b）石笼装置　　（c）石护墩装置

图3-17　木围桩、石笼、石护墩保护方式示意

也可以直接购置高度和长度符合要求的钢丝石笼网，卷成圆形后用 Φ4.0mm 钢线固定，直接做成笼圈，填满石块后，人工编织石笼顶部即可。目前，预制的钢丝石笼网使用低碳高镀锌或在5%铝锌稀土合金钢丝表面包覆一层PVC，成品结构具有防锈、防静电、抗老化、耐腐蚀、高抗压、高抗剪等特点，能够有效抵抗海水或高度污染环境的侵蚀。

（4）护墩

电杆埋深达不到规范要求时或电杆放置在土质松软的斜坡上时，需要做护墩保护。护墩一般不在水流过急的地方使用，长期在水流过急的环境中护墩依存的土壤会被冲刷，造成倒杆。护墩按使用材料分为石护墩或混凝土护墩。按体积大小不同可以分为大、中、小3种。做大号石护墩，杆坑位置下挖深度在0.8～1.0m。做中号石护墩，杆坑位置下挖深度在0.5～0.75m。做小号石护墩，杆坑位置下挖深度在0.3～0.45m。制作石护墩时，在电杆周围坑洞中填放毛石，砌筑完成后用水泥砂浆抹面，从上往下每间隔15cm涂上红白油漆作为警示。制作混凝土护墩时，用铁皮圈成圆桶，并用钢丝固定；向桶内灌注混凝土，灌至地面以上合适高度；将上表面抹成一定坡度，便于流水。

某型石护墩装置如图3-17中（c）所示，该型石护墩定额材料用量为：毛石1.74m^3；粗砂910kg；325号水泥150kg。非标准尺寸应按体积适当增加材料用量。

3.1.7 号杆

号杆是对架空电杆进行编号，并将编号内容以书写、钉杆号牌的方式固定在电杆上。通信线路工程中电杆的杆号编写方法与城市的面积、街道的分布和线路的架设情况有关，号杆应根据具体情况制定统一的编号原则和方法，报建设单位批准后实施。

（1）编号组成

单局制电杆编号由街道系统代号（路号或街号）和电杆顺序号（杆号）两部分组成。多局制电杆编号，原则上由局号（分局号）、街道系统代号（路号或街号）和电杆顺序号（杆号）3个部分组成。

干线电杆的编号，一般由项目代码、序号、中继段名称3个部分组成。项目代码可以是项目名称的简称加年份缩写，年份缩写通常选取后两位。序号根据电杆的数量取三位数或四位数，采用汉字小写数字，杆号数不够十位、百位、千位时，应用“〇”填补。中继段名称可采用其文字简称。某项目电杆编号样式如图3-18所示。

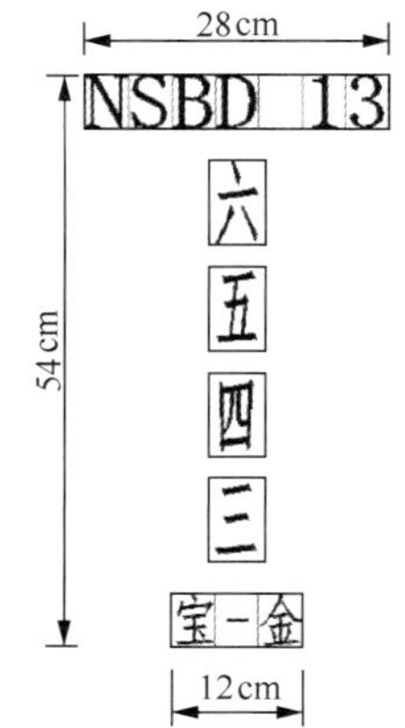

图3-18 某项目电杆编号样式

（2）编号原则

干线工程电杆的编号宜由北向南或由东向西；杆路宜

以起讫点地点名称独立编号；同一段落有两趟及两趟以上的杆路时，可将各路分别编号；中途分支的线路宜单独编号，编号从分线点开始。一般起始站或中继段的引入杆序号为0，连续编至另一站的引入杆，一个杆号即表示一根电杆；对于H形电杆、L形电杆等特殊电杆，均只列一个杆号；高桩拉线和撑杆都不应编列号码，仅填写业主或资产归属单位及建设年份；对于分支杆，新立的第一根杆为1号杆，其他依次编号。

本地网工程市区电杆宜以街道及道路名称顺序编号；同一街道两端都有杆路而中间尚无杆路衔接时，应视中间段距离长短和街道情况预留杆号；里弄、小街、小巷及用户院内杆路杆号，以分线杆分线方向编排副号；市郊及郊区的电杆宜以杆路起讫点地点名称独立编号。

电杆序号应填写完整，不得增添虚零，即不得存在无序号或重复序号的电杆；在原有线路上增设电杆时，在增设的电杆上采用前一位电杆的杆号，并在它的下面加上分号，编号为×××/1、×××/2……原有杆路减少个别电杆时，一般可保留空号，不重新编号。

（3）书写要求

水泥杆可采用喷涂或直接书写的方式，木杆用钉杆号牌方式。喷涂或书写方式要求字体整齐、醒目、大小统一；涂绘材料应采用油漆，一般采用白底黑字或黑底白字。绘制内容高约50cm，宽约20cm。为求整齐，可制作同一字体和尺寸的镂空数字、字母、文字模板，称为号杆板，号杆板通常采用铁皮、亚克力材料制作；同一家运营商应采用同一个代号，同一个局（站）范围内应采用同一种书写方式。

电杆编号书写位置应面向道路的一侧，如果电杆两侧均有道路，宜以该杆路所沿的道路为准，如果某段杆路离所沿道路较远而线路改沿小路时，则杆号宜面向小路一侧。

水泥杆编号的最后一个字的高度或木杆上杆号牌的最下沿，宜距地面2m，市区地段宜为2.5m，特殊地段可根据实际情况提高或降低距离。

3.2 安装拉线

杆路路由中一些特殊杆位通过安装拉线或撑杆装置，可以提供作用力或反作用力，使单根或多根电杆处于受力平衡状态，保持杆路整体路由的安全和稳定。其中，安装于角杆、终端杆、分支杆、跨越杆、仰角杆、俯角杆的拉线可用于平衡所承载的吊线及光缆的张力，安装于抗风杆、防凌杆的拉线可用于克服风力和冰凌等外力影响。拉线按用途可分为落地拉线、高桩拉线、吊板拉线、V形拉线等。

安装落地拉线可以分为复核、地锚坑挖掘、材料准备、上把制作、抱箍安装、地锚埋设、中把制作、拉线保护管安装 8 个步骤，落地拉线施工流程图示意如图 3-19 所示。

落地拉线安装方式如图 3-20 所示。钢绞线的端头也称把子，钢绞线通过制作完成的把子承受外力。落地拉线中依把子的位置高低分为上把、中把和下把。通常先制作上把，安装在杆梢；中把在拉线盘埋设完成后制作；当使用地锚钢柄和水泥拉线盘时，不需要制作下把，但在装设横木时需要制作下把。安装落地拉线通常按电杆顺序逐杆进行。

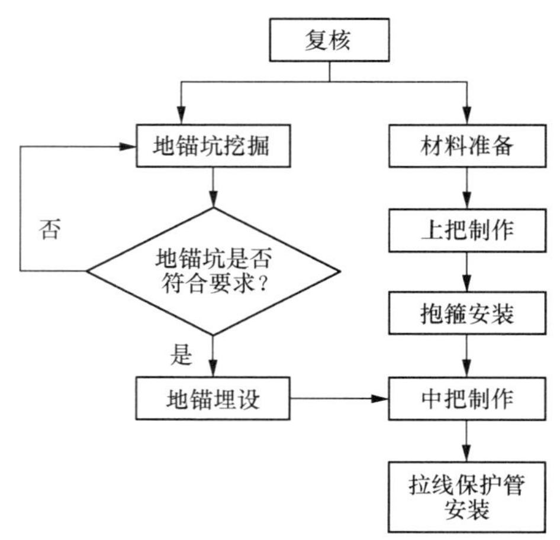

图3-19　落地拉线施工流程图示意

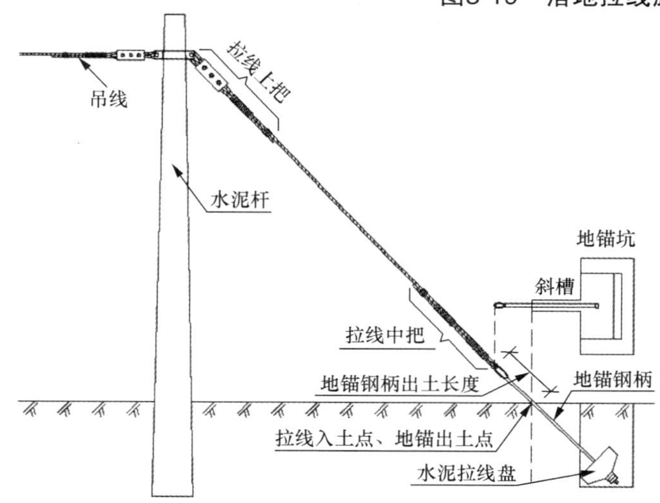

图3-20　落地拉线安装方式

3.2.1　复核和地锚坑

拉线复核是在施工现场检查设计图纸中杆位、拉线种类、程式、方向、拉线地锚洞的位置是否与实际相符。还应考虑拉线是否加装绝缘子，确认直线杆路上抗风杆和防凌杆的实际安装位置。

在靠近电力设施及闹市区安装拉线，应根据设计规定加装绝缘子，绝缘子也称为隔电子，绝缘子距地面的垂直距离应在 2m 以上，拉线绝缘子的扎固规格如图 3-21 所示。

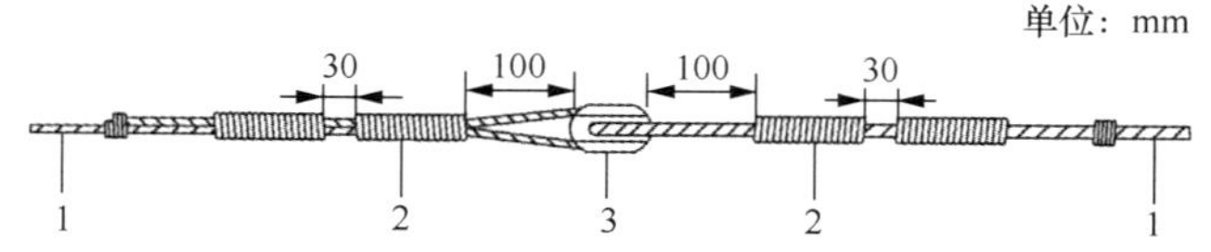

1—拉线；2—钢线绑扎（或双槽夹板、U 形卡）；3—绝缘子

图3-21　拉线绝缘子的扎固规格

在人行道上应尽量避免使用拉线，易被行人碰触到的拉线应设置拉线标志。在距地面高度 2m 以下的拉线部位应采用绝缘材料进行保护，通常采用塑料管或毛竹筒包封。

通信杆路相隔一定杆数应交替设立抗风杆和防凌杆，其隔装数应符合设计要求，无特别设计要求时可参考表 2-6。

终端杆前一档可设立辅助终端杆（泄力杆），安装一根 7/3.0mm 钢绞线的顺线拉线。凡是需要做顺线拉线的电杆，吊线应做假终结，尤其是在抗暴风电杆上的顺线拉线。

现场复核完成确认无误即可开挖地锚坑。拉线地锚坑上表面为长方形，短边平行于拉线方向，长边垂直于拉线方向。地锚坑开口尺寸约为地锚石的两倍，中间逐渐收拢，底部略大于拉线盘。各种土质下拉线地锚坑深见表 2-10，大小偏差为 50mm。

拉线地锚坑底应平整，坑底应从电杆一侧的中间位置沿地锚钢柄放置位置开一条斜槽，其槽口坡度要与拉线角度一致，坡面平滑，用于放置地锚钢柄，当距高比为 1 时槽口坡度通常为 45°。吊板拉线的地锚坑应比落地拉线地锚坑深 0.2 ～ 0.3m。

为防止拉线受力后导致地锚松动，应在地锚钢柄下端至拉线盘表面塞放块石或坚土块，避免地锚钢柄在受力后伸长。同时，调整好地锚钢柄对地夹角，若斜槽中间有凸起物阻挡，应用钢钎铲除，不得打弯拉棒。挖掘途中遇地下水时，应加深地锚坑，排尽积水，可用编织袋装砂土压填底部两层以上，再回填土、夯实。

3.2.2 材料准备

落地拉线从上到下，主要材料有一套拉线抱箍、按需要长度截取的镀锌钢绞线、一套地锚钢柄、一套水泥拉线盘、两个衬环，对应上把、中把不同的扎固方式，还需要分别选用制作把子的材料。通信电杆使用的拉线抱箍有 D144、D164、D184 这 3 种规格，应根据电杆安装位置的直径选取合适的抱箍。7 米杆在杆梢位置选用 D144 的拉线抱箍，拉线抱箍由两片抱箍、两个 M18×80mm 带头穿钉和两个 M18 螺母组成。

根据不同的拉线安装高度和不同的距高比，制作拉线截取的钢绞线长度也不相同。通常，平地上 7 米杆的制作拉线需要截取的钢绞线皮长为 8.5 ～ 10m。钢绞线截取皮长计算公式如下：钢绞线截取皮长 = 拉线长度 + 上把附加长度 + 中把附加长度 + 消耗量。

当距高比为 1 时，拉高等于拉距，拉线长度为 1.414 倍的拉距。表 3-3 是根据国家规范拉线上把扎固规格计算出的附加长度。采用单条钢绞线制作拉线时，中把的附加长度均为 700mm。消耗量是根据收紧拉线的方式和收紧拉线使用工具不同来取定的，取值 0.5 ～ 1m，消耗量设定过小会造成现场无法制作拉线，正确估算钢绞线截取皮长可以避免钢绞线的浪费。

表3-3　拉线上把附加长度

拉线程式	拉线上把附加长度 /mm	
	三眼双槽夹板时	Φ3.0mm 镀锌钢线另缠时
7/2.2mm	500	430
7/2.6mm	550	480
7/3.0mm	700	550

拉线地锚宜采用地锚钢柄及水泥拉线盘，地锚钢柄长度规格根据设计埋深要求选定。拉线地锚、水泥拉线盘的规格应符合表 3-4 的规定。拉线地锚应按衬环、钢柄、地锚块、垫片、双螺母的顺序装配，如图 3-22 所示。

表3-4　拉线地锚、水泥拉线盘的规格

单位：mm

拉线程式	水泥拉线盘（长 × 宽 × 厚）	地锚钢柄直径	备注
7/2.2mm	500 × 300 × 150	16	—
7/2.6mm	600 × 400 × 150	20	—
7/3.0mm	600 × 400 × 150	20	—
2 × 7/2.2mm	600 × 400 × 150	20	2 条或 3 条拉线合用一个地锚时的规格
2 × 7/2.6mm	700 × 400 × 150	20	
2 × 7/3.0mm	800 × 400 × 150	22	
V 形 上 2 / 下 1 × 7/3.0mm	1000 × 500 × 300	22	

浇筑在岩石中的拉线钢地锚的规格应符合表 3-5 的规定。石洞钢地锚的装设如图 3-23 所示。

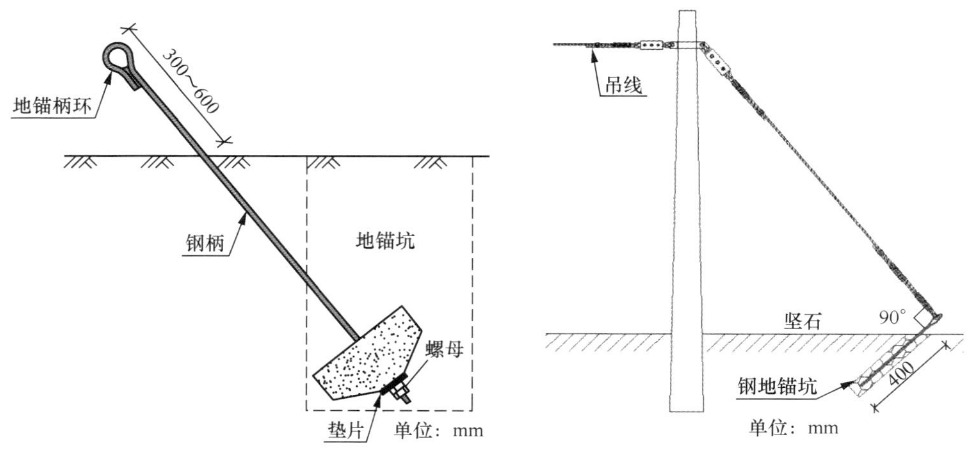

图3-22　地锚钢柄装配及埋设示意　　图3-23　石洞钢地锚装设示意

表3-5 浇筑在岩石中的拉线钢地锚的规格

单位：mm

规格	钢地锚直径	钢地锚长度
20 × 400	20	400
20 × 450		450
25 × 400	25	400
25 × 450		450

衬环是制作把子的配套材料。上把钢绞线通过衬环与吊线抱箍相连，中把钢绞线通过衬环与地锚柄环相连。7/2.2mm 钢绞线制作把子使用 3 股拉线衬环，7/2.6mm 钢绞线制作把子使用 5 股或 7 股拉线衬环，7/3.0mm 钢绞线制作把子使用 7 股拉线衬环。

通常一条拉线有上把和中把两处扎固位置，扎固可采用另缠法、夹板法或卡固法这 3 种方法。使用另缠法时，首节、末节另缠使用 Φ3.0mm 镀锌钢线的长度可参考表 3-6。

表3-6 拉线截取镀锌钢线用量

单位：m

类型		拉线程式		
		7/2.2mm	7/2.6mm	7/3.0mm
Φ3.0mm 镀锌钢线	节距 100mm	2.5	3	3
	节距 150mm	3.5	3.8	4
Φ1.5mm 镀锌钢线		0.35	0.4	0.45

截取 Φ3.0mm 镀锌钢线，在另缠钢绞线之前，通常需要预制钢线，按直径 4 ～ 5cm 绕圈做成弹簧形状，如图 3-24 所示。

弹簧的一端是“P”字扣和一段直的钢线段，钢线段长比节距略长 5 ～ 10cm。

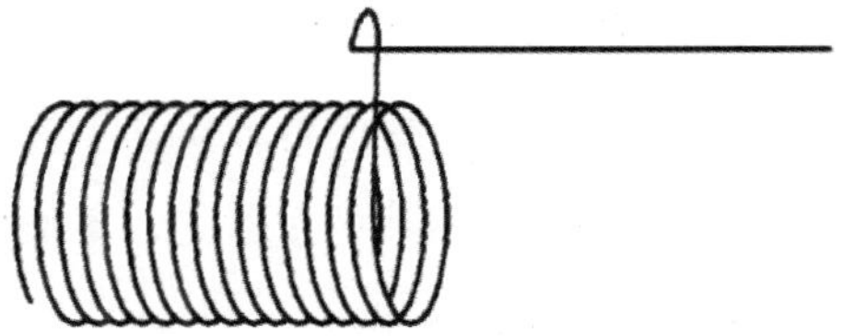

图3-24 Φ3.0mm镀锌钢线预制弹簧线圈

拉线保护管一般为塑料制品，也可以用毛竹筒制作，表面应有红白色相间的警示标志。普通保护管长度约 2m，特殊型号尾部带有粗大的钢柄保护管，钢柄保护管长度应大于 0.6m。

3.2.3 上把制装

拉线上把制作和安装过程可分 3 步：钢绞线成形、钢绞线扎固、抱箍安装。操作过程可由单人完成，工具有钢丝钳、卷尺、钢筋钳、套筒扳手、脚爬等。拉线上把在施工现场制作完成，也可以预制上把到现场安装。

（1）钢绞线成形

如果现场临时制作上把，通常一次性制作 5 ～ 10 根，需要选择一根立好的电杆作为辅助工具。先在距离地面 1m 左右的高度上，将 Φ4.0mm 镀锌钢线缠绕电杆两圈，再将多个衬环串进钢线中。

将钢绞线端头修整、绞好，用 Φ1.5mm 镀锌钢丝或塑料胶布缠绕钢绞线，防止钢绞线散花。从钢绞线一端量取略长于制作长度的距离，将钢绞线对折，如图 3-25（a）所示；用大活动扳手尾部孔洞反向折弯钢绞线，使钢绞线形成“腰”的形状，如图 3-25（b）所示；将钢绞线从上而下穿过绑扎在电杆上的拉线衬环，拉线衬环圆弧部分与钢绞线圆弧部分贴合，衬环尖头部分对准主副钢绞线中缝，修整钢绞线弧度，使拉线衬环与钢绞线贴合紧密。

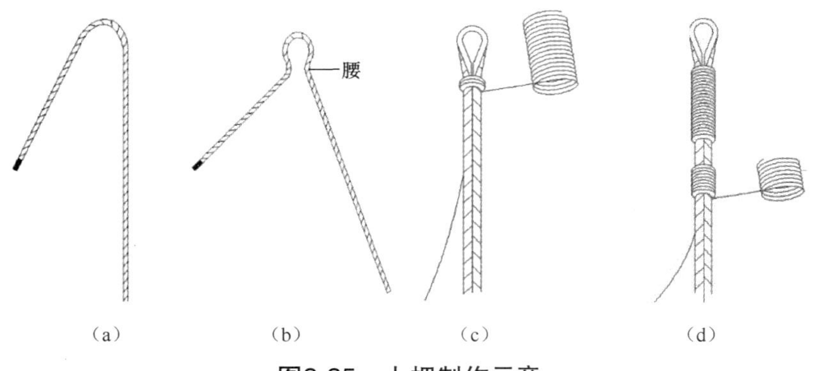

图3-25　上把制作示意

（2）钢绞线扎固

钢绞线扎固采用另缠法、夹板法、卡固法。扎固质量的好坏决定了拉线的质量。

① 另缠法。先制作首节，左手握紧合并的钢绞线，右手将预制的 Φ3.0mm 镀锌钢线的“P”字扣扣在拉线的主线上，不能扣在拉线回弯副线上；使用大号钢丝钳夹持住钢线，沿顺时针旋转钢丝钳将钢线缠绕在主副钢绞线上，先绕 3 圈；将绕好的钢线向衬环部位敲打，直至包住衬环尾部 5 ～ 10mm，如图 3-25（c）所示；接下来继续用钢丝钳缠绕，缠绕时钢线要尽量贴近把子头部，发现明显细缝可以敲击钢线使缠绕紧密；缠绕距离 150mm 一般绕 50 圈，缠绕距离 100mm 一般绕 33 圈；拉线上把另缠法规格见表 3-7，缠绕的长度各节允许偏差为 ±4mm，累计允许偏差为 ±10mm；首节缠绕完毕后将缠绕钢线与直线钢线扭绞 3 ～ 5 次成麻花状，然后剪断，扭绞段落贴向中缝；用卷尺量取 30mm 距离，用另一个预制的 Φ3.0mm 镀锌钢线缠绕钢绞线制作末节，如图 3-25（d）所示；末节缠绕过程与首节相同，缠至规定长度，用钢丝钳将缠绕钢线与直线钢线扭绞 3 ～ 5 次成麻花状，剪断后贴在钢绞线中缝；留头长度 10cm，用钢丝钳将钢绞线副线多余的部分剪去，用 Φ1.5mm 镀锌钢线将主

副两条钢绞线缠绕 5 圈，防止钢绞线散花。拉线上把另缠法示意如图 3-26 所示。

表3-7　拉线上把另缠法规格

电杆种类	拉线程式	缠扎线径 / mm	首节长度 / mm	间隙 /mm	末节长度 / mm	留头长度 / mm	留头处理
水泥杆或木杆	1 × 7/2.2mm	3.0	100	30	100	100	Φ1.5mm 镀锌钢线另缠 5 圈扎固
	1 × 7/2.6mm	3.0	150	30	100	100	
	1 × 7/3.0mm	3.0	150	30	150	100	
	2 × 7/2.2mm	3.0	150	30	100	100	
	2 × 7/2.6mm	3.0	150	30	150	100	
	2 × 7/3.0mm	3.0	200	30	150	100	

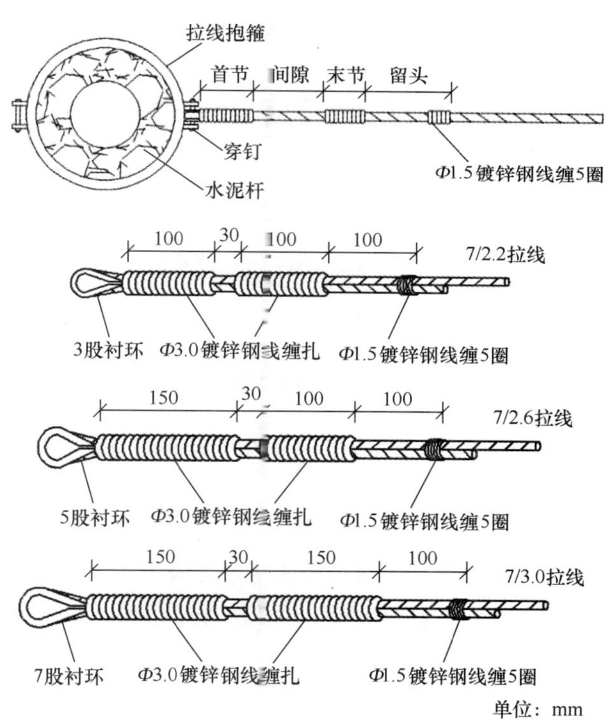

图3-26　拉线上把另缠法示意

若缠绕过程不分段，则需要预制较长的弹簧线圈，将缠绕钢线和直钢线段加长。在首节完成缠绕并扭绞麻花后，不剪断缠绕钢线而是扭绞贴向钢绞线中缝，缠绕钢线压住直钢线继续缠绕，完成末节缠绕，待扭绞麻花结束后，剪断直钢线，缠绕钢线贴向钢绞线中缝至留头的末端，反向缠绕钢绞线 5 圈后剪断多余缠绕钢线。

缠绕好的拉线呈椭圆形状，用手去摸时应感觉上下平整，没有跳股现象；钢丝缠绕紧密，间隔小到钢卷尺无法侧插进去；钢丝钳缠绕时应避免损伤钢线的镀锌层。为了达到夹紧不伤镀锌层，可以在夹持钢线的位置预先锉出大小合适的缺口。

② 夹板法。夹板法首节使用夹板固定钢绞线，两条钢绞线对应夹板的两槽，不能偏移或错位；夹板的 3 根穿钉，应先拧中间穿钉，再拧两边穿钉；衬环应位于正中位置，夹板包住衬环尾部，使用扳手拧紧夹板穿钉固定；间隔长度 50mm，末节使用 *Φ*3.0mm 镀锌钢线缠扎，缠扎方式同另缠法；留头长度为 100mm，在钢绞线副线端头处用 *Φ*1.5mm 镀锌钢线绑扎 5 圈。夹板安装规格和镀锌钢线缠扎规格如图 3-27 所示，夹板法各节长度允许偏差为 ±4mm，累计允许偏差为 ±10mm。

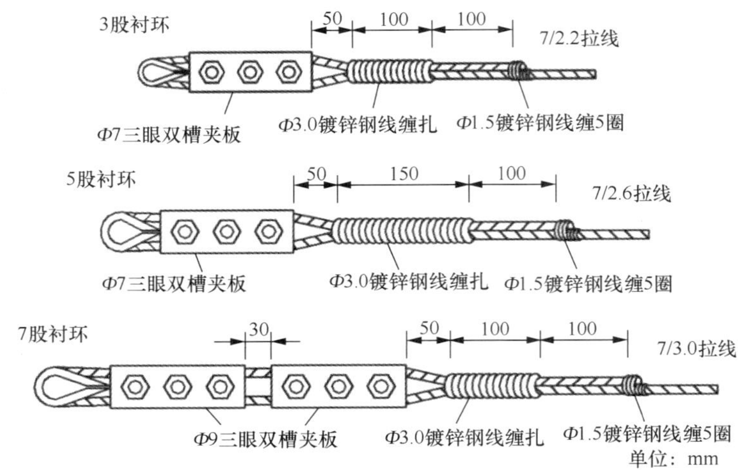

图3-27　夹板法安装规格和镀锌钢线缠扎规格

*Φ*7mm、*Φ*9mm 三眼双槽夹板外形相似，区别在于允许通过钢绞线的夹板孔径规格不同，三眼双槽夹板的规格尺寸见表 3-8。

表3-8　三眼双槽夹板的规格尺寸

D/mm	长 /mm	宽 /mm	厚 /mm	配套零件
7（9）	152	44	22	41mm × 16mm 穿钉 3 套

③ 卡固法。卡固法使用 3 个 M10 钢绞线卡子（U 形卡子）制作，使用扳手拧紧螺丝，确保线卡与钢绞线之间没有松动；在钢绞线副线端头用 *Φ*1.5mm 镀锌钢线绑扎 5 圈做留头处理。拉线上把卡固法示意如图 3-28 所示，卡固法各节允许偏差为 ±4mm，累计允许偏差为 ±10mm。

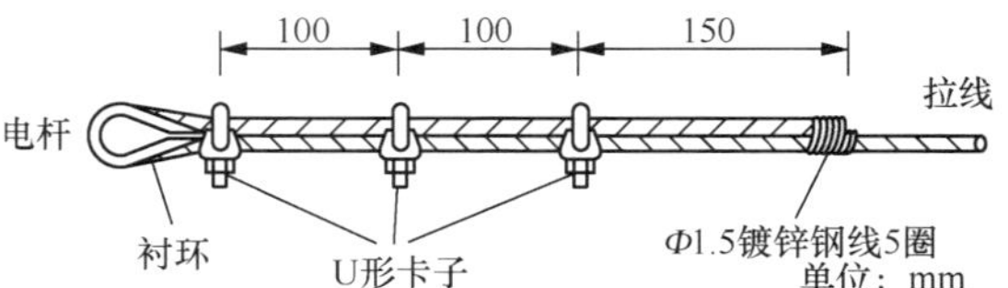

图3-28　拉线上把卡固法示意

在实际使用中，应参考 GB 6067.1—2010《起重机械安全规程 第 1 部分：总则》中钢丝绳夹连接时的安全要求说明执行，即钢丝绳夹座应在受力绳头一边，建议钢绞线卡子按顺序排列，并将压板放在钢绞线主线的一面，U 形卡子部分卡在钢绞线端头的一面。

（3）抱箍安装

拉线抱箍在电杆上的安装位置及安装方式与拉线类别有关。终端拉线、顶头拉线、角杆拉线、三方拉线和防凌杆的顺线拉线应安装在吊线的上方；防风拉线（双方拉线、三方拉线及四方拉线的侧拉）应安装在吊线的下方；电杆上只有一条吊线且装设一条拉线时，水泥杆拉线应距吊线 100mm，木杆拉线应距吊线 300mm，如图 3-29 中的（a）和（b）所示。

电杆上有两层吊线且装设两条拉线时，层间间隔应为 400mm，各层拉线安装位置应与单层拉线安装位置相同，如图 3-29 中的（c）和（d）所示。

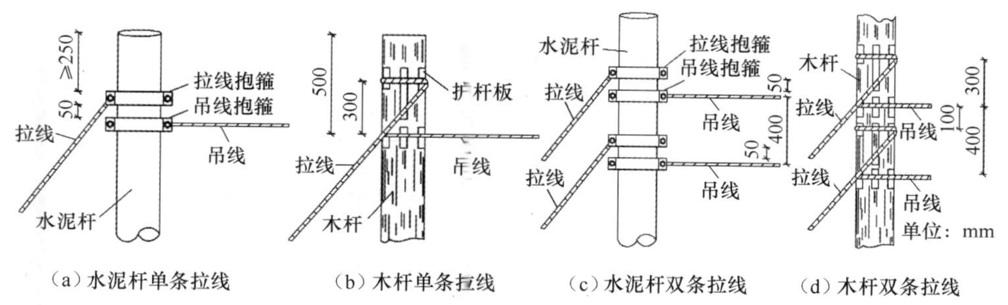

图3-29 拉线上把装设位置示意

终端拉线可以将上把和吊线使用同一拉线包箍装设，拉线、吊线固定位置在一条水平直线上。根据设计规范规定应在拉线上加装绝缘子，绝缘子安装位置与地面的垂直距离应在 2m 以上，如图 3-30 所示。

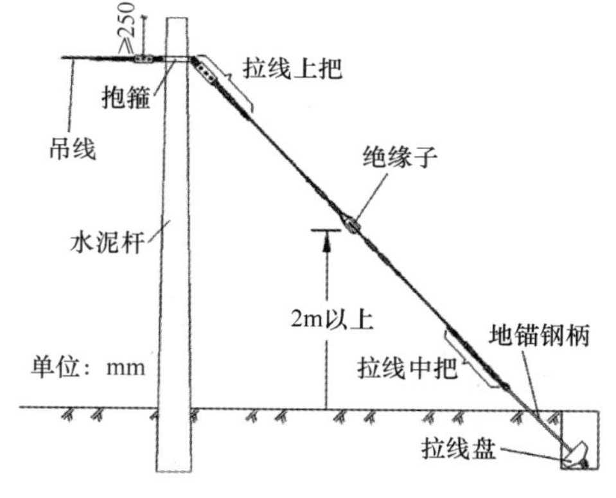

图3-30 单条拉线装设位置示意

3.2.4 地锚埋设

地锚坑检验合格后，即可进行地锚埋设，当坑内存有积水时应排尽积水。地锚埋设要经过装配、摆放、控制出土点、夯填 4 个步骤。

装配：将衬环、地锚钢柄、拉线盘、垫片、双螺母按顺序装配，地锚块平面部分向上，凸起部分向下，不得反方向，双螺母应相对拧紧。地锚钢柄在地面上 100mm，在地面下 500mm 时，应按设计做防腐蚀处理。

摆放：一人拉着地锚钢柄将拉线地锚竖放入地锚坑中，拉线盘应摆放端正，不得偏斜，拉线盘与地锚柄垂直；地锚钢柄沿斜槽伸出地面，应与拉线上把方向成直线，若中间有凸起物阻挡，应用钢钎铲除；地锚钢柄不得侧向受力，不得有打弯现象，地锚柄环（也称为地锚鼻子）焊接部分朝下。

控制出土点：后期拉线受力后会将钢柄从坑底向上带出一段距离，可将出土点向远离电杆的方向调整。回填时，一人控制地锚钢柄的方向，钢柄的出土长度一般控制为 300 ～ 600mm，钢柄的实际出土点与规定出土点之间存在的偏移应不超过 50mm。

夯填：地锚受力后会向上移动，底部回填土不能选择淤泥和湿土，可用编织袋装土回填；回填土每 30cm 夯实一次；考虑土层下陷，野外回填时地锚坑土堆应高出地面 15cm，市区回填时至与地面平齐。

3.2.5　中把制作和保护

中把制作过程可分为紧线、扎固和收尾 3 个步骤。中把制作常用工具有钢丝钳、卷尺、钢绞线紧线器（虎头紧线器）、钢筋钳、套筒扳手等。钢绞线紧线器收紧钢绞线示意如图 3-31 所示。

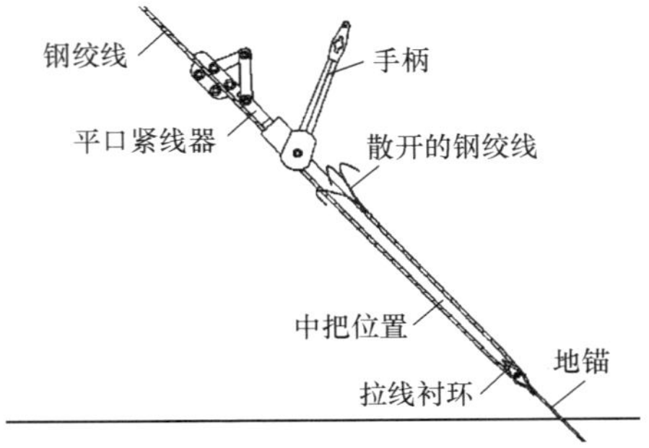

图3-31　钢绞线紧线器收紧钢绞线示意

（1）紧线

将钢绞线穿过地锚柄环，放入拉线衬环槽内，钢绞线端头向上，反折的钢绞线长度约 2m；从钢绞线端头把 7 股钢绞线散开约 0.3 ～ 0.4m，用钢线绕圈扎牢钢绞线，使其不再散开；将散开的钢绞线分出 1~2 根钢丝，将钢丝插入平口紧线器（鬼爪紧线器、曲尺式紧线器）尾部转轴的插孔中，伸出 3cm 做 180° 回弯，防止钢绞线滑脱；将钢绞线拉向地锚的同时，将平口紧线器钳头向上夹住上端的钢绞线；用紧线器扳手旋转转轴，散开的钢丝被缠绕在转轴上，钢绞线逐渐被拉紧，如图 3-31 所示；转动扳手拉紧钢绞线时，注意观察电杆的倾斜角度，直至倾斜角度达到要求，此时电杆、拉线、地锚三者均处于受力状态。除平口紧线器，虎头紧线器也可以起到类似作用。

（2）扎固

中把扎固可采用夹板法、另缠法，不宜采用卡固法。拉线中把全长 600mm，留头长度为 100mm，拉线中把扎固、缠绕规格见表 3-9，中把外观样式如图 3-32、图 3-33 所示。中把制作方式与上把相似，区别在于首节、间隔、末节的长度。

表3-9　拉线中把扎固、缠绕规格

类别	拉线程式	夹、缠物类别	首节	间隔 /mm	末节长度 / mm	全长 /mm	留头长度 / mm
夹板法	7/2.2mm	Φ7mm 夹板	1 块	280	100	600	100
	7/2.6mm	Φ7mm 夹板	1 块	230	150	600	100
	7/3.0mm	Φ9mm 夹板	2 块中间隔 30mm	100	100	600	100

续表

类别	拉线程式	夹、缠物类别	首节	间隔 /mm	末节长度 / mm	全长 /mm	留头长度 / mm
另缠法	7/2.2mm	Φ3.0mm 镀锌钢线	100mm	330	100	600	100
	7/2.6mm	Φ3.0mm 镀锌钢线	150mm	280	100	600	100
	7/3.0mm	Φ3.0mm 镀锌钢线	200mm	230	150	600	100
	2×7/2.2mm	Φ3.0mm 镀锌钢线	150mm	260	100	600	100
	2×7/2.6mm	Φ3.0mm 镀锌钢线	150mm	210	150	600	100
	2×7/3.0mm	Φ3.0mm 镀锌钢线	200mm	310	150	800	150
	V 形 2×7/3.0mm	Φ3.0mm 镀锌钢线	250mm	310	150	800	150

在中把扎固的全过程中，操作者需要以站立姿势进行操作直至扎固完成。电杆、拉线、地锚三者受力平衡，拉线处于绷紧状态。

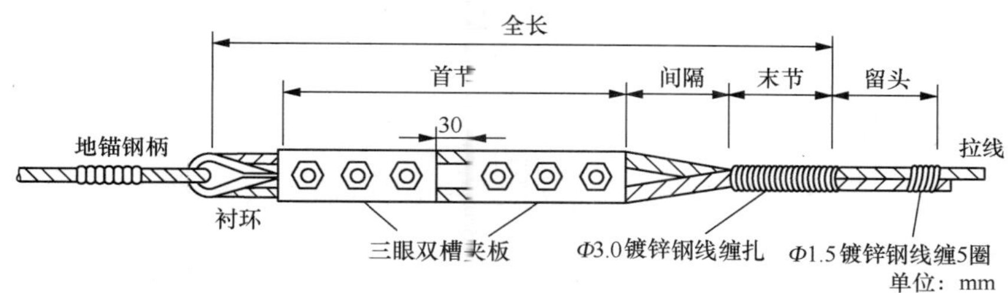

图3-32 拉线中把夹板法

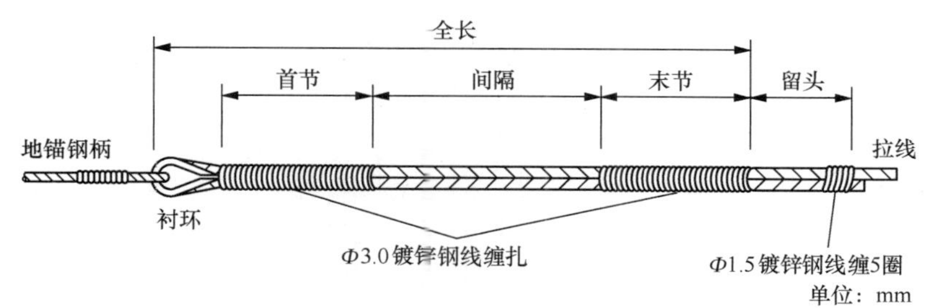

图3-33 拉线中把另缠法

（3）收尾

末节缠扎结束后，确认拉线紧张程度符合要求；用紧线器扳手慢速反向旋转转轴直至紧线器松动，由拉线中把承受拉力；从衬环顶端用卷尺在钢绞线副线上量取 70cm，用钢筋钳剪断副线；将钢绞线副线扭绞理顺钢丝，三副线合并；副线末端用 Φ1.5mm 镀锌钢线绑扎 5 圈做留头处理，此时卸下紧线器。中把留头也可采用与上把另缠法留头相同的方法，使用剩余的 Φ3.0mm 镀锌钢线完成工作。

中把制作完毕后，清理现场的工具和垃圾。将拉线保护管套在拉线上，上端距地面约 2m，保护管尾部应埋入地下 20cm，如图 3-34 所示。在山区等拉线容易受外力破坏的地点，拉线可以使用护桩保护。

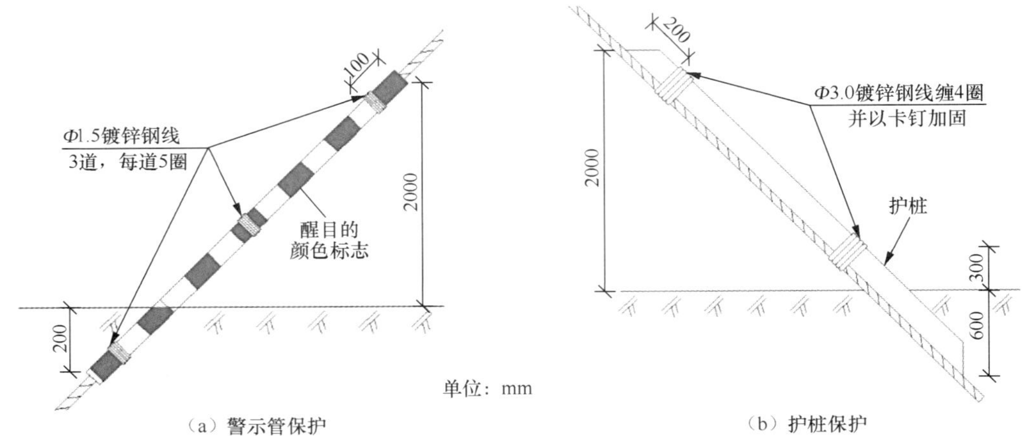

（a）警示管保护　（b）护桩保护

图3-34　拉线保护装置

3.2.6　其他拉线和撑杆

在特殊的地点或落地无法制作拉线的位置，可以考虑使用高桩拉线、吊板拉线和撑杆。

（1）高桩拉线

当架空杆路受公路及其他建筑物等的限制，拉线必须跨越公路或其他障碍物，不能直接装设落地拉线时，需要装设高桩拉线，高桩拉线由高桩及主副拉线组成，电杆中心线、主拉线、高桩中心线、副拉线应在同一竖直面上，允许偏差为±50mm。主拉线与地面距离应符合设计要求，外观如图3-35所示。

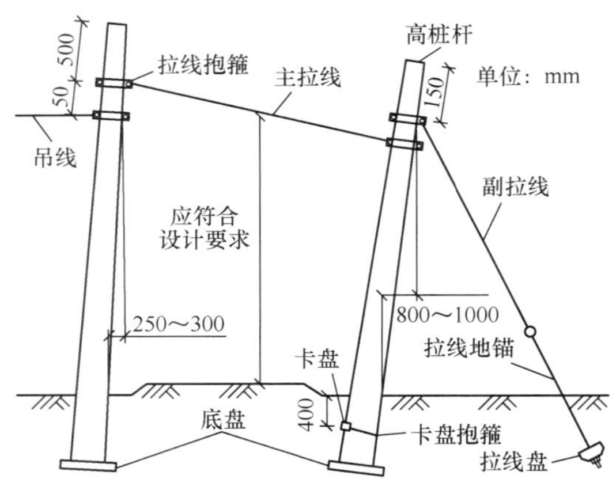

图3-35　钢筋混凝土高桩杆拉线示意

钢筋混凝土高桩杆应向副拉线侧倾斜800～1000mm；主拉线在电杆上的位置应与原拉线上把在电杆上的位置相同，主拉线在高桩杆上的位置应与电杆上吊线位置相同，主拉线在电杆和拉桩上的缠扎、夹固方法应分别与落地拉线的上把、中把相同。副拉线在高桩杆上的位置应与普通拉线上把在电杆上的位置相同，副拉线及地锚做法与落地拉线相同，副拉线程式应比主拉线高一级，副拉线的距高比宜为1，副拉线的上把、中把的缠扎、夹固方法应与落地拉线的上把、中把相同。

（2）吊板拉线

吊板拉线适用于地形限制不便设置落地拉线，或拉线的距高比小于3/4的地方，吊板拉线示意如图 3-36 所示。吊板拉线不得用于受力较大的角杆、终端杆拉线。

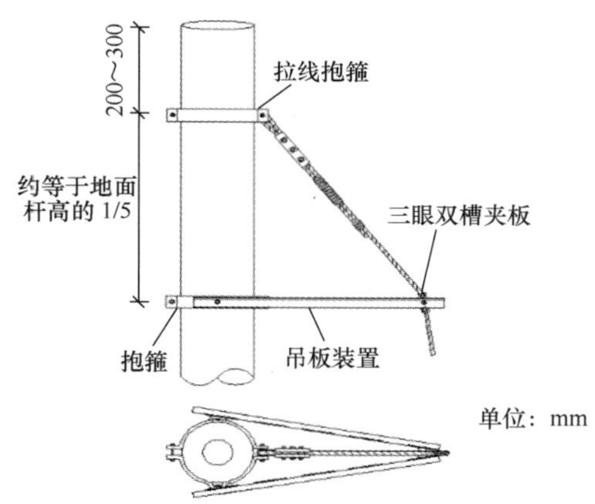

图3-36　吊板拉线示意

吊板拉线的拉线程式比光缆吊线高一个级别；吊板拉线上把装设在距杆梢 20 ～ 30cm 处；吊板拉线在吊板以上部分的距高比应为 1，吊板与拉线顶端的距离宜为地面杆高的 1/5。吊板装置通常由槽钢支架制作。

（3）撑杆

撑杆是平衡线路张力或合力的一种装置，可分为一般撑杆、引留撑杆和地撑杆 3 种。一般撑杆主要用于因地势限制无法安装落地角杆拉线的位置；引留撑杆用于因地形限制不能装设双方拉线的位置和电杆俯角坡度更大的位置；地撑杆用于因地势所限不能装设拉线和撑杆的位置。一般撑杆和引留撑杆的安装方式相同（例如水泥杆撑杆），外观如图 3-37 所示；地撑杆外观如图 3-38 所示。

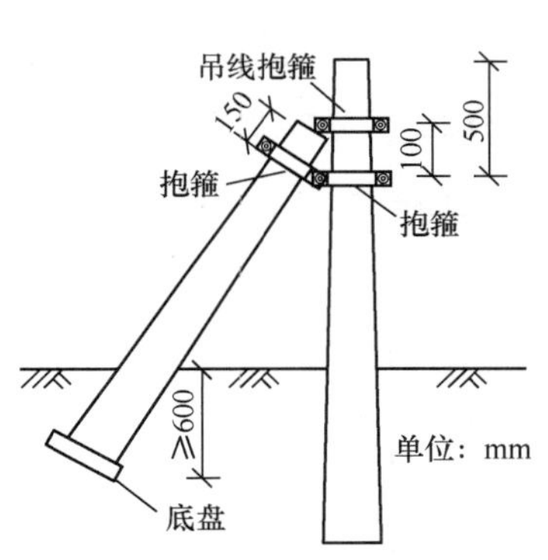

图 3-37　水泥杆撑杆示意

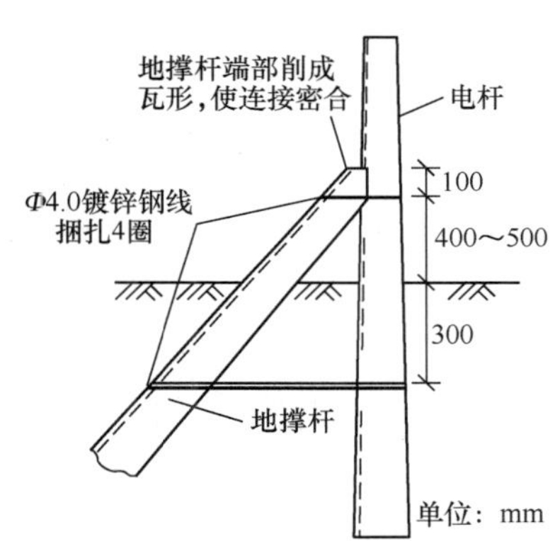

图3-38　地撑杆示意

撑杆的装设方向应在电杆所受线路合力或张力的同侧，角杆的撑杆应装设在内角平分线上，终端杆的撑杆应装设在杆路的同一直线上；在终端杆上装设撑杆时，应在终端杆前 1 ～ 2 根电杆上做假终结及同级钢吊线的落地拉线（泄力拉线），以减少张力。

撑杆应按设计要求选用电杆。用水泥杆做撑杆时，可用两副 D164 拉线包箍将撑杆与电杆连接牢固，撑杆埋深不应小于 600mm，距高比不应小于 0.5，并应加设杆根装置；撑杆装设位置应装在最末层吊线下 100mm 处。用木撑杆时，木撑杆与电杆接合处应将撑木顶端以直径分锯成 2/5 和 3/5 各一面，其中，2/5 面与电杆中心线成直角，3/5 面为贴杆面，应锯削成复瓦形槽，如图 3-39 所示。撑木槽应与电杆紧密贴实，用穿钉固定并用 Φ4.0mm 镀锌钢线缠扎 4 圈。木撑杆搭接处外观如图 3-40 所示。

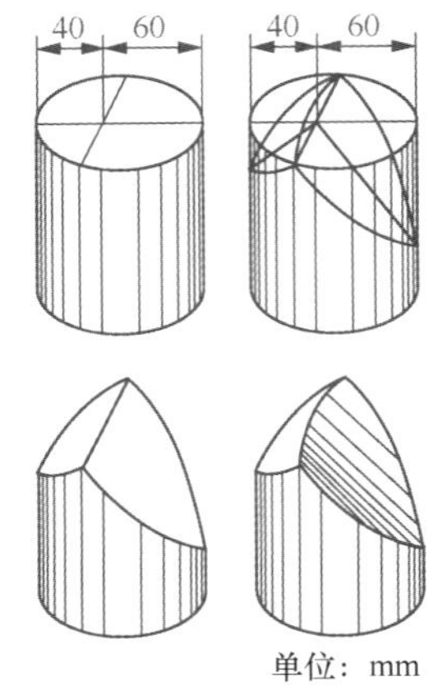

图3-39　撑木槽制作示意

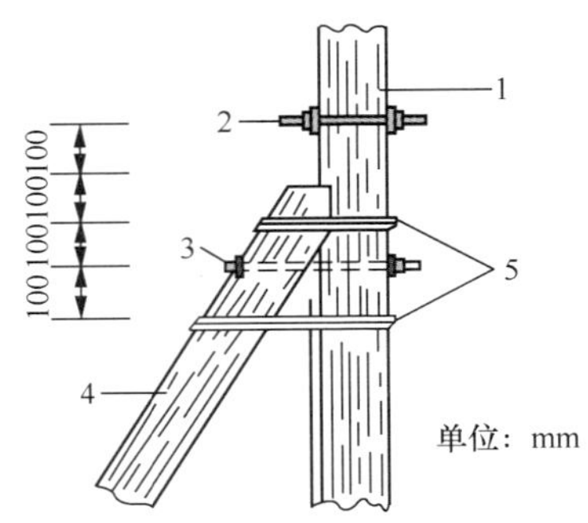

1—木杆；2—吊线位置；3—M16 镀锌穿钉；
4—木撑杆；5—Φ4.0 镀锌钢线缠扎

图3-40　木杆撑杆搭接处外观

3.3 架设吊线

架设吊线就是按照设计要求将钢绞线安装到架空杆路上形成架空路由，架设吊线是架空杆路施工中的一道重要工序，也称放吊线。架设吊线的施工质量不仅直接关系到架空杆路工程的质量，还关系到架空线路的整体安全。架空杆路路由组成示意如图 3-41 所示。吊线的两端称为终结，在中间电杆上，应将吊线用三眼单槽夹板和吊线抱箍固定。

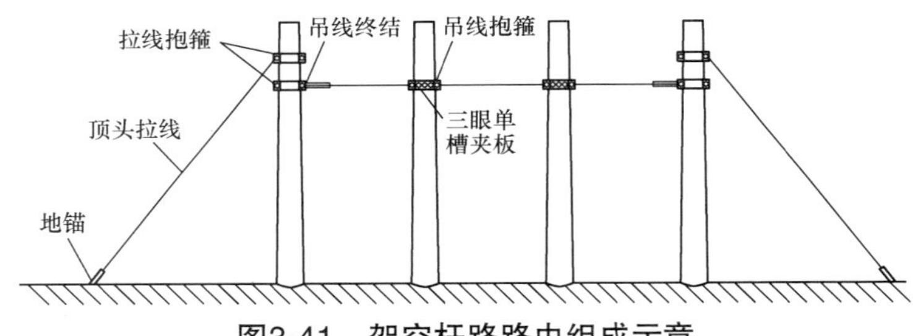

图3-41　架空杆路路由组成示意

吊线安装过程可分为安装并紧固支持物（或固定物）、吊线布放、吊线收紧、做终结（丁字结、假终结、十字结）等步骤，吊线施工流程示意如图 3-42 所示。吊线安装距离通常在 1000m 以内，需要多人多组联合施工，吊线安装各步骤连接紧密，应避免工作被无故打断。

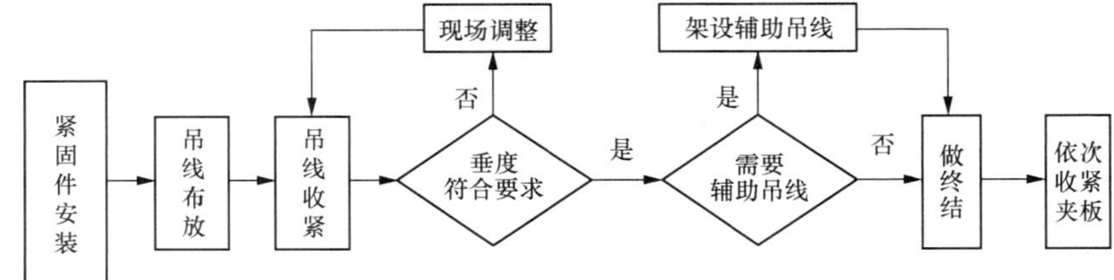

图3-42　吊线施工流程示意

3.3.1　紧固件安装

安装吊线需要在终端电杆上安装拉线抱箍，做终端拉线；在中间电杆上安装吊线抱箍或者线担和单槽夹板。抱箍和单槽夹板是固定吊线的紧固件，在安装紧固件前需要知道吊线位置、安装方法和安装要求。

（1）吊线位置

吊线距电杆顶的距离不应小于500mm，在特殊情况下不应小于250mm。同一杆路架设两层吊线时，同侧两层吊线的间距应为400mm，如图3-43（a）所示；两侧上下交替安装时，两侧层间的垂直距离应为200mm，如图3-43（b）所示。

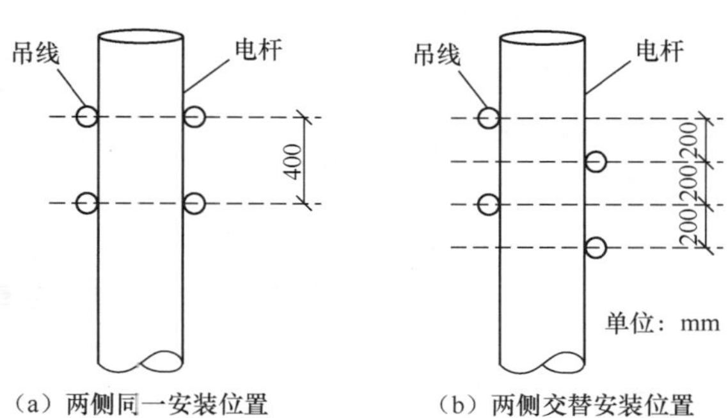

（a）两侧同一安装位置　（b）两侧交替安装位置

图3-43　电杆上吊线装设示意

架设吊线应按先上后下、先难后易的原则确定吊线占位。架设第一条吊线时，吊线宜设在杆路的人行道或有建筑物的一侧。一条吊线在架设时应在杆路的同一侧，不能左右交替。杆路上已有一条吊线时，增设的吊线应在电杆的另一侧架设，不应在其下方增设。在同一条线路的路由上，吊线的条数一般不超过4条；每一条吊线一般架挂一条光缆，只有在特殊情况下，例如距离较短、另架吊线不合适时，才允许一条吊线上挂设两条光缆，但必须分别挂牌。

（2）安装方法

吊线在非终结的电杆上应用三眼单槽夹板和穿钉或三眼单槽夹板和吊线抱箍固定，较为常用的是抱箍法。吊线应置于三眼单槽夹板的线槽，夹板线槽应面朝上方。安装单侧吊线夹板有穿钉夹板法、抱箍夹板法和钢担夹板法，利用拆旧的钢担也可以架设吊线，如图3-44所示。三眼单槽夹板双侧安装示意如图3-45所示。

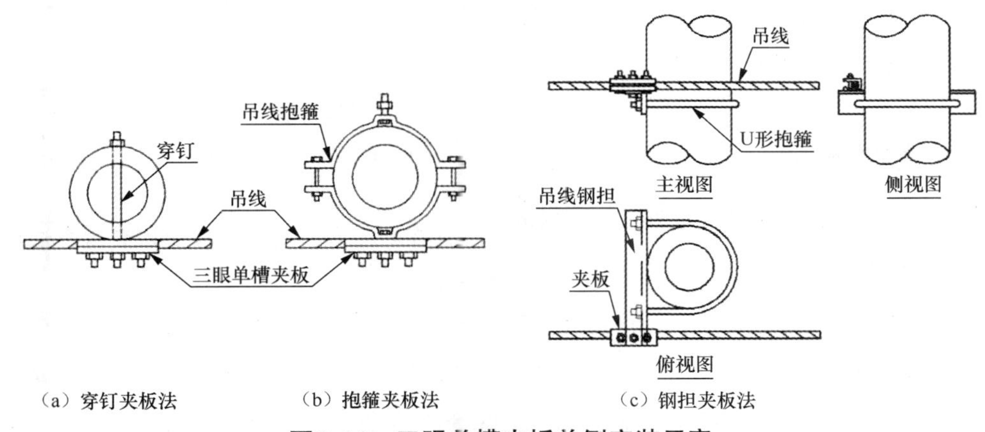

（a）穿钉夹板法　（b）抱箍夹板法　（c）钢担夹板法

图3-44　三眼单槽夹板单侧安装示意

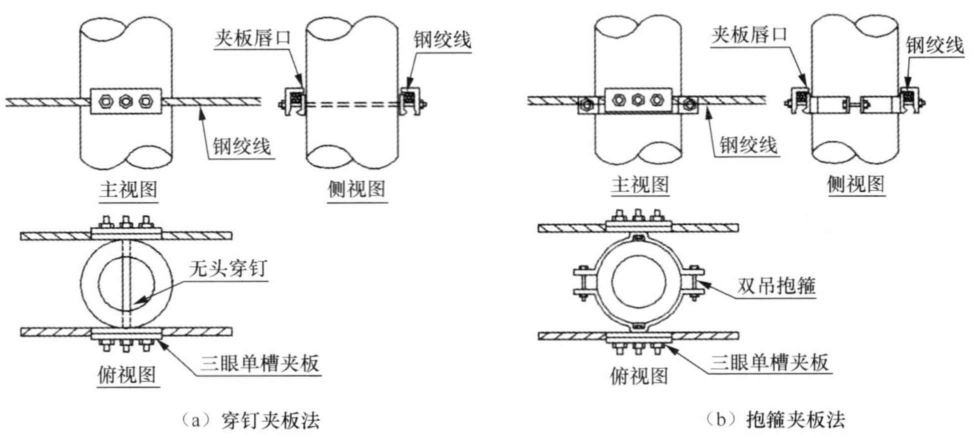

（a）穿钉夹板法　　（b）抱箍夹板法

图3-45　三眼单槽夹板双侧安装示意

（3）安装要求

穿钉装三眼单槽夹板在旋紧穿钉后，螺母外露出的丝扣不应小于10mm，不得大于50mm。固定三眼单槽夹板的穿钉螺母应在夹板侧；当同层两侧均有吊线时，宜使用无头穿钉，穿钉装三眼单槽夹板示意如图3-46所示。

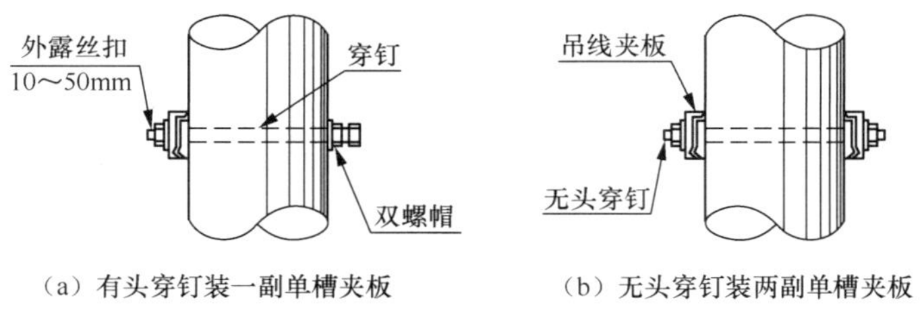

（a）有头穿钉装一副单槽夹板　　（b）无头穿钉装两副单槽夹板

图3-46　穿钉装三眼单槽夹板示意

直线杆夹板唇口应朝向电杆或支撑物，角杆和俯仰角杆的夹板唇口方向应与吊线合力方向相反：当电杆为内角杆时，其夹板唇口背向电杆；当电杆为外角杆时，其夹板唇口朝向电杆。角杆三眼单槽夹板装置方法示意如图3-47所示。

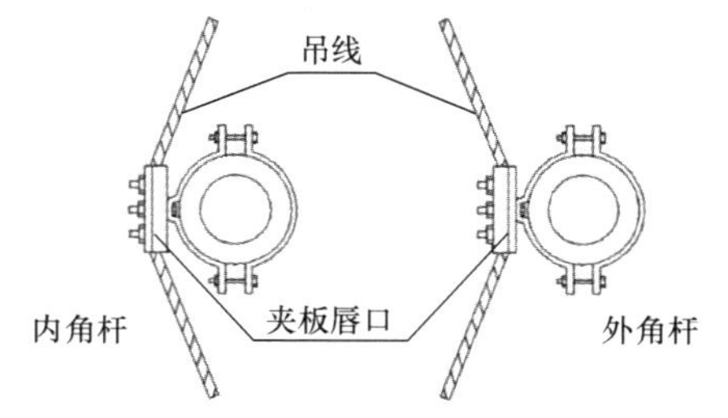

图3-47　角杆三眼单槽夹板装置方法示意

3.3.2　吊线布放

架空吊线可选用程式为7/2.2mm、7/2.6mm、7/3.0mm的钢绞线，当光缆较轻且吊挂一条光缆时，使用7/2.2mm钢绞线即可。在预设的电杆之间布放吊线，应先考虑布放过程不妨碍交通，布放的吊线不受损伤。在人工放线时，作业人员必须穿绝缘鞋，佩戴绝缘手套，跨越道路应安排专人看守，并设置警示标志，还要在钢绞线的恰当位置上做接地保护，防止触电。

（1）放钢绞线

在没有障碍物的地方将钢绞线从特制的放线架上或具有转盘装置的放线车上展开，并布放在地面上。从线盘上松开钢绞线时，必须安排专人抓牢钢绞线头，其他作业人员应站在线盘两侧，防止钢绞线弹起伤人。布放吊线时，应使用整条且尽可能较长的钢绞线，以减少中间的接头数量。新设的吊线，在一档内不得有一个以上的接头。

（2）吊线上杆

待吊线长度合适后，逐段将待架设吊线架挂在中间电杆上的吊线抱箍或线担上。在电杆上，均需要把吊线放置在直线路由每隔 6 根电杆、转弯路由所有的角杆的吊线夹板的线槽里，并把外面的螺母略微旋紧，以吊线无法脱出线槽为度。遇到树林、河流等阻碍时，应该先用绳索越过障碍物，然后用绳索牵引吊线穿过障碍物。为防止触电，绳索应选用结实的麻绳或尼龙绳，一般不使用电线和钢线。

（3）避让电力线

布放吊线应避让电力线，尽可能在电力线下方布放。如果可能会碰触电力线时，应临时用直径 1cm 的麻绳将吊线向下拉紧，以免在吊线布放时吊线弹跳碰触电力线发生意外。吊线在电力线上方穿过时，最好先征得电力部门和用电单位的同意，需要有关部门临时停止供电，在停电状态下布放吊线、收紧吊线，待施工完成后，再恢复通电。必须在电力线上方通过时，应使用纵剖的塑料管或竹管作为绝缘通道或架设临时索道，采取建立临时通道的方式将吊线布放在通道中。为了安全起见，必须待吊线收紧，并在适当的电杆上终结后，才能拆除临时通道。

（4）架设临时索道

在电力线两端的电杆上，将一条直径 1cm 以上、干燥、不含导电物质的绳索绑缚在电杆吊线夹板的上方；绳索上按 2m 的间距安装挂钩；用另一根能穿越杆档的干燥麻绳和钢绞线捆扎在一起，捆扎点用黑胶布包裹；先将干燥的麻绳穿过所有挂钩，然后牵引钢绞线穿过挂钩，跨越电力线到达另一端的电杆。电力线上方架设临时索道布放吊线示意如图 3-48 所示。

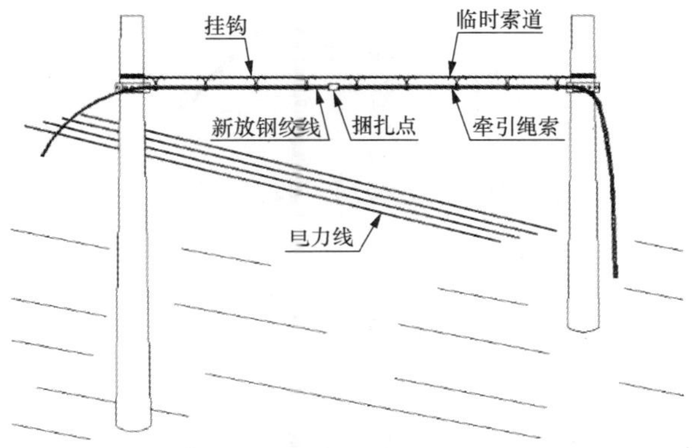

图3-48　电力线上方架设临时索道布放吊线示意

3.3.3 吊线收紧

当吊线的一端固定在起始电杆的抱箍上，作业人员在吊线的一端根据张力大小、工作地点使用紧线工具将吊线收紧并固定的过程称为吊线收紧，也称紧线。

吊线收紧过程通常分段进行，每段一般不超过 20 个杆档，当角杆较多或吊线坡度变更较大时，应适当减少紧线的档数。在收紧吊线前后，应检查拉线和拴固紧线器的绳索等装置，以保证施工安全。在收紧吊线的过程中，还要避免吊线碰触电力线或其他建筑物，同时还应使各杆档间的吊线的张力或垂度均匀。紧线的主要工具有绞盘、钢丝绳葫芦、手扳葫芦和紧线器等。直接拉紧钢绞线的工具称为卡线器，也称鬼爪。

（1）紧线准备

当吊线两端都到达预定的电杆，将待收紧吊线的前端用夹板法、另缠法或卡固法制作吊线终结，固定在起始电杆的抱箍上。检查整理整条吊线，在吊线经过的受力点杆位，将吊线安装在吊线夹板的卡槽中，此时不需要旋紧吊线夹板。在吊线另一端的电杆位置制作临时拉线，用于承受收紧后吊线的拉力，可以直接使用新做的拉线。

（2）紧线过程

以使用钢丝绳葫芦的紧线过程为例，紧线时，电杆、紧线器、滑轮、钢丝绳葫芦、连接线、临时拉线的位置，如图 3-49 所示。

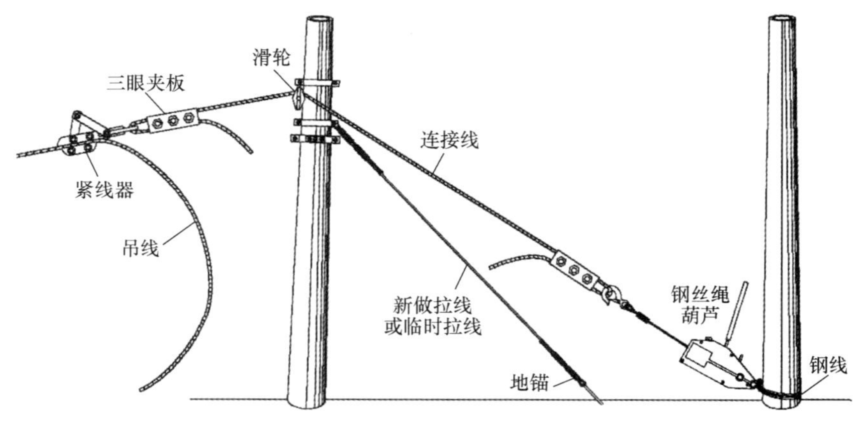

图3-49　钢丝绳葫芦收紧吊线示意

钢丝绳葫芦用钢丝固定在拉线地锚上或预先埋设的电杆出土部位。使用一段约 10m 长的钢绞线作为连接线，连接线两端使用双槽夹板紧固做环，连接线一端与紧线器相连，连接线另一端穿过固定在终端电杆上的滑轮，与钢丝绳葫芦相连。

紧线器头部的夹住位置在吊线端头附近，吊线夹住位置距电杆的长度要大于后续收紧钢绞线的长度；松开钢丝绳葫芦，抽出内部钢丝绳，钢丝绳长度大于后续收紧钢绞线的长度。正向扳动钢丝绳葫芦收紧钢绞线，将吊线拉向电杆，当吊线整体拉力符合要求、吊线垂度达到规定值时停止收紧，此时原有的拉线和连接线均应紧绷、受力。在吊线与电杆夹板紧固位置做记号，用夹板法、另缠法或卡固法制作吊线终结，将吊线终结固定在电杆吊线的抱箍上。

收紧吊线的工具除钢丝绳葫芦，也可以使用另一个手扳紧线器，与收紧拉线相似，将用作吊线的钢绞线拆开，拆开长度大于收紧距离，将 2 ～ 3 根钢线插入收紧滑轮的孔洞固定牢固，转动紧线器的扳手，钢线受力缠绕在收紧的滑轮上，收紧钢绞线。

（3）连续紧线

当连续布放几段吊线后可以进行连续紧线。如果有两部手动链条葫芦，第一段吊线终结点可以用一部手动链条葫芦暂时拉紧第一段吊线，在电杆上做吊线终结，如图 3-50（a）所示。第二段吊线接续点使用第二部手动链条葫芦收紧第二段吊线，如图 3-50（b）所示。

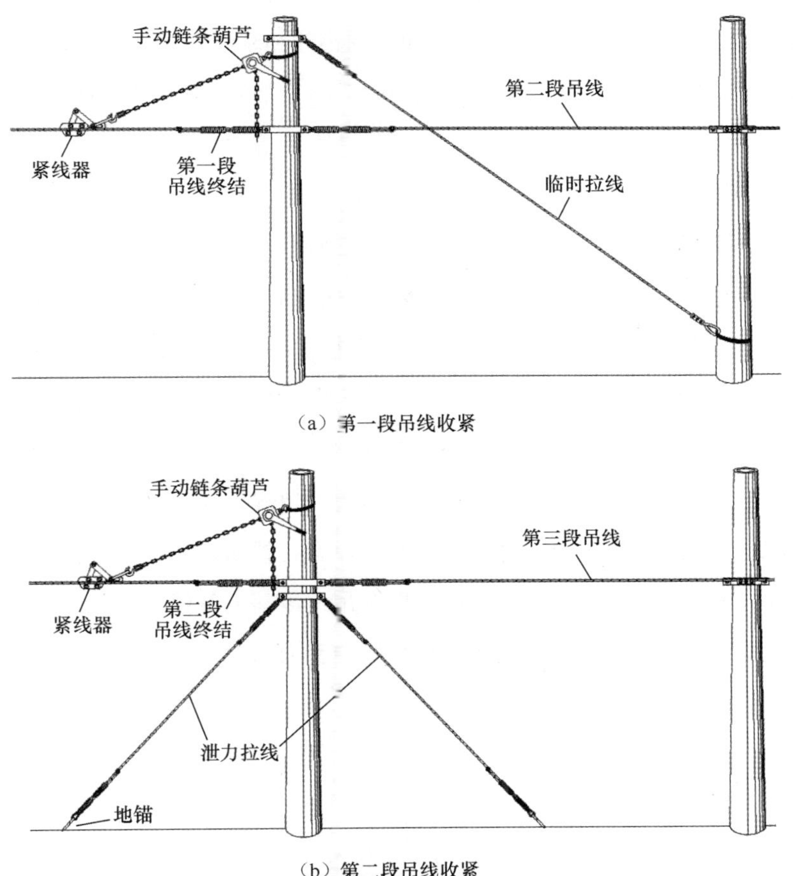

（a）第一段吊线收紧

（b）第二段吊线收紧

图3-50　用手动链条葫芦进行连续紧线示意

待第二部手动链条葫芦收紧吊线时，才能拆除第一部手动链条葫芦和临时拉线；在前后两段吊线的终结、吊线夹板全部安装紧固后，才能拆除第二部手动链条葫芦。后续段落的吊线按照顺序依次收紧后，再拆除前一段的手动链条葫芦或临时拉线。

如果施工队只有一部钢丝绳葫芦，则可在第一段钢绞线收紧后，在电杆上做临时拉线，并用钢绞线紧线器做临时假终结，这样第一段吊线接续点的钢丝绳葫芦可以被撤出并转移到下一处吊线接续点。在特殊角杆、坡度杆、长杆档紧线的同时，通常需要架设辅助吊线。

（4）测量垂度

架空吊线的原始安装垂度应符合设计规定。吊线会随着气温热胀冷缩，若气温高时没有考虑增加垂度，到冬季时吊线遇冷收缩，可能导致吊线绷断，进而造成倒杆。因此，吊线垂度一般在冬季较小，春秋季次之，夏季垂度较大。

在实际工程中，常通过在电杆间吊线上悬挂绳索，由一名经验丰富的作业人员拉扯绳索，凭向下拉力的大小和伸缩距离判断吊线垂度。通过绳索对钢绞线的张力大小，可以估测吊线的垂度，当由角杆或夹板紧固因素造成吊线垂度不均匀时，伸缩距离也不同，调整夹板紧固的程度可以使吊线垂度均匀。在工作中，也可以在吊线和紧线工具之间串接拉力器，通过拉力器的读数判断吊线受力是否符合规定要求，可以降低凭经验操作造成失误的风险，提高施工的精准度。

（5）紧固和拆除

在吊线垂度合格后，施工队应将该段落的吊线抱箍、夹板、两端吊线终结位置的螺丝全部旋紧，每人一杆，多人同时上杆操作。吊线紧固完成后即可反向扳动紧线葫芦，慢慢放松钢绞线，由泄力拉线或原有拉线承担吊线拉力，连接紧线工具的钢绞线全部松动后即可松开紧线器、拆除葫芦等紧线工具。通过扳动葫芦的正反开关，结合扳手操作实现紧线和松线；使用绞盘、紧线器时，紧线过程可以单人操作，松线过程需要两人配合完成操作。

在紧线和松线的过程中，应注意临时拉线的受力情况，拉线过松、地锚被拔出时均应暂停操作，立即更换或制作新的临时拉线，替换原有拉线后才可以继续操作。临时拉线直到全程吊线终结和正式拉线安装检测完毕，以及吊线段落内每段电杆承担受力符合设计要求时才可以拆除。拆除过程应注意观察临时拉线的受力情况，整个临时拉线的过程应缓慢放松，直至被拆除。

3.3.4 辅助吊线

针对坡度杆、角杆、长杆档吊线的特殊受力情况，为了减轻吊线受力，需要加装吊线辅助装置。

（1）坡度杆

在吊线坡度变更大于杆距的 5%且小于 10%时，应在电杆上加装仰角辅助装置，或俯角辅助装置，如图 3-51 和图 3-52 所示。辅助吊线规格应与已装设吊线规格保持一致，用 Φ3.0mm 镀锌钢线缠扎，缠扎规格应与拉线上把相同，所有缠绕钢线处均需要涂防锈漆。

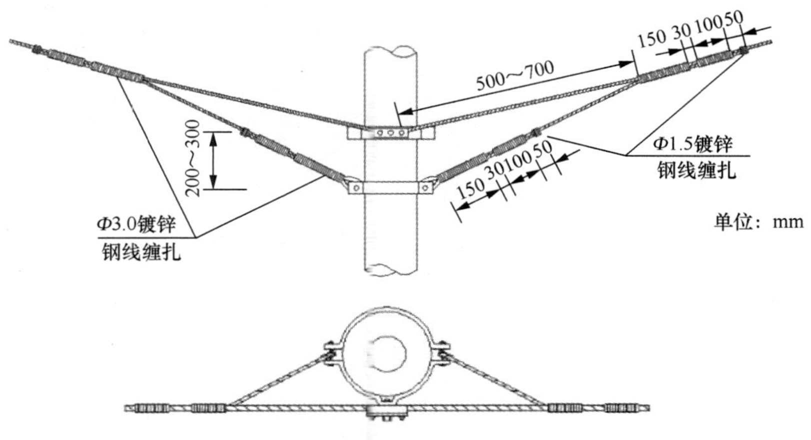

图3-51 吊线仰角辅助装置示意

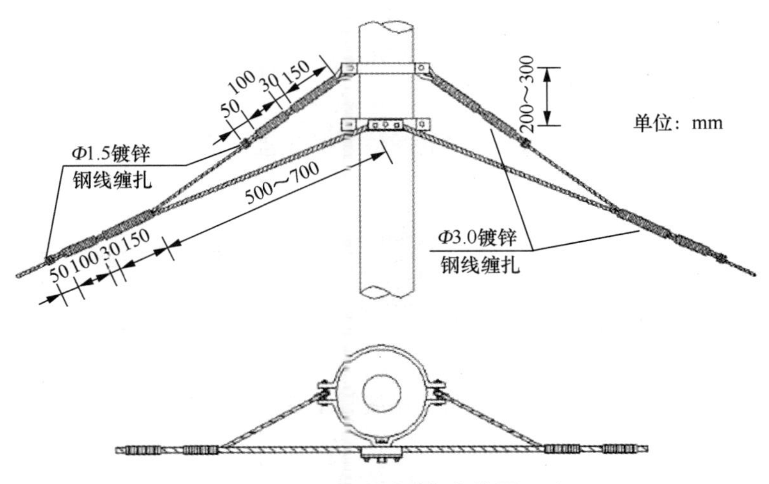

图3-52 吊线俯角辅助装置示意

（2）角杆

在吊线收紧后，角杆上的吊线应根据角深的大小加装吊线辅助装置。

当水泥角杆的角深不大于 25m 时，应采用钢绞线做吊线辅助装置，辅助吊线规格应与已装设吊线规格相同，可用 U 形钢卡固定或另缠法缠扎，缠扎方法、规格应与吊线终结相同。水泥角杆吊线辅助装置示意如图 3-53 所示。

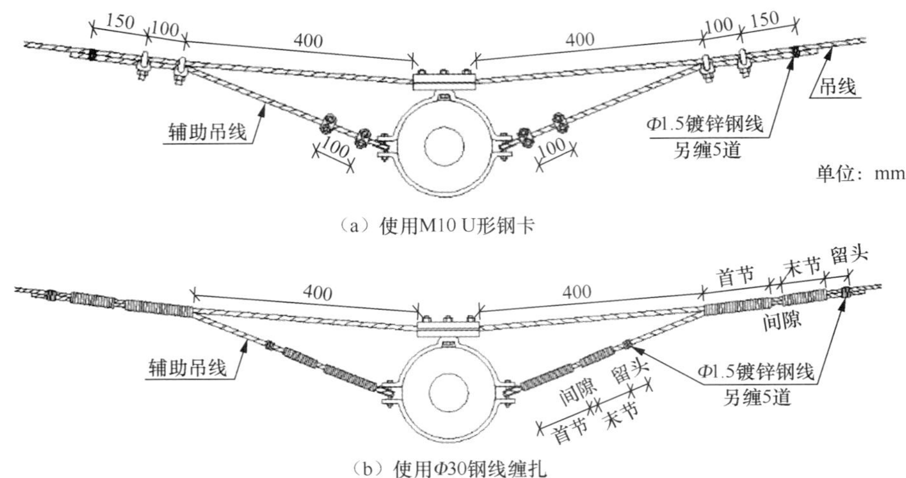

（a）使用M10 U形钢卡

（b）使用Φ30钢线缠扎

图3-53　水泥角杆吊线辅助装置示意

当木角杆的角深在 5 ～ 10m 时，应采用 Φ3.0mm 镀锌钢线做吊线辅助装置，如图 3-54 所示；当木角杆的角深在 10 ～ 15m 时，应采用钢绞线做吊线辅助装置，辅助吊线规格应与已装设吊线规格相同，缠扎方法、规格应与吊线终结相同，如图 3-55 所示。

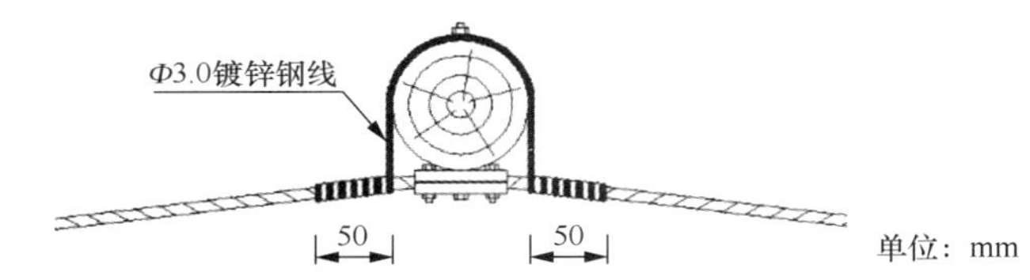

图3-54　木角杆吊线辅助装置一示意

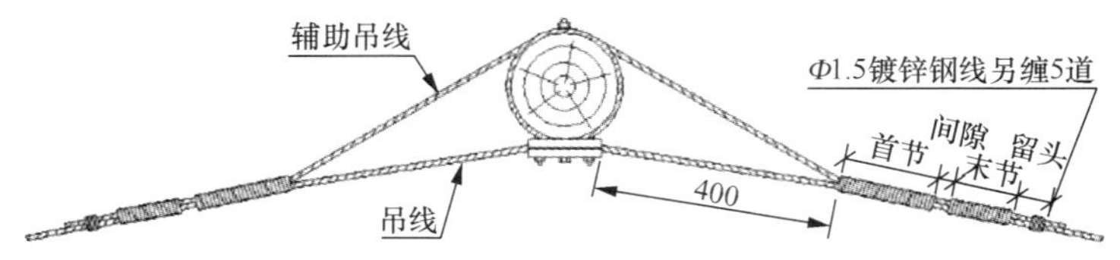

图3-55　木角杆吊线辅助装置二示意

（3）长杆档

长杆档的吊线辅助装置包含辅助吊线及其与正吊线的中间连接。

当过河、过沟、跨越建筑物等杆距超过一般规定时，其光缆吊线应按长杆档设计，要求除了应挂设架空光缆的正吊线，还需要加设辅助吊线（副吊线），以加强线路的强度。

长杆档挂设光缆后，正吊线与副吊线的接合处与两端跨越杆上的正吊线的吊线夹板应接近位于同一水平线上。

正吊线与副吊线应用三眼单槽夹板及钢板连接，150 ～ 200m 长杆档吊线、拉线示意如

图 3-56 所示，200 ～ 400m 以内长杆档吊线、拉线示意如图 3-57 所示。更长的杆距应使用双杆做终端杆。长杆档正副吊线的中间连接及其他各点连接示意如图 3-58 所示。

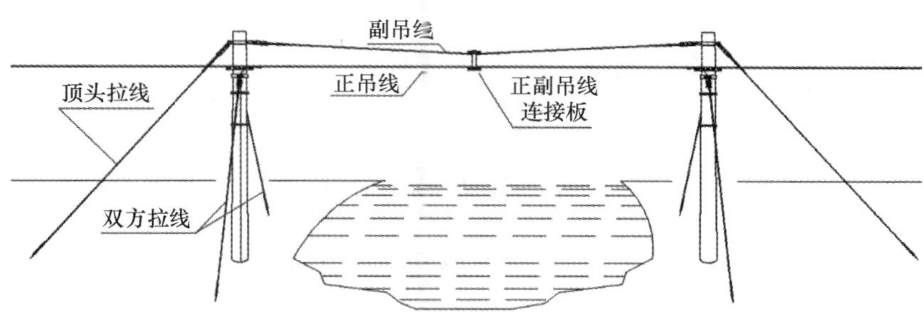

图3-56　150～200m长杆档吊线、拉线示意

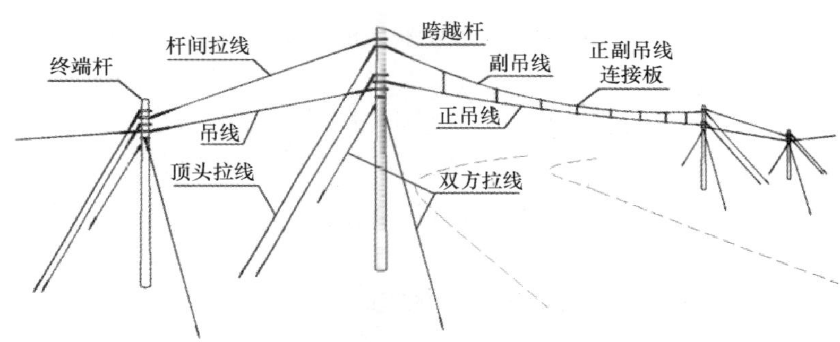

图3-57　200～400m以内长杆档吊线、拉线示意

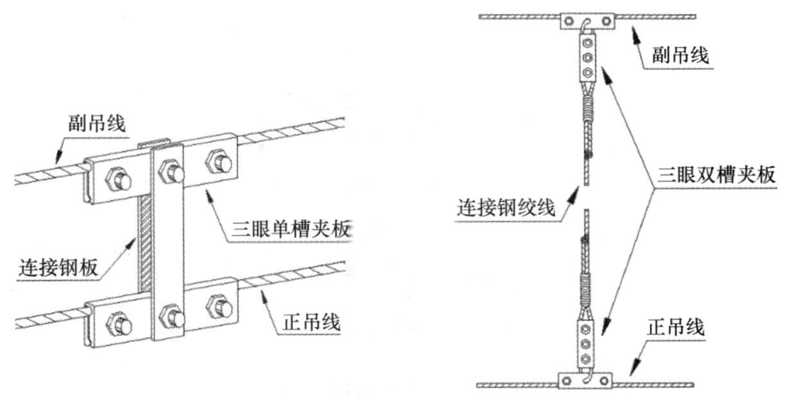

图3-58　长杆档正副吊线的中间连接及其他各点连接示意

3.3.5　终结和连接

当吊线在终端杆及角深大于 25m 的角杆上时，应做终结。如果终端杆及转角杆的拉线因跨越道路无法装设时，应将吊线向前延伸一档或数档，再做吊线终结。

（1）单条吊线终结

终结方式按设计可采用夹板终结法、另缠终结法和卡固终结法，如图 3-59、图 3-60 和图 3-61 所示，终结末端应用 Φ1.5mm 镀锌钢线缠扎 5 圈进行固定。分歧杆和十字杆的吊线终结方法与终端杆的吊线终结方法相同。

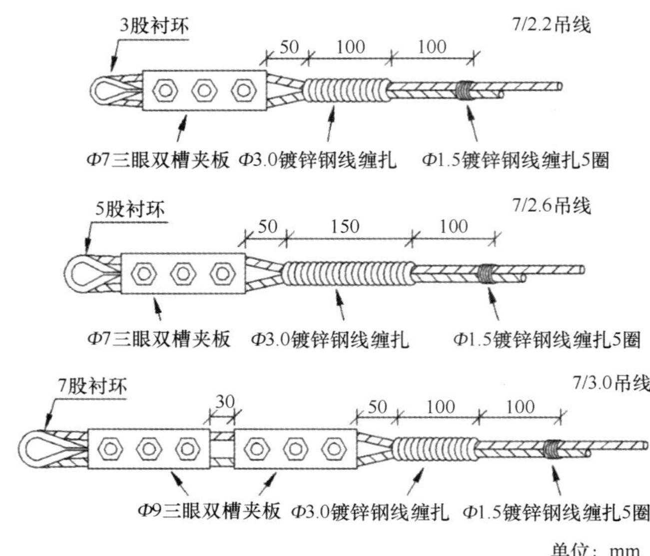

图3-59 夹板终结法示意

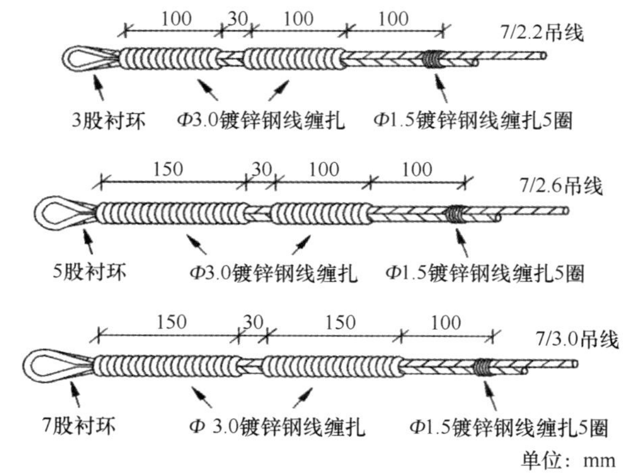

图3-60 另缠终结法示意

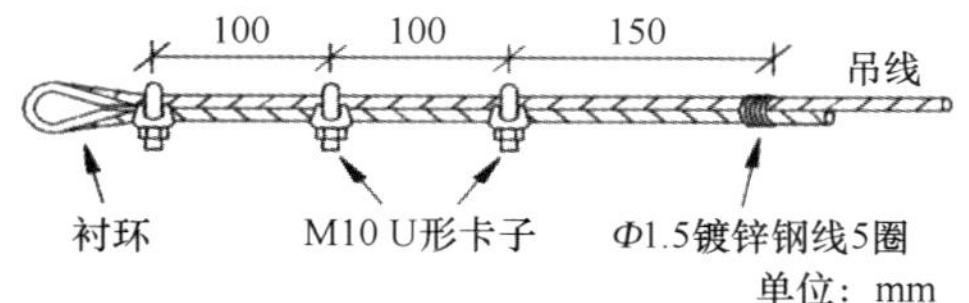

图3-61 卡固终结法示意

（2）合手终结

合手终结是指同层两条吊线在一根电杆上的两侧做终结。合手终结的规格应符合设计要求，其缠扎、夹固的方法应与单条吊线终结方法相同，如图 3-62 所示。

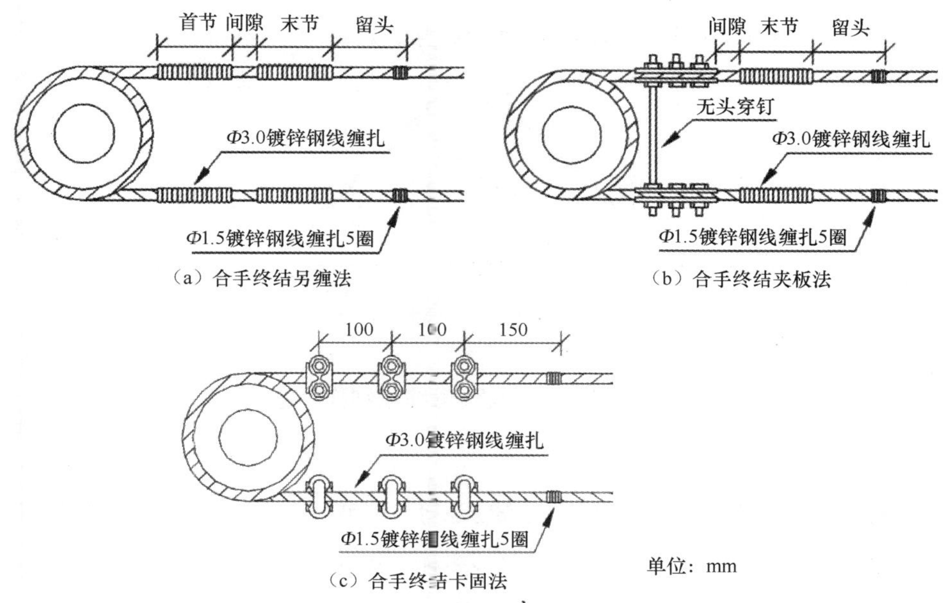

图3-62　吊线合手终结示意

（3）假终结

吊线假终结是吊线在该处保持连续状态，通过缠扎、卡固方式制作辅助吊线将原吊线拉力分散，也称为辅助终结。假终结使用的钢绞线应与较粗的吊线程式一致。相邻杆档的吊线负荷不等或负荷较大的线路终端杆的前一根电杆应按设计要求做泄力杆，吊线应在泄力杆做辅助终结并增设泄力拉线，辅助终结的缠扎、卡固方式与吊线终结方法相同，如图 3-63 所示。

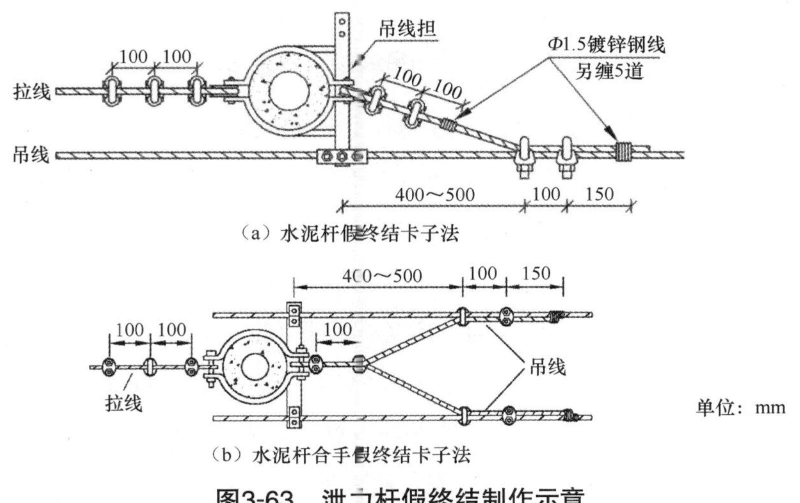

图3-63　泄力杆假终结制作示意

当一条光缆的杆路直线部分超过 30 档时，即为加强线路强度，应装设泄力终结，也称为拉手。通常在杆路四方拉线中的两条顺线拉线所对应的吊线分别做假终结，如图 3-64 所示。

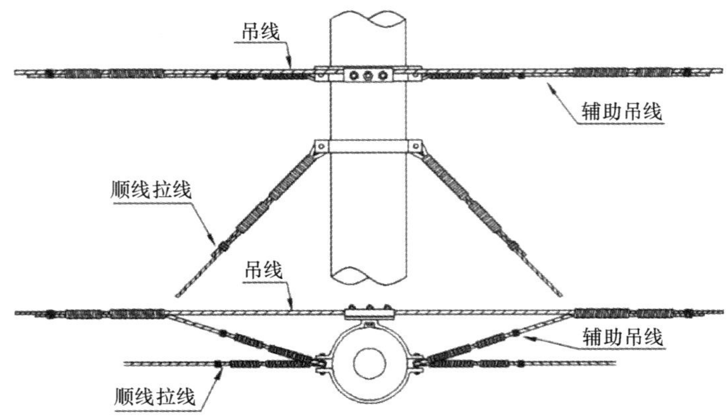

图3-64　四方拉线假终结制作示意

（4）吊线连接

使用钢绞线做吊线时，应按照需要的长度裁剪，也可以将两段吊线接续起来使用。根据接续的样式分为一字形、丁字结、十字交叉等多种，其使用场合各有所不同。

一字形接续是将两根吊线直接接续，宜采用“套接”，套接两端可选用缠绕法、夹板法或卡固法，套接方式与吊线终结方式相同，两端应用同一种方法处理。在任何情况下，新设的吊线在同一杆档内不得有 1 个以上的接头。7/2.2mm 吊线接续缠绕法示意如图 3-65 所示。

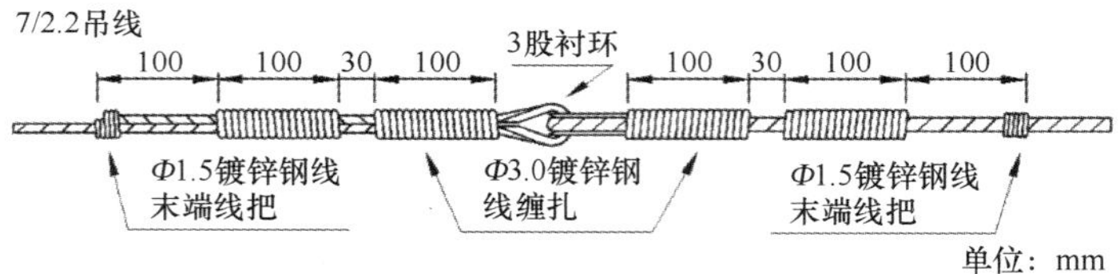

图3-65　7/2.2mm吊线接续缠绕法示意

丁字结一般用于有分歧需要但又不能从电杆上分出的情况。丁字结主干吊线的长度不宜过长，为增加主干吊线承受负荷的能力，可按需要在主干吊线两侧电杆做吊线假终结。丁字结缠扎、夹固的方法和要求与吊线终结方法相同。如果有两条主干吊线时，应将两条主干吊线用钢板连接在一起，再做丁字吊线连接。吊线丁字结夹板法示意如图 3-66 所示。

十字交叉吊线用于十字路口两条同一高度的吊线互相交叉跨越时，一般采用三眼双槽钢绞线夹板连接，有时也用钢线另缠。两条十字交叉吊线的高度相差 400mm 以内时，应做成十字吊线：当两条吊线程式相同时，主干吊线应置于交叉的下方；当两条吊线程式不同时，程式大的吊线应置于交叉的下方。十字交叉吊线示意如图 3-67 所示。

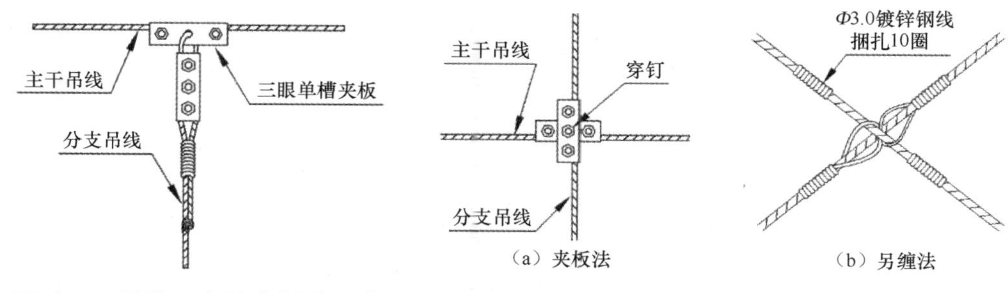

图3-66　吊线丁字结夹板法示意

图3-67　十字交叉吊线示意

3.4 防雷接地

架空杆路为了保证杆路自身、所承载的光缆、周围行人及建筑物的安全，需要采取防雷接地措施保护杆路。施工中常采用的方法是制作电杆避雷线接地和吊线接地，接地点需要测量接地电阻以保证接地安全有效，对接地电阻不达标的地点或区域可采用人工方法降低土壤的电阻率。

杆路路由与孤立大树、杆塔、高耸建筑、行道树、树林等易引雷目标及其他接地体的净距应符合设计要求，或按设计要求采用避雷线等防雷接地措施。

3.4.1　避雷线接地

架空杆路主要采用装设避雷线的方法避免雷电影响，避雷线将带电云堆中的感应电荷逐渐释放，不产生强烈的雷击现象。避雷线保护范围虽然有限，但是能够降低附近线路的雷击影响。

必须装设避雷线的电杆包括曾受雷击的电杆、光缆接头盒靠近的电杆、角杆、分线杆、终端杆、跨越杆、H 形杆，以及直线杆路上每隔 10 ～ 15 档的电杆，并且电杆接地电阻不超过 20Ω。需要装设避雷线的电杆包括市区内周围没有高大建筑物的装有分线设备、交接设备的电杆，郊区线路的角杆、跨越杆、分线杆、超过 12m 的高杆、坡度变更的顶杆、终端杆、直线路由每间隔 10 档左右的电杆，以及通信线路与 10kV 以上高压输电线路交越的两侧电杆。水泥杆避雷线装设方式如下。

（1）水泥杆上有预留避雷线穿钉

预留的避雷线穿钉利用水泥杆内的钢筋作为导线，可以分别从杆梢、杆根处安装避雷针和接地线。避雷针是从穿钉螺母向上引出一根 Φ4.0mm 镀锌钢线，镀锌钢线高出杆顶 100mm，如图 3-68（a）所示；接地线是在杆根部的地线穿钉螺母处接出 Φ4.0mm 镀锌钢线，镀锌钢线入地后在地下延伸一段长度，如图 3-68（b）所示。

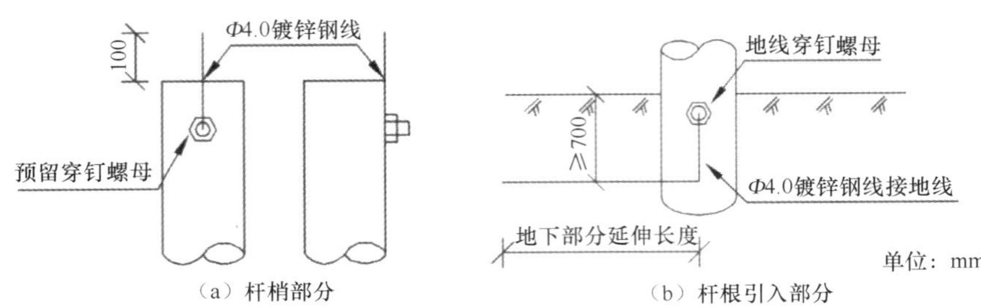

（a）杆梢部分　　（b）杆根引入部分

图3-68　预留避雷线穿钉避雷线接法示意

（2）水泥杆没有预留避雷线穿钉

没有预留避雷线穿钉的水泥杆应在杆顶部凿孔沿水泥杆内孔壁穿放 *Φ*4.0mm 镀锌钢线至杆根并按要求延伸一段长度，镀锌钢线应高出杆顶 100mm，并用 *Φ*3.0mm 镀锌钢线捆扎，顶部凿孔在安装地线后，应用水泥封堵，如图 3-69 所示。

（3）利用拉线做避雷线

利用拉线做避雷线时，接地部分由拉线及地锚棒实现，杆梢部分使用 *Φ*4.0mm 镀锌钢线做避雷线。*Φ*4.0mm 镀锌钢线一端应高出电杆 100mm，在距杆顶 100mm 处应用 *Φ*3.0mm 镀锌钢线捆扎，且每间隔 500mm 捆扎一次；*Φ*4.0mm 镀锌钢线另一端压入拉线抱箍内并与其良好接触，如图 3-70 所示。在木杆上 *Φ*3.0mm 镀锌钢线宜用卡钉卡固。

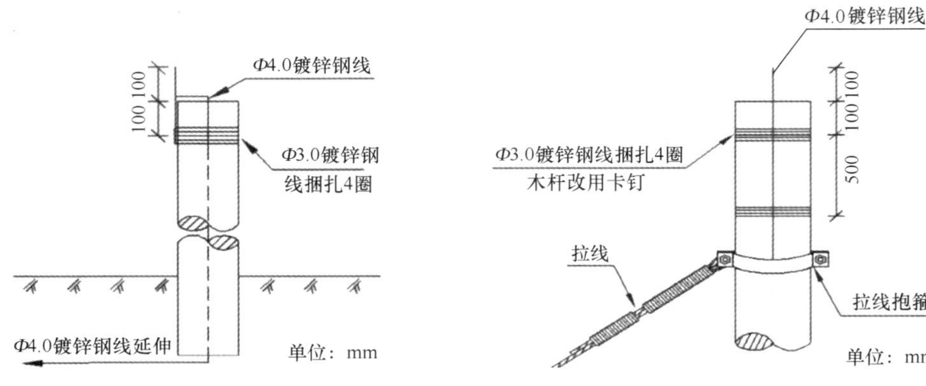

图3-69　无预留避雷线穿钉的避雷线安装示意　图3-70　利用拉线做避雷线的安装示意

（4）其他避雷要求

架空吊线与 10kV 以上高压输电线交越处，应在输电线下方通过并应保持设计规定的安全隔距，电杆应安装放电间隙式避雷线，在离地高 2m 处断开 50mm 间隙，如图 3-71 所示。两侧电杆上的拉线应在离地高 2m 处加装绝缘子，做电气断开；与输电

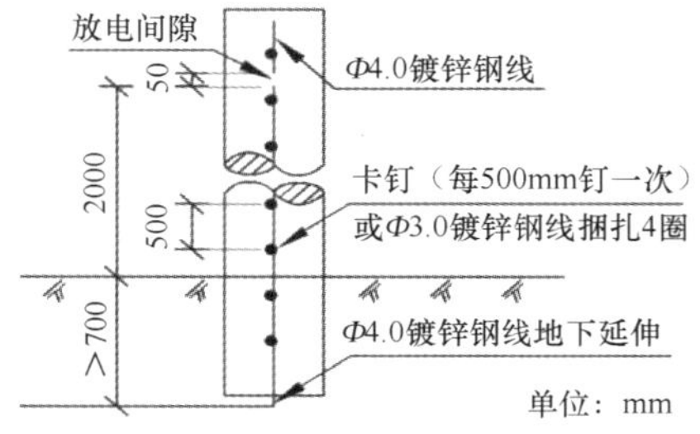

图3-71　放电间隙式避雷线安装示意

线交越部分的架空吊线应加套绝缘保护管，绝缘保护管的材质、规格和长度应符合设计要求。

除利用拉线接地外，其他利用钢线接地的避雷线的地下延伸部分应埋在离地面 70cm 以下，避雷线接地电阻要求及延伸线（地下部分）长度应符合表 3-10 的要求，延伸线使用 Φ4.0mm 镀锌钢线。当地下有管型接地装置时，管型接地装置安装示意如图 3-72 所示。

表3-10 避雷线接地电阻要求及延伸线（地下部分）长度

土质	一般电杆避雷线要求		与 10kV 电力线交越杆避雷线要求	
	电阻 /Ω	延伸线长度 /m	电阻 /Ω	延伸线长度 /m
沼泽地	80	1.0	25	2
黑土地	80	1.0	25	3
黏土地	100	1.5	25	4
砂黏土	150	2.0	25	5
砂土	200	5.0	25	9

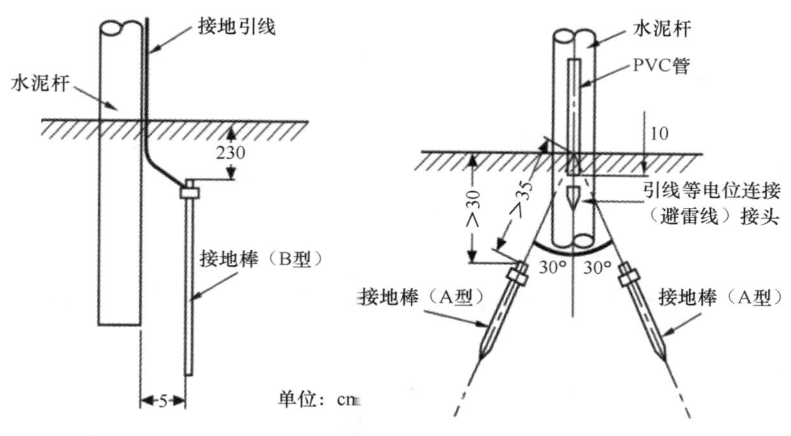

图3-72 管型接地装置安装示意

3.4.2 吊线接地

采用吊线接地的水泥杆类型有以下几种：架空入局（站）时终端杆拉线要加装绝缘子，相邻的第二杆做吊线接地；每隔 250m 左右的电杆、角深大于 1m 的角杆、飞线跨越杆、杆长超过 12m 的电杆、山坡顶上的电杆等应做避雷线，架空吊线应与地线连接；每隔约 2000m，架空光缆的金属护层及架空吊线应做一处保护接地。

吊线接地的装设过程从使用地线夹板夹住吊线和 Φ4.0mm 镀锌钢线开始，接地钢线应就近与接地体连接，不必伸高。对于不同类型的水泥杆，有以下 3 种方法。

（1）利用电杆预留地线穿钉做地线

利用杆梢预留的地线穿钉做地线。将一根 Φ4.0mm 镀锌钢线一端用螺母与穿钉拧紧，另一端向下引出并与安装在吊线上的地线夹板连接，在杆根部的地线穿钉螺母处接出另一根 Φ4.0mm 镀锌钢线入地，镀锌钢线入地后在地下延伸一段长度或与接地棒相连。吊线利用预留地线穿钉做地线示意如图 3-73 所示。

（2）利用拉线做地线

电杆有直接入地的拉线，可将拉线作为地线。Φ4.0mm 镀锌钢线的一端经地线夹板与吊线连接，另一端压入拉线抱箍内并与其保持良好接触，也可通过在拉线上缠绕保持良好接触，如图 3-74 所示。若拉线上装有绝缘子则不能采用此法，可采用吊线直接入地式地线的方法。

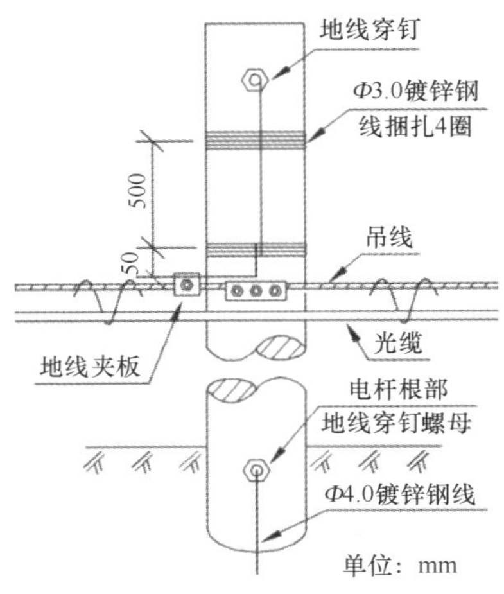

图3-73　吊线利用预留地线穿钉做地线示意

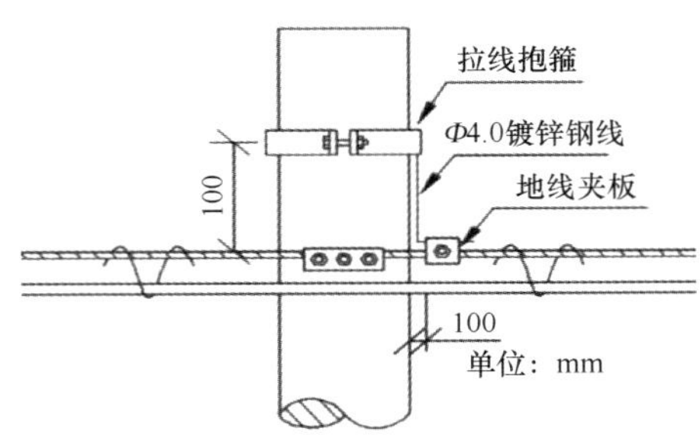

图3-74　吊线利用拉线做地线示意

（3）吊线直接入地式地线

直接入地式地线在电杆上部，钢线通过地线夹板与吊线连接，并垂直沿电杆向下；在电杆中部每间隔 500mm 用 Φ3.0mm 镀锌钢线捆扎 4 ～ 6 圈；在电杆底部接地线直接入地。接地线通常使用 Φ4.0mm 镀锌钢线，也可使用镀锌钢绞线。接地线地下部分可以绕圈盘绕在杆根周围或在地下延伸一段长度。吊线直接入地式地线安装示意如图 3-75 所示。

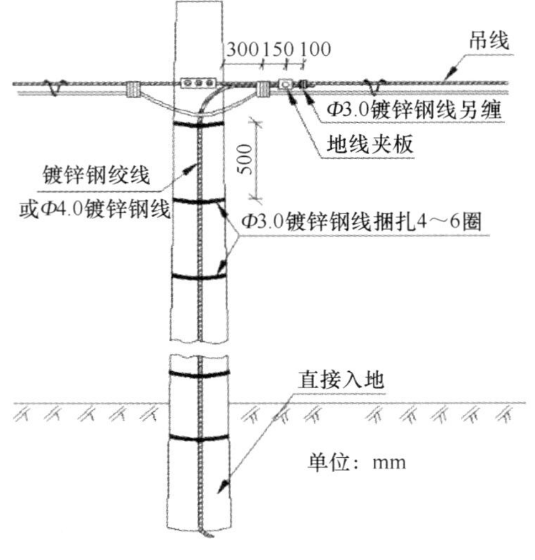

图3-75　吊线直接入地式地线安装示意

3.4.3　接地电阻

（1）接地电阻测量

架空线路接地包括吊线接地和线路设备的接地。完成接地后，需要使用接地电阻测试仪测量接地电阻值，吊线及其他设备的接地电阻值应不大于表 3-11 中的数值。

表3-11 光（电）缆吊线及其他设备接地电阻值要求

土质类型	土壤电阻率	接地电阻值				
		架空光（电）缆吊线，全塑电缆屏蔽层	电杆避雷线	分线箱 10 对以下	分线箱 11 对～ 20 对	分线箱 20 对以上
普通土	100Ω · m 以下	20Ω	80Ω	30Ω	16Ω	13Ω
砂黏土	101 ～ 300Ω · m	30Ω	100Ω	40Ω	20Ω	17Ω
砂土	301 ～ 500Ω · m	35Ω	150Ω	50Ω	30Ω	24Ω
石质土	500Ω · m 以上	45Ω	200Ω	67Ω	37Ω	30Ω

不同线路设备对接地电阻的要求各不相同，一般来说，接地电阻值越小，接地保护的效果越好。若接地电阻不合格，且使用深埋、灌水等普通方式难以达到设计要求时，需要考虑增加接地体进行降阻和降低土壤电阻率。

ZC29B-2 型接地电阻测试仪可以测量各种电力系统、电气设备，以及避雷线等接地装置的接地电阻值，还可以测量低电阻导体的电阻值，以及土壤的电阻率，使用较为广泛。该仪表执行标准为 GB/T 7676.1—2017《直接作用模拟指示电测量仪表及其附件 第 1 部分：定义和通用要求》和 GB/T 7676.6—2017《直接作用模拟指示电测量仪表及其附件 第 6 部分：电阻表（阻抗表）和电导表的特殊要求》，外观如图 3-76 所示，随表还附有 5m、20m、40m 长的纯铜测试线和 2 个钢制探针。ZC29B-2 型接地电阻测试仪测量接地电阻过程如下。

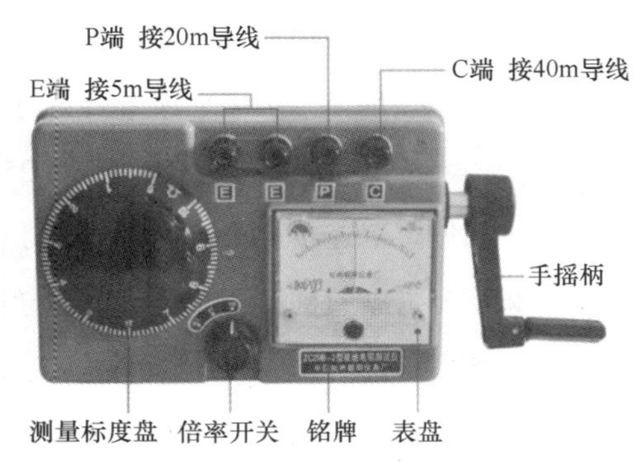

图3-76 ZC29B-2型接地电阻测试仪外观

① 将接地电阻测试仪放置在离测试点 1 ～ 3m 处，测试仪应摆放平稳便于操作。在田野中测试时，可以在测试仪下垫砖块来提升高度，以避免摇动仪表时手擦伤。

② 校准接地电阻测试仪，将测试仪水平放置，检查检流计指针是否在中心刻度线上，如有偏离，则进行调零。

③ 埋设探测针，连接测试线，并使接地体（接 2 个 E 端）、电位探测针（接 P 端）、电流探测针（接 C 端）在一条直线上并且彼此相距 20m ；通常使用镀铬铜片将 2 个 E 端在仪表上短接，E、P、C 端每个接线头由接线柱都必须接触良好，连接牢固。将倍率开关置于 ×10 档，慢慢转动手摇柄，同时旋转测量标度盘，使检流计指针指在中心线上。通常

右手摇（小于 120 转 / 分钟），左手转动标度盘，如果左右转动标度盘指针都不能回到中间，则应更换挡位。

④ 当检流计指针接近中心线时，加大手摇柄的转速，使其达到 120 转 / 分钟左右，转动的同时调整测量标度盘，使指针指在中心线上，标度盘刻度确定后即可停止转动手摇柄。

⑤ 用测量标度盘读数乘以倍率开关挡位数值就可以得到所测的接地电阻值。如果大转盘上指针对准的是 2.5，倍率开关挡位是 0.1，则被测接地体的接地电阻值是 0.25Ω。

需要注意的是，为了获得准确的测量值，雨后连续 7 个晴天后才能进行接地电阻的测试。测量时，接地体要和被保护的设备断开连接。待测接地体应先进行除锈等处理，以保证可靠的电气连接。不得用其他导线代替随仪表配置的 5m、20m、40m 长纯铜测试线。两插针设置的土质必须坚实，不能设置在泥地、回填土、树根旁、草丛等位置。当大地干扰信号较强时，可以适当改变发电机的转速，以获得平稳的读数。当接地极和电流探测针之间的距离大于 40m 时，电位探测针偏离中间位置直线几米以内，测量值有效，误差可忽略不计；当接地极和电流探测针之间的距离小于 40m 时，则应将电位探测针插在直线中间位置。当检流计的灵敏度过高时，可将电位探测针在土壤中插入得浅一些；当检流计灵敏度不够时，可沿电位探测针注水润湿地面。

（2）接地体降阻

线路保护接地的接地体，一般用钢线、角钢、铁棒和钢管等制成，直埋在地下，接地线与接地体连接后就可以为吊线和线路设备提供接地保护。管（棒）型接地体和延伸型接地体是常用的两种线路防雷接地体。接地体的质量取决于最终接地电阻值的大小。

管（棒）型接地体常用接地棒、尖头角钢作为接地材料。为了成本控制和安装方便，管（棒）长一般取 1.5 ～ 3m，管径一般采用 25 ～ 40mm 为宜，如接地电阻不合格，需要较深接地时，可用连接器连接多根接地棒，锤打至需要的深度，这样可以使接地棒达到良好的电气连接效果。延伸型接地体即水平放置的导线式接地体。一般延伸型接地体多采用 Φ4.0mm 镀锌钢线，长度不超过 10m，就能符合接地体电阻的要求，带型接地体的特性与此类似。

多极接地体是为了取得较低的接地电阻值，而将几个单个接地体由带型或线型接地体连接起来组成接地网，常用方法是采用数根 1.5m 长的角钢做接地体，扁钢间隔 4m 左右分别焊接角钢上端，出土后由软金属线连接所需接地设备。多极接地体地线安装示意如图 3-77 所示。

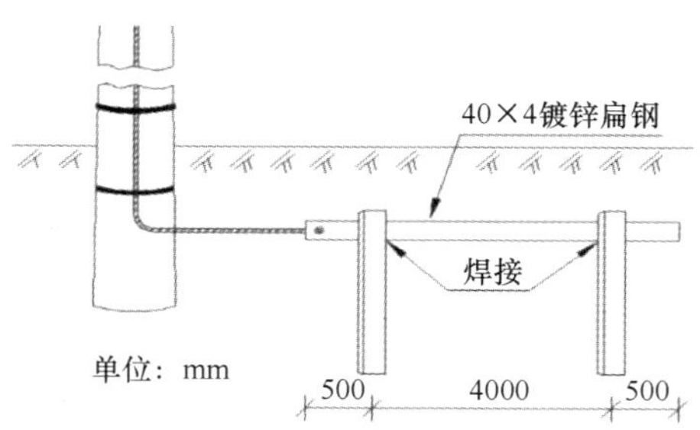

图3-77　多极接地体地线安装示意

接地体埋设位置可选在电杆附近 2 ～ 5m 半径范围内，较少人行走且较隐蔽的位置，需要确保地下没有高压电缆、弱电线和管道等建筑设施；在均匀的土壤条件下，开挖浅坑（长为 0.5m，宽为 0.5m，深为 0.6m），直接用重锤以竖直方式将接地棒锤入地下，坑内仅保留用于连接接地线的短头；测试接地电阻合格后，将接地线和接地棒焊接在一起，回填浅坑并清理现场。

（3）人工降低土壤电阻率

接地体埋于地下受土壤的影响较大，土壤不同，电阻率不同，因此接地电阻之间也有区别。在电阻系数为 300Ω · m 以上的土壤内，不宜安装低电阻的地线，如果在这种土质的地区安装地线，电阻值必须符合要求，则应采用人工方法来降低土壤电阻率。降低接地电阻的方法有换土法、食盐层叠法、食盐溶液灌注法和化学降阻剂法。

较为普遍的方法是铺设食盐，其方式如图 3-78 所示。一般铺设的食盐不得少于 10 层，每铺设一层土和食盐应浇一次水，每撒 1kg 食盐浇水 1 ～ 2L。用这种方法改造的土壤，经过较长时间后，接地电阻值仍会变大，因此必须隔 1 ～ 2 年重新开挖、撒盐和浇水。

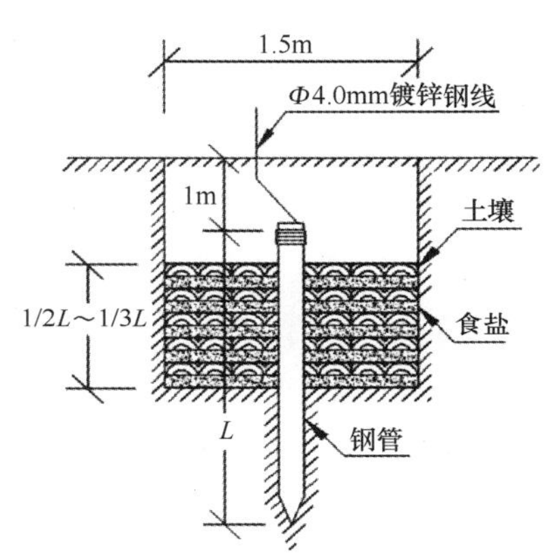

图3-78　人工改良土壤的接地装置

图 3-78 中接地体长度 L 应根据现场不同深度土壤的电阻系数来确定。通常当接地体埋设深度从 1m 增加到 3m 时，电阻值显著下降；当继续增加时，电阻值降低较少。为了成本控制和安装方便，一般取长度 L 为 1.5 ～ 3m。若钢管深入更深层的土壤，才能使电阻系数达标，则应增加开挖深度。

（4）钻孔深埋法

钻孔深埋法是从国外引入的降阻方法。所采用的垂直接地体长度，根据地质条件一般为 5 ～ 10m，长度过长时则效果不明显且施工较为困难。接地体通常采用 Φ20 ～ Φ75mm 的圆钢。不同直径的圆钢对接地电阻值的影响很小。深埋法对含砂土壤最有效，因其含砂层大都处在 3m 以内的表面层，而地层深处的土壤电阻系数较小。此外，该方法也适用于多岩石的岩盘地区。

在施工时，可采用 Φ50mm 及以上的小型人工螺旋钻或钻机打孔。在打出的孔穴中埋设 Φ20 ～ Φ75mm 圆钢接地体，再灌入碳粉浆（用碳纤维拌水浆）或泥浆。最后将以同样方式处理的数个接地体并联，就成为完整的接地体。

采用该方法施工的接地体，受季节影响小，可获得稳定的接地电阻值。同时，由于深埋，也可使跨步电压显著减小，这也有利于保障人身安全。该方法施工方便，成本不高，效果显著，便于推广。

第四章

管道施工技术

通信管道是通信网络的组成部分，通信管道施工为管道光缆敷设提供路由。普通通信管道由管材组成的管道和供施工维护用的人（手）孔组成，通信管道结构示意如图 4-1 所示。

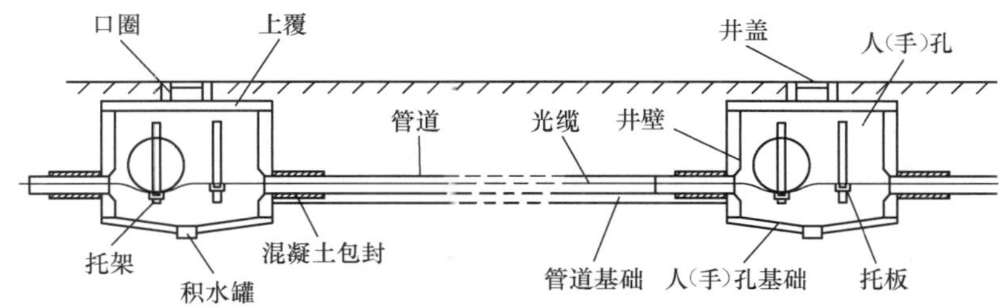

图4-1 通信管道结构示意

通信管道建在地下，管道敷设的光缆受到自身护套和管道的双重保护，与光缆架空敷设方式相比，这种方式的保护程度更高。我国通信管道建设初期多使用水泥管道，目前塑料管材凭借重量轻、组装灵活、裁剪方便的优势被广泛应用。通信管道建设施工周期较长，一次建设后可满足较长时间内的路由需要，随着城市的发展，大量通信线路要求地下敷设。

通信管道施工一般可分为开挖管道施工和人（手）孔砌筑两大工序，对于需要穿越铁路、河流、禁止开挖的地段一般采用非开挖方式建设管道。通信管道施工流程如图 4-2 所示。

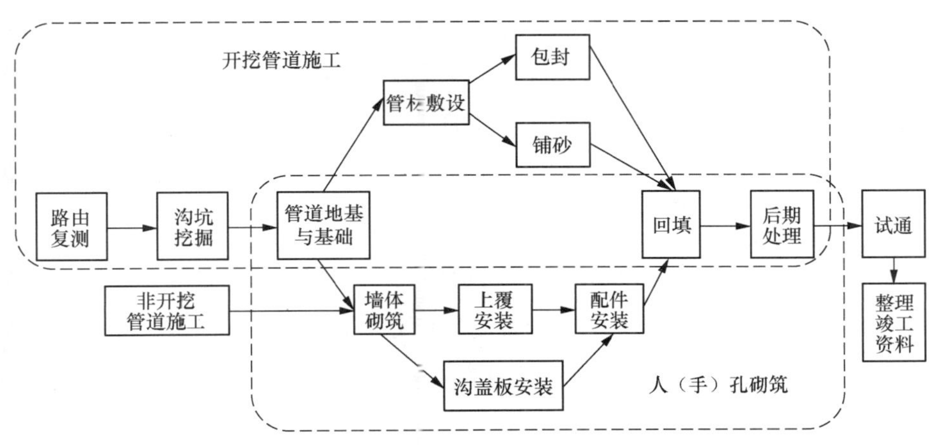

图4-2 通信管道施工流程

通常一个管道施工队由 6 ～ 20 人组成，按施工流程可分成多个施工小组。管道施工需要使用砂石、钢筋和模板等建筑材料，需要使用混凝土定型，施工完成后是永久地下构筑物，施工时应确保工程质量。

4.1 开挖管道施工

通信管道工程的施工地点一般位于慢车道、人行道、郊区道路边或田地中，多处于人员流动较频繁的地段。开挖管道可分为路由检查、沟坑挖掘、管道地基与基础、管材敷设、管道保护、回填、后期处理几个工序。通信管道建成后不易重建和扩建，除人（手）孔盖裸露在外，其他部分都埋于地下，属于隐蔽工程。

4.1.1 路由检查

通信管道施工主要在地面以下进行，施工环境中的不确定性因素较多。地面的路由检查仅能提供管道路由的大致方向，实际路由是在挖掘管道沟坑过程中逐步确定的。

施工队、施工人员进入新的施工段落，首要任务就是进行路由检查。施工队进场后，应参照施工图纸对施工路由进行测量和核对，不得盲目施工，对照施工图纸测量实际路由长度的过程称为校测，校测的要求如下。

① 在完成沟坑挖方及地基处理后，应校测管道沟、人（手）孔坑底地基的高程是否满足设计要求。

② 施工过程中发现水平桩（平尺板）错位或丢失时，应及时进行校测并补设桩点。

③ 通信管道的各种高程应以水准点为基准，允许偏差为 ±10mm。

④ 完成挖土方工作后，凡在沟坑中的其他管、线等不需要移改或已移改完毕的地下设施，应测量其顶部（底部）的高程、宽度等，以及与邻近人（手）孔和通信管道（通道）的相对位置、垂直间距、水平间距，并应注明其类别、规格，做好记录。

⑤ 经过多次测量检查，路由信息数据稳定后，应修改施工图纸，为后续施工提供基础数据。

当实际情况与设计图纸存在偏差或出现没有显示的问题时，应秉持“早发现、早汇报、早安排”的原则。在发现的问题中，需要变更且变更路由小于 500m 时，可由施工单位、监理单位现场确定，做好记录，并以书面的形式报告建设单位备查；路由变更大于 500m 时，应按规定报告建设、监理和设计单位，按规定流程处理，并形成施工会议纪要。

4.1.2 沟坑挖掘

沟坑挖掘应根据施工现场环境选择开挖设备和技术方案。管道沟、人（手）孔坑、通道沟用途不同，开挖尺寸、沟坑深度也不同，挖掘沟坑应符合设计和规范的要求，开挖结束应立即进行沟坑的施工质量检验和隐蔽工程签证。

混凝土、沥青、砂石、砖块路面需要增加路面开挖工序，土壤采取直接开挖、岩石地面采取爆破方式。遇腐蚀性土壤时，施工单位应及时报告，待有关单位提出处理意见后方可继续施工。土壤和岩石分类表、开挖方式、使用工具详见附录C。

沟坑挖掘应根据现场情况和费效比选择挖掘方式，可选择机械开挖或人工开挖。一般情况下，机械开挖应用于开挖地段土质均匀、便于机械进出的施工区域。机械开挖的优势在于施工速度快，每天的工作量较稳定。当开挖地段的地下线缆多、管道交通复杂、土质复杂、周围环境不适合机械施工时，应采取人工开挖方式。

（1）开挖沟坑

开挖柏油路面或混凝土路面时，应先用切割机沿开挖线切开路面后再进行挖掘工作。开挖前，除转角桩依转角的角平分线移动外，管道轴线上的所有桩应平移至堆土侧靠沟边0.2m处；对于移桩困难的地段可采用增加引导桩、参照物标记等方法来测定原位置。沟坑开挖行进线路沿管线中心灰线；沟坑开挖深度应结合设计图纸、线路控制桩及标志桩进行综合控制。穿越地下设施时，设施两侧3m范围内采用人工开挖，沟坑与设施之间的穿越间距应符合设计要求；对于重要设施，开挖前应征得其管理单位的同意，并在其监督指导下开挖。

坡地挖掘的沟坑应按土质不同确定沟深，沟深按坡的下沟沿测量。坡地挖掘的土方应翻倒在下坡一侧，以免上坡塌方及石块滚落伤及沟坑内的施工人员。坡地挖掘测量及土方堆放断面示意如图4-3所示。

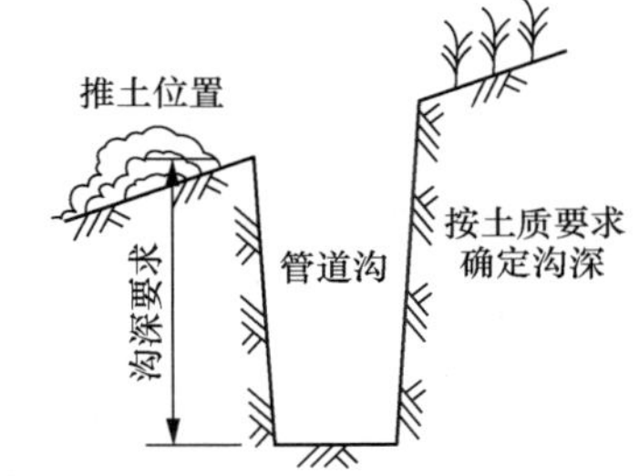

图4-3 坡地挖掘测量及土方堆放断面示意

管道开挖的水泥、沥青、砖块和石块应与泥土分别堆放；在地表有植被的地区和耕作区开挖沟坑时，应分别堆放表层耕作土和中下层土，表层耕作土距沟坑较远，靠近边界线，中下层土靠近沟坑；在城镇地区开挖沟坑时，施工作业带应设在靠公路侧，弃土远离公路侧，土堆的坡脚边应距沟坑边400mm以上；堆土范围应符合市政管理规定，城镇内的堆土高度不宜超过1.5m；堆土不应紧靠碎砖或土坯墙，并应留有行人通道；堆置土不应压埋消火栓、闸门、光缆线路标石，以及热力、燃气、雨（污）水等管线的检查井、雨水口及测量标志等设施。

（2）开挖间距

管道施工开挖时，如遇到地下已有其他管线平行或垂直距离接近时，应按设计要求核对通信管道、通道与其他地下管线及建筑物间的最小净距。开挖光缆通道时，开挖宽度宜为 1.4 ～ 1.6m，净高不应小于 1.8m，埋深（通道顶至路面）不应小于 0.3m。

开挖人（手）孔坑时应按照设计图纸，参照 YD/T 5178—2017《通信管道人孔和手孔图集》中的尺寸，图集中给出了各种人（手）孔平面图、断面图、上覆钢筋图和配件图。900mm×1200mm 手孔各部分层次样式示意如图 4-4 所示。

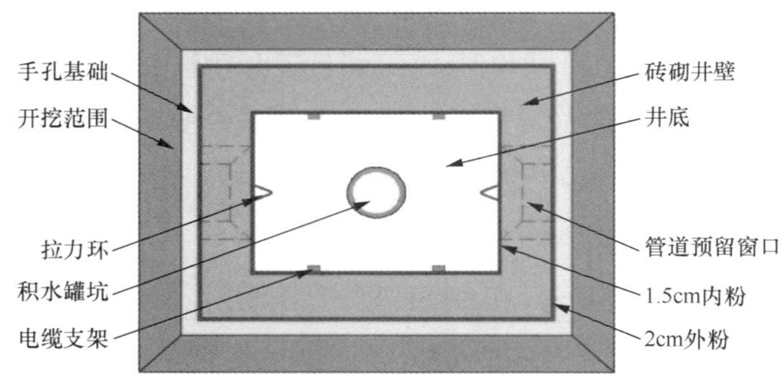

图4-4　900mm × 1200mm手孔各部分层次样式示意

施工时需要注意实际开挖量应远大于人（手）孔内部体积，开挖面积应考虑人（手）孔内粉厚度 1.5cm、砌砖宽度 24cm、外粉厚度 2cm、每侧预留操作宽度 30cm，开挖实际边长应增加约 115cm。开挖深度应考虑 C15 混凝土基础 12cm、上覆厚度约 20cm、口圈高度约 15cm，实际开挖深度应比内部净高增加约 47cm；在郊区施工时，人（手）孔口圈一般露出地面，实际开挖深度要增加约 32cm。

通常情况下，新建人（手）孔内不得有其他管线穿越，挖掘发现地下管线时，为了避免将其他管线或地下建筑物砌筑在人（手）孔内部，需要移动人（手）孔位置避让原有地下管线，一般采取水平移位或沿管道路由前后移位的方式。避让后，管道沟偏离原位置，从人（手）孔正中央穿过。连续建设多个人（手）孔时，3 个并联人（手）孔建设示意如图 4-5 所示。

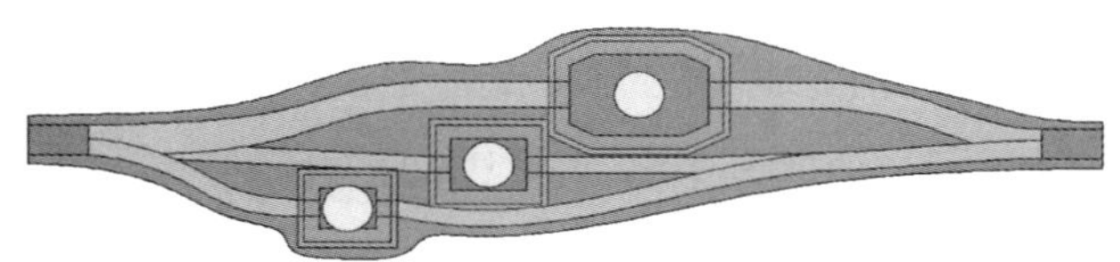

图4-5　3个并联人（手）孔建设示意

在城区建设管道时，通常先开挖人（手）孔坑，当孔坑内有障碍物需要避让时，将孔坑水平或前后移位，在开挖管道沟时，将管道沟在孔坑前 10 ～ 20m 对准新的人（手）孔坑中线即可，通常开挖新的人（手）孔坑的面积为 $6m^2$。若先挖管道沟，发现地下障碍物后，需要重新开挖管沟 10 ～ $20m^2$ 避让障碍物。

（3）护土板安装

安装护土板应按照设计图纸的要求施工。挖掘需要护土板支撑的人（手）孔坑时，宜挖矩形坑，坑的长边与孔壁长边的外侧间距不应小于0.3m，宽不应小于0.4m。

需要安装护土板支撑管道坑的地段包括：沟坑的土壤是松软的回填土、瓦砾、砂土等的地段；沟坑土质松软且其深度低于地下水位的地段；没有具体要求的横穿车行道的管道沟；施工现场条件有限，无法采用放坡法施工而需要护土板支撑的地段，或与其他管线平行较长且相距较小的地段。

（4）放坡

施工现场条件允许，土层坚实，地下水位低于沟坑底，且挖深不超过3m时，可采用放坡法施工。放坡挖沟坑如图4-6所示，放坡挖沟坑的坡与深度的关系见表4-1。

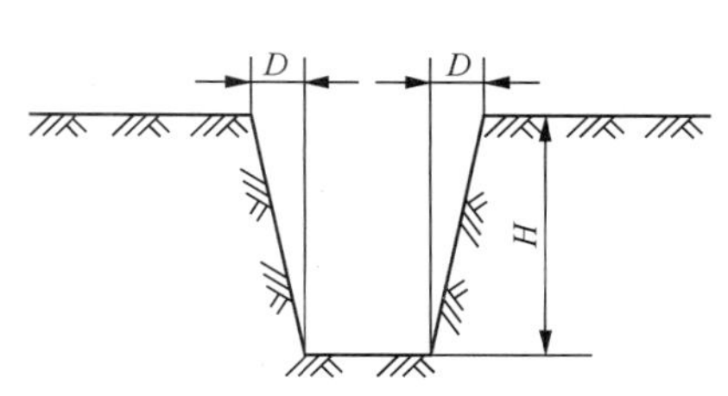

图4-6 放坡挖沟坑

当管道沟及人（手）孔坑深度超过3m时，应增设宽0.4m的倒土平台或加大放坡系数。增设倒土平台如图4-7所示。

表4-1 放坡挖沟坑的坡与深度的关系

土壤类别	*H*:*D*	
	H ≤ 2m	2m < *H* < 3m
黏土	1 : 0.10	1 : 0.15
砂黏土	1 : 0.15	1 : 0.25
砂质土	1 : 0.25	1 : 0.50
瓦砾、卵石	1 : 0.50	1 : 0.75
炉渣、回填土	1 : 0.75	1 : 1.00

注：*H*为深度；*D*为放坡（一侧的）宽度。

挖掘不需要护土板支撑的人（手）孔坑，其坑的平面形状可基本与人（手）孔的形状相同，坑的侧壁与人（手）孔外壁的外侧间距不应小于0.4m，放坡、倒土平台、加大放坡系数的规定应与管道沟相同。

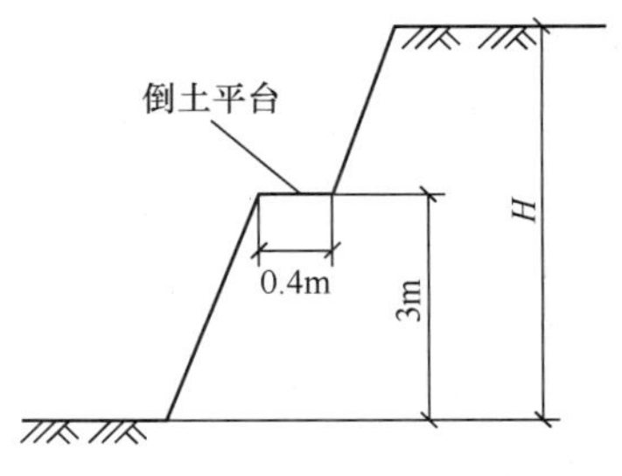

图4-7 增设倒土平台

（5）沟坑深度

沟坑深度是开挖管道沟质量检验的重要指标，应按设计要求深度开挖。路面至管顶的最小深度见表4-2，埋设深度应符合表4-2的规定。施工过程中如遇到客观因素导致无法达到开挖要求的深度和间隔时，应根据实际情况进行设计变更或者对管道加装保护措施。例如，管道沟交越其他管线资源，导致无法达到预定的埋深时，应对管道采用混凝土包封或钢管保护；如遇到不可逆因素导致无法施工时，应向建设单位与监理单位报告变更路由。

表4-2　路面至管顶的最小深度

单位：m

类别	人行道 / 绿化带	机动车道	与电车轨道交越（从轨道底部算起）	与铁道交越（从轨道底部算起）
塑料管、水泥管	0.7	0.8	1.0	1.5
钢管	0.5	0.6	0.8	1.2

注：1. 在电车轨道或铁道下建设通信管道时，应与相关部门协商。

2. 钢管最小埋深在有冰冻的土壤范围内时，施工时应注意管内不能有进水或存水的可能。

完成管道沟开挖后应排出沟底积水，清理塌方和硬块，人工扫平后方可进行管道敷设施工。挖沟（坑）接近设计的底部高程时，应避免挖掘过深破坏土壤结构。当挖深超过设计标高 0.1m 时，应填铺灰土或砂石，并应夯实。进入人（手）孔处的管道基础顶部距人（手）孔基础顶部不应小于 0.4m，管道顶部距人（手）孔上覆底部不应小于 0.3m。石方段落沟底开挖后应回填 0.3m 软土或者细砂作为垫层。

当城市规划对今后道路扩建、改建后路面高程发生变动，或与其他地下管线交越时的间距不符合最小净距表的规定时，地下水位高度与冻土层深度对管道有影响时，通信管道的埋设应做相应的调整或进行特殊设计。

（6）沟坑坡度

为便于管道流水和清淤，可适当调整开挖深度让管道敷设存在一定坡度，使管道内的污水能够流入人（手）孔内以便清除。管道坡度宜为 3‰～ 4‰，不得小于 2.5‰。在纵剖面上，管道因躲避障碍物不能直线建设时，可使管道折向两端人（手）孔向下平滑地弯曲，不得向上弯曲。管道坡度一般采用人字坡、一字坡和斜面坡 3 种形式。

人字坡是以相邻两个人（手）孔间管道的适当地点作为顶点，以一定的坡度分别向两端倾斜敷设，如图 4-8(a) 所示。采用人字坡可以减少挖掘土方量，但光缆敷设时容易损伤护套。通常管道段长超过 130m 时，多采用人字坡。一字坡是在两个人（手）孔间敷设一条直线管道，如图 4-8(b) 所示。施工敷设一字坡较人字坡便利，同时可减少损伤护套的可能性，当两个人（手）孔间的管道段落两端开口高度差较大时，平均埋深及挖掘土方量较大。斜面坡管道是随着路面的坡度而敷设的，为了减少挖掘土方量，将管道坡度向一方倾斜，如图 4-8(c) 所示。

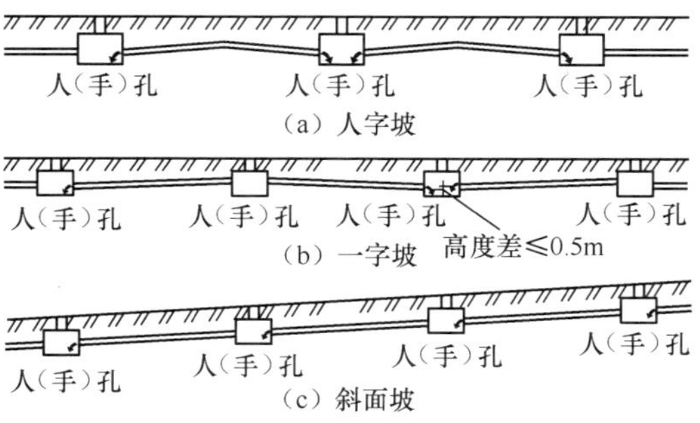

图4-8　地下管道剖面

（7）沟坑保护

沟坑挖掘现场需要对周围人员安全和现场环境进行保护，做到文明施工，减少施工造成的扰民、污染等不利影响。影响现场交通的段落，施工前应在作业区域设置红白相间的临时护栏或醒目的标志和围挡；夜间施工时，现场应设置夜间照明及闪光警示信号灯。

挖掘沟坑现场遇有积水时，应将积水排放后再挖掘；挖成沟坑后，当被水冲泡时，应重新进行人工地基处理，否则不得进入下一道工序。室外最低气温在 –5℃以下时，应对所挖的沟（坑）底部采取有效的防冻措施。

（8）挖掘签证

完成沟坑挖掘后，要与现场监理人员对管道沟深度、宽度和长度进行现场检查并确认，完成隐蔽工程工作量签证，未完成工作量签证不得进入下一道工序。当施工环境发生变化，如遇台风、降雨等不利于施工的条件时，应提前与现场监理人员协调，完成一段签证进行一段施工，避免因天气原因造成塌方导致工作量的增加。隐蔽工程工作量签证应包含土质、抽水、挡土板的内容和工作量。

（9）环境阻力

管道沟施工前，由于地下情况属于未知或不是完全清楚的状态，施工后可能存在环境阻力，处理方式如下：遇到不稳定土壤或有腐蚀性的土壤时，施工单位应及时报告，待有关单位提出处理意见后方可施工；遇到地下已有其他管线平行间距接近、垂直距离不符合标准，会影响其他设施安全的情况时，应向建设单位反映，在未取得建设单位和产权单位同意前，不得继续施工；发现埋藏物，特别是文物、古墓等应立即停止施工，并负责保护现场，与有关部门联系，在未得到妥善解决之前，施工单位不得在该地段内继续工作。

4.1.3 管道地基与基础

沟坑开挖后需要处理沟坑底部的土壤，提高其稳定性后才可以敷设管道，土壤处理过程包括建设地基和基础。在开挖深度不足的地段、管道进入人（手）孔两端 2m 范围内需要在地基上建设混凝土基础，在基础之上才能敷设管道、砌筑人（手）孔。土壤、地基和基础处理属于隐蔽工程，需要进行随工检验并进行隐蔽工程工作量签证。

（1）地基

地基分天然地基、人工地基两种，管道应建设在良好的地基上。天然地基是指不需要人工加固的地基，例如稳定性土壤、承载能力≥ 2 倍荷重的土壤、在地下水位以上的基坑。人工地基是指在不稳定的土壤上经过表面夯实、碎石加固、换土、打桩等方法人工加固后形成的地基。

地基挖成后，应先清扫沟底碎土等杂物，将沟底夯实、平整。平整后的地基表面高程应满足设计要求，允许偏差为±10mm。管道基础宽度在630mm以下时，要求其沟底宽度在管群每侧各加150mm；管道基础宽度在630mm以上时，要求其沟底宽度在管群每侧各加300mm；无管道基础时，要求其沟底宽度在管群每侧各增加200mm。

（2）管道基础

管道基础按类别分为天然基础、素混凝土基础和钢筋混凝土基础，对于不同的土质应采用不同的管道基础，以满足其所需的承载能力，3种管道基础外观如图4-9所示。砌筑人（手）孔应制作混凝土基础，具体应结合现场环境及设计要求制作。当地下水位高于管道基础时，应在地势低的一端持续抽水，使水位一直处在基础以下，待管道接续完成、砂浆基本凝固后，方可停止抽水。

天然基础是把原土整平、夯实后直接作为管道基础，在土质均匀、坚硬的环境下，敷设钢管管道或硬塑料管道时采用。土质为硬土的地段，通过夯实沟底，沟底回填50mm细砂或细土即可作为基础；土质为岩石、砾石、冻土的地段，通过回填200mm细砂或细土即可作为基础。天然地基的制作质量要求沟底平整无起伏，填平后的表面应夯打一遍，以加强其表面密实度。

（a）天然基础

（b）素混凝土基础

（c）钢筋混凝土基础

图4-9　3种管道基础外观

素混凝土基础以混凝土作为管道基础，在土质均匀、坚硬的环境下采用，制作方式：按施工图纸给定的位置选择中心线，沟底抄平后于基础两侧支模板，模板内侧应平整并安装牢固；按要求型号将搅拌好的混凝土浇筑于模板内，浇筑过程中用振动棒等机器振捣，振捣过程中不得出现跑模及漏浆现象；浇筑后应保持1h内初步凝固，养护期后拆除基础模板。素混凝土基础养护期必须大于24h。在炎热和严寒天气施工时要盖草帘进行洒水养护，并应注意混凝土的防晒和防冻。在地下水位高于管道地基的情况下，应采用具有较好防水性能的防水混凝土。对于土质较松软的地段，挖好沟槽后做混凝土基础，基础上需要回填50mm细砂或细土。

素混凝土基础制作质量要求：水泥管道基础宽度应比管道组群宽度每侧各加宽 50mm；管道包封时，管道基础宽度应为管道组群宽度两侧各加包封厚度；基础包封宽度和厚度不应有负偏差；制作混凝土基础时需要按设计图纸给定的位置选择中心线，左右两侧允许偏差为 ±10mm，高程允许误差为 ±10mm；浇灌混凝土基础时，应振捣密实，确保表面平整，无断裂、无起伏，混凝土表面不起皮、不粉化，接槎部分要做加筋处理，以保证基础的整体连接，混凝土强度等级应不低于 C15。

依照 YD/T 5162—2017《通信管道横断面图集》，GD-H-1P-平型（6 孔）水泥管道横断面如图 4-10 所示，水泥管道与管道基础底脚连接处使用 1:2.5 水泥砂浆抹底脚八字。GD-H-6S 6 孔 S110 塑料管道横断面图如图 4-11 所示，其管道基础宽度不同，塑料管道基础宽度比管道组群宽度每侧各加宽 80mm。

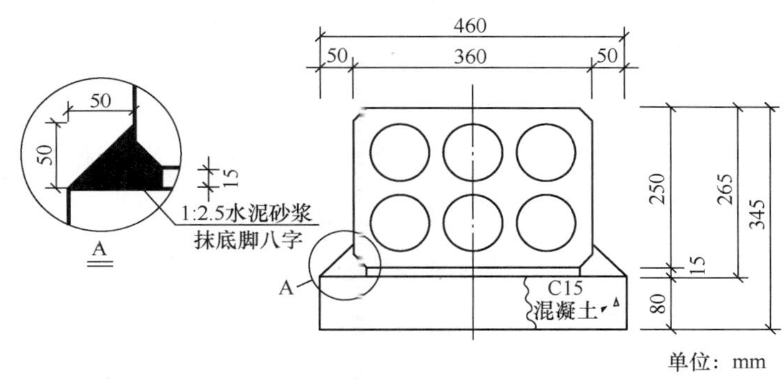

图4-10　GD-H-1P-平型（6孔）水泥管道横断面

钢筋混凝土基础是以钢筋混凝土作为管道基础，通常在土质松软不稳定的地段采用，制作要求与素混凝土基础相似，不同点在于其在沟槽内支模板前要放钢筋网。钢筋混凝土基础的配筋要符合设计要求，绑扎要牢固，需要局部增加钢筋的混凝土基础，查验基础加筋部位的准确位置。做塑料管道基础时，钢筋混凝土基础上应回填 50mm 厚的细砂或细土，必要时应对管道进行混凝土包封；塑料管道进入人（手）孔或建筑物时，靠近人（手）孔或建筑物侧应做不小于 2m 长的钢筋混凝土基础和包封。

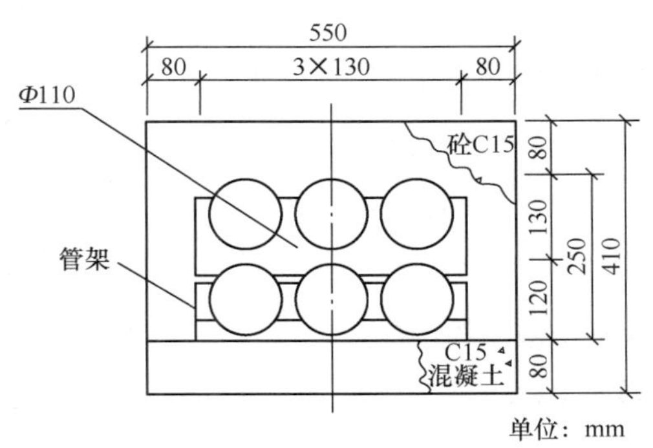

图4-11　GD-H-6S 6孔S110塑料管道横断面

钢筋混凝土基础的主筋宜用 Φ10mm 的 HRB300 级热轧光面钢筋，钢筋中心间距宜为 80mm 或 100mm，特殊地段的钢筋规格与排列应满足设计要求；分布筋宜用 Φ6mm 的 HRB300 级热轧光面钢筋，钢筋中心间距宜为 200mm，特殊地段的钢筋规格与排列应满足设计要求；主筋与分布筋的交叉点应采用 Φ1.0mm 的钢线绑扎牢固，并应采用衬垫将钢筋垫高 40 ～ 50mm。

混凝土基础的厚度宜为 80 ～ 100mm，宽度应按管群组合计算确定，混凝土包封的厚度宜为 80 ～ 100mm，钢筋混凝土基础和包封厚度宜为 100mm，特殊情况下应满足设计要求。

钢筋混凝土基础制作质量要求：在浇灌混凝土前应检查核对加钢筋的段落位置是否满足设计要求，钢筋的绑扎、衬垫等是否满足相关技术要求，并应清除基础模板内的杂草等物；浇灌的混凝土应振捣密实，初凝后应覆盖草帘等物并洒水养护；拆除基础模板后，基础侧面不应有蜂窝、掉边、断裂及欠茬等现象；管道基础的混凝土应振捣密实、表面平整，不应有断裂、起伏、明显接茬、欠茬等现象，混凝土表面不应起皮、粉化。

（3）装拆模板

通信管道和人（手）孔建设中会采用建模工艺来实现混凝土基础的定型，建模采用的材料多为板方材等木制品。在制作各种模板时应满足设计要求中混凝土成形后的尺寸，建模需要根据现场条件选择材质，一般多采用木方建模。装模前期需要按照设计要求确认建模的长、宽、高，以及预留孔洞的尺寸，以建模内部的尺寸为准，不得以模板外部的尺寸为混凝土的成形尺寸；确定好建模内部尺寸后需要做中心线定位。

装模时，先按测量放线控制建模中心线，并依据中心线用墨线弹出模板的边线和内、外侧控制线，以便安装和校正模板。墨线定位后，将模板按照内、外侧控制线裁剪，裁剪后将模板内侧按照墨线痕迹安装，安装时要考虑模板的强度、刚度和稳定性，确保后期混凝土成形时不会因模板稳定性不足而产生形变。在选择模板内外侧时应选用平整、边缘整齐的接触面为内侧，相邻材料拼接时应拼缝紧密、牢固，预留孔洞位置准确，拼接完模板后浇筑混凝土。

混凝土凝固后拆除模板。拆除混凝土侧面模板时，在保证混凝土侧面表面及棱角不受损坏时方可拆除，拆除时间宜为混凝土浇筑 12h 后；模板拆除时的混凝土强度要求见表 4-3，承重的混凝土模板应在符合表 4-3 的要求后，方可拆除。当模板重复使用时应保证使用前模板表面不得有粘结的混凝土、水泥砂浆及泥土等附着物。

表4-3　模板拆除时的混凝土强度要求

构件类型	构件跨度 /m	达到设计的混凝土立方体抗压强度标准值的百分率
板	≤ 2	≥ 50%
	2m ＜跨度≤ 8	≥ 75%
	＞ 8	≥ 100%

（4）钢筋轧制

在通信管道中，人（手）孔上覆盖板等承载重物成品需要在混凝土浇筑时配筋，应按照设计要求的品种、规格、型号选择符合标准的钢筋加工。在选好钢筋后，应抽取表面洁净的钢筋加工，如果钢筋表面有浮皮、锈蚀、油渍、漆渍等，应提前清理干净后使用；在使用盘条钢筋加工前，应将钢筋进行拉伸处理，处理完毕后再使用。

钢筋加工应按设计图纸的规定尺寸和形状下料，加工时还应检查钢筋的质量，不得使用有劈裂、缺损等伤痕的残段。其中，进行端头弯钩处理的圆钢（HRB300），其弯钩长度应大于钢筋直径的 5.5 倍，如图 4-12 所示。当有加工剩余短段钢筋时，可以接长用作分布筋，但是其上覆主筋不得有接头，圆钢筋搭接如图 4-13 所示，螺纹钢双面焊接如图 4-14 所示。

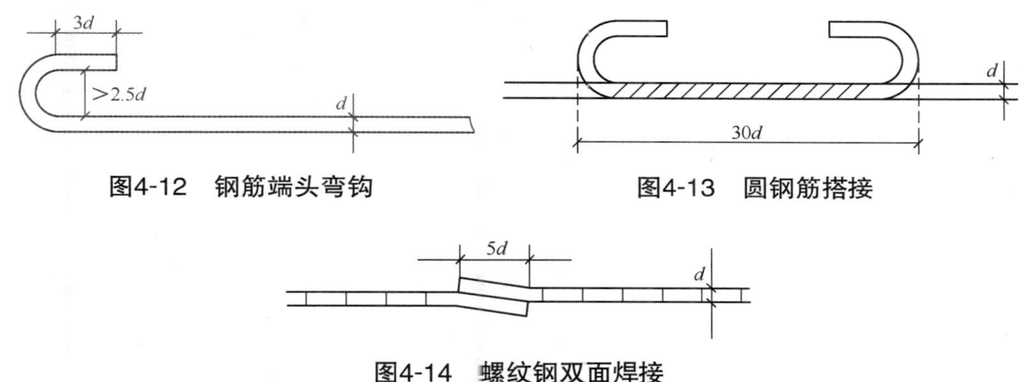

图4-12　钢筋端头弯钩

图4-13　圆钢筋搭接

图4-14　螺纹钢双面焊接

集中加工完钢筋后，将钢筋按设计要求的各部位尺寸及形状排列，使用时应严格按照施工图纸规定排列主筋与分布筋的位置，不得倒置。钢筋排列后采用 Φ1.0mm 或 Φ1.2mm 的钢线将钢筋纵横交叉处绑扎牢固，不得滑动，不得遗漏。在使用接续的钢筋时，应保证接续点避开应力最大处，并且相互之间应错开，不得集中在一条线上。

（5）混凝土浇筑

混凝土浇筑是关系到管道终身质量的关键步骤，鉴于全国各地的砂、石料质地不同，在混凝土浇筑之前应先做配比试验，确定合格的混凝土配比之后再逐步选择材料，含泥量超标的砂、石应水洗去除泥。洗净的砂、石与同一标号的水泥混合配比，按需添加清水，边加入清水边搅拌直至混合均匀。普通混凝土配合比见表 4-4。

混凝土搅拌均匀以混凝土颜色一致为标准。浇筑前应清除模板内的杂物，并查看模板内是否有钢筋衬垫，如有则需要放置稳妥。上述检查无误后，在初凝期 45min 内浇筑完毕；如果未在初凝期内浇筑完，应在混凝土发生离析时重新搅拌，搅拌后再浇筑。浇筑混凝土构件时应按层依次振捣，振捣密实、不跑模漏浆。混凝土浇筑倾落高度在 3m 以上时，应采用漏斗或斜槽浇筑。

表 4-4　普通混凝土配合比

类型	名称	单位	每立方米普通混凝土配合比				
			C10	C15	C20	C25	C30
使用 32.5 号水泥时	32.5 号水泥	kg	266	333	383	450	—
	砂子	kg	693	642	606	531	—
	Φ5 ～ Φ32mm 卵石	kg	1231	1245	1231	1239	—
	水	kg	70	180	180	180	—
使用 42.5 号水泥时	42.5 号水泥	kg	—	281	321	375	419
	砂子	kg	—	717	646	627	576
	Φ5 ～ Φ40mm 卵石	kg	—	1222	1253	1218	1225
	水	kg	—	180	180	180	180

完成浇筑初凝后需要浇水养护，养护时应注意当日平均气温低于 5℃时，不可浇水养护，需要涂刷养护剂；当日平均气温高于 5℃时，应覆盖草帘等物并进行洒水养护。混凝土工件应避免阳光直晒。

在日平均气温为 5℃的自然条件下进行浇筑时，应对混凝土采取保温措施，多以蓄热法防冻，采用热水拌制混凝土或构件外露部分加以覆盖等措施；在日平均气温 15℃时浇筑混凝土构件，应养护 24h 以上再进行下一道工序。

（6）砂浆

新建人（手）孔时需要对墙体进行砂浆粉刷，砂浆配比主要考虑砂料的颗粒大小，当抹缝、抹角、抹面及管块接缝等处时，其砂料不得有较大粒径的碎石，应过筛后再使用。抹灰的水泥砂浆配合比见表 4-5。

表4-5　抹灰的水泥砂浆配合比

序号	材料	配合比（体积比）	适用范围
1	石灰：砂	1：2 ～ 1：3	砖石墙［人（手）孔、通道墙体］面层
2	水泥：石灰：砂	1：0.3：3 ～ 1：1：6	墙面混合砂浆打底
3	水泥：石灰：砂	1：0.5：2 ～ 1：1：4	混凝土顶棚抹混合砂浆打底
4	水泥：石灰：砂	1：0.3：4.5 ～ 1：1：6	用于檐口、勒脚及比较潮湿处墙面抹混合砂浆打底
5	水泥：砂	1：2.5 ～ 1：3	用于人（手）孔、通道、墙裙、勒脚等比较潮湿处地面基层抹水泥砂浆打底
6	水泥：砂	1：2 ～ 1：2.5	用于地面、顶棚或墙面面层
7	水泥：砂	1：0.5 ～ 1：1	用于混凝土地面压光

4.1.4 管材敷设

管道按建筑材料分为水泥管道、钢管管道及塑料管管道，各种管道所处位置、用途不同，所选用的材质也不同。与水泥管道相比，塑料管道因管材轻便、造价低、敷设简便等优势而被大量采用。

（1）管群结构

管道敷设多采用管群形式，同一管群可选用同一种管型的多孔管，也可与其他管材组合。施工时，通信管道的规格、程式和管群断面组合应符合设计规定。通信管道防水、防腐蚀、防强电干扰等防护措施，应符合设计要求。

塑料管道普遍采用的管型有波纹管、栅格管、蜂窝管、梅花管和硅芯管等。组成塑料管道管群的要求：管群应组成矩形，横向排列的管孔数宜为偶数，且宜与人（手）孔线缆托板容纳线缆数量相配合；管孔内径大的管材应放在管群的下方和外侧，管孔内径小的管材应放在管群的上方和内侧。多个多孔管组成管群时，宜选用栅格管、蜂窝管或梅花管，同一管群可选用一种管型的多孔管，也可与波纹单孔管或水泥管等大孔径管组合在一起，塑料管道管群示意如图4-15所示。多个多孔管管群进入人（手）孔时，多孔管之间宜留20～50mm的空隙，单孔波纹管、实壁管之间宜留20mm的空隙，所有空隙应分层填实；两个相邻人（手）孔之间的管位应一致，且管群断面应满足设计要求；栅格管、波纹管、硅芯管组成的管群宜间隔3m采用专用带绑扎一次，蜂窝管或梅花管宜用支架分层排列整齐；塑料管管群少于两层时应整体绑扎，多于两层时应相邻两层为一组绑扎后再整体绑扎。YD/T 5162—2017《通信管道横断面图集》中绘制了较详细的管道断面图，施工时可以参考使用。

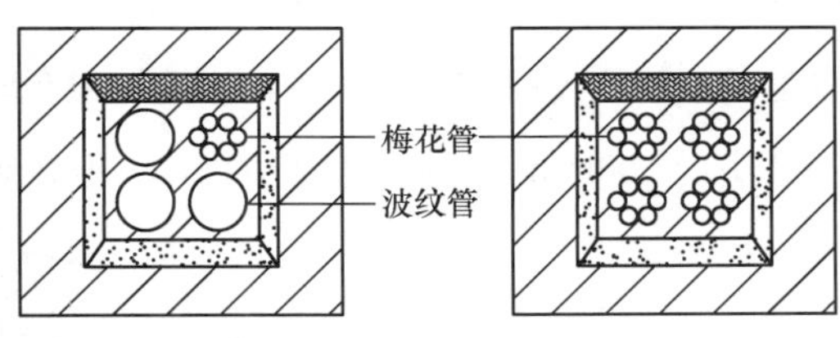

图4-15 塑料管道管群示意

（2）铺管要求

塑料管铺管施工环境温度不宜低于–5℃。管道铺设过程要求如下。

① 通信塑料管道与铁道的交越角不宜小于60°，交越处距道岔、回归线的距离应大于3m，与铁道交越处应有安全设施；通信塑料管道的埋设深度应满足表4-2中路面至管顶的最小深度的要求。

② 管道进入人（手）孔、通道的位置尺寸应满足设计要求，其管顶距人（手）孔上覆、通道盖板底不应小于300mm，管底距人（手）孔、通道基础顶面不应小于400mm；人（手）孔内不同方向管道的相对位置（标高）宜接近，相对管孔高度差不宜大于500mm；进入人

（手）孔时的单根塑料长度不小于 2m。

③ 引上管进入人（手）孔及通道时，应在管道引入窗口以外的墙壁上，不得与管道叠置。引上管进入人（手）孔及通道时，宜在上覆、盖板下 200 ～ 400mm。

④ 有冻土的地段，通信塑料管道宜设在冻土层下，在地基或基础上均应用细砂或细土铺设 50mm 厚的垫层。在有冻土且水位较低的地段，通信塑料管道可敷设在冻土层内，且应在塑料管群周围填充粗砂，粗砂填充厚度不宜小于 200mm。

⑤ 通信塑料管道的段长应按相邻两个人（手）孔中心点的间距而定，直线管道的段长不应大于 200m，弯曲管道的段长不应大于 150m。

⑥ 塑料弯曲管道的曲率半径 R 不应小于 10m，弯曲管道的转向角 θ 应较小，同一段管道不应有反向弯曲（即“S”形弯）或弯曲部分的转向角 $\theta > 90^\circ$ 的弯曲管道（即“U”形弯），弯曲管道示意如图 4-16 所示；水泥弯曲管道的曲率半径应满足设计要求，不宜小于 36m，其水平或纵向弯曲管道各折点坐标或标高均应满足设计要求。弯曲管道应为圆弧状。

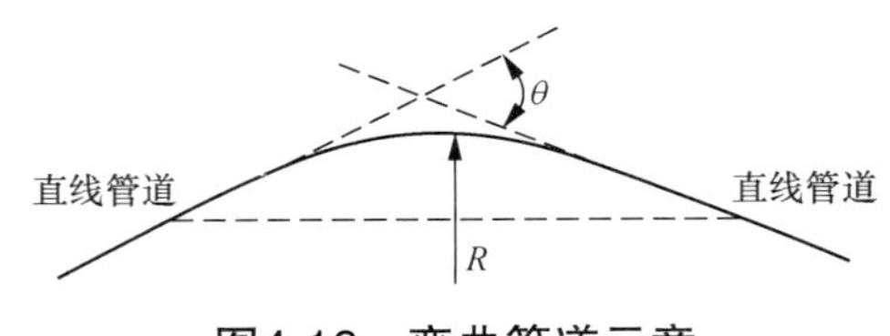

图4-16　弯曲管道示意

⑦ 直线管道躲避障碍物时，可采用木桩法做弯曲位移 H 不超过 500mm 的局部弯曲，弯曲管道包封及敷设示意如图 4-17 所示。弯曲管道的接头宜安排在直线段内，当无法避免时，应将弯曲部分的接头做局部包封，包封长度不宜小于 500mm，包封厚度宜为 80 ～ 100mm，不得将塑料管加热弯曲。

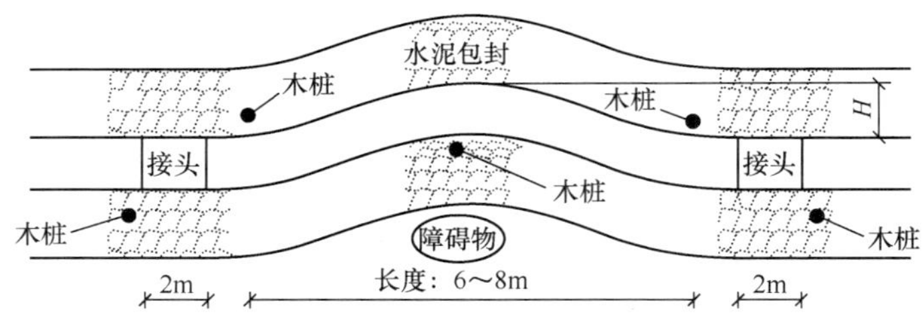

图4-17　弯曲管道包封及敷设示意（$H \leqslant 500$mm）

⑧ 管道进入人（手）孔时，管口不应凸出人（手）孔内壁，应终止在距墙体内侧 100mm 处，并应严密封堵进入人（手）孔的管口，管口做成喇叭口，管道基础进入人（手）孔时，在墙体上的搭接长度不应小于 140mm。

⑨ 塑料管应由人工传递放入沟内，不得翻滚入沟或用绳索穿入孔内吊放。

⑩ 不适宜开挖的路段应采用顶管、水平定向钻或其他非开挖的方式。

（3）塑料管连接

塑料管之间的连接宜采用套筒式连接、承插式连接、承插弹性密封圈连接和机械压紧管件连接，承插式塑料管接头的长度不应小于 200mm；塑料管材标志面应朝上方。

多孔塑料管的承插口的内外壁应均匀涂刷最小黏度为 500MPa · s 的专用中性胶合黏剂，塑料管应插到底，挤压固定；各塑料管的接口宜错开排列，相邻两管接头之间的错开距离不宜小于 300mm。管道接续接口错开如图 4-18 所示。弯曲管道弯曲部分的管接头应采取加固措施；塑料管的切割应根据管径大小选用不同规格的裁管刀，管口断面应垂直管中心，且管口断面应平直、无毛刺。

单孔波纹塑料管的接续宜选用承插弹性密封圈连接，如图 4-19 所示。

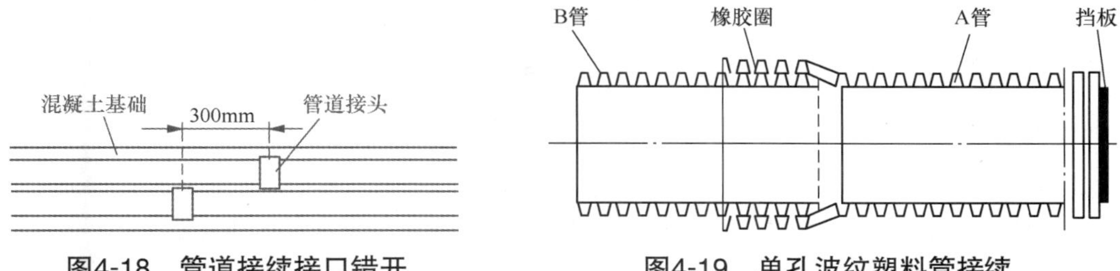

图4-18　管道接续接口错开

图4-19　单孔波纹塑料管接续

（4）多种塑料管敷设

双壁波纹管管道的单段长度不宜超过 150m。管道每隔 2m 应放置钢筋支架固定，层与层的间隔应为 10 ～ 15mm，每层应用 Φ10mm 钢筋隔开，中间缝隙应填充 M10 砂浆。顺向的双壁波纹管应用套管插接，接口处应放置密封圈；管群各层、各列之间的接口应错开不小于 300mm。

需要敷设弯曲管道的，曲率半径一般不得小于 15m，同一段塑料管道严禁出现反向弯曲（即“S”形弯）。在一般情况下，双壁波纹管管道需要做混凝土包封保护，包封厚度一般为 80 ～ 100mm。

栅格管管道的单段长度不宜超过 150m。层与层的相邻管材应紧密排列，每 3m 用塑料扎带捆扎牢固。顺向管道连接应采用套管插接，接口处抹专用胶合黏剂，管群层间接口应错开不小于 300mm。管群铺设要平直，不能出现局部起伏，跨越障碍时，可敷设弯曲管道。管材在外力的作用下自然弯曲，曲率半径一般不得小于 15m。

梅花管管道的单段长度不宜超过 150m，梅花管可与其他管材合并使用，可敷设在水泥管道上，或与其他塑料管混合组成孔群。顺向单根梅花管必须使用相同规格的管材连接。管道连接应采用套管插接，接口处应抹专用胶合黏剂。敷设两根以上的管材时，接口应错开。梅花管管道需要做混凝土包封保护时，包封厚度应为 80 ～ 100mm。

通常用于敷设光缆的硅芯管型号为 Φ40/33mm，单卷长度 2000m，运输状态时卷成直径约 2m 的大卷。硅芯层内壁是固体的永久润滑剂，摩擦系数小，可用于吹缆管道施工。硅芯层抗老化，使用寿命长，埋入地下的硅芯管使用寿命可达 50 年以上。硅芯管在外力作用下不易变形，敷设时的曲率半径为其外径的 10 倍，可随地形变化而适当弯曲铺设，不需要做任何特殊处理。硅芯管的单段长度不超过 150m 时，安装和使用方法与普通塑料管相同，用于吹缆管道施工时，单段长度不宜超过 1000m。敷设安装硅芯管管道前，应依据设计及复测数据进行敷设前的硅芯管配盘。管群中的单根硅芯管接头应错开，接头应采用专用标准的接头件，接头的规格应与硅芯管规格配套，接头件内的橡胶垫圈与两端的硅芯管要安放到位，接口处应不漏气、不进水。

PE 管、PVC 管一般使用外直径≤ 110mm 的管材，在地面预先用电熔焊焊接成需要长度的管材；管径＞ 110mm 的管道可采用电熔焊或热熔焊焊接。在全面检查管道没有发现任何缺陷的情况下，方可将管道采取吊入法或滚入法放入管沟中。

（5）质量检验

管材敷设工序中管道器材、管材的规格排列方式、埋深、曲率半径和管道接续，与其他管线建筑物的隔距、加固保护措施、回填土等项目应采取随工检验的方式进行质量检验。其中，涉及管道沟槽和管道接续的项目需要进行隐蔽工程签证。

4.1.5 管道保护

管道保护包含地下钢管保护、铺砖或水泥盖板保护、防雷保护、防蚁保护和防鼠保护等。管道包封是管道保护常采用的一种方法。

管道穿越铁路、公路时应采用钢管或定向钻孔地下敷管保护。保护管的材质、规格及敷设长度、深度应符合设计要求。保护管起止点距离路基两侧排水沟应≥ 1m，保护管埋深应大于排水沟永久沟底以下 500mm。管道穿越允许开挖路面的公路或乡村大道时，应采用塑料管或钢管保护；穿越有动土可能的机耕路时，应按设计在光缆上方 300mm 处，采用铺砖或水泥盖板保护。

防雷保护常采用敷设防雷排流线的方法；防蚁保护主要应用在有白蚁危害的区域，不建议采用毒土回填的方式；做防鼠保护时，考虑到老鼠可能通过打洞钻入管道回填土中做窝、咬坏塑料管和光缆，可以采用夯填管道沟、水泥包封、敷设钢管等保护措施。

管道包封是指用混凝土将管道完全包裹。做管道包封时，应使用有足够强度和稳定性的模板，模板与混凝土接触面应平整、拼缝紧密，在制作模板时应注意包封尺寸的负偏差应小于 5mm；浇筑混凝土时要做到配比准确、搅拌均匀、浇筑密实、养护得体，侧包封与顶包封应一并连续浇筑，在混凝土达到初凝期要求后再拆除模板。管道包封的整个过程应进行随工检验，由监理单位出具隐蔽工程签证。

管道跨路包封加固如图 4-20 所示。管道进入人（手）孔或建筑物时靠近人（手）孔或建筑物侧应做不小于 2m 长的包封，如图 4-21 所示；管道包封与管道材料有关，部分包封施工在管材敷设过程中进行，塑料管道接头包封，按 6m 管道交错排列接头的原则，每 3m 做一次接头包封，接头包封长度按每处 0.6m 计算，每百米接头的包封长度共计 20m，如图 4-22 所示。此外，管道埋深较浅、跨路管道或管道周围有其他管线跨越的部位，需要对管群采取包封加固措施，在跨越障碍或管道距路面的距离过近的部位，一般采用钢筋混凝土包封。

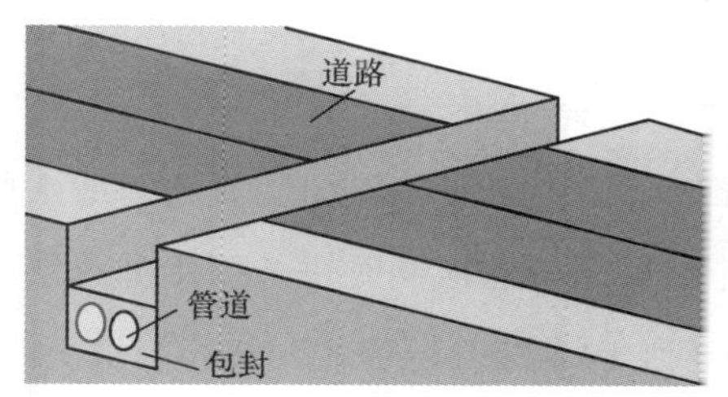

图4-20　管道跨路包封加固

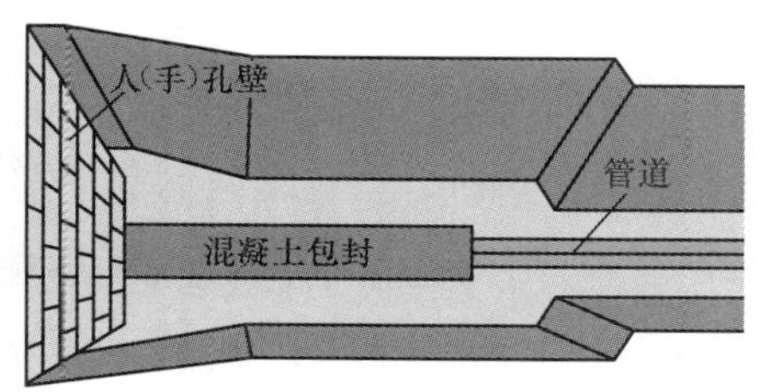

图4-21　人（手）孔两侧2m包封

包封厚度是指包封表面至管道两侧及顶部的垂直距离，包封厚度应由设计图纸提供，一般施工中采用 C15 混凝土包封 80 ～ 100mm。包封体积的算法如下：混凝土需要量 =（包封截面积 – 管道面积）× 包封长度。

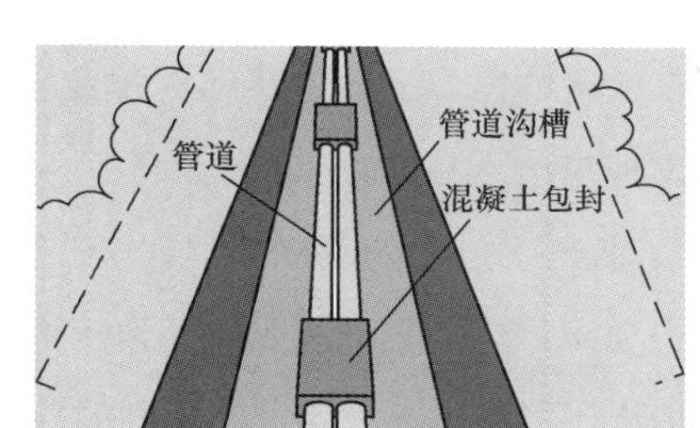

图4-22　塑料管道接头包封

包封使用的材料中，砂宜采用天然中砂，石料应为天然砾石或者人工碎石，不得使用风化石，水泥标号根据设计要求采购。混凝土材料级配和应用范围见表 4-6。

表4-6　混凝土材料级配和应用范围

	325 号水泥 /kg	中砂 /kg	石子 /kg	水 /kg	适应范围
100# 级	236	671	1282	178	钢管包封
盘量比	1	2.84	5.43	0.755	
150# 级	286	632	1273	180	人（手）孔管道基础塑料管包封
盘量比	1	2.21	4.45	0.63	

4.1.6　回填

管道沟槽、人（手）孔现场工作完成，混凝土经过 24h 养护，隐蔽工程检验合格后即可进行土方回填。回填之前，应先清除沟（坑）内的遗留木料、草帘、纸袋等杂物，以免这些有机物质腐烂后造成腔体空隙；当沟（坑）内存有积水和淤泥时，应排出后再回填。管道沟回填需要从沟槽对应的两侧同时进行，以避免做好的管道受到回填土方过大的侧压力而变形移位。在不同的管道位置应按照不同的回填土施工要求回填，回填可以采用人工方式，也可以采用机械回填。回填完毕应及时清理现场的碎砖、破管等杂物。

回填施工时应注意，回填过程需要监理单位进行现场确认，通常需要提前 1 ～ 2 天通知监理单位。若出现现场回填时监理单位负责人不在现场的情况，监理单位有权不批准隐蔽工程签证，如果造成损失由施工方承担。

（1）一般回填

对管道沟回填时，在管道两侧和顶部 300mm 范围内，应采用细砂或过筛细土回填，不应含有直径大于 50mm 的砾石、碎砖等坚硬物；管道两侧应同时进行回填并分层夯实，每层回填土厚度应为 150mm ；管道顶部 300mm 以上回填应分层夯实，每层回填土的厚度应为300mm。人行道上管道沟回填如图4-23 所示，回填完毕后需要铺设花砖恢复原有路面。

对于挖明沟穿越道路的回填：在市（区）内，主干道路的回填土夯实后，应与路面平齐；在市（区）内，一般道路的回填土夯实后，应高出路面 50 ～ 100mm ；在郊区，回填土可高出地表 150 ～ 200mm。

对于人（手）孔坑的回填，在道路上的坑两端管道回填土时应符合挖明沟穿越道路的回填土要求；靠近坑壁四周的回填土内不应有直径大于 100mm 的砾石、碎砖等坚硬物；坑的回填土不得高出人（手）孔口圈的高程。

（2）夯填压实

回填土施工中涉及城市地下管线的回填压实作业应符合 GB 50268—2008《给水排水管道工程施工及验收规范》的相关要求。管道沟机械夯填施工如图 4-24 所示。

图4-23　人行道上管道沟回填

图4-24　管道沟机械夯填施工

对于刚性管道沟槽，回填压实应逐层进行，且不得损伤管道；管道两侧和管顶以上 500mm 范围内轻夯压实，应采用轻型压实机具，管道两侧压实面的高度差不应超过 300mm。

当管道基础为土弧基础时，应填实管道支撑角范围内的腋角部位；压实时，管道两侧应对称，且不得使管道有移位或损伤。同一沟槽中有双排或多排管道的基础底面位于同一高程时，管道之间的回填压实应与管道与槽壁之间的回填压实对称；同一沟槽中有双排或多排管道但基础底面的高程不同时，应先回填基础较低的沟槽，回填至较高基础底面高程后，再按上一条规定回填；分段回填压实时，相邻段的接茬应呈台阶形，且不得漏夯。采用轻型压实机具时，应夯实动作连续；采用压路机时，碾压的重叠宽度不得小于200mm；采用压实机械设备（如压路机）压实时，其行驶速度不得超过2km/h。接口工作坑回填时，底部凹坑应先回填压实至管底，然后与沟槽同步回填。

对于柔性管道的沟槽，回填前应先检查管道有无损伤或变形，有损伤的管道应修复或更换；管内径大于800mm的柔性管道，回填施工时应在管内设有竖向支撑；管基有效支撑角范围内应采用中、粗砂填充密实，与管壁紧密接触，不得用土或其他材料填充；管道半径以下回填时，应采取防止管道上浮、移位的措施；管道回填时间宜在一昼夜中气温最低的时段，从管道两侧同时回填、同时夯实；沟槽回填从管底基础部位开始到管顶以上500mm，必须采用人工回填；管顶500mm以上部位，可用机械设备从管道轴线两侧同时夯实；每层回填高度应不大于200mm；管道位于车行道下，铺设后即修筑路面或管道位于软土地层以及低洼、沼泽、地下水位高的地段时，沟槽回填宜先用中、粗砂将管底腋角部位填充密实后，再用中、粗砂分层回填到管顶以上500mm；回填作业的现场试验段长度应为一个井段或不少于50m，因工程因素改变回填方式时，应重新进行现场试验。

4.1.7　后期处理

管道开挖建设的后期处理包含恢复路面、清运砂土、安装管道标识等工作。

（1）恢复路面

在施工中通常采用表层覆盖混凝土或铺设沥青石子的方式恢复路面，表层敷设厚度可按照道路维护单位的要求；针对原本铺设花砖的路面，需要重新铺设花砖。

（2）清运砂土

回填后，应及时清理现场多余的砂石、泥土和砖块，如有条件可以用水清洗施工段落，避免现场扬土扬灰。

（3）安装管道标识

为了便于后期维护、方便查找管道路由，在恢复路面后，应按设计要求对新建管道段埋设标石、安装地标、安装标志牌等标识。

埋设标石主要用于气流敷设的HDPE管道和硅芯管管道，一般用于管道的开断点及接续点；同沟敷设光缆的起止点、架空光缆与管道光缆的交接点；穿越障碍物或直线段落较长，利用前后两个标石或其他参照物寻找路由较为困难的地方，直线段落一般间隔不超过 200m。具体要求详见 5.4.4 路由整理中埋设标石的内容。

安装地标和标志牌时，地标和标志牌上的内容需要符合当地维护的要求。此处地标是指地面上的标志（标识），地标安装需要符合设计的要求，通常地标安装在城区不可埋设标石与宣传牌的地段，在城郊或空旷地带，沿路由直线间隔 100m 处安装地标。标志牌安装需要符合设计的要求，管道路由穿越通航河流时，应按设计的要求在过河段的河堤或河岸上设置水线标志牌，具体要求详见 5.4.4 节内容。

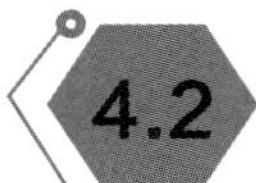

4.2 非开挖管道施工

非开挖技术是指利用岩土钻掘、定向测控等技术手段，在地表不挖槽和对地层结构破坏极小的情况下，穿越河流、湖泊、重要交通干线、重要建筑物，实现对电线电缆等公用管线的检测、铺设、修复与更换的施工技术。非开挖技术主要分为水平定向钻法、顶管法、微型隧道法和冲击矛法等。

水平定向钻法常用于连接水平环境下长距离穿越孔、井，常用管材的类型为钢、塑料，水平定向钻法施工示意如图 4-25 所示。顶管法常用于各种大口径管道、穿越孔，常用管材的类型为混凝土、钢、铸铁，顶管法施工示意如图 4-26 所示。微型隧道法常用于小口径管道、管棚穿越孔，常用管材的类型为混凝土、钢、铸铁，微型隧道法施工示意如图 4-27 所示。冲击矛法常用于压力管道、电缆线、穿越孔，常用管材的类型是钢、塑料，冲击矛法施工示意如图 4-28 所示。

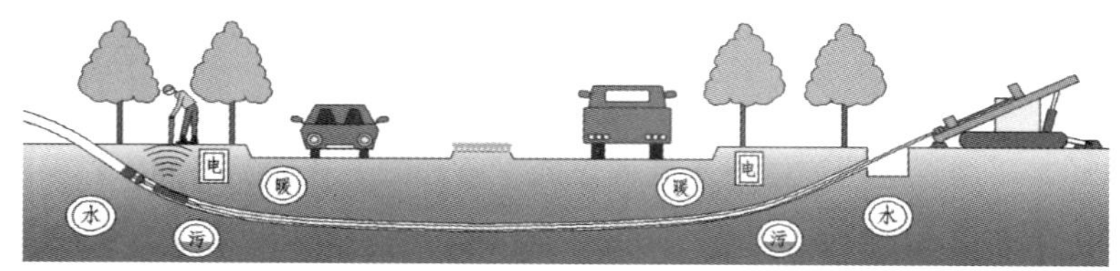

图4-25　水平定向钻法施工示意

图4-26　顶管法施工示意

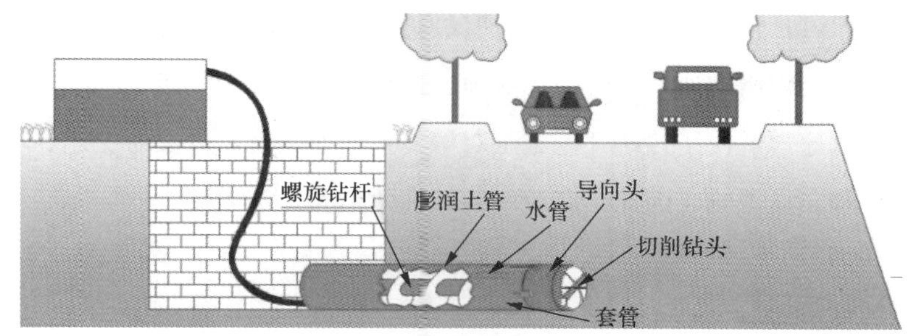

图4-27　微型隧道法施工示意

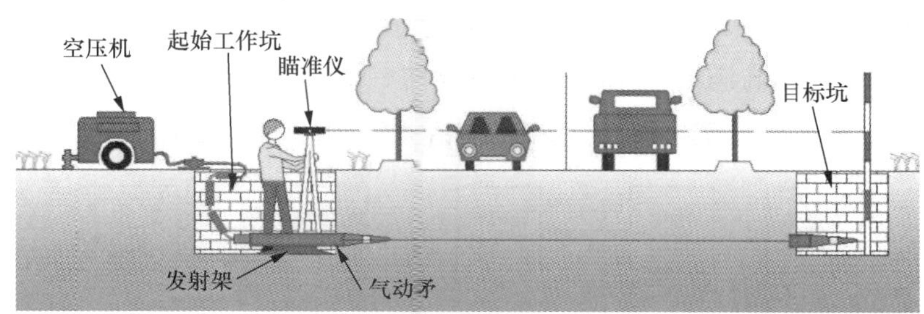

图4-28　冲击矛法施工示意

4.2.1　定向钻简介

水平定向钻也被称为地下微控定向钻，简称定向钻，主要设备由导向系统、钻机主机、钻具、泥浆搅拌系统组成。

导向系统用于在钻进过程中定位钻头，以确定钻头的倾斜角度和钻进方向。包含软件系统的导航部分，不仅能绘制施工图，还能评价、分析工程，并实时记录设备运行数据、打印施工资料等。

钻机主机提供钻进、回旋的动力，以及对钻机的控制，水平定向钻机如图4-29所示。钻具由钻头、钻杆等组成。不同的施工及不同的地质应选用不同的钻头。非开挖工程使用的钻具有很大的弹性、韧性和抗扭强度、耐磨损。钻具在通道钻通以后，还要回扩通道和牵引管线，便于管线穿过。

泥浆搅拌系统可增加钻头的润滑作用，降低钻进的阻力和钻头的工作温度，提高管壁的强度等，由泥浆罐、高压输送泵及高压连接管构成。该系统产生的泥浆具有减小钻头磨损、软化地层，以及易于钻进、护壁、清孔的作用。

图4-29　水平定向钻机

定向钻整套设备一般适用于管径 Φ300 ～

Φ1200mm 的钢管、PE 管管道建设，铺管长度最长可达 1500m，适用于软土到硬岩的多种土壤条件。该方法不会阻碍交通，不会破坏绿地、植被，不会影响商店、医院、学校和居民的正常生活和工作秩序，解决了传统开挖施工对居民生活的干扰，以及对交通、环境、周边建筑物基础的破坏和不良影响，因此具有较高的社会效益和经济效益。

4.2.2 定向钻施工

定向钻进敷管的基本原理为：按预先设定的地下铺管轨迹，用专用钻机先钻一个小口径先导孔，确定穿越管孔的轨迹；随后在先导孔出口端的钻杆头部安装扩孔器回拉扩孔，同时清孔以保持孔形；当扩孔满足要求后，在扩孔器的后端连接旋转接头、拉管头和管线，回拉敷设地下管线，形成通信线路管道。水平定向钻进敷管施工流程如图 4-30 所示。

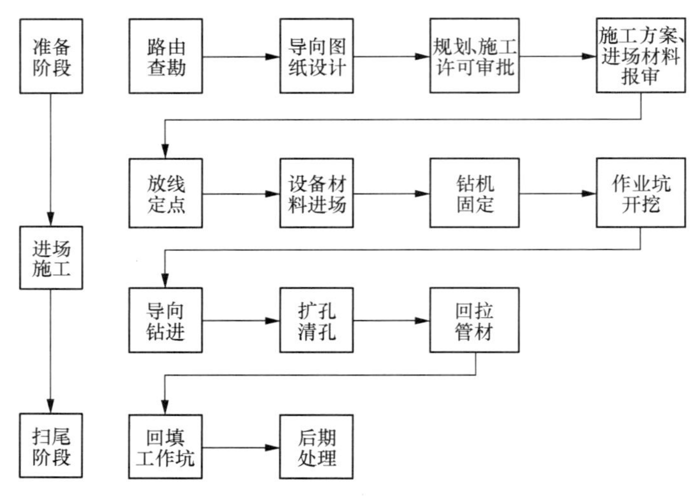

图4-30　水平定向钻进敷管施工流程

（1）准备阶段

准备阶段主要完成“路由查勘”“导向图纸设计”“规划、施工许可审批”“施工方案、进场材料报审”等工作。路由查勘包括工程地质、水文地质、地形、地貌、地面建（构）筑物及既有地下管线探测、管线敷设路由等内容，主要了解有关地层和地下水的情况，为选择钻进方法和配制钻进液提供依据。导向图纸设计主要根据工程要求、地层条件、地形特征、地下障碍物的具体位置、钻杆的入 / 出土角度、钻杆允许的曲率半径、钻头的变向能力、导向监控能力和被敷设管线的性能等，给出最佳钻孔路线。设计图纸应提供入土点、出土点的位置和尺寸，其中入土点是定向钻的主要施工场所，主要用途为泥浆循环池、连接与拆卸钻杆的工作坑、钻机安放位置等，至少需要 6m×15m 的工作面积。

一般定向钻管道的入土点和出土点并不是新建人（手）孔的合适位置。定向钻进过程应控制管道的轨迹，在保证深度要求的同时确保管材平滑进入人（手）孔，新建人（手）孔与工作坑的位置示意如图 4-31 所示。

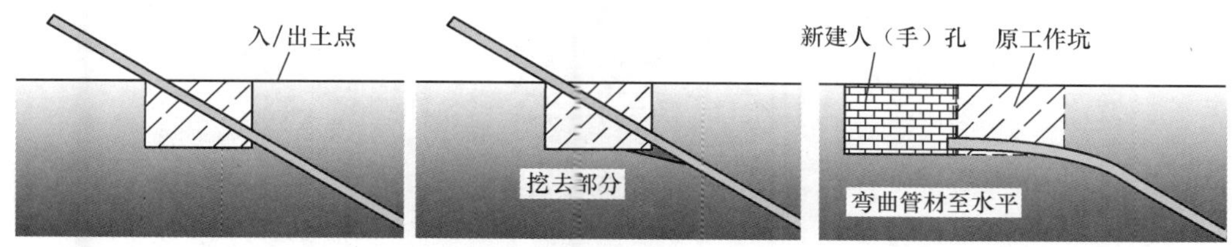

图4-31　新建人（手）孔与工作坑的位置示意

规划、施工许可审批是指当施工穿越位置处于市政规定的规划范围或特殊地段时，需要有关部门的施工许可审批。施工方案、进场材料报审是针对长距离、大口径、施工费用较高或特殊地段的水平定向钻进敷管施工应编制施工组织设计方案，应按要求报审进场材料。

（2）进场施工

进场施工主要包含放线定点、设备材料进场、钻机固定、作业坑开挖、导向钻进、扩孔清孔和回拉管材 7 个步骤。

在确定了现场定向钻穿越的入土点、出土点、穿越主管道中心线，以及穿越场地的位置和范围后，应对地下障碍物和特殊地点设置明显的标记，确定穿越中心桩、施工带边线、工作坑、泥浆池的坐标位置和尺寸。待定向钻机和设备材料进场，配套钻机设备、泥浆设备、固控设备安装完成后检查、测试，确保设备安全运行，并设置 360° 警示设施，施工时应禁止非施工人员进入现场。

定向钻机利用履带行驶至预设的工作位置，钻机保持水平状态。按预定标高安装好地锚箱，并在地锚箱的前后打桩，防止钻机施工时前后移动。调整桅杆的入射角，使地锚座和地锚箱贴紧，调整支腿使桅杆两导轨面保持水平，固定地锚座和地锚箱，用手动葫芦和钢丝绳把定向钻机履带底盘与地锚座固定。

将导向钻头安装连接在钻杆头部，检查探头的各个参数是否正常，探头的电池容量是否充足。将钻头伸入开挖好的作业坑，作业坑可以容纳钻进扩孔产生的泥浆；钻机将一根根钻杆连接起来钻入地下；为了保证入射角的准确和稳定，开孔时需要保持连续钻进至少 2.5m，同时宜采用低钻速、小泵量、慢进尺。定向钻进示意如图 4-32 所示。一般钻头前进 3m 时，管道应在地平面 1m 以下。

导向钻进时，采用手提步履式导向仪测量钻孔的轨迹，曲线段的测量频率一般是每 0.5 ～ 1.0m 测一次深度，直线段至少每 3m 测一次深度，如发现偏差应及时调整，以确保导向孔偏差在设计范围内。一般情况下，一根钻杆探测一次深度。导向钻进过程中，遇到设备异常抖动、卡钻的情况时，应立即停钻，查明原因并解决问题后方可继续施工。

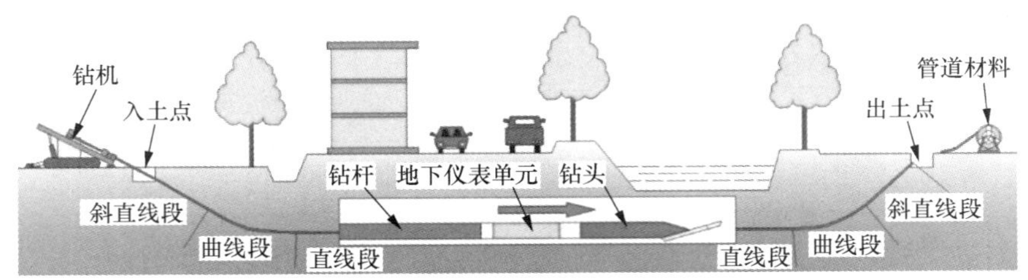

图4-32　定向钻进示意

钻头应按设计规定的导向孔轨迹曲线前进，并根据要求的表格记录填写导向记录，详见表 4-7。该表格需要现场监理工程师或随工人员确认后签字。

表4-7　导向记录

钻杆长度 /m	3	6	9	12	15	18	21	24	27	30	33	36	39
探测深度 /m	0.90	1.48	1.96	2.25	2.45	2.49	2.58	2.68	2.64	2.5	2.45	2.44	2.44
钻杆倾角	−25°	−19°	−14°	−8°	−4°	−2°	−2°	−3°	+1°	+3°	+2°	0°	0°
钻杆长度 /m	42	45	48	51	54	57	60	63	66	69	72	75	78
探测深度 /m	2.44	2.46	2.44	2.46	2.46	2.57	2.57	2.59	2.54	2.52	2.42	2.32	2.25
钻杆倾角	0°	−1°	0°	0°	0°	−3°	+1°	−1°	0°	−1°	0°	+2°	+1°
钻杆长度 /m	81	84	87	90	93	96	99	102	105	108	111	114	117
探测深度 /m	2.25	2.21	2.20	2.19	2.10	2.17	2.09	2.05	2.13	2.24	2.12	2.04	1.93
钻杆倾角	+1°	0°	0°	0°	+2°	0°	+1°	+2°	−2°	−2°	+2°	+2°	+4°

完成导向记录后，应在 3 天内制作完电子版记录表和导向轨迹图，导向轨迹图包括人（手）孔编号和地面距离，以及依据导向记录完成的轨迹示意图。轨迹示意如图 4-33 所示。

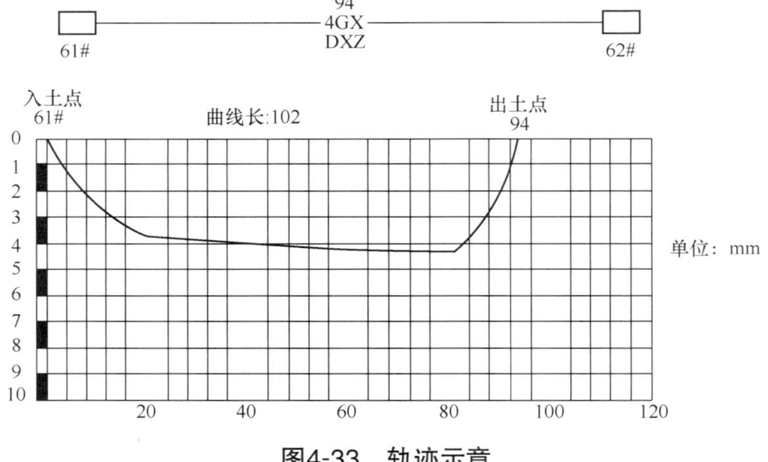

图4-33　轨迹示意

完成导向钻进后，根据敷设管道的直径和根数计算需要成孔的最小直径，经过由小到大分级扩孔，直至扩到工艺要求的孔径。预扩孔示意如图 4-34 所示。各级扩孔分别为一级 Φ200mm、二级 Φ250mm、三级 Φ300mm、四级 Φ400mm、五级 Φ500mm 等。如果通信管道管群直径较小，可一起完成扩孔、清孔与回拉。扩孔时应根据地层情况选择泥浆配合比，一般情况下，如土壤黏质成分多，可用清水和刮刀钻头扩孔，自然造浆，保持孔壁稳定。如果所穿越地层中含砂量高，则必须配制钻进液，用膨润土进行泥浆护壁处理。

完成后扩孔，在回拉管材前应进行 1 ～ 4 次清孔，清除孔中的泥渣，保证管材能够顺利推进。

在回拉管材的过程中，回拉力要克服管道与孔壁的摩擦力，钻杆的回拉应慢拖匀速，拉力应严格控制在管材的允许拉力范围以内。回拉管材示意如图 4-35 所示。

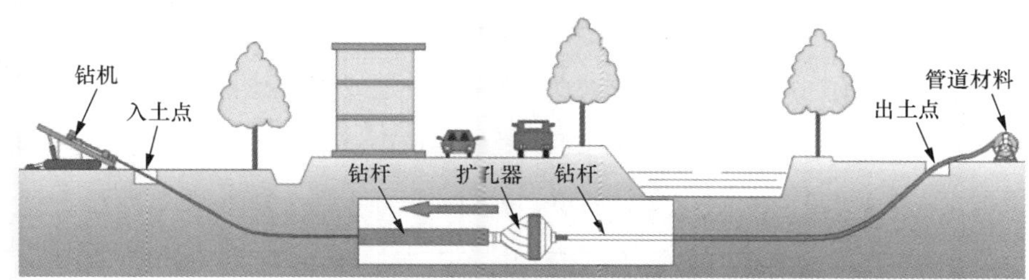

图4-34 预扩孔示意

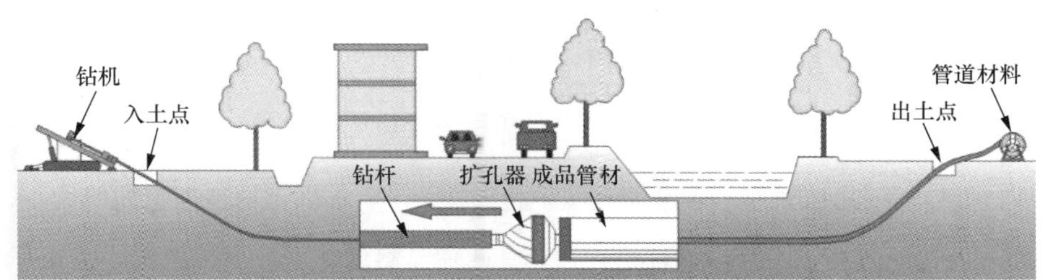

图4-35 回拉管材示意

在正常情况下，敷设 PVC 管或 PE 管的回拉力不应超过 5000N，拉力过大会造成管材断裂或变形；拖拉管材的每个端头必须使用与管口内径相同的木塞封堵严密；通信管材可选择拉管法、穿牛鼻法等方法制作拖拉头；多根管材敷设时，必须保持各根管材间的相对位置不变，不可出现插绞现象。回拉管材时，扩孔器具连接如图 4-36 所示。

完成拉管后，管道应裁剪至合适长度并留有一定的余量，并应及时将管口封堵；拖拉完硅芯管管道后，应进行试通检验，一般短距离管道采用尼龙棒，长距离管道采用吹缆机。采用吹缆机进行试通检验时，应按管道试压规程试玉，验收合格后方可确认管道质量合格。

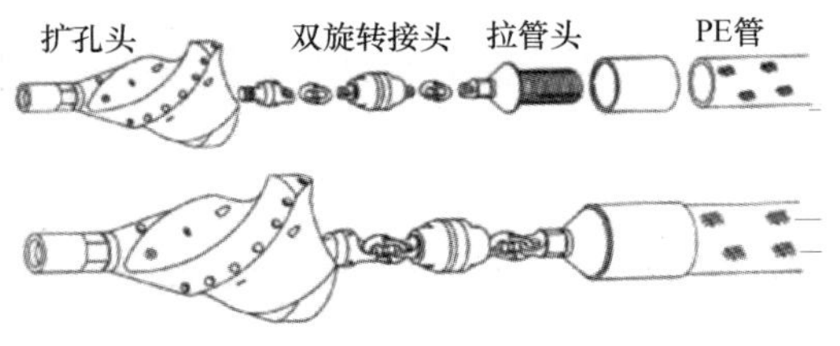

图4-36 扩孔器具连接

（3）扫尾阶段

扫尾阶段主要恢复施工现场的环境。要

撤离现场的机械设备，需要将定向钻钢管、储水槽、扩孔器、万向接头搬运至货车；拆除顶管机的固定桩，升起地锚座和地锚箱，将钻机部分调整到水平状态，利用自身履带从工作点移动至平板拖车。应转运处理干净泥浆池和工作坑内的泥浆，特别是要清理干净混有钻进液的泥浆，不得产生环境污染。施工人员应打扫、冲洗、清理施工现场，恢复施工现场的地形地貌；无利用价值的原先开挖的工作坑和泥浆池应立即回填；入土点和出土点需要建筑人（手）孔的应按设计要求开挖孔坑。

4.3 人（手）孔、通道砌筑

为了便于通信管道中线路的施工与维修，在通信管道或者井道上间隔一段距离设置供人操作的地下建筑被称为人（手）孔。人（手）孔和通道砌筑主要包含管道地基与基础、墙体砌筑、上覆及沟盖板安装、配件安装、回填、后期处理等步骤，如图 4-37 所示。

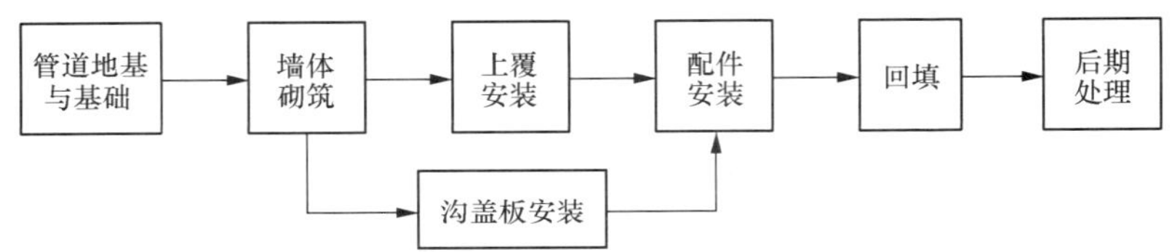

图4-37　人（手）孔和通道砌筑施工步骤

在 YD/T 5178—2017《通信管道人孔和手孔图集》中，根据占用地下空间的大小、形状、用途不同，人孔分为大、中、小、直通、三通、四通、斜通（手）多种型号，手孔有 5 种样式。人（手）孔砌筑使用多种建筑材料，地基使用素混凝土，井壁材料为实心黏土砖（红砖）和砼预制砖，配件为预制上覆、井盖、口圈、电缆支架、积水罐、拉力环和穿钉等。

通信通道一般建设在大容量通信局（站）的出局（站）段，穿越城市主干街道、高速公路、铁路等今后不易扩建的管道，及通信线路容量大的地段和设计要求的路段。通道建筑应采取有效的排水、照明、通风及防止渗漏水的措施。

在人（手）孔坑和通道沟的施工区域需要做好围挡和警示；开挖完沟坑应检查沟坑的尺寸、地基是否满足设计要求。砌筑前需要清理干净坑底、沟底的碎土、碎石等杂物。人（手）孔和通道的回填和后期处理的技术要求与开挖管道部分基本相同，此处不再重复介绍。

4.3.1　人（手）孔地基与基础

人（手）孔和通道可以使用天然地基和人工地基，天然地基应按设计要求的高程夯实、抄平；人工地基可采用与管道地基相同的处理方法，应满足设计要求。制作人（手）孔坑地基时，需要在积水罐位置预先挖出一个上底直径600mm、下底直径400mm、深160mm的倒梯台形状的积水罐安装坑。人（手）孔基础断面如图4-38所示。

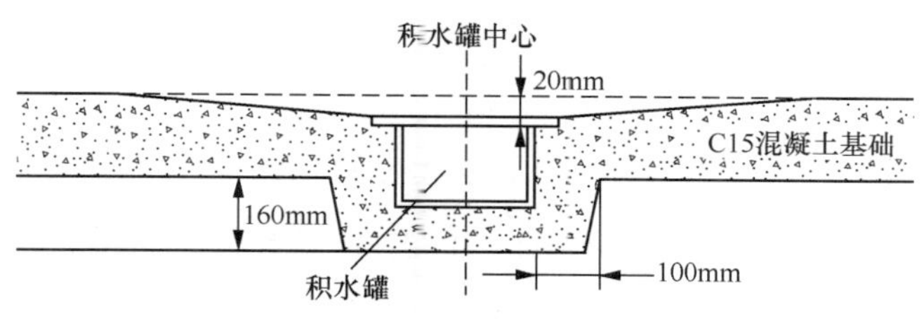

图4-38 人（手）孔基础断面

人（手）孔、通道基础支模前，应校核基础形状、方向、地基高程等。基础的外形、尺寸应满足设计要求，其外形允许偏差为±20mm，厚度允许偏差为±10mm。设计文件对人（手）孔、通道地基、基础有提高混凝土标号、加配钢筋、防水处理及安装地线等特殊要求时，均应按设计要求处理。人（手）孔一般采用C15混凝土基础，混凝土基础厚度一般为120～150mm，在地下水位较高的地区，人（手）孔基础要采用具有较好防水性能的防水混凝土。

浇灌混凝土前，应清理模板内的杂物。在浇筑人（手）孔基础混凝土时，应在对准人（手）孔口圈的位置嵌装积水罐，积水罐应低于周边地面20mm，并从墙体四周向积水罐做20mm泛水，以便于井内积水流于积水罐中。

对于吹缆用人（手）孔，可不安装积水罐，在基础中间预留直径200mm的渗水坑，装入粗砂即可，井内少量积水可由渗水坑排出。砌筑完墙体后，应对基础进行抹面处理，表面应平整光滑。

4.3.2 墙体砌筑

墙体砌筑是在混凝土的基础上按照设计要求砌筑人（手）孔、通道的墙壁，施工过程包含施工准备、砌墙体、修窗口、内外粉等步骤，在砌墙过程中需要安装墙体的预埋件。墙体砌筑的质量控制重点在于墙体、管道进孔、墙体内外粉和铁件安装。

（1）施工准备

墙体砌筑在混凝土基础之上，混凝土基础在常温下经过24h后才能拆模，拆模后应清扫干净混凝土基础。砌筑前应对已浇筑的混凝土基础的中心位置、管道窗口方位及基础顶部高程进行复查核对。根据人（手）孔中心和管道中心的位置，按设计图纸上规定的人（手）孔规格，放出墙位基线；然后撂底摆缝，确定砌法。

墙体砌筑应用一等机制烧结普通砖，砖的外形应完整，耐水性好，烧结普通砖强度等级见表 2-14，用砖的强度等级应符合表 2-14 的规定。使用前，应用清水浸泡砖块，一般以水浸入砖四边 1.5cm 为宜，可以提高砂浆和砖块凝固的质量，保证墙体的砌筑质量。不得使用耐水性差，遇水后强度降低的炉渣砖或硅酸盐砖；若要进行更换，需要提供强度报告并经甲方及监理单位同意后方可使用。

墙体砌筑可采用 52.5 号水泥、42.5 号水泥和 32.5 号水泥，应以 42.5 号水泥为主，常用水泥用量换算见表 4-8。水泥要有出厂检验合格证，不得使用浸水或过期的水泥。

墙体砌筑应使用 M10 水泥砂浆，砌筑水泥砂浆配合比（水泥与砂）见表 4-9。各种标号砂浆重量比及每立方米参考重量见表 4-10。

表4-8　常用水泥用量换算

水泥标号	32.5 号	42.5 号	52.5 号
32.5 号	1	0.86	0.76
42.5 号	1.16	1	0.89
52.5 号	1.31	1.13	1

表4-9　砌筑水泥砂浆配合比（水泥与砂）

序号	水泥标号	砂浆强度等级		
		M10	M7.5	M5
1	32.5 号	1 : 4.8	1 : 5.7	1 : 7.1
2	42.5 号	1 : 5.5	1 : 6.7	1 : 8.6

表4-10　各种标号砂浆重量比及每立方米参考重量

砂浆标号	32.5 号水泥 : 中砂 : 水	每立方米参考重量 /kg
M5 水泥砂浆	1 : 7.1 : 1.60	1720
M7.5 水泥砂浆	1 : 5.7 : 1.21	1820
M10 水泥砂浆	1 : 4.8 : 0.98	1840

墙体砌筑宜使用平均粒径为 0.35 ～ 0.5mm 的天然中砂，不得使用平均粒径较小的河砂或江砂。

（2）砌墙体

墙体砌筑时应随时检查墙体与基础面是否垂直，墙体顶部 4 个角应水平一致；墙体的垂

直度允许偏差为 ±10mm，墙体顶部高程允许偏差为 ±20mm。墙体及填层使用的砂浆标号应不低于 M10，严禁使用掺有白灰的混合砂浆砌筑。

为了保证墙体的强度和稳定性，在砌筑时应遵循错缝搭接的原则，砌筑墙体的砖层之间必须压槎，内外搭接，上下错缝，不能出现通缝，砂浆饱满度应达 80%，砖缝一般不大于 10mm。

砖在墙体中排列时，顺式是指砖长的方向平行于墙面砌筑，丁式是指砖长的方向垂直于墙面砌筑。梅花丁墙体是指每层中顺砖与丁砖间隔相砌，上下层砖的竖缝相互错开 1/4 砖长，砖块间隙为砂浆填充区，墙体中部砖块排列方式如图 4-39 所示。墙角砖块排列方式一如图 4-40 所示，在实际码砖时，第一层与第二层应交替出现，以保证墙体的稳固性，这种砌法内外竖缝每层都能错开，整体性较好。墙角砖块排列方式二如图 4-41 所示，顺砖较多，整体性较差，不适合在墙体砌筑时使用，一般用在墙角。

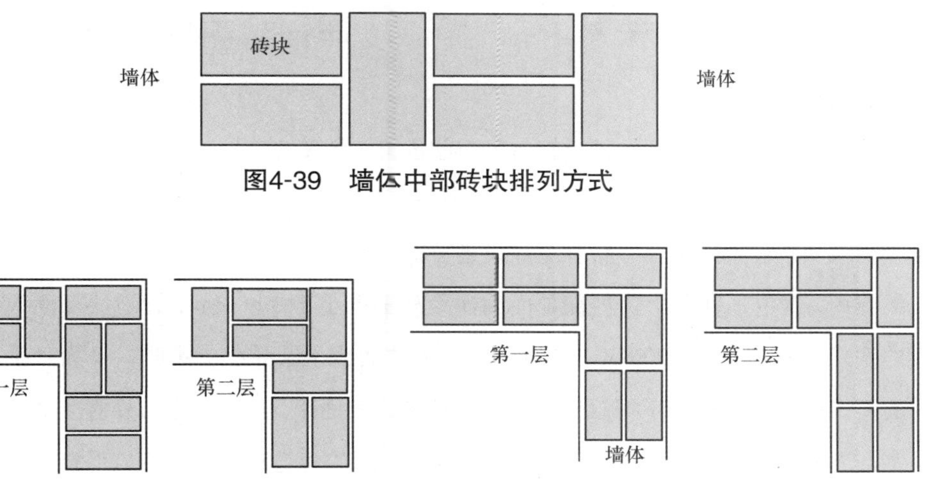

图4-39　墙体中部砖块排列方式

图4-40　墙角砖块排列方式一

图4-41　墙角砖块排列方式二

墙壁上的预埋件分穿钉和拉力环两类，砌筑人（手）孔、通道墙体的同时应将预埋件按施工图纸要求安装到位，在砌砖的同时用砂浆埋固，严禁事后凿洞补装。

穿钉应安装牢固，穿钉应保持与墙体垂直，上、下穿钉应在同一垂直线上，垂直允许偏差为 ±5mm，间距允许偏差为 ±10mm；相邻两组穿钉间距应满足设计要求，允许偏差为 ±20mm；应在墙体砌筑时将螺钉尾部砌在墙中，端外预留 50 ～ 70mm 螺纹固定托架，露出部分应无砂浆等附着物，穿钉螺母应齐全有效。

拉力环用于拉拽对面过来的光缆或电缆，应安装牢固。安装拉力环的位置宜与对面管道底部中心位置保持 200mm 以上的间距；应在墙体砌筑时将拉力环预埋在墙中，拉环尾部弯曲卡在墙外，井内预留长度不小于 100mm；拉力环露出墙面部分应为 80 ～ 100mm。拉力环安装如图 4-42 所示。吹缆用手孔或内部空间较小的手孔按设计可不安装拉力环。

墙体与基础应接合严密，不得漏水。接合部位的内外侧应用 1∶2.5 水泥砂浆抹八字角，基础进行抹面处理的可不抹内侧八字角，基础与墙体抹八字角如图 4-43 所示。抹墙体与基础的内外八字角时，应严密、贴实，不得空鼓，表面应光滑，不得有欠茬、飞刺、断裂等缺陷。

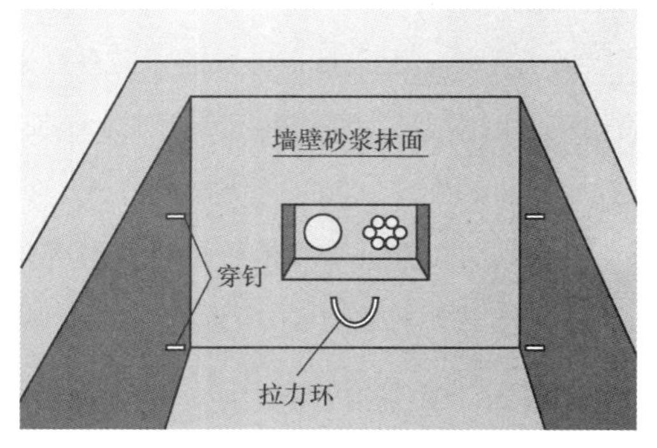

图4-42　拉力环安装

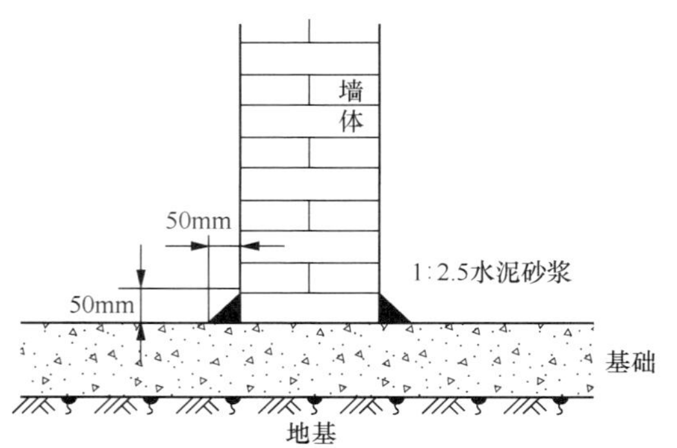

图4-43　基础与墙体抹八字角

（3）修窗口

砌筑墙体时应按设计要求预留管材窗口的位置，允许偏差为 ±10 mm。对应不同的管材，窗口预留的口径大小不一，窗口宽度大于 600mm 或使用承重易形变的管材时，其窗口外应按设计要求加装过梁或窗套。将管道敷设进窗口，除了用于吹缆的硅芯管管道井，管头应终止在墙体内；管道顶部距上覆内部顶面的净距离不得小于 300 mm；管道底部距人（手）孔地板的净距离不得小于 400mm；管道端边至墙体面应呈圆弧状的喇叭口，人（手）孔、通道内的窗口应堵抹严密，不得浮塞，外观应整齐，表面平光；管道窗口外侧应填充密实，不得浮塞，表面应整齐。一般情况下，在墙外 2m 范围的管道和窗口高度应保持水平，管道垂直于墙面，管道包封与墙壁连为一体。管道进窗口示意如图 4-44 所示。

人（手）孔两侧的窗口高度应对称，一般情况下不能相错 1/2 管群。进入人（手）孔的主干管道与分支管道应错开，部分分支管道应高于主干管道，引上管进入位置宜在上覆顶下方 200 ～ 400mm，并与主管道进入的位置错开。墙体及管道窗口的防水应满足设计要求。

管道基础进入建筑物或人（手）孔时，塑料管道靠近建筑物或人（手）孔处所做的钢筋混凝土基础和混凝土包封的钢筋搭在窗口墙上的长度不应小于 100 mm。管道基础进入人（手）孔窗口处配筋见表 4-11，管道基础进入人（手）孔处配筋如图 4-45 所示。当设计无明确规定时，各种规格的管道基础配筋应符合表 4-11 的规定。

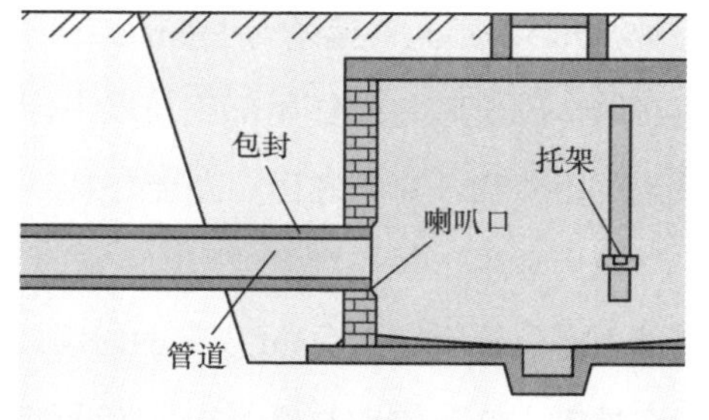

图4-44　管道进窗口示意

表4-11　管道基础进入人（手）孔窗口处配筋

基础宽度 /mm	钢筋直径 /mm	根数	长度 /mm	总长 /m
350	Φ6	8	310	2.48
	Φ10	4	1565	6.26
460	Φ6	8	420	3.36
	Φ10	5	1565	7.83
615	Φ6	8	590	4.72
	Φ10	7	1565	11.00
735	Φ6	8	690	5.52
	Φ10	8	1565	12.52
835	Φ6	8	800	6.40
	Φ10	9	1565	14.09
880	Φ6	8	840	6.72
	Φ10	9	1565	14.09
1140	Φ6	8	990	7.92
	Φ10	11	1565	17.16

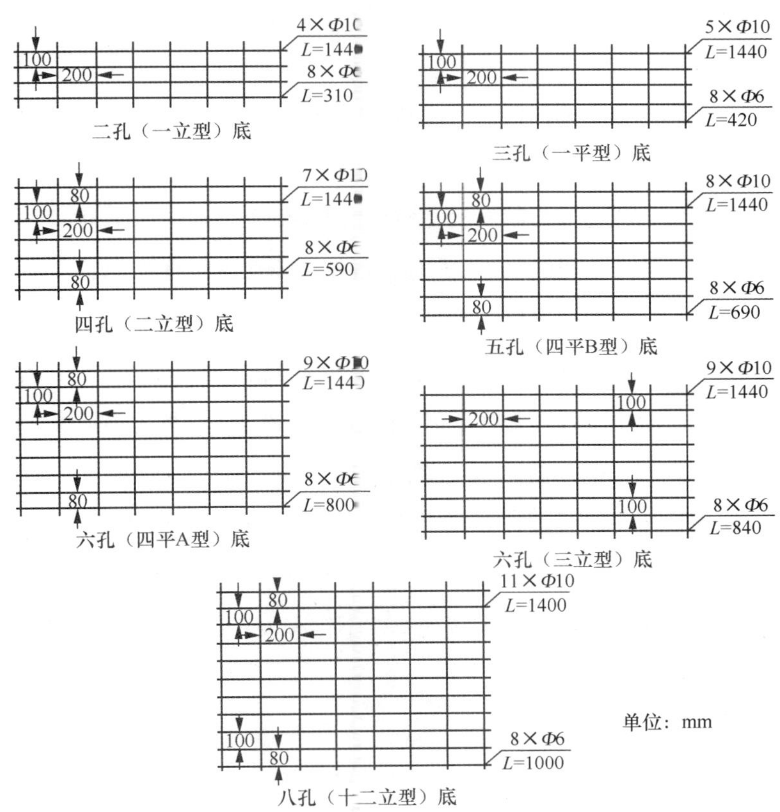

图4-45　管道基础进入人（手）孔处配筋

（4）内外粉

人（手）孔墙壁内外粉应使用配比为 1 : 2.5 的水泥砂浆抹面，内粉厚度 1.5cm，外粉厚度 2cm。内外粉抹面的时间一般与墙体砌筑间隔进行，每砌筑高度 20 ～ 30cm 即可进行一次外粉抹面，可以保证墙体外部均有足够厚度的外粉。当墙体砌筑的高度达到 70 ～ 80cm 时，若渗水厉害，一般先进行内粉抹面处理，并持续抽水，保证底部的内粉干燥凝固。内外粉后人（手）孔外观如图 4-46 所示。

图4-46　内外粉后人（手）孔外观

4.3.3　上覆及沟盖板

人（手）孔上覆安装方式可分为现场吊装上覆和现场浇筑上覆，施工时应根据施工场地及建设单位的要求进行选择。当设计采用多块预制盖板作为井盖覆盖人（手）孔时，可以无上覆结构。采用预制盖板的优点是可以节省口圈和井盖的材料及安装费用，预制盖板的体积较大，材质以混凝土为主，不容易被盗窃，安全度较高；缺点是预制盖板与井口边沿缝隙较大，外部污水容易进入人（手）孔，人（手）孔内容易淤积泥沙。

（1）吊装上覆和盖板

现场吊装的上覆和盖板需要提前在水泥制品厂定制，再从工厂转运至施工场地安装。生产上覆和盖板时，应严格按设计提供的钢筋型号进行加工、绑扎；混凝土标号、外形尺寸、设置的高程、预留孔洞的位置及形状应满足设计的要求，外形尺寸允许偏差为 ±20 mm，厚度允许最大负偏差不应大于 5 mm。上覆和盖板的混凝土达到设计强度后，方可承受荷载或吊装、运输，上覆和盖板底面应平整、光滑、不露筋、不得有蜂窝等缺陷。

吊装上覆和盖板时，应先在墙体上端抹一层 20mm 左右的水泥砂浆找平层，以防止上覆和盖板受力不均匀。用吊车或人力将上覆和盖板安装到位，尽量缩小板块之间的缝隙，应用配比 1 : 2.5 的水泥砂浆严密堵抹拼缝，不得空鼓、浮塞，外表应平光，不得有欠茬、飞刺、断裂等缺陷，板间拼缝断面如图 4-47 所示。人（手）孔、通道内顶部不应有漏浆等现象。

上覆和盖板与墙体搭接的内外侧应用配比 1 : 2.5 的水泥砂浆抹八字角，如图 4-48 所示。八字角应严密、贴实，不得空鼓，表面应光滑，不得有欠茬、飞刺、断裂等缺陷，人（手）孔内顶部不应有漏浆等现象。

（2）现场浇筑上覆

现场浇筑上覆就是把上覆的生产过程从工厂转移到施工场地，浇筑上覆与墙体接合处的防水性与吊装上覆相比好很多。浇筑过程需要建模拆模，浇筑后混凝土需要养护时间，为了提高建设效率，一般成批搭建多个人（手）孔模板然后一次浇筑成形。

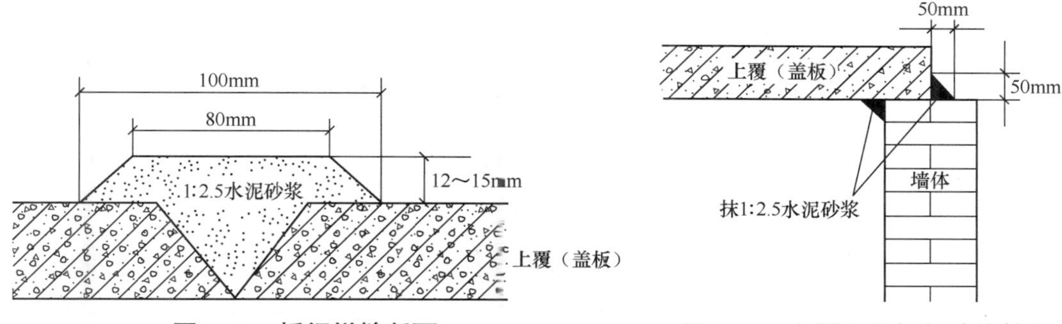

图4-47　板间拼缝断面　　　图4-48　上覆和盖板与墙体抹角

现场浇筑上覆的施工过程可分为钢筋绑扎、支模、混凝土浇筑、拆模等步骤，整个过程与建设管道钢筋混凝土基础相同。上覆的厚度和浇筑的水泥标号应满足设计要求，质量控制点有上覆钢筋的绑扎、支模、上覆水泥标号及厚度。900mm×1200mm人（手）孔上覆钢筋绑扎与实物如图4-49所示。支模使用木方，根据设计要求的上覆厚度确定浇筑模板的高度，模板高度应略大于上覆厚度，支模如图4-50所示。严禁用墙体砌筑红砖作为上覆模板。

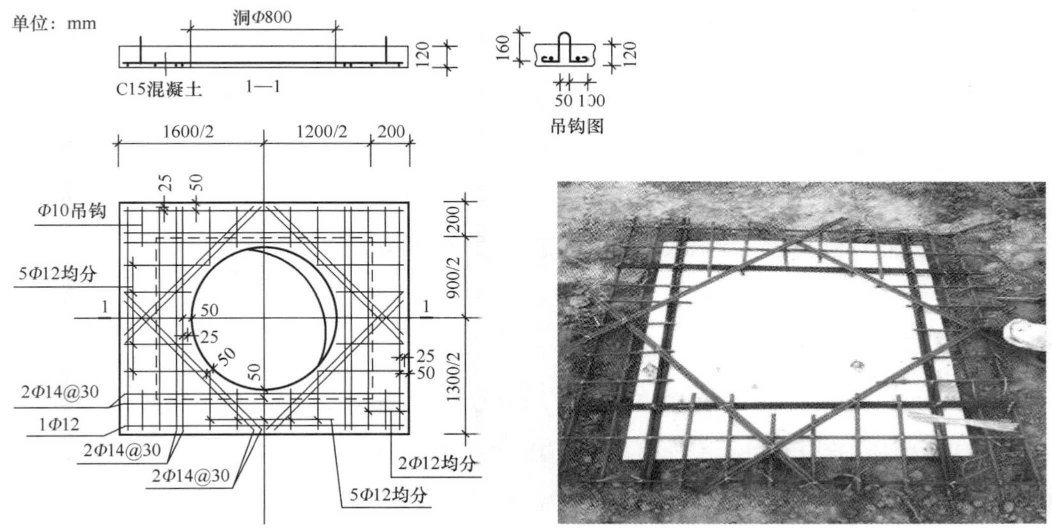

图4-49　900mm×1200mm人（手）孔上覆钢筋绑扎与实物

图4-50　支模

浇筑混凝土之前，应检查模板的可靠性、钢筋网片与墙体之间的间隙。浇筑混凝土上覆的水泥标号为 C25，其厚度应根据设计要求确定。模板拆除时的混凝土强度要求见表 4-3，上覆模板的混凝土强度应符合表 4-3 的规定后方可拆除。如果上覆模板跨度小于 2m，为了保证混凝土强度，一般在 7 天后测试混凝土强度，如果达到并超过设计强度的 50% 即可拆除模板。

模板拆除一般是先支的后拆，后支的先拆，先拆非承重部位，后拆承重部位，并做到不损伤构件或模板。在模板拆除过程中，应注意在拆除时不要用力过猛、过急，拆下来的木料应整理好并及时运走，做到活完地清；如果发现混凝土有影响结构安全的质量问题，则应暂停拆除；经处理解决问题后，方可继续拆除。在拆除跨度较大的梁下支柱时，先从跨中开始，再分别向两端对称拆除。

（3）沟盖板

沟盖板是覆盖在通道顶部的按照要求尺寸制作的混凝土预制板。沟盖板的材质以混凝土为主，内部含少量钢筋或不含钢筋。为了方便搬运，较重的沟盖板会在四角制作钢筋吊环。

敷设通信线路时，打开部分或全部沟盖板就可以露出通道，通信线路可以自上而下地从通道上方摆放到通道内部；敷设完毕后需要将沟盖板重新安装到通道上方，起到保护通道内通信线路的作用。通常情况下，大型桥梁、高铁建有长距离的通信通道，会使用大量沟盖板覆盖通道，打开对应段落的沟盖板就可以快速检修通信线路。

4.3.4　配件安装

人（手）孔及通道的配件包含口圈井盖、口圈底座、混凝土口圈、电缆支架、电缆托板、积水罐、拉力环和穿钉。以上配件中，积水罐、拉力环和穿钉需要在墙体砌筑时安装，其他配件通常在人（手）孔上覆施工完成后再安装。

（1）口圈施工

口圈井盖、口圈底座、混凝土口圈共同组成人（手）孔的口圈，外形有圆形和方形两种。国家标准推荐口圈井盖材质采用球墨铸铁或玻璃纤维，口圈底座材质采用铸铁或球墨铸铁。为了防盗，口圈井盖和口圈底座通常使用钢纤维混凝土制作，接触面使用钢带或角铁。

口圈施工过程如下。先测量上覆距路面和口圈的高度，用于调整标高。在人（手）孔口圈与上覆之间宜用砖砌筑不少于 20cm 高的口圈，俗称“井脖子”，可使用成品混凝土口圈，人（手）孔口圈应与上覆预留孔洞形成同心圆，且口圈内外应抹面；人（手）孔口圈与上覆搭接处应抹八字角，八字角应严密、贴实，不空鼓，表面光滑，无欠茬、无飞刺、无断裂等。

图4-51 野外人（手）孔口圈建成后的外观和泛水

人（手）孔口圈的安装高度应符合设计规定，郊区或野外一般采用混凝土稳固人（手）孔口圈，自口圈外缘使用标号为C30的混凝土做成馒头包外形，馒头包要饱满，自口圈外缘应向地表做相应的泛水，野外人（手）孔口圈建成后的外观和泛水如图4-51所示。在城市内，人（手）孔口圈安装过程应保证口圈完整无损，必须按车行道、人行道等不同场合安装相应的口圈，但人行道上允许采用车行道的口圈。

方形人（手）孔一般使用内接触面为角铁的方形预制钢筋混凝土口圈，口圈高度与盖板表面平齐。城市中应保证盖板的水平高度、口圈高度和地面高度相平，口圈与周围地面不留间隙。

（2）抬升口圈

随着城市道路建设，新铺设的沥青路面会抬升路面高度，原有井盖平面与新建道路的平面会产生高度差。抬升口圈的高度，将井盖平面与新建道路平面齐平，可以提升车辆通行速度，减少人员伤害。抬升口圈通常会采用更换口圈、抬高口圈、抬高上覆的方法。

当原有口圈破损、口圈与路面高度差较小时，可采用更换口圈的方式，重新覆盖混凝土或铺设沥青石子恢复路面，使井盖平面与新建道路平面齐平。口圈修复前后对比如图4-52所示。

修复前

修复后

图4-52 口圈修复前后对比

当原有口圈与路面高度差较大时，根据现场条件可以选择抬高口圈或抬高上覆的方式。抬高口圈需要拆除原有口圈，增加人（手）孔口圈的高度，再安装新口圈，俗称“升井脖子”，抬高口圈前后对比如图4-53所示。抬高口圈对原有路面的破坏较小，缺点是口圈高度会增加，有些人（手）孔口圈的高度达到1m。较大的人（手）孔口圈高度会造成人（手）孔内部地下通风条件恶化，下井操作需要通风设备。

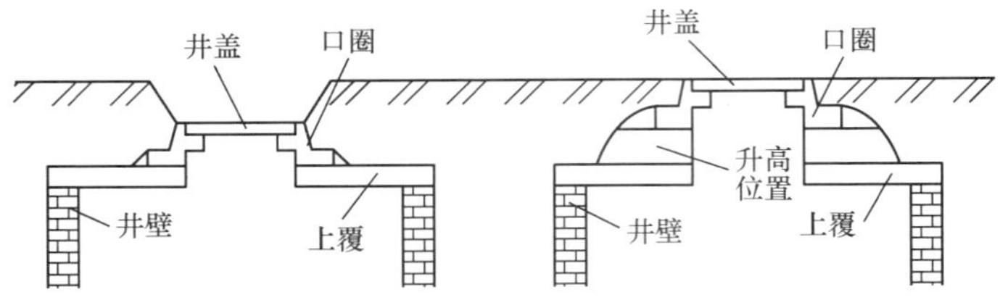

图4-53　抬高口圈前后对比

抬高上覆会破坏较大面积的路面，并且需要抬升整个上覆，重新砌筑人（手）孔墙体，再重新安装上覆、恢复路面，整体工程量较大，抬高上覆前后对比如图 4-54 所示。抬高上覆的优点是完工后的人（手）孔井口贴近地表，增加内部空间，通风条件相对较好。

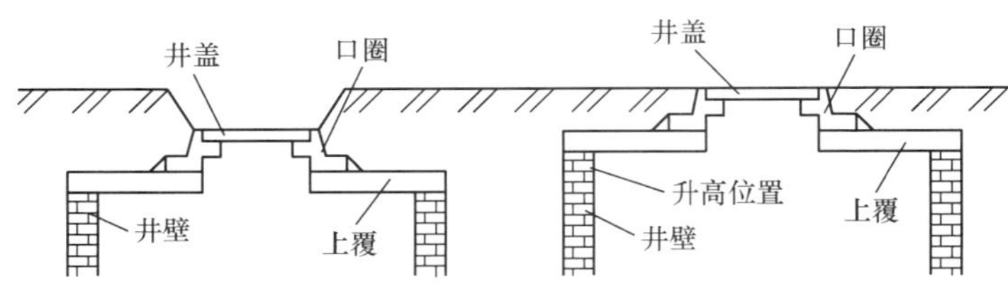

图4-54　抬高上覆前后对比

（3）电缆支架、托板安装

人（手）孔内电缆支架安装应按照设计选择合适的尺寸，利用井壁上安装好的穿钉透过支架孔洞，用螺母将电缆支架牢固地固定在墙壁上。

托板在人（手）孔内一般布放电缆时使用，托板插入支架预留的孔洞，以水平状态卡牢，起到承托电缆的作用。一般全部安装通道内托板，上层与下层间隔 3 ～ 4 个插孔，布放电缆时，可以临时拆掉托板。

在人（手）孔或通道内，光缆一般布放在支架上部或下部，使用射钉或膨胀螺栓固定在井壁上。

4.3.5　砼预制砖人孔

砼预制砖人孔的底板为钢筋混凝土，四壁为预制混凝土砖，人孔上覆为钢筋混凝土预制板，适用于无腐蚀环境、地下水位较高、软土地基和地震设防强度不大于 8 级的地区。砼预制砖人孔四壁呈 90°，与砖砌人孔相比在使用功能和内部结构上基本相似，建筑过程较简便。

依照 YD/T 5178—2017《通信管道人孔和手孔图集》的要求，砼预制砖人孔最小尺寸为 1500mm×900mm×1200mm，尺寸及外观如图 4-55 所示。

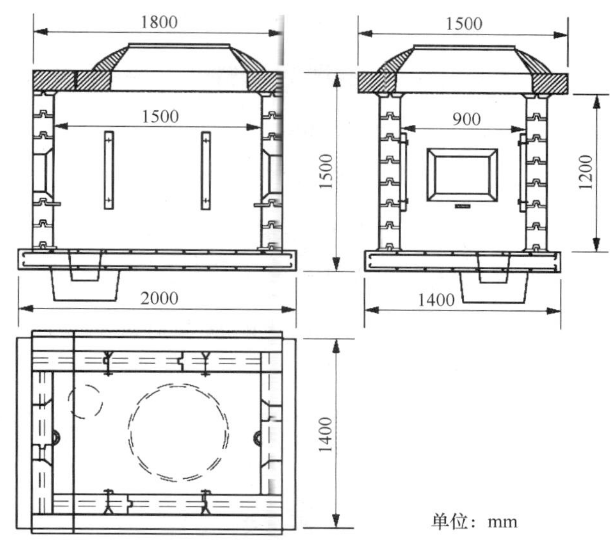

图4-55 1500mm×900mm×1200mm砼预制砖直通型人孔的尺寸及外观

（1）人孔材料

该型人孔混凝土强度等级要求是上覆预制板为C30，基础底板为C20，甲、乙型预制混凝土砖为C20；钢筋为HPB300和HRB400热轧钢筋；砌筑用水泥砂浆为M10。砼预制砖是一种比黏土砖体型大的块状建筑制品。管道用砼预制砖分两种，尺寸分别为540mm×150mm×150mm和380mm×150mm×150mm，砼预制砖的尺寸及外观如图4-56所示。

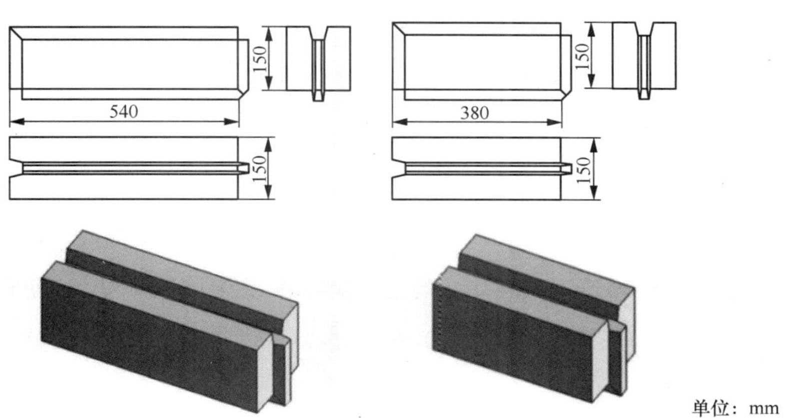

（a）540mm×150mm×150mm甲型砼预制砖 （b）380mm×150mm×150mm乙型砼预制砖

图4-56 砼预制砖的尺寸及外观

（2）人孔墙体

甲、乙型砼预制砖上下应错缝、内外搭砌，灰缝应横平竖直，水平灰缝厚度宜为(10±2)mm，水平灰缝和垂直灰缝的砂浆饱满程度应不低于80%，灌浆必须饱满严实；墙体与基础应接合严密、不漏水，接合部的内、外侧应用配比为1：2.5的水泥砂浆抹八字；人孔上覆与墙体搭接的内、外侧应用配比为 1 : 2.5 的水泥砂浆抹八字；人孔上覆板之间的缝隙应尽量小，应用配比为 1 : 2.5 的水泥砂浆堵抹严密拼缝；人孔内外墙抹面与砖砌人孔相同，用配比为 1 : 2.5 的水泥砂浆抹面，内厚度为 15mm，外厚度为 20mm。

（3）墙体预埋铁件

砼预制砖人孔可使用鱼尾螺栓安装电缆支架。鱼尾螺栓与墙体应保持垂直，螺栓安装牢固，螺栓露出墙面 80 ～ 100mm，人孔角铁支架鱼尾螺栓如图 4-57 所示。拉力环的安装水平高度应与对面管道底保持 200mm 以上的垂直间距，安装牢固，拉力环露出墙面 80 ～ 100mm。

（4）口圈安装

砼预制砖人孔的口圈顶部高度应符合设计规定，调节口圈高度采用弧形砖，允许正偏差不大于 20mm；口圈安装的其他要求与砖砌人（手）孔相同。

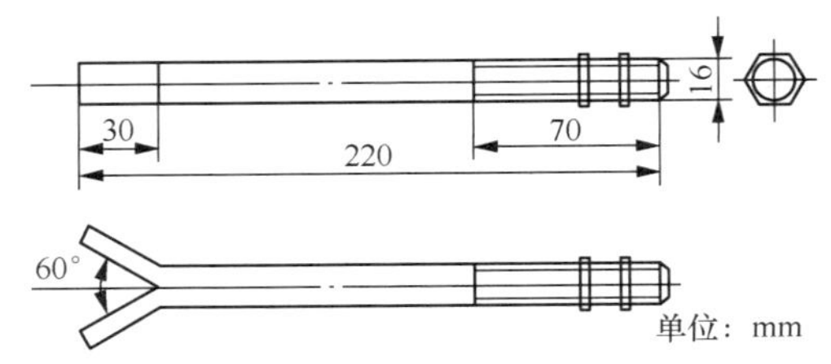

图4-57 人孔角铁支架鱼尾螺栓

（5）上覆安装

砼预制砖人孔预制上覆的钢筋混凝土保护层厚度为 20mm，预制上覆预留 4 个吊钩。在上覆板吊装过程中，吊点数量不应少于 3 个。安装人孔上覆前，应在人孔上表面预先涂一层 M10 水泥砂浆，再放下上覆，并将人孔和上覆接触的四周边沿涂抹 M10 水泥砂浆，使其外观完整。备材料、涂砂浆、放上覆加压、等固化的过程也称为坐浆。安装上覆就位后继续用 M10 水泥砂浆封堵上覆与墙体间隙。

4.4 试通与资料

管孔试通与编制资料是管道施工中重要的自检环节，也是收尾环节。这期间对管孔试通、管孔封堵、路面修复、标石安装、人（手）孔中硅芯塑料管的排列、预留等需要按照竣工验收的标准进行质量检验。

4.4.1 管孔试通

管孔试通是检验管道施工质量的重要环节，属于竣工验收项目。为了保证顺利通过竣工验收过程，施工单位应提前自检，试通验收过程应有监理或随工单位人员在现场参与检验。管孔试通的内容和检测工器具如下。

① 直线管道管孔试通应采用拉棒方式。拉棒长度一般为 900mm，拉棒的直径应为管孔

内径的 95%。

② 弯曲管道管孔试通时，水泥管道的曲率半径不应小于 36m，塑料管道的曲率半径不应小于 10m，管孔试通宜采用拉棒方式，拉棒的长度宜为 900mm，拉棒的直径宜为管孔内径的 60%～65%。依照国家规范不推荐使用塑料电缆试通。

③ 对于较细的多孔塑料管，一般采用尼龙棒试通，可使用 200m 及以上长度的尼龙棒，一次穿越多个人（手）孔，提高试通效率。

④ 针对用于吹缆的硅芯管管道，一般在人（手）孔中将硅芯管连接成 1000 ～ 2000m 以上的管道，然后连接空压机试通。

竣工验收时采用抽查检验，即每个多孔管试通对角线的两个孔，单孔管全部试通。各段管道全部试通合格，管道工程才能称为合格。自检不合格的部分应找出原因，并得到妥善解决，确保在工程验收时管孔试通合格。

4.4.2 整理竣工资料

管道竣工资料由竣工技术文件、竣工测试记录、竣工图等资料组成。整理过程主要是指图纸修改、工作量统计、材料平衡表编制。整理过程的重点在于原始数据真实可靠，有实际测量数据并附带监理单位或随工单位的签证；测算过程的公式正确、步骤清晰；图纸和工程量统计结果要相互对应，数值正确。

修改图纸的要求是在完成管道工程现场施工后，图纸应反映实际完成的工作量和位置，在图纸中应明确地反映管孔封堵、路面修复、标石安装、人（手）孔中硅芯塑料管的排列、预留的信息，这些工作一般在现场施工完成后的一周内完成，图纸包括管道路由图、管道施工图、管孔占位图；使用定向钻的施工图纸要附带管道地下轨迹图。

工作量应根据施工图纸计算得出，内容包括管道施工测量长度、管道路由长度、管孔种类、管孔数、人（手）孔数，再依据《信息通信建设工程预算定额 第五册 通信管道工程》中的通信管道工程定额统计。

材料平衡表是平衡工程中所有的工程材料，确认工程材料的来源、使用数量、剩余数量，相关数据应与实际一致；辅助材料要根据现场情况进行统计，可以按实际使用量统计，一般按单次估算使用量乘以使用次数。

第五章

光缆敷设技术

光缆敷设方式按路由环境的不同可分为架空、管道、直埋、墙壁、室内敷设等多种方式。

各种敷设方式有通用的技术也有各自不同的技术，架空敷设是指光缆利用杆路路由敷设，管道敷设是指光缆利用管道路由敷设，直埋敷设是指光缆直接敷设在开挖的沟坑中，墙壁敷设是指光缆在建筑物外墙敷设，室内敷设是指光缆在建筑物内部的走线架或走线槽内敷设。光缆敷设多采用人工布放的形式，随着科技的发展，出现了光缆捆扎机、机械放缆机、气流吹缆机、顶管机等新型机械辅助布线，也出现了气流吹放、水流敷设等新技术。新机械和新技术可以快速地将光缆敷设到光缆路由，能够降低施工人员的劳动强度，提高施工人员的工作效率，实现降本增效。

在实际施工中，一个项目会使用多种敷设方式，需要施工人员根据现场环境将各种敷设方式相互融合并灵活运用。

5.1 通用技术

在光缆敷设的初期阶段需要完成端别判定、单盘测试、光缆配盘，并做好敷设准备，测算光缆受力。其中，单盘测试技术在“器材检验”章节已经介绍，以下不再复述。

5.1.1 端别判定

光缆线路端别应依据施工图设计判定，设计文件应设定项目中的光缆中继段的A、B端，如未明确一般按以下方式进行判定。

① 长途光缆线路以局（站）地理位置进行规定，北（东）为A端，南（西）为B端。

② 本地网光缆线路采用汇接中继方式的城市，以汇接局为A端，分局为B端。对于两个汇接局，以局号小的为A端，局号大的为B端。没有汇接局的城市以容量大的中心局为A端，对方局为B端。分支光缆的端别应服从主干光缆的端别。

③ 环网光缆线路的A端在中心局（站），沿途A端出B端进，最终B端回中心局（站）。

识别光缆A、B端的要求如下。

① 看光缆截面，由领示色光纤束管按顺时针排列时为A端，反之为B端，俗称“顺A逆B”。例如，光缆的全色谱标记为“蓝橙绿棕灰白红黑黄紫粉红天蓝”，如果光缆端别的

束管按颜色的排序为顺时针，则该端别为A端，反之为B端；老式层绞式光缆按“红头白白…绿尾”的束管颜色排序，则相符的顺时针排序为A端；若光缆按“红1绿2白白…”的束管颜色排序，则相符的顺时针排序为A端。此时可以发现，相同的光缆，因不同的束管颜色排序，会造成光缆端别的不同，以及内部光纤排序的不同。

② 看光缆米标，米标数字小的一端为A端，米标数字大的一端为B端。没有顺时针或逆时针管序、纤序的中心束管式光缆可采用本方法。

不同项目对于同路由的不同光缆，中继段端别也存在不同。例如，在南京—苏州敷设同路由光缆，沪宁杭光缆线路工程中苏州为A端、南京为B端；而在宁苏光缆线路工程中，南京为A端、苏州为B端。在敷设光缆时，光缆的A端连接中继段A端，敷设至中继段B端。线路A、B端与光缆接续点A、B端的识别如图5-1所示。针对光缆迁改工程，原光缆线路的A、B端就是迁改段落的A、B端，多条迁改线路的A、B端可以各不相同。

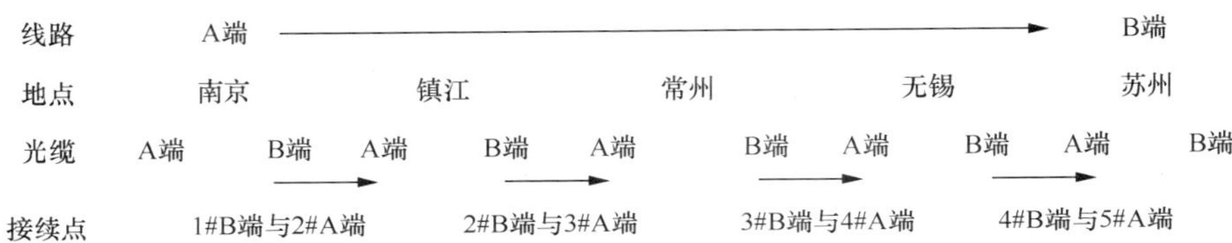

图5-1　线路A、B端与光缆接续点A、B端的识别

5.1.2 光缆配盘

光缆配盘是指在路由复测和单盘测试完成后根据复测计算的光缆敷设总长度，以及光纤全程传输质量要求（全程衰减、偏正模色散值），以中继段长度为单元，合理选择、配置单盘光缆的过程。配盘的目的是按规定长度预留光缆，尽量做到光缆整盘配置，减少光缆接头数目，降低接头损耗，节省光缆，提高光缆线路的传输质量。

光缆配盘可采用先排列后调整的方法，按缆盘排序、添加余长、制作两表、定接续点、调整缆盘、绘制配盘图的顺序进行。目前，光缆厂商可以提供的盘长在500～6000m。国内干线光缆工程中使用的光缆单盘长度为2000～3000m。通常，光缆敷设最短间距不小于500m，修复迁改光缆工程中最短间距不小于200m。

（1）缆盘排序

光缆线路的走向、端别应符合设计要求，按规则配置光缆的A、B端，不宜倒置。选配光缆的规格、型号和结构应符合设计规定和路由实际状况。配盘总长度、总衰减值、总色散等传输指标应满足系统设计要求。配盘时，若在中继段内有特殊类型或有特殊布放要求的光缆，应先确定其位置，然后从特殊光缆的接续点位置向两端配置其他光缆。靠近局（站）侧的单盘光缆长度一般不应小于 1000m，并应选配光纤参数相近的阻燃光缆。

在一个中继段内，尽量选用同一个厂商的光缆，以降低接续损耗。例如，光缆在生产时按断缆顺序配置盘号，配盘时则应尽量将盘号相近的光缆配在一起，这样配盘可以减少光纤接续点的本征损耗。例如工程中，某 108 芯光缆在盘号连续的情况下，单向接续点 97% 平均接续损耗值小于 0.04dB，95% 平均接续损耗值小于 0.02dB，较低的损耗值会造成判断接续点距离困难。

（2）添加余长

光缆的预留长度要求可结合工程实际情况，详见表 5-1。在站点、接头处、“S” 弯应按照规定长度预留光缆，既要便于后期的维修施工，又要避免光缆浪费和占用盘留空间。管道光缆的人（手）孔敷设预留长度应根据不同类型、不同大小的人（手）孔和维护习惯进行确定，不得使用统一长度。

表5-1　光缆预留长度要求及增长参考值

项目	敷设方式			
	架空	管道	直埋	水底
光缆接头每侧预留长度	5 ～ 10m	5 ～ 10m	5 ～ 10m	
光缆人（手）孔内自然弯曲增长		0.5 ～ 1m		
光缆缆沟或管道内弯曲增长		10‰	7‰	按实际
架空光缆弯曲增长	7‰～ 10‰			
地下局（站）内每侧预留长度	5 ～ 10m，可按实际需要调整			
地面局（站）内每侧预留长度	10 ～ 20m，可按实际需要适当调整			
因水利、道路、桥梁等建设规划形成的预留长度	按实际需要确定			

（3）制作两表

根据路由复测的结果按杆距、孔距、标石距排列数据，制作光缆路由长度表。该表应包含机房 ODF 或盘框至局前人（手）孔、电杆的地面长度，路由中相邻电杆、人（手）孔中心的间距，以及直埋、水底或丘陵山区、爬坡等敷设分段点的长度，通过累加求和得出每个中继段的地面长度，再依据光缆预留长度要求将各类余长数量填入光缆路由长度表。根据光缆路由长度表中不同敷设方式路由的地面长度，加 10‰的余量计算出中继段各段落需要的光缆预估长度。当相邻敷设段落所需光缆型号相同时，可将光缆预估长度相加。所有地面长度和预留长度相加的总和就是中继段的光缆预估长度。

将单盘检验合格的光缆按盘号、规格、型号和盘长等信息排列。从A端局向B端局，根据各种敷设方式从光缆信息中选择合适规格型号的光缆，按顺序排列光缆盘号等信息，生成光缆排列表。光缆排列表中各盘光缆长度之和应大于中继段光缆预估长度。

（4）定接续点

将光缆路由长度表和光缆排列表从A端向B端逐项相加求和，获得光缆长度的累加值。综合考虑两个表的累加值，合理确定接续点位置。当光缆预估长度小于光缆盘长时，敷设段落的分界点就是接续点位置。当差值较大时，需要截断整盘光缆，剩余光缆可用于后续段落。

当工程工期紧急而需要在多个方向同时布放施工时，宜在配盘时准备“调整盘”，当路由长度只需要使用一盘光缆的一部分长度时，则这盘光缆可作为调整盘，用于调整的光缆长度不小于500m。一般情况下，一个自然段落配置一个调整盘。配盘时需要注明调整盘的具体位置，当光缆从两端向中间布放时，调整盘应作为中间合拢盘在最后布放，当布放光缆出现距离延长或缩短时，可以通过调整盘的缆长来调整。

出局使用阻燃光缆时，整盘阻燃光缆为2000～3000m，并截成两段分别在两个机房敷设。当光缆预估长度大于光缆盘长时，可选择缩短光缆预估长度，缩短光缆长度对应的电杆或人（手）孔位置就是出局接续点，通常这种偏差范围在一个杆距、人（手）孔距以内，约为50m。

架空光缆接续点应落在杆上或杆旁内1m处，应避开水塘、河流、沟渠、道路、铁路等。当预设接续点是引上电杆时，一般将光缆接续点改为附近的人（手）孔。

管道光缆接续点应优先选择具有接续条件的人（手）孔，接续点应避开交通要道。通道、槽道中的接续点位置不固定，一般按敷设长度选择，优先选择环境干燥、干扰较少、便于接续操作的位置。

直埋光缆的接续点位置不固定，需要按照路由环境将不同型号的光缆段落分开布放，形成几个自然段，然后以自然段为配盘单元进行配盘。直埋光缆接续点应安排在地势平坦、地质构造稳定的地点，并避开水塘、河流、沟渠、铁路、桥梁等。光缆排列表中的光缆盘连接点可以作为接续点，如果现场有复测时留下的桩号或预设的标石号，可以以“编号±100m”的方式记录接续点，方便后期查找和施工。

（5）调整缆盘

施工单位会选择不同型号的光缆进行架空、管道、直埋敷设，根据现场环境需求，部分型号的光缆可以替换预设的光缆，替换的优点是减少光缆断点和线路损耗。普通光缆和特种光缆的区别主要在外护套的厚度和材料上，通常，特种光缆可代替普通光缆，高强度光缆可代替低强度光缆，直埋光缆可代替管道光缆，反向替代则会出现光缆损伤，不可操作。

常用普通光缆和特种光缆的性能介绍见表5-2。

表5-2 常用普通光缆和特种光缆的性能介绍

序号	光缆种类	性能介绍
1	阻燃光缆	按设计配置（一般在机站内或局内使用）
2	普通直埋光缆（I 型）	用于野外一般地段（包括较小的河渠）及介于直埋地段中间的桥上敷设
3	加强型光缆（H 型）	用于坡度超过 30°、距离较长的山坡，用于采用“S”弯敷设或其他保护措施实施有困难的较长地段或沼泽、流沙等不稳定的直埋地段，以及河床被冲刷、岸滩稳定性较差的较小河流地段敷设
4	直埋防蚁光缆	用于长期白蚁活动猖獗、危害严重的野外地段敷设
5	加强型防蚁光缆	用于山地爬坡、防蚁地段敷设
6	水底光缆	用于河床被冲刷、岸滩稳定性较差的一般河流地段敷设

（6）绘制配盘图

当光缆配盘结束后，将配盘结果填入中继段光缆配盘图，如图 5-2 所示。手动填写的配盘图称为临时配盘图，此时标石号可以是临时编号，光纤长度一般填写单盘测试纤长。临时配盘图需要上报建设单位或监理单位，经审核通过后方可进行后续的光缆敷设工作。

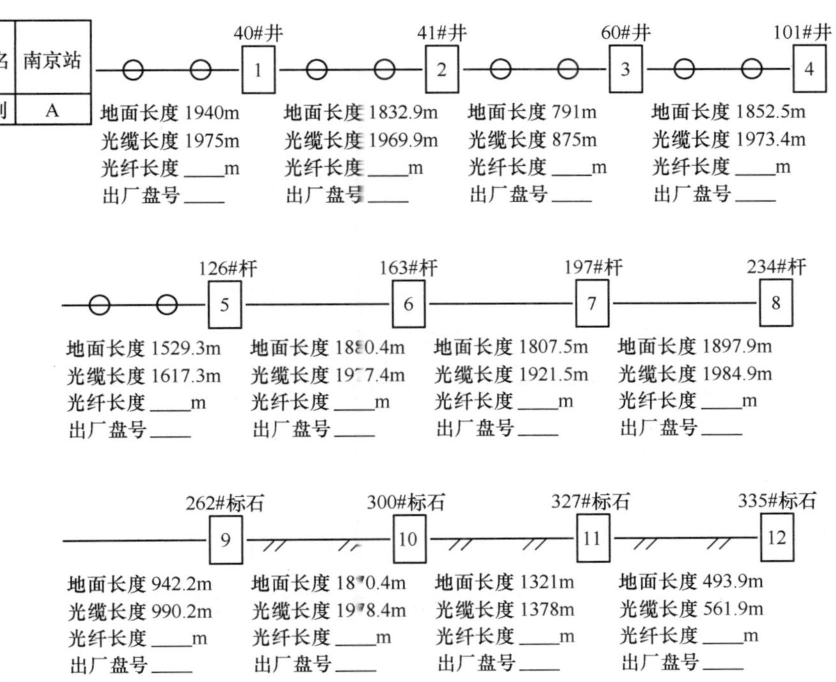

图5-2 中继段光缆配盘图示意

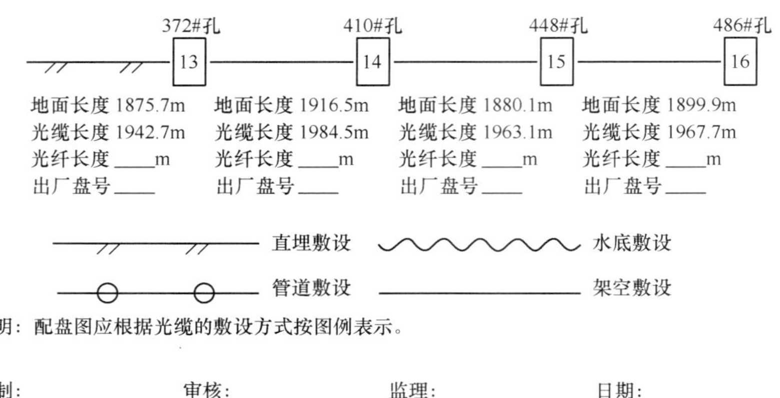

图5-2　中继段光缆配盘图示意（续）

在光缆敷设施工时，应按照配盘图上的光缆盘号次序和位置选用光缆。在施工过程中，当光缆使用情况发生变化时，需要及时修改临时配盘图，经监理单位批准后才可以使用。此时的配盘图与竣工资料中的配盘图并不相同，允许存在偏差。

将光缆路由长度表和光缆排列表的信息输入计算机，将确定接续点的规则编程作为算法，可以利用软件进行配盘。配盘软件可以从 A 端、B 端或中间任何一点向另外的方向配盘，一次可输出 2 ～ 5 个配盘方案，完成配盘方案后，配盘软件可以快速输出结果。

5.1.3　敷设准备

光缆敷设需要从人员、工具材料装车和敷设场地等多个方面考虑和准备。人员准备、工具材料装车一般在施工班组驻地或仓库完成，施工班组长是主要负责人，施工班组长应记录准备情况并上报项目经理。敷设现场准备应根据敷设地段的环境条件，在保证光缆不受损伤的原则下，因地制宜地架设光缆盘，并采用人工或机械方式敷设。

光缆敷设施工班组由班组长、技术员、安全员、4 ～ 8 名施工人员组成。班组长需要安排班组成员正常作息，考虑施工操作中可能会出现的问题，制定解决方案，并做好纸面的施工计划。班组成员需要互相检查携带的工具，不得遗漏。

光缆敷设使用工器具详见附录 E，使用材料详见附录 F。施工班组必须检查工器具的状况，有缺损的、遗失保护套的、难以正常转动开合的、附件缺失的工器具不得装车，应用合格工器具进行替换。

施工班组应核对材料的数量、检查材料的状况，做到残破材料不装车，登记不合格材料，与合格材料分别堆放，并报告班组长。耗材根据用量可以多备 20% ～ 100%。通常，施工班组成员在线路施工时会使用对讲机进行联络沟通，应提前准备对讲机并充满电。

放缆转盘、梯子、光缆盘、警示牌、成捆钢丝等器材体积较大、重量较重，装车时应根据需要安排多人搬运装车，不得出现抛扔工具和材料的现象。应挑选配盘图中指定的光缆装车，将光缆通过人力从斜面推上车或使用叉车、吊车装车。为了防止车辆行驶时光缆盘滚动，光缆盘必须牢牢固定在车厢里，不可松动。

到达敷设地点后，施工班组可依据环境确定光缆盘安放位置，光缆盘安放位置可以选择在田野中、道路边、卡车车厢中、船舶甲板上。敷设场所应有约 4m×6m 的空地，能够摆下放缆支架、放缆转盘或光缆盘。施工区域需要保持地面平整，应事先清除可能损伤光缆外护套、影响光缆敷设的树枝、石块、钢筋等杂物。施工区域应尽量避开交通要道，在有行人或车辆通行的区域，可以使用警示牌或放置交通安全筒，将放缆区域与通行区域隔离开，以充分保证敷设时光缆和施工人员的安全。在卡车车厢、桥梁内部、船舶甲板上施工时，应事先做好安全防护，以防施工人员从高处跌落。

直径较大或重量大于 0.5t 的光缆盘一般使用放缆架，如图 5-3（a）所示。直径较小、较轻的光缆盘可以使用放缆转盘，如图 5-3（b）所示。

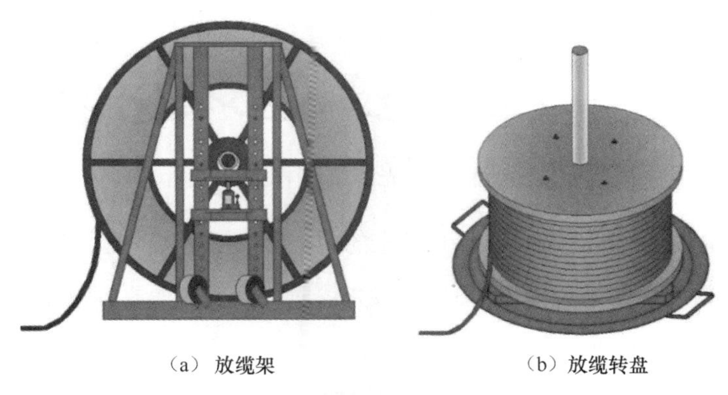

（a）放缆架　　（b）放缆转盘

图5-3　放缆架架设光缆盘

在光缆敷设过程中，必须使用放缆架或放缆转盘等专用设备架设光缆盘，并保证光缆盘能够灵活转动且光缆盘相对固定、不会侧翻。使用放缆架时，应将放缆千斤顶放置于平稳的地面，保持千斤顶两边高度相同；应将横杠穿过光缆盘中心轴，推盘至放缆千斤顶位置；应将横杠位于千斤顶支架上方，升起千斤顶托起光缆盘，光缆盘底部距离地面应大于 40cm。人工推动光缆盘时，可从光缆盘的上方取出光缆，去除缆头 20cm 护套及缆芯，将加强芯打弯并扭绞做成牵引环，用于牵引光缆。

单盘光缆的制造长度一般在 2000 ～ 3000m，在 1000m 内的区域敷设光缆时，可以选择从敷设段落的一侧向另一侧敷设；在大于 1000m 的区域敷设光缆时，宜将光缆盘放置在计划敷设段落的中间或有难度的位置，再分别向两侧敷设。敷设时应查看光缆盘外侧的光缆端别，按照端别顺序敷设。

光缆从中间向两个方向敷设时，敷设完成一个方向的光缆后，再将剩余的光缆从光缆盘上解下，一般用盘“8”字的方法在地面圈绕光缆，使光缆盘内侧的缆头露出，再使用露出的光缆头继续向另一方向敷设，光缆盘“8”字盘绕如图5-4所示。光缆盘“8”字盘绕可以避免光缆在直接绕圈时产生的光缆绕圈现象，光缆绕圈样式如图5-5所示。光缆绕圈容易出现光缆打结、弯折、打小圈现象，导致光缆内部光纤受压产生损耗，严重时甚至断纤。

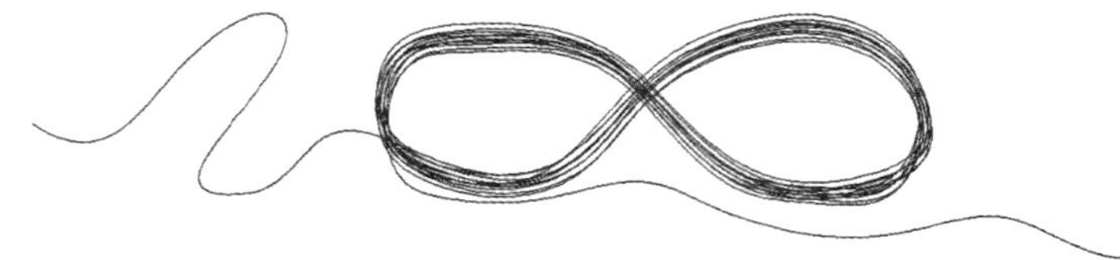

图5-4　光缆盘“8”字盘绕

图5-5　光缆绕圈样式

推盘和拉拽光缆过程中应保证光缆外护套的完整性，无扭转、打小圈和浪涌现象。光缆在敷设过程中的最小曲率半径见表5-3。敷设光缆时，光缆弯曲直径通常大于60cm。敷设过程中应避免光缆端头长时间浸水，并应保证直埋光缆金属护套对地绝缘良好。光缆在各类管材中穿放时，光缆外径不宜大于管孔内径的90%。

表5-3　光缆在敷设过程中的最小曲率半径

光缆外护层形式	无外护层或04型	53、54、33、34型	333、43型
静态弯曲	10*D*	12.5*D*	15*D*
动态弯曲（敷设安装期间）	20*D*	25*D*	30*D*

注：*D*是光缆直径。

光缆敷设完成后，应保证缆线和纤芯良好，缆头应作密封防潮处理，不得浸水，管道口应封堵严密。敷设后的光缆路由应有清晰永久的标识，便于使用和维护时识别，除了在光缆外护套上加印字或者标志条带外，管道敷设和架空敷设的光缆还应加挂标志牌，直埋光缆应敷设警示带。

5.1.4　光缆受力

在敷设光缆时，需要考虑光缆所能承受的允许拉伸力和允许压扁力。以目前使用量较大的层绞填充式室外光缆为例，层绞填充式室外光缆的允许拉伸力和允许压扁力见表 5-4。

表5-4　层绞填充式室外光缆的允许拉伸力和允许压扁力[1]

敷设方式	允许拉伸力（最小值）			允许压扁力（最小值）		适用光缆型式示例
	F_{ST}/G^2	F_{ST}/N	F_{LT}/N	F_{SC}/（N/100mm）	F_{LC}/（N/100mm）	
管道 非自承架空	1.0	1500	600	1000	300	GYTA、GYHTA、GYTS、GYHTS、GYTY53、GYFTY、GYFTY63
直埋（Ⅰ）	—	3000	1000	3000	1000	GYTA53、GYTY53、GYFTY63
直埋（Ⅱ）	—	4000	2000	3000	1000	GYTA53、GYTY53
水下（Ⅰ）、 直埋（Ⅲ）	—	10000	4000	5000	3000	GYTA33、GYTS33
水下（Ⅱ）	—	20000	10000	5000	3000	GYTA33、GYTA333、GYTS33、GYTS333
水下（Ⅲ）	—	40000	20000	6000	4000	GYTA333、GYTS333、GYTS43

注：1. 源自 YD/T 901—2018《通信用层绞填充式室外光缆》。

2. 当 1000m 光缆的重量 G 为 1500 ～ 3000N 时，F_{ST}/G =1.0，即 $F_{ST}=G$；当 $G>3000$N 时，F_{ST} 最小为 3000N。

针对表 5-4，需要注意以下内容。

① 敷设方式中的 I、II 和 III 用以区分允许力值。

② F_{ST} 为短暂拉伸力；F_{LT} 为长期拉伸力；G 为 1000m 光缆的重量，单位为 N；F_{SC} 为短暂压扁力；F_{LC} 为长期压扁力。

③ 同一结构型式可有不同的拉伸力要求，应在订货合同中规定；如无明确要求，拉伸力及压扁力取较低值。

④ 光缆派生型式的拉伸性能要求、压扁性能要求和其对应的主要型式的要求相同。

在各种敷设方式下，光缆的允许压扁力指标相对允许拉伸力均偏小。管道、非自承架空敷设的光缆，F_{LC} 为 300N/100mm，数值相当于重 60kg 的人双脚并拢（接触面 200mm）站在光缆上，当光缆在道路附近敷设时，需要避免光缆遭到车辆或重物碾压。光缆加强芯对束管产生压力，会出现光缆打小圈（打背扣）和光缆侧向拉伤。打小圈会使外缆表面有明显的扭伤，对光缆的损害范围在小圈内 2 ～ 3cm 的束管上；光缆侧向拉伤无法在光缆表面体现，必须使用仪表对光纤进行测试才能发现光缆受损，一般情况，光缆损伤段落为 1 ～ 2m，无法修复只能截断光缆。

错误的拉拽方式示意如图 5-6 所示。人孔口光缆拐弯点受力分析如图 5-7 所示。人孔口光缆拐弯点瞬间受力部位长约 20mm，将光缆允许压扁力代入计算。相对于静态压扁力 300N/100mm，对应的压扁力为 60N；相对于动态压扁力 1000N/100mm，对应的压扁力为 200N。当外力超过 200N 时，光缆会受到损伤。

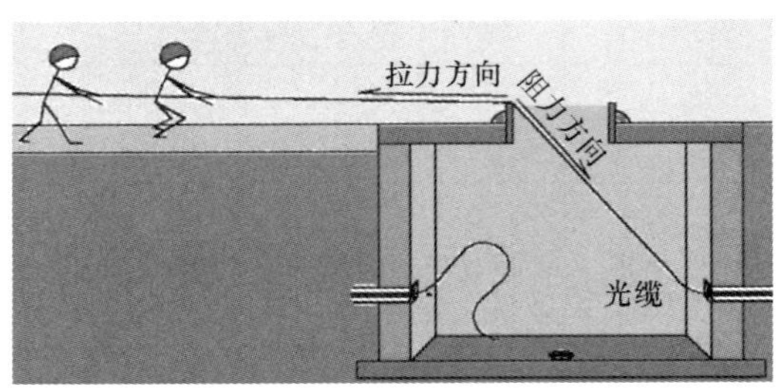

图5-6　错误的拉拽方式示意

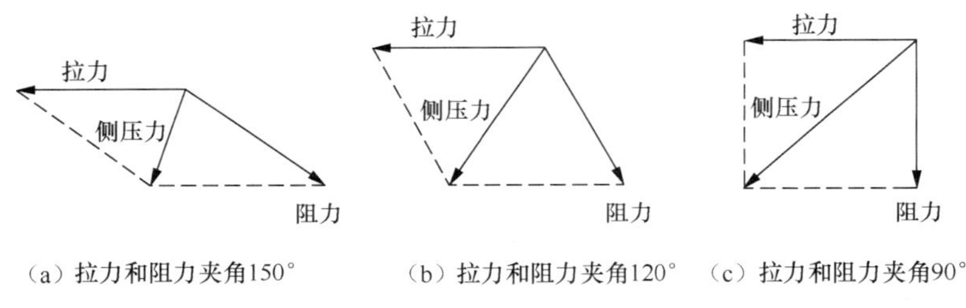

图5-7　人孔口光缆拐弯点受力分析

按两名施工人员每人拉力约为 400N，拉力合计约为 800N。图 5-7 中 3 种情况的侧压力为：当拉力和阻力夹角 150º 时，侧压力约为拉力的一半，为 400N；当拉力和阻力夹角 120º 时，侧压力等于拉力，为 800N；当拉力和阻力夹角 90º 时，侧压力约为拉力的 1.4 倍，为 1120N。通过计算得出，这种拉缆施工方式下拉力和阻力夹角在 90º ～ 150º，光缆侧向受力均大于光缆压扁力，光缆会受到损伤。

敷设光缆时，为了避免光缆受伤应采取以下措施。敷设光缆不应盲目追求布放速度和一次长距离拉缆，宜小心、低速、短距离敷设。拉拽光缆的段落应小于 1000m，施工人员和光缆牵引机应分布于拉拽段落内光缆转弯的位置，提高过弯速度。不增加一次牵引光缆的施工人员，不追求拉动光缆速度。不使用汽车、拖拉机等拉力巨大易产生猛拉现象的机械敷设光缆。发现光缆拉拽受阻时，应立即暂停施工，检查光缆受阻原因；发现打小圈时，应立即暂停拉拽，恢复原状后方可进行敷设。光缆经过的路由拐弯点应分解为人工两次拉缆或使用一个或多个滑轮组，增加光缆在拐弯点的接触长度，降低压扁力。使用放缆滑轮组辅助放缆可减少光缆的损伤，如图 5-8 所示。不能使用木棍、锹柄等半径小于 30mm 的圆柱体作为拐弯引导部件，可以使用抗侧压能力较好的直埋铠装光缆替换层绞式光缆。

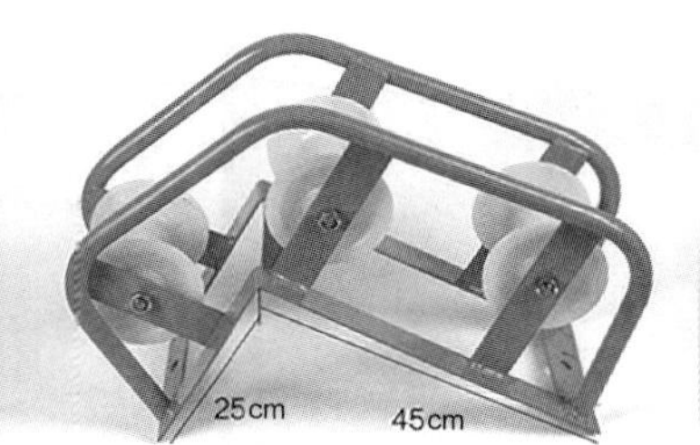

图5-8 两种辅助放缆滑轮组

5.2 架空敷设

将光缆架设至已有杆路上的敷设过程称为架空敷设。架空敷设光缆方便维护，但易受外界气候、自然环境、人为因素的影响。

5.2.1 架空简介

根据光缆结构、光缆和吊线固定方式不同，架空敷设可以分为挂钩法、自承式和缠绕法3种。

挂钩法是运用较广泛的一种架空敷设方式，光缆通过预先架设好的钢绞线吊线路由进行敷设，挂钩法架空敷设光缆示意如图5-9所示。

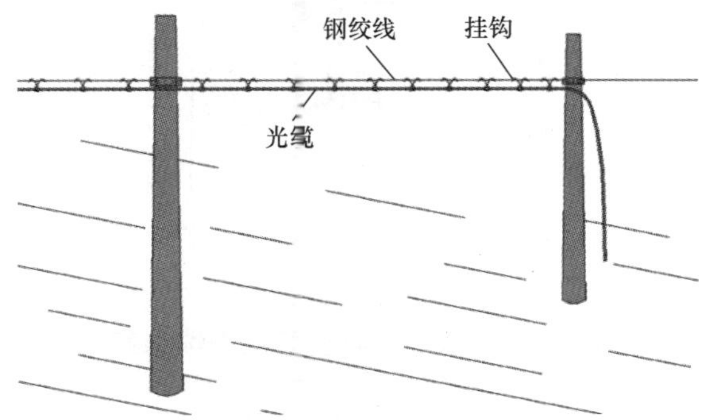

图5-9 挂钩法架空敷设光缆示意

自承式敷设是自承式光缆所使用的敷设方式。“8”字形自承式光缆在正常杆距的电杆上敷设，光缆的上部结构是吊线，当自承式光缆经过电杆时，将上部吊线与下部光缆分离，将上部吊线固定在电杆上的专用夹具中并拧紧，便完成敷设。架空敷设自承式光缆示意如图5-10所示。全介质自承式光缆（ADSS光缆）是电力通信光缆，可以用在超过正常杆距的两个铁塔之间。安装敷设 ADSS 光缆需要安装悬垂线夹、耐张线夹等专用挂具。

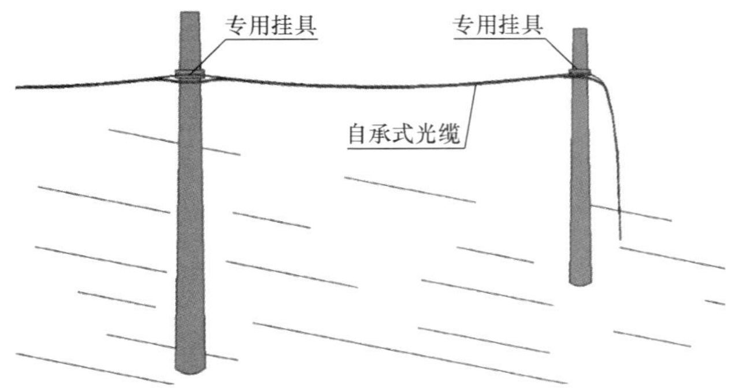

图5-10　架空敷设自承式光缆示意

缠绕法是一种新型架空敷设方式，敷设过程使用光缆捆扎机，利用特殊缠绕钢丝将吊线和光缆捆扎成为一个整体，捆扎过程由人工在地面拉拽光缆捆扎机完成。通常两人一组 8 小时可完成 2000m 的光缆架设。缠绕法使用经过特别退火处理，具有足够的机械强度和防腐蚀性能，直径 1.0 ～ 1.1mm 的高纯度合金不锈钢丝作为缠绕线。用于室外的缠绕钢丝必须具备优良的防腐蚀能力，通常选用普通品质 430 合金钢丝、高品质 302 合金钢丝和超级品质 316 合金钢丝 3 种材料。合金钢丝的寿命能够达到 40 年，且受气候影响小，不需要定期更换，因此可以节约大量维护成本。缠绕法敷设光缆后，光缆无法挪动，抽放光缆时必须切断拆除缠绕钢丝，因此对光缆变更较多的线路不建议使用缠绕法。缠绕法架空敷设光缆示意如图 5-11 所示。

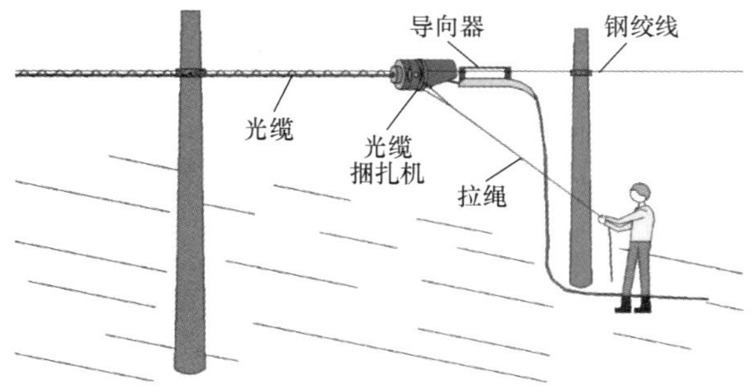

图5-11　缠绕法架空敷设光缆示意

本节主要介绍挂钩法架空敷设光缆。挂钩法架空敷设过程可分为架空敷设准备、光缆布放、卡挂挂钩、光缆整治、线路保护、安装标志牌等步骤，挂钩法架空敷设光缆施工流程如图 5-12 所示。当光缆从管道 / 地下敷设转为架空 / 地上敷设时，需要引上敷设光缆。

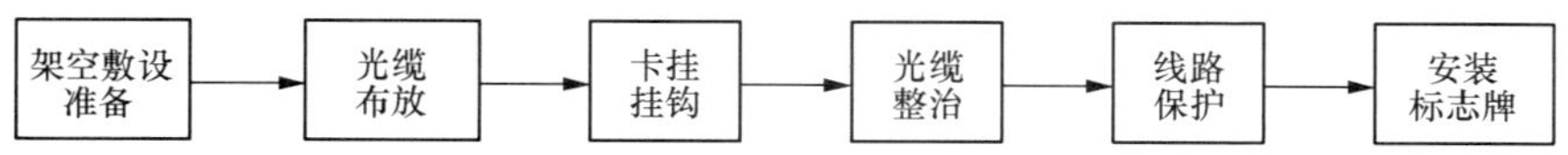

图5-12　挂钩法架空敷设光缆施工流程

架空敷设准备除了一般的准备内容，需要特别注意的点在于：架空光缆敷设的作业地点在地面 2m 以上位置，属于高空作业，施工人员应持高处作业操作证；施工前必须按要求做好施工区域的围挡和警示；架空光缆敷设存在与电力线交越，易发生触电的风险，施工人员需要对吊线导电情况进行测量，施工过程中应仔细观察作业区是否与电力线存在交越，做好绝缘措施后方可继续作业。

光缆挂钩是架空敷设的主要材料，挂钩程式是以挂钩直径的大小表示的，可参照表 5-5 选用。挂钩程式应与所挂光缆直径相适应，不宜过大，而过小也会磨损或卡坏光缆。

表5-5　光缆挂钩程式

挂钩规格 /mm	光缆外径 /mm	用于吊线规格 /mm	每只挂钩自重 /N
25	＜ 12	7/2.2	0.36
35	12 ～ 17	7/2.2	0.47
45	18 ～ 23	7/2.2	0.54
55	24 ～ 32	7/2.6	0.69
65	＞ 33	7/3.0	1.03

5.2.2　光缆布放

架空光缆布放应保证光缆的完整无损，保证人身安全，且不影响交通。光缆敷设线路沿线应有专人检查安全，不能将光缆在地面上长距离拖行，否则光缆护套甚至光缆的内部构件容易受到损伤。

缆头穿放必须准确，不得绕电杆、绕树枝、绕拉线，不得与同路由光缆缠绕。光缆挂在电杆上的位置应始终一致，不得上下或左右移位，距离远的或主干光缆挂在上面，距离近的或配线光缆挂在下面。

牵引光缆途中如遇有障碍物或跨越电力线时，应立即停止牵引，及时采取安全措施；在大角杆和牵引前方，均应派人看管，以防发生事故。牵引光缆的速度要保持均匀，人工牵引速度宜为 10m/min，其他牵引方式以不超过 75m/min 为宜。

架空光缆敷设可以采用人工的“先布放后挂钩法”“预挂挂钩牵引法”“动滑轮边放边挂法”和“定滑轮牵引法”，也可以根据施工环境采用半机械的“汽车牵引动滑轮托挂法”进行敷设。

（1）先布放后挂钩法

先布放后挂钩法通常用于杆路路由在郊区、田野等没有外界人员、车辆干扰的区域。

该方法是将光缆沿杆路路由在地面进行牵引布放，在杆路沿线的转角处安排人员检查光缆情况并分段牵引光缆。在牵引光缆的过程中，光缆不得随意穿越吊线或与原有线缆交叉，如果发现光缆位置错误应立即改正；光缆与其他线缆交越时可以临时安装辅助穿越管道，待光缆敷设完成后再拆除辅助穿越管道。

计算好光缆布放预定长度或缆头放至预定位置后，施工人员沿路由按 50 ～ 100m 使用两个挂钩的标准，将地下的光缆挂在吊线上。两个挂钩的受力脚应相对，保证拉动光缆时挂钩不会移动；挂钩的受力脚必须都挂在吊线上，否则光缆易扭曲。此时，挂钩间隔较大，光缆呈大波纹状，随后布放挂钩人员携带挂钩和滑车上杆，按挂钩间隔要求将光缆敷设在吊线上。

（2）预挂挂钩牵引法

预挂挂钩牵引法通常用于杆路路由有障碍物的场景，预挂挂钩牵引法如图 5-13 所示。架设时，首先在架设段落的两端各安装一个滑轮，然后在吊线上每隔 50cm 预挂一个挂钩，挂钩的死钩应与牵引方向逆向，以免在牵引光缆时被拉跑；当线路有角杆时，角杆上应安装滑轮，必要时安排人员在杆上牵引光缆，以防止光缆在角杆处被磨损。

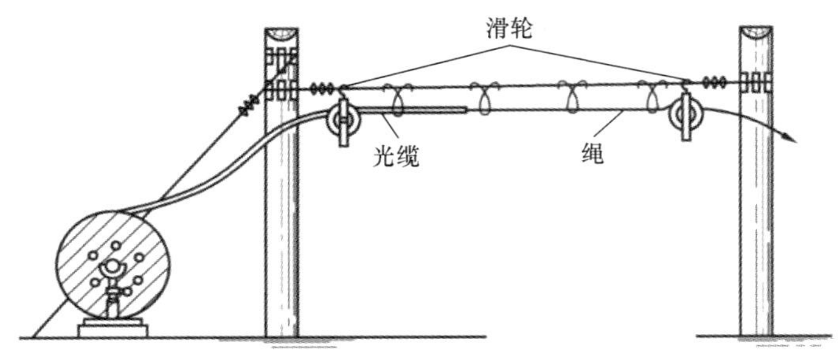

图5-13　预挂挂钩牵引法

在布放挂钩时，先将 Φ3.0mm 钢线穿过所有的挂钩及角杆滑轮，敷设较细的光缆时可直接利用 Φ3.0mm 钢线牵引光缆；敷设较粗的光缆时，要将 Φ3.0mm 钢线的末端绑扎抗张力较大的棕绳，利用 Φ3.0mm 钢线将棕绳带进挂钩，在棕绳的末端利用光缆网套与光缆连接，连接处的绑扎必须平滑，以免经过挂钩时发生阻挡和停顿；使用人力或机械拖动棕绳时，应使棕绳牵引光缆穿过所有的挂钩，将光缆敷设在吊线上。

使用棕绳或麻绳，拉动时绳索长度变化较小，而一般不使用弹性较大的尼龙绳。预挂挂钩牵引法的牵引距离不宜过长，约 200m，若光缆外径较细时，可以一次敷设 500m，甚至更长的距离。

（3）动滑轮边放边挂法

动滑轮边放边挂法适用于杆路路由没有障碍和可人工施工的情况，动滑轮边放边挂法如图 5-14 所示。施工时，先确认杆路路由周围无危险源，将光缆沿着电杆路由布放在地面上，一人上杆在吊线上挂好一个动滑轮，在动滑轮上拴好拉绳；连接吊椅与动滑轮，将光缆放入动滑轮槽内，光缆的一头扎牢在电杆上；一人坐在吊椅上挂挂钩，1 ～ 2 人按挂钩的速度拉绳，另一人辅助托运光缆，使光缆不出现急转弯；4 人密切配合，边挂光缆、边拉绳、边整理送缆，直至地面上的光缆挂到吊线上。

动滑轮边放边挂法在过电杆时，需要人辅助跨越电杆，应重新安装吊椅，再继续施工，光缆余线也应同时绑扎到位。动滑轮边放边挂法和先布放后挂钩法相结合，可以实现多个施工班组同时施工，大幅提高工作效率。

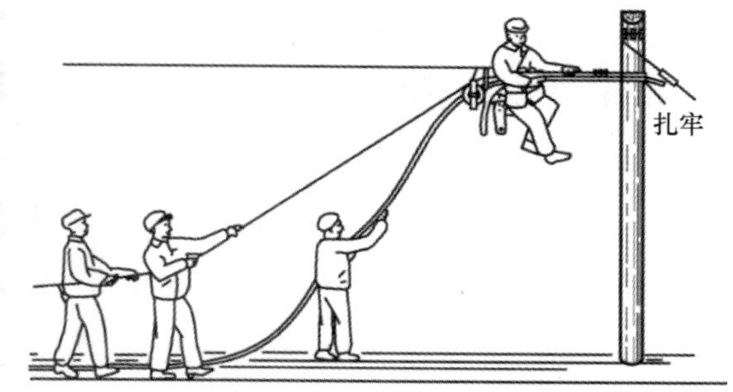

图5-14　动滑轮边放边挂法

（4）定滑轮牵引法

定滑轮牵引法适用于杆下有障碍物不能通汽车的场景，定滑轮牵引法如图 5-15 所示。光缆盘放置在电杆后方，在光缆端头套上网套，并用 Φ1.5mm 钢线扎紧网口，绑扎平滑，以避免光缆经过定滑轮时受到阻滞；在吊线上每隔 5 ～ 8m 挂一个定滑轮，定滑轮的滑道宽度要略大于光缆直径；用细绳穿过所有的定滑轮，并用抗张力较大的棕绳做牵引绳；牵引绳的一端连接光缆网套，另一端由人力或机械牵引，牵引时速度应均匀，稳起稳停，防止绳子突然拉动光缆引发事故；光缆放好后即时挂上挂钩，同时取下定滑轮。棕绳也可使用其他弹性较小、拉力合适的绳子替代，一般不使用尼龙绳。

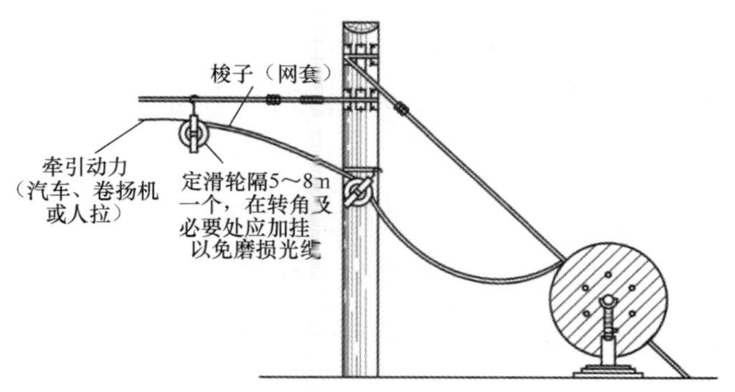

图5-15　定滑轮牵引法

（5）汽车牵引动滑轮托挂法

汽车牵引动滑轮托挂法适用于杆下无障碍物、架设距离较长、光缆较粗，且汽车能够通行的情形，汽车牵引动滑轮托挂法如图 5-16 所示。敷设时将放缆架固定在汽车上，从车厢引出光缆，光缆拖出适当距离；将光缆头穿过吊线上的一个动滑轮，并在起始电杆上扎牢，再将牵引绳的一端连接动滑轮，另一端固定在汽车上，在确保安全的情况下，将吊椅（滑车）

与动滑轮通过牵引绳连接起来。

准备工作就绪后，汽车缓缓向前开动，挂挂钩的施工人员坐在吊椅上按 50cm 间隔挂挂钩，中间可以按需绑扎余缆，直到光缆放完为止。汽车牵引动滑轮托挂法与动滑轮边放边挂法的施工过程基本相同，优势是可以在车辆行驶的同时布放光缆，减少一道工序；用汽车拉动挂挂钩人员，降低了部分人员的劳动强度。

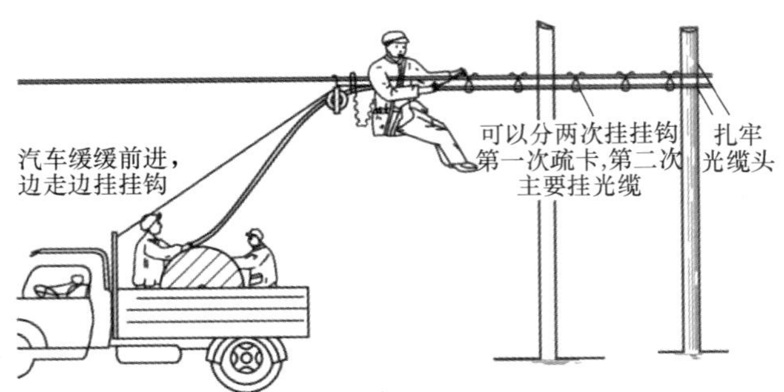

图5-16 汽车牵引动滑轮托挂法

5.2.3 卡挂挂钩

当光缆沿吊线路由布放完毕，经过现场检查光缆位置正确，没有穿越、交叉原有线缆，即可进行卡挂挂钩。卡挂挂钩可以单人操作，也可以多人配合，单人操作时需要一手拉拽钢绞线同时移动身体，一手进行卡挂挂钩作业，工作速度慢、效率欠佳。通常情况下，施工人员使用滑车进行卡挂挂钩作业，少量挂钩也可通过攀登梯子进行安装。挂设挂钩的同时可以检查光缆与电杆吊线的相对位置是否一致，发现移位时应立即调整，抽回光缆重新布放。

（1）挂设要求

挂设光缆挂钩时，要求间距均匀整齐，挂在吊线上的搭扣方向一致，挂钩的托板应齐全，挂好的挂钩应平直，不得有机械损伤；光缆挂钩的间距应为 500mm，允许偏差约为 30mm；在电杆两侧的第一只挂钩应距离电杆边缘 250mm，允许偏差约为 20mm。已挂好挂钩的吊线和光缆如图 5-17 所示。

（2）滑车使用要求

使用滑车前应先检查吊线强度是否能够支撑施工人员的重量，电杆上的吊线必须是 7/2.2mm 及以上程式的钢绞线制作而成，终结在墙壁上的吊线不准使用滑车。使用滑车前应检查滑车上的各个部件，确保其牢固、可靠，再检查吊板的绳

图5-17 已挂好挂钩的吊线和光缆

索、钓钩的牢固程度，如果钓钩已磨损1/4时，则不得使用。使用滑车时不准两人同坐一辆滑车；同一杆档的一条吊线上，不准有两辆滑车同时作业。在滑车上作业时，施工人员应将安全带围绳绕过吊线并锁紧。坐滑车过杆或经过光缆及吊线的接头时，应使用脚扣或梯子，严禁爬抱通过。安装滑车过程如图5-18所示。

（a）踏入滑车

（b）将滑车捆绑在身体上

（c）上电杆

图5-18　安装滑车过程

（3）挂挂钩过程

施工人员先在地面将滑车用保险带固定在自己的臀部；使用梯子或脚扣上电杆；将电杆一侧的光缆用皮线固定在吊线上；滑车的上滑轮压住吊线，光缆从下滑轮上方引入，关闭滑车的保险；用细绳吊上装满挂钩的挂钩包或工作包，挎背在身体一侧；将保险带挂在吊线上；按照挂钩间隔要求依次取挂钩、挂挂钩，直至到达另一端的电杆。坐滑车挂挂钩如图5-19所示。

图5-19　坐滑车挂挂钩

5.2.4　光缆整治

架空光缆整治内容包含杆间段、伸缩弯、余缆圈、吊线接头的处理。整治过程要求操作点不得遗漏，操作样式统一，通常是从敷设段落的一端向另一端整治。架空敷设预留光缆及安装接头盒示意如图5-20所示。

架空光缆敷设后，杆间光缆应自然平直，并保持不受拉力、扭力影响；其弯曲半径不得小于光缆外径的15倍；架空光缆与其他建筑物间的最小水平和垂直净距应符合规范要求。架空光缆每隔1～3根杆上做一处伸缩预留（俗称伸缩弯）。光缆的伸缩预留部位在电杆两侧的扎带间下垂200mm；光缆与电杆接触部位采用塑料波纹管保护；电杆上光缆伸缩预留示意如图5-21所示。整治过程应根据施工设计在预定位置安装余缆架、按设计需要的长度预留光缆、盘留余缆，多余的光缆应向未整理方向拉拽。

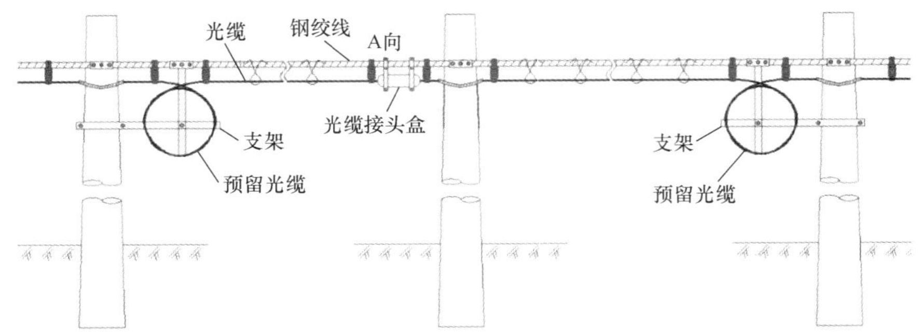

图5-20　架空敷设预留光缆及安装接头盒示意

当架空敷设的预留光缆位置较多，且没有具体设计要求时，可按照以下要求进行。每隔 500m 预留 6 ～ 8m 光缆，主要的角杆做 10m 盘留；101 ～ 200m 长杆档，两侧电杆上各预留 6 ～ 8m 光缆，200m 以上长杆档各预留 12m 光缆；在整百数杆（即数百米长度）处预留 10 ～ 20m 光缆，方便后期维修。如果角杆、四方拉杆上留有余缆，余缆应用塑料波纹管保护，伸缩弯中间用软扎线固定在电杆上，以减轻余缆与电杆接触面的摩擦。在架空光缆接头位置，多余的光缆通常盘圈后套在杆梢上，当接续取下余缆时，应仔细分辨光缆、电杆、吊线的位置，三者应位于同一面且不得交叉。

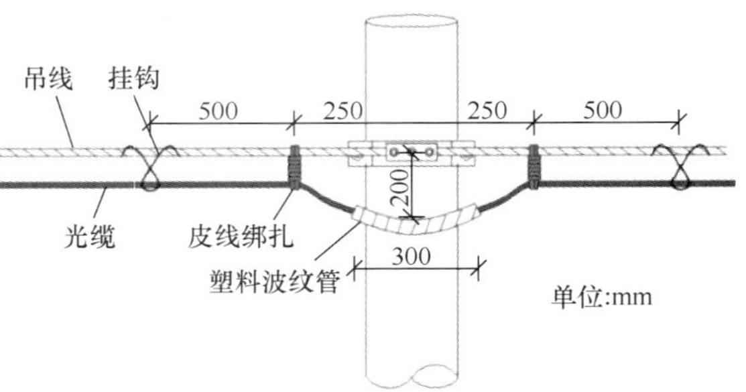

图5-21　电杆上光缆伸缩预留示意

架空光缆在吊线接续处不使用挂钩承托，改用单股皮线吊扎方式，吊线接续处的光缆吊扎如图 5-22 所示。光缆经十字吊线、丁字吊线等易磨损处应安装塑料波纹管，光缆在十字吊线处保护示意如图 5-23 所示。

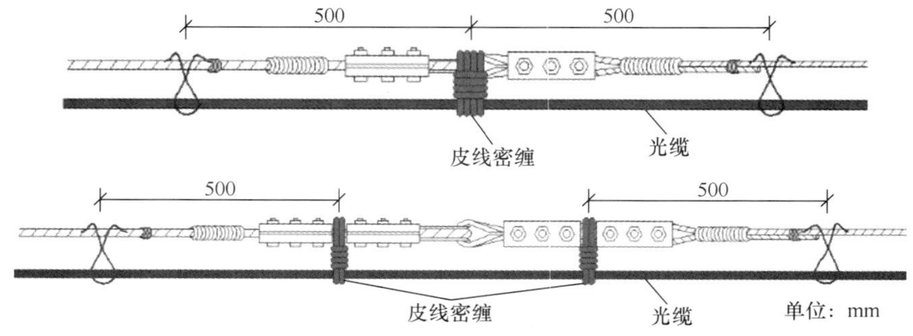

图5-22　吊线接续处的光缆吊扎

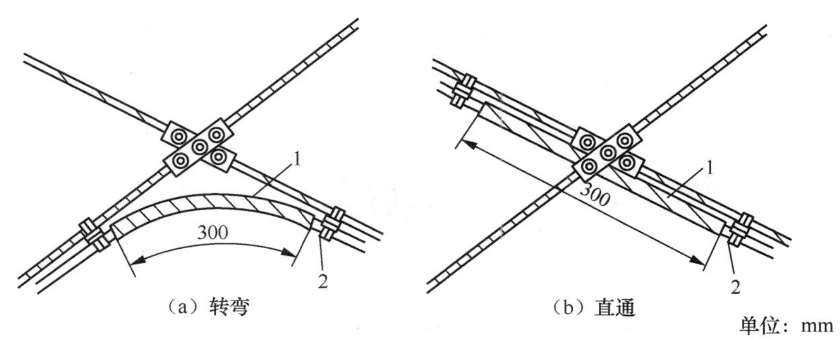

1—塑料波纹管；2—光缆

图5-23　光缆在十字吊线处保护示意

在十字吊线处、丁字吊线处的吊扎方法可参考图 5-24 进行操作，吊线接续处的光缆吊扎示意如图 5-24 所示。

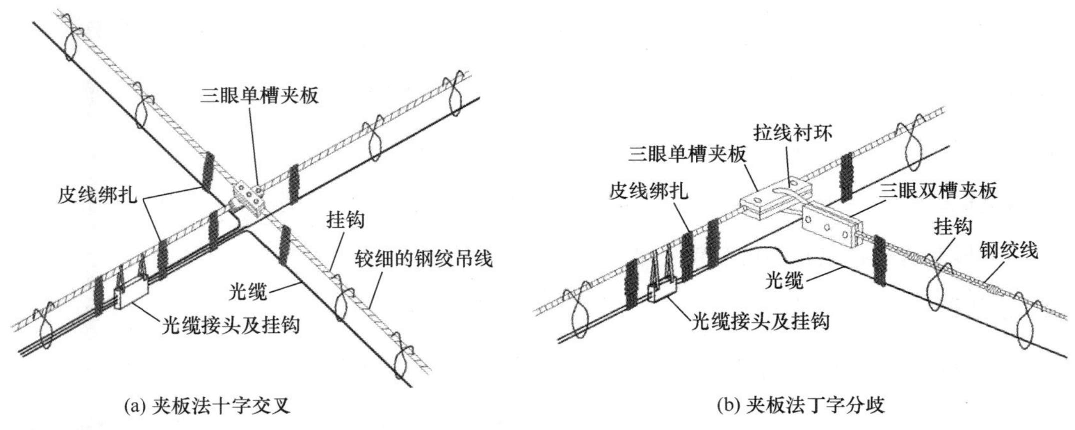

(a) 夹板法十字交叉　　(b) 夹板法丁字分歧

图5-24　吊线接续处的光缆吊扎示意

5.2.5　线路保护

架空光缆在光缆过路、与电力线路交越、引上、直接进机房等位置需要进行线路保护。这些保护是项目验收检查的重点，也是架空光缆正常工作的保证。

（1）电力保护

电力保护也称作三线保护，架空光缆与输电线交越并从高压电力线路下方通过时，应采用该保护措施。交越部分的架空吊线应加套绝缘保护管，绝缘保护管的材质、规格、长度应符合设计要求，保护长度为交越点两侧各 2m。电力线保护管安装如图 5-25 所示。安装电力线保护管现场如图 5-26 所示。

（2）保护管保护

架空光缆位于杆档间的部分紧靠树木、电杆等可能受到磨损的地方，应使用长度不小于 50cm 的纵剖 Φ34/28mm 聚乙烯塑料管保护，保护管安装方式如图 5-27 所示。

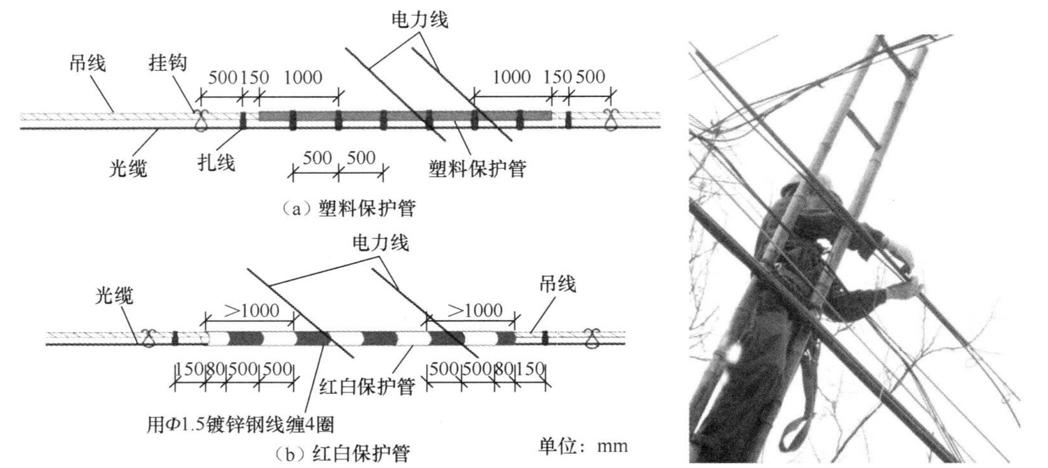

图5-25　电力线保护管安装

图5-26　安装电力线保护管现场

过路保护：光缆跨越公路时应在吊线上安装红白相间的吊线警示套管，并挂牌警示，吊线警示套管安装方式如图 5-28 所示。

加强保护：架空光缆跨越房屋或与其他建筑物隔距达不到标准要求时，应包石棉带保护，石棉带外用 PVC 带包扎或者套包阻燃管保护。

拉线保护：位于道路附近的拉线应安装红白相间的拉线警示管。拉线警示管用于提醒行人车辆不要靠近碰触拉线，避免受到伤害。拉线警示管外观如图 5-29 所示。

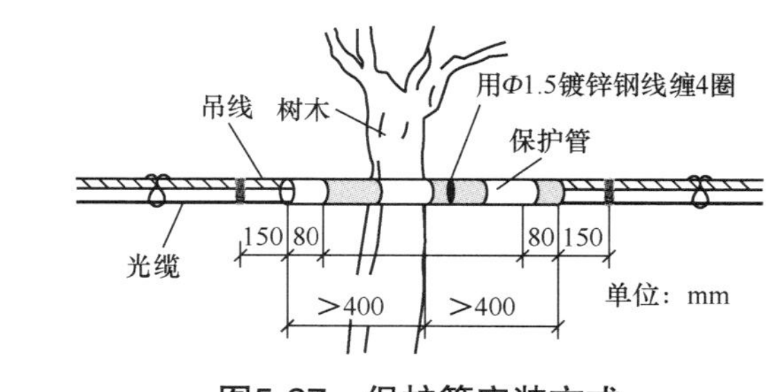

图5-27　保护管安装方式

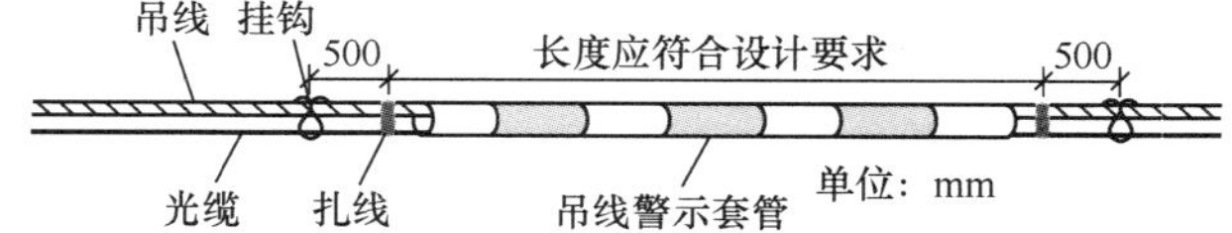

图5-28　吊线警示套管安装方式

图5-29　拉线警示管外观

新建架空光缆工程和专用杆路布放光缆，通常只安装一条吊线，吊线只挂一条光缆，整个杆路为一条光缆所用，光缆不需要安装标志牌。

当杆路架设多条吊线并有多条光缆挂设时，为了方便区分光缆，通常在角杆、过路杆、接头杆等特殊杆位对光缆安装标志牌。一条吊线挂设两条光缆，必须分别挂标志牌以便于区分。

5.2.6 光缆引上

光缆引上是指光缆从管道 / 地下敷设转为架空 / 地上敷设，主要用于人（手）孔至电杆，或人（手）孔至楼顶等情况。光缆引上的施工环境包含地面、杆上、人（手）孔、墙壁。材料包含引上保护管、子管、光缆。引上保护管一般采用钢管或硬 PVC 管，子管一般采用 Φ32/28mm 塑料子管。光缆引上时，杆上仅做滴水弯，如果有接续需要则光缆接头盒和余缆全部预留在地面的人（手）孔内。

（1）地面部分

光缆引上在地面由引上保护管保护。引上保护管在地面以上应为直管，地面以下应以弯形保护管过渡，地面以上的保护管高度不小于 2500mm，地面以下的弯形保护管深度宜在 600 ～ 800mm，引上保护管的管口应封堵。电杆引上时，地面以上的保护管应分别在距保护管上端管 150mm 处和距地面 300mm 处用 Φ4.0mm 钢线绑扎 6 ～ 8 圈，电杆光缆引上装置示意如图 5-30 所示。

墙壁引上时，地面以上的保护管应分别在距保护管上端管口 150mm 处和距地面 300mm 处用 U 形固定卡卡固，墙壁光缆引上装置示意如图 5-31 所示。

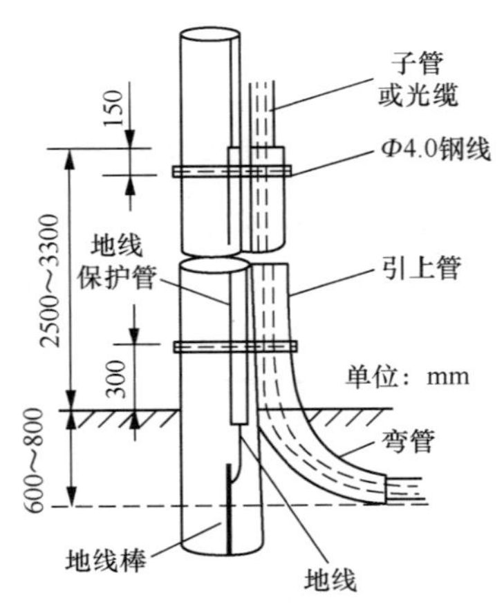

图5-30 电杆光缆引上装置示意

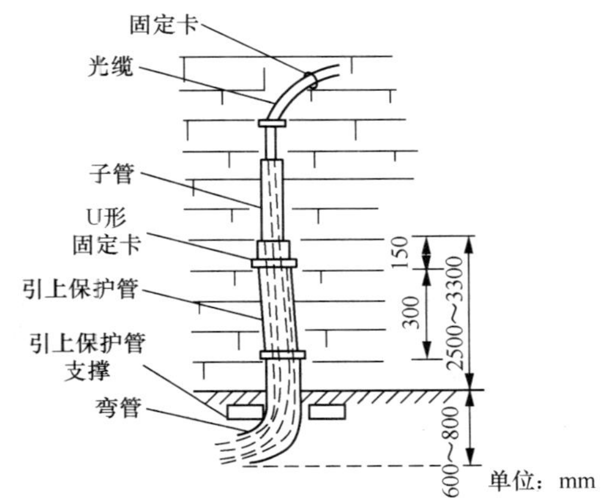

图5-31 墙壁光缆引上装置示意

光缆穿放引上时，引上保护管内应根据引上保护管的管径大小，穿放数根塑料子管，塑料子管伸出引上保护管上端口不应小于 300mm；在引上保护管下端口，塑料子管应延伸至人（手）孔内或地下直埋光缆沟底。塑料子管的管口应做封堵处理。有地线的引上杆，地线与引上保护管应一并绑扎并引至地线棒。

敷设的光缆全部盘于地下，应找出另一端光缆头，制作新的光缆牵引端头，用另一侧的牵引绳牵引新的光缆头向另一侧的管道布放，采用之前相同的牵引方法将全部光缆敷设完毕。

在牵引过程中，应严格控制光缆牵引力，光缆牵引力应不超过光缆允许张力的 80%，瞬间最大牵引力不得超过光缆允许张力的 100%，主要牵引力应加在光缆加强芯上。人工逐段接力牵引光缆的牵引速度应保持在 10m/min 左右，光缆牵引端头与牵引绳之间应加入转环。敷设管道光缆时可以使用石蜡油、滑石粉等作为润滑剂，严禁使用有机油脂。布放完成后，光缆应平直、无扭转、无明显刮痕和损伤；光缆出管孔 15cm 以内不应做弯曲处理。

（4）机械牵引

机械牵引是指利用牵引机对光缆进行牵引的方法。在使用过程中，牵引机的牵引力应小于光缆可承受的牵引力，必须保证光缆在转弯处的曲率半径满足要求。牵引机在运行过程中应保持匀速牵引，应保证牵引机夹持光缆的部位不会对光缆造成伤害。

目前，牵引机多用于与人工牵引相结合的施工环境。牵引机可以将牵引力控制在安全范围内，可避免多人拉拽光缆导致的牵引力过大问题，牵引机匀速牵引可避免拉拽光缆时发生突然用力的现象。通常，在中间人（手）孔内由人工牵引，在末端人（手）孔内使用牵引机作为主牵引，既减少了施工人员和牵引设备，降低了劳动强度，也提高了光缆布放速度。光缆牵引机如图 5-43 所示，一般不使用汽车、拖拉机对光缆进行牵引。

图5-42　管道光缆盘“8”字

图5-43　光缆牵引机

5.3.3 人（手）孔整治

人（手）孔整治主要在人（手）孔内完成，包含余缆整理和安装标志牌，有的工程要求埋设标石或安装地面标记。

（1）余缆整理

管道光缆布放完成后，人（手）孔内的光缆应在托架或人（手）孔壁上排列整齐，以环形或弧形靠贴孔壁。托架上的余缆应使用尼龙扎带、单芯护套线绑扎，其他固定位置一般采用射钉或打膨胀螺栓的方式固定，U 形固定卡的抗拉强度较低，一般用直径较细的光缆固定。光缆圈直径一般是 60cm，从上下左右 4 个位置固定在人（手）孔壁或托架上。同一项目的光缆不得上下重叠相压，不得互相交叉或从人（手）孔中间直接穿过；光缆在人（手）孔内管孔以外的裸露部分应使用塑料波纹管保护，并予以固定；塑料波纹管两端应使用塑料绝缘胶带或自粘胶带包裹；在靠近孔壁位置，塑料波纹管应深入塑料子管内部 5cm 后用自粘胶带绕 3 圈后封口。

在接头人（手）孔内，用于光缆接头的余缆的重叠长度应符合设计要求（一般为 5 ～ 10m）。接续完成后的光缆余长应按设计或维护的要求盘好并固定在人（手）孔内；光缆接头盒不应放在管道进口处的上方或下方；光缆接头盒宜安装在常年积水的水位线以上的位置，并采用保护托架或按设计方法承托；光缆接头盒的光缆出口距离人（手）孔两侧管道出口处的光缆长度应不小于 0.4m；为了不影响敷设新光缆，光缆和光缆接头盒不应阻挡空闲管孔。未接续的光缆端头应做密封防潮处理，可采用自粘胶带包裹缆头（约 10cm），或使用专用电缆热缩端帽封焊，光缆端头不可浸泡在水中。

管道光缆敷设完成后，需要检查全部人（手）孔内部，将孔内锯断的子管、多余的扎线、扎带头、波纹管捡拾干净，不得丢弃在人（手）孔附近。本次施工未使用的管口应用专用堵头或护缆塞封堵，防止污水、老鼠等进入。

（2）安装标志牌

管道光缆布放完成后，通常要求在人（手）孔的管孔出口、入口、余缆圈等醒目位置扎挂光缆挂牌、标志牌等识别标志物，注明本条光缆的用途、性能等信息。在接头人（手）孔内的光缆接头盒上应扎挂光缆接头挂牌，接头挂牌一般挂在光缆接头盒中央或靠近线路 A 方向一侧，挂牌的牌面应斜向口圈方向便于维护人员检查。在管道路由的地面上应按照设计要求安装地面标志牌。

5.4 直埋和硅芯管敷设

直埋敷设光缆是将光缆直接埋于地下的一种敷设方式，多采用人工施工方式，也可以采用机械施工方式。直埋敷设光缆多用于长途干线工程，直埋敷设一般使用含有钢带或钢丝铠装外护层的光缆。

直埋敷设施工内容包含路由检查、特殊点处理、缆沟开挖、光缆布放、缆沟回填、沟坎加固、埋设标石、安装标志牌等步骤，直埋敷设线路工程施工流程如图 5-44 所示。其中，路由检查、特殊点处理、开挖缆沟可以归为路由建设，缆沟回填、沟坎加固、埋设标石、安装标志牌可以归为线路整理。

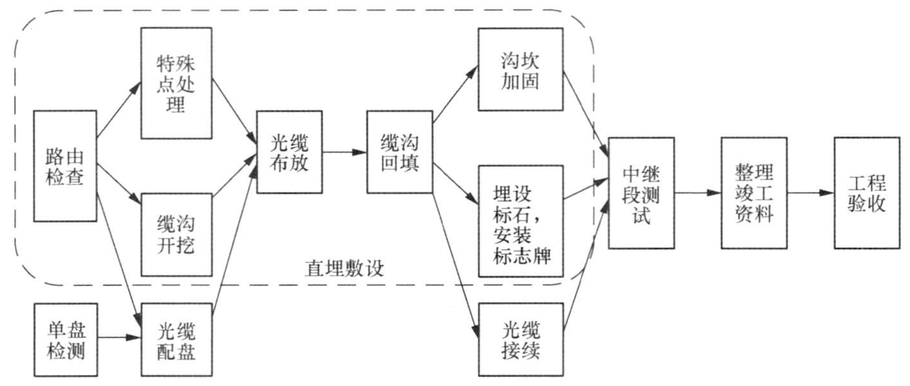

图5-44　直埋敷设线路工程施工流程

直埋敷设与架空敷设、管道敷设方式相比，光缆直埋于地下，环境温度 / 湿度基本恒定，受自然环境影响小、敷设费用低、施工方便、使用寿命长、维护费用低，但是建设初期投资占比较高，路由埋入地下，一般不具备重复使用的条件，投入使用后光缆线路扩容、拆除、查找故障维修比较困难。

随着通信施工技术的发展，在直埋敷设的优点和管道建设的优点相结合下，产生了硅芯管管道敷设技术。硅芯管敷设路由的环境与直埋敷设基本相同，硅芯管敷设的管材长度可以达到 1200m，大于普通管道的井距。硅芯管敷设的主要工作量在管沟挖掘和管道敷设，一次投资较高；硅芯管敷设包含人（手）孔建设，可以布放多孔管道，便于后期光缆线路扩容；硅芯管管道建成后可采用气吹方式敷设光缆，能够快速完成光缆的布放、拆除和替换，硅芯管管道中可使用普通光缆布放。

5.4.1　缆沟开挖

缆沟开挖作业区域一般位于郊区或野外，要考虑施工人员教育培训和施工对周围环境的影响。采用人工开挖时，施工工程存在施工地点多、参与人员多、挖沟质量不易控制的问题，在施工准备阶段，除了人员组织和施工器材准备，还需要对挖沟人员进行安全、质量要求的培训，使其了解必要的光缆敷设安全常识和挖沟技术标准。为防止路由沿线人员、家畜、家禽跌落沟槽，需要向周围住户进行安全宣传（例如不在沟槽周围玩耍、放养家畜家禽）。缆沟开挖会切断交通，沟槽挖好后通常要达到较长的敷设距离才可以敷设光缆或硅芯管，交通中断的时间较长；在交通路口开挖缆沟时应及时填平或搭建临时便桥，尽快恢复交通；预埋临时管道时，可以在保留光缆、硅芯管穿越通道的基础上，先恢复现场交通；在交通繁忙的道口开挖缆沟时应做施工围挡，插小红旗或拉警示带作为区域警示，夜间应安装红灯作为警示信号。

直埋光缆和硅芯管敷设的路由建设过程基本相同，包含路由检查、特殊点处理、缆沟开挖 3 个步骤。通常，挖掘 2000 ～ 3000m 敷设一盘光缆的缆沟需要一个施工班组人工挖掘 7 ～ 10 天。

（1）路由检查

直埋敷设光缆和硅芯管敷设光缆路由的主要部分在郊区、野外，受人为干扰较小，但是建设进程推进伴随季节更替，以及道路、矿山、码头、企业、农场区域的实际路由与设计图纸中的路由容易产生变化。在路由复测完成之后仍需要按照复测要求对沿线路由进行检查，发现路由变化后应提出解决方案和具体措施。新路由的选择需要符合原路由设计原则并满足以下要求。

① 直埋敷设光缆路由应避免敷设在未来会修建道路、新建房屋和挖掘取土的地点，且不宜敷设在地下水位较高或长期积水的地点。

② 硅芯管敷设光缆路由不宜选择在地下水位高和常年积水的地区；路由应便于管材、光缆及空压机、吹缆机等机械设备运达，便于施工和维护；路由沿靠公路时应优先选择在稳定的高等级公路中央分隔带下敷设，当路径受限时也可在路肩、边坡和路侧隔离栅以内建设，但应充分考虑道路拓宽等因素的影响；利用硅芯管管道敷设的长途光缆线路进城时，宜利用现有通信管道。硅芯管敷设要求类似于直埋敷设光缆，保证其埋深、与其他地下基础设施的安全隔距是光传输系统安全运行的基础，管道与其他地下管线或建筑物间的隔距应符合与其他建筑设施间最小净距的相关规定，必须严格执行，见附录 A。硅芯管敷设光缆路由中间位置的人（手）孔的建设地点需要和管道路由统筹考虑，应选择在地势平坦、地质稳固、地势较高的地方，应避开水塘、公路、沟、水渠、河堤、房基、规划公路、建筑物红线等地点。

路由检查的目的是及时发现问题，尽快汇报，并提供解决措施，为尽早解决问题节约时间。路由检查可以为特殊点处理提供图纸信息和现场测量数据，可以为编制光缆配盘图提供较精确的地面距离。当施工班组进入新的施工段落，应先检查路由，熟悉施工环境。施工过程中可根据路由检查和设计变更要求修正施工图纸，为绘制竣工图做准备。

路由检查发现问题的处理方式、注意事项与路由复测基本相同。问题涉及路由变更且距离小于 500m 时，可由施工单位、监理单位现场确定，做好记录，并以书面形式报告建设单位备查；路由变更且距离大于 500m 时，应按规定报告建设单位、监理单位、设计单位，按设计变更处理流程。

（2）特殊点处理

特殊点处理主要是指线路穿越铁路、公路、河湖、沟、坎等采用普通开挖方式无法保证路由安全的处理方法。特殊点处理应先制定单独的施工措施，再进行施工，施工时可以与主体工程同时施工，也可以单独施工，但是特殊点处理应与缆沟开挖同步结束，否则会造成路由断点，影响后续光缆或硅芯管的敷设。

特殊点的处理方式按照工程量大小、工期长短、保护时间长短可以分为 3 类，第一类被称为机械保护，是采用顶钢管、定向钻孔敷管、预埋管、铺砖、覆盖水泥盖板或水泥砂浆袋的处理方式；第二类被称为坡坎加固与防护，是指在第一类的基础上采用砼（混凝土）包封护坎、护坡、堵塞、封沟、漫水坡、挡水墙的处理方式；第三类被称为路由环境保护，是指防蚁、防鼠、防雷、防强电、防腐蚀性土壤的处理方式。遇到特殊点时应制定多种处理方案，进行比较后择优选用。

① **穿越开挖受限路面**。当开挖过程遇到受限的铁路、轻轨线路、公路时，应采用钢管保护或定向钻孔敷管保护。穿越方式及保护管的材质、规格及穿越长度、深度应符合设计要求。钢管保护管延伸出路基两侧排水沟不应小于 1m，钢管保护管埋深应大于排水沟永久沟底以下 800mm。钢管保护管的内径应满足安装塑料子管的要求，但不应小于 80mm。穿放光缆的钢管保护管内应穿放不少于两根塑料子管。

在与高压电力线、电气化铁路平行地段敷设光缆时，应将光缆内的金属构件做临时接地，以保证施工人员的人身安全。钢管在敷缆前要临时堵塞，光缆穿越后，管口要用油麻或其他材料堵塞。当硅芯管穿越铁路或主要公路时，硅芯管应采用钢管保护或定向钻孔地下敷管，同时应保证地下其他管线的安全。直埋光缆穿越铁路保护示意如图 5-45 所示。

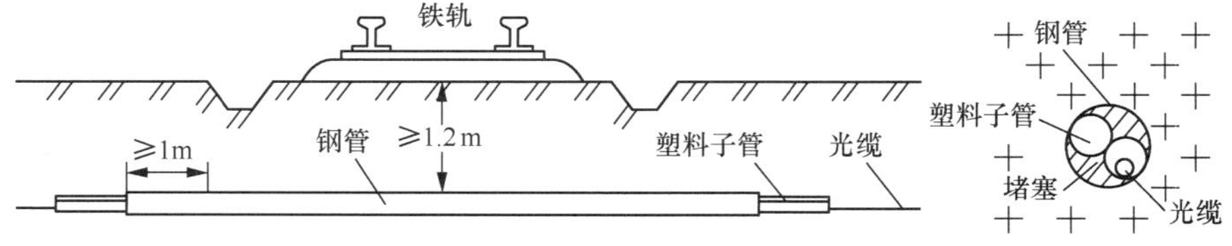

图5-45　直埋光缆穿越铁路保护示意

② **穿越允许开挖路面**。光缆线路穿越允许开挖的公路或乡村大道时，一般采取破路预埋管方式，应采用塑料管或钢管保护光缆路由。先切割路面，开挖出符合埋深要求的光缆沟，尽量不阻断交通。预埋塑料管可以先开挖一半，放下管道，回填后再挖另一半，普通挖沟段落需要等待合适的长度才能放缆。开挖城市道路时应搭建安全护栏，以确保行人、车辆的安全。在不繁忙的车行道，可集中劳动力和时间做一次挖埋。直埋光缆可采用塑料管保护，直线段每隔约 20m 及拐弯处，塑料管间断 2m，封堵管口。直埋光缆穿越普通公路保护示意如

图 5-46 所示。

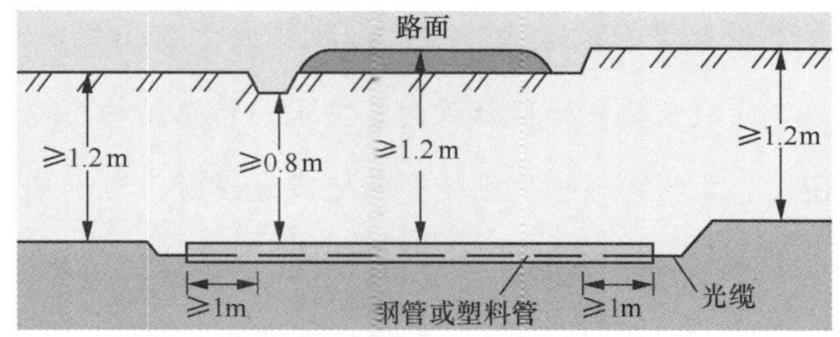

图5-46　直埋光缆穿越普通公路保护示意

③ **穿越可能动土地段。**光缆线路穿越有动土可能的机耕路时，应在光缆上方先覆盖 0.3m 厚碎土，再按设计规定采用铺砖或水泥盖板保护。通过村镇等动土可能性较大的地段时，可采用大长度塑料管、铺砖或水泥盖板保护。光缆穿越有疏浚规划或挖泥可能的较小沟渠、水塘时，应在光缆上方覆盖水泥盖板或水泥砂浆袋，或其他保护光缆的措施。硅芯管管道穿越有疏浚规划的沟、渠、水塘时，宜在硅芯管管道上方覆盖水泥砂浆袋或水泥盖板保护。当硅芯管管道埋深小于 0.5m 时，宜采用钢管保护，也可采用上覆水泥盖板、水泥槽或铺砖保护。直埋光缆穿越机耕路、沟渠保护示意如图 5-47 所示，对于每个盖砖保护部位，应按设计要求横盖、竖盖或采取砖槽样式。

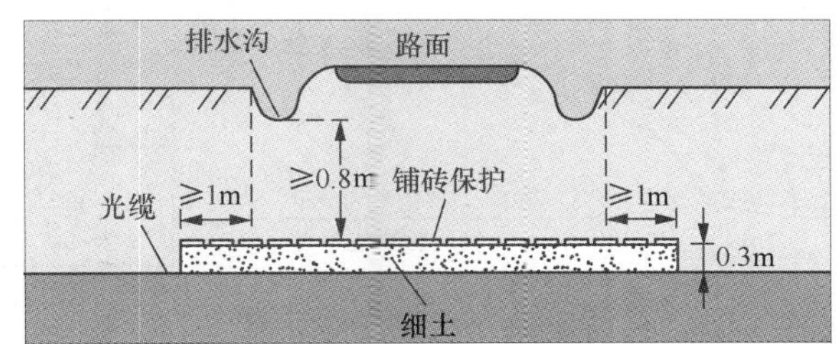

图5-47　直埋光缆穿越机耕路、沟渠保护示意

④ **穿越桥梁。**光缆在桥上敷设时，应考虑机械损伤、振动和环境温度的影响，并应采取相应的保护措施。主要有钢管架设和吊线架挂两种方法，一般采用钢管钢丝吊挂的方式。光缆穿越钢管后，应在管口用油麻等堵塞。对于穿越有通信专用槽道的大型桥梁时，应在两侧各做 1 ～ 2 个“S”弯预留。

硅芯管管道在桥侧吊挂或新建专用桥墩支护时，硅芯管接头可采用玻璃钢管箱保护，硅芯管可以使用 U 形包箍直接挂在桥梁外部，也可以采用桥侧钢管保护外加 U 形支架承托。若条件允许，可以利用公路桥附近已建好的专用多孔钢管管道过河。

⑤ **坡坎加固与防护。**施工中，特殊段处理（坡坎加固与防护工作）在光缆敷设前完成，侧重的是光缆路由的贯通，需要完成土方开挖和基础工作；在光缆敷设完毕后，再进行包封，包括护坎、护坡、堵塞、封沟、漫水坡、挡水墙的砌石块、砼浇筑工作。硅芯管管道的护坎、

漫水坡及斜坡堵塞等应按直埋光缆部分的要求执行，具体如下。

- **穿越斜坡地段：**光缆敷设在坡度大于 20°、坡长大于 30m 的斜坡地段，宜采用“S”形敷设。在坡度大于 30° 的较长斜坡地段敷设时，宜采用特殊结构光缆。

- **穿越沟坎、梯田：**光缆在地形起伏比较大的地段敷设时，应满足规定的埋深和曲率半径要求。光缆沟应保证光缆安全，采取适当的措施防止水土流失。光缆沟在穿越 0.8m 及以上的沟坎、梯田时，应采取石砌护坎保护，石砌护坎示意如图 5-48 所示，穿越 0.8m 以下的沟坎时，除特殊设计要求外，可不做石砌护坎，但应分层夯实，恢复原状。穿越护坎下的光缆可采用长 3m 的 Φ34/28mm 半硬塑料管，纵剖一条缝包覆保护。沟坎加固工作是对敷设后光缆及路由的保护，应保证夯土层和保护管道的完整，以及光缆的安全，防止光缆外护层破损，不得将石质建筑材料直接堆砌在光缆上。沟坎加固施工时应按照对应的设计图纸和质量要求完成。

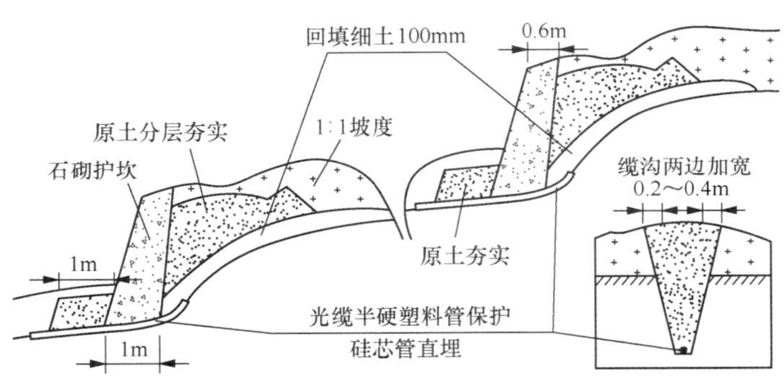

图5-48 石砌护坎示意

- **坡面上有水流冲刷地段：**坡面上的光缆沟有受到水流冲刷的可能时，应采取堵塞加固或分流等措施，堵塞示意如图 5-49 所示。堵塞上部应与地面平齐，底部应砌到沟底并留有小洞，洞口应大于套在光缆上保护管的外径或硅芯管外径；需要砌筑连续堵塞时，堵塞隔距宜为 20m，在坡度大于 30° 的地段，根据冲刷情况堵塞间距可为 5 ～ 10m。穿越堵塞下的光缆采用长 3m 的 Φ34/28mm 半硬塑料管，纵剖一条缝包覆保护。

- **沿公路排水沟或公路路肩敷设：**光缆沿公路排水沟或公路路肩敷设时，回填土后应用水泥砂浆封沟，如图 5-50 所示。石质沟埋深≥ 0.4m，土质沟埋深≥ 0.8m，光缆可采用半硬塑料管保护，在直线段约 200m 处及拐弯处塑料管间断 2m，间断处可加套大一号的塑料管连接，塑料管接头处用胶带缠扎密封。缆沟应在回填时夯实，水泥砂浆封沟的宽度应与缆沟宽度相同，封沟厚度不应小于 0.1m。水泥砂浆标号应按设计规定，封沟顶面应确保平整美观。

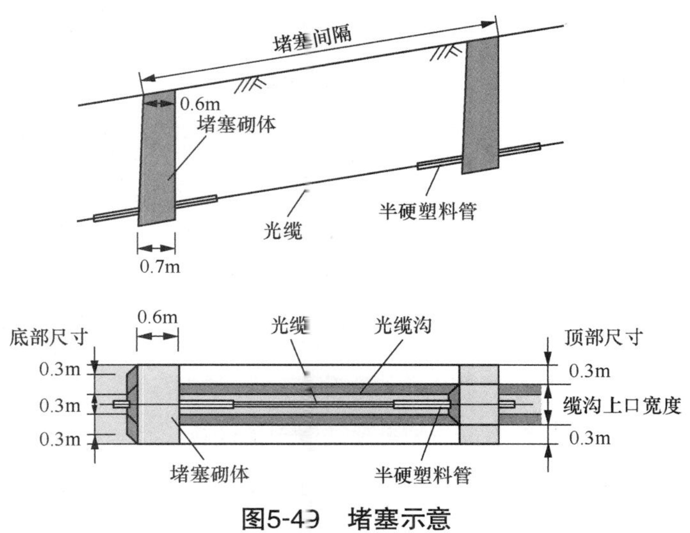

图5-49　堵塞示意

• **穿越水流冲刷地段：**光缆穿越或沿靠山涧、溪流等易受水流冲刷的地段时，应根据具体情况设置漫水坡、挡水墙或其他保护措施，漫水坝示意如图 5-51 所示。石砌漫水坡上部基本与河床持平（上厚≥ 1m，下厚≥ 1.5m），漫水坝的深度应大于光缆或硅芯管埋深宽度，漫水坝长度应大于河床宽度，漫水坝与光缆间隔视河道的落差宜为 1 ～ 5m，河道落差大时，间距可小些，反之间距应大些。通常用 M5 水泥砂浆砌漫水坡，用 M10 水泥砂浆勾缝。

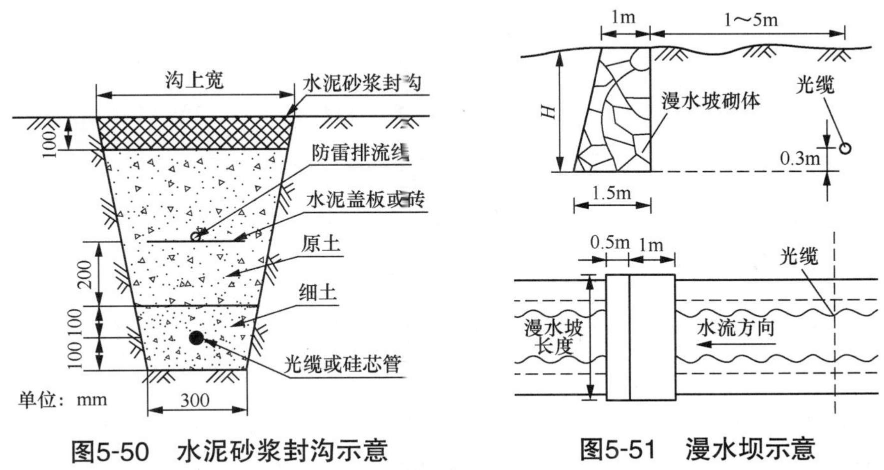

图5-50　水泥砂浆封沟示意　　图5-51　漫水坝示意

⑥ 路由环境保护。

• **穿越河流：**常规办法是采用钢丝铠装水底光缆过河。对于河流太多的地段，全采用水底光缆困难较大，可以在光缆敷设前在河底预埋半硬塑料管，并铺设水泥砂浆袋或采取砼（混凝土）封沟保护，采用埋式光缆从管道中穿放的办法过河。在距离桥梁等船只容易抛锚的地段，应在岸边的合适位置加装水线警示牌。穿越石质河床、山洞或狭窄深沟时，可以采用埋设镀锌对缝钢管保护，钢管两端伸出河床或山涧边缘长度应≥3m，视其穿越宽度，采取打角钢下柱、水泥封沟等固定措施，直埋与钢管穿放接口落差过大时，两岸护坎的外侧增设手孔。

- **防蚁**：光缆经过白蚁地区时，防蚁措施应符合设计要求，一般选用外护层为尼龙材料的防蚁光缆。在白蚁危害一般地段，施工中发现蚁穴时必须喷撒防蚁药物，在沟底喷撒一次，回填10～15cm细土后喷撒第二次，形成毒土隔离带，隔绝白蚁活动通道，俗称毒土处理。喷撒过程必须保证沿线人畜安全。

- **防鼠**：根据鼠类动物的习性，在光缆的路由选择上应避免石桥头和涵洞等多鼠的地区。光缆在穿过农田的田埂、河堤及经济作物坡地时，应尽量垂直通过，减少在其边缘的埋设长度；沿山坡公路埋设时，应在靠山坡一侧通过。由于鼠类动物的活动范围多在耕作层，因此适当增加光缆埋深可减少鼠类动物带来的损害，注意不要将石块及硬物塞进光缆沟，应做到沟内不留缝隙。在必须经过鼠类动物活动频繁的地带时，可用硬塑料管或钢管来保护光缆，并且用土夯实，光缆通过钢管、大直径塑料管时，应先敷设子管，再将光缆穿进子管敷设，并将子管用油麻或热缩管封闭，也可以有效防鼠。

- **防雷**：光缆利用光纤作为通信介质可以免受冲击电流（例如雷电冲击）的损害，非金属光缆可以防雷。埋式光缆中有金属加强件、防潮层（铝箔层）和铠装层，以及有远程通信或业务通信用铜导线，这些金属件可能遭受雷电冲击，从而损伤光缆，严重时造成通信中断。防雷措施应按设计要求实施，当光缆线路无法避开雷暴严重地段时，应敷设防雷线；在光缆接头处两侧金属构件不作电气连通；当光缆进入局（站）时，局（站）内的光缆金属构件应接防雷地线，光缆加强芯及外护套应与局（站）内ODF或综合柜接地保持连通；在雷暴危害严重地段，光缆可采用非金属加强芯或无金属构件光缆；光缆线路应尽量绕避雷暴危害严重地段的孤立大树、杆塔、高耸建筑等易引雷目标，无法避开时，应采用消弧线等措施对光缆线路进行防护。

- **防雷排流线敷设**：防雷排流线的连续敷设长度应不小于2000m。防雷排流线敷设应在光缆敷设后回填土0.3m后进行；敷设一条防雷排流线时，顺路由敷设，敷设在光缆的正上方；敷设两条防雷排流线时，顺路由敷设，在光缆的正上方间隔0.3m对称敷设；防雷排流线的接头应采用重叠焊接方式，连接部位应有效焊接且做防腐处理；防雷排流线采用的材料有镀锌钢筋、镀锌钢绞线、铜或铝合金、铜包钢线，材料尺寸应根据现场需要选取。如果减少石质公路边沟埋深，造成防雷排流线与光缆间无法达到0.3m隔距要求时，那么防雷排流线与光缆间隔距可适当减小，但防雷排流线不得与光缆直接接触。

- **消弧线敷设**：消弧线面向光缆一边环绕大树呈半圆弧形，消弧线两端均需要做接地装置，接地装置距离光缆大于15m，接地电阻要求小于10Ω，消弧线防雷设置方式如图5-52所示。如果独立大树与光缆的距离小于5m，即使敷设了消弧线也难以减少雷击损害光缆的可能性。

若消弧线距光缆不足 2.5m 时，消弧线上通过雷电流产生的高电位也可能击穿土壤，向光缆跳弧。因此，该情况下可砍伐独立大树，若大树不允许被砍伐，只能改变路由避开大树。

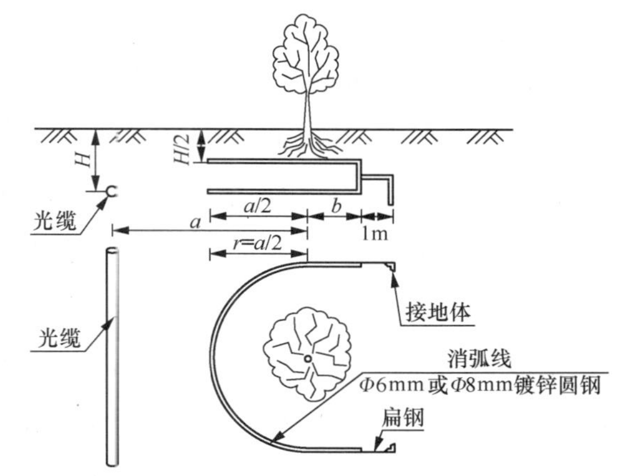

序号	ρ_{10}/（Ω·m）	a/m	b/m
1	$\rho_{10} < 100$	≥ 13	2
2		< 13	15−a
3	$100 \leq \rho_{10} \leq 500$	≥ 18	2
4		< 18	20−a
5	$\rho_{10} > 500$	≥ 23	2
6		< 23	25−a

注：H 为光缆埋深。

图5-52 消弧线防雷设置方式

- **防强电**：直埋光缆路由应与现有强电线路保持足够安全的隔距；光缆线路与强电线路交越时，宜垂直通过；在难以垂直通过的情况下，其交越角度应不小于 45°；光缆接头处两侧的金属构件不应电气连通，也不应接地，应保持高阻态；当上述措施无法满足安全要求时，可增加光缆绝缘外护层的介质强度，采用非金属加强芯或无金属构件的光缆；在与强电线路平行地段进行光缆施工或检修时，例如电气化铁路、变压器、高压输电线路附近施工，应将光缆内的金属构件做临时接地。

- **防腐蚀性土壤**：因外界化学、电化学等的作用使光缆外护层的金属遭到破坏的现象称为光缆腐蚀。电化学腐蚀埋式光缆既能使光缆产生长距离、大范围的腐蚀，也能产生小范围、多点腐蚀，进而引起在通信光缆维护中产生长距离的换缆和多点维修等现象。防止电化学腐蚀是整个地下光缆防腐蚀工作的重心。PE、PVC、PA 外护层材料在土壤中的老化速度较慢，耐土壤腐蚀性能良好，其中 PE 在土壤中的防腐蚀性能最好。电缆、光缆塑料外护层在土壤中的老化速度缓慢，如果不受到外力破坏，其防腐蚀保护作用强，但一旦有所破坏（人工挖孔模拟加速试验），仅埋藏一年的金属外护层就会发生腐蚀穿孔，因此在线缆的生产、运输、敷设过程中必须确保外护层的完好无损。可以用 HDPE 管来保护光缆。为确保光缆外护层的完好无损，敷设光缆时，无论是机械敷设还是人工抬放，都应防止光缆外护层与地表摩擦造成破损；缆沟回填土时应注意回填土质，防止尖利的石块刺伤光缆外护层。

（3）缆沟开挖

缆沟开挖是直埋光缆和硅芯管敷设中的重要步骤，缆沟的工程质量会直接影响后续光缆敷设和竣工后的维护工作。因此，缆沟开挖需要加强管理、统一标准。缆沟的质量要求为“直、弧、深、平、宽”。硅芯管管道沟与直埋光缆沟类似。

为了保证工程质量，缆沟开挖需要注意缆沟的路由、转角、沟深、沟底、截面、沟宽、开挖方式、间距及保护措施等内容。缆沟开挖完成后，监理单位需要验收隐蔽工程。

① 路由和转角。施工单位在开挖缆沟前，应依据批准的施工图设计，沿路由撒放灰线，不得任意改道和偏离；缆沟应尽量保持直线，灰线撒放应顺直，不应有蛇形弯或脱节现象；路由弯曲时，要考虑光缆弯曲半径的允许值，避免拐小弯，转角点应为圆弧形，不得出现锐角。

硅芯管管道沟应以平直为主，不应有蛇形弯；沟底应平坦；直线段硅芯管管道沟不得呈波浪形；在高低落差较大的沟、坡处，管道沟底应缓慢放坡，平行一段距离再下降，形似盘山公路；在坎处及转角处应保持平缓过渡，Φ50/42mm、Φ46/38mm 硅芯管管道沟转角处的转角半径应大于 0.55m，Φ40/33mm 硅芯管管道沟转角处的转角半径应大于 0.5m。

② 沟深。缆沟的质量关键在于沟深是否达标，光缆的埋深会直接影响光缆的安全、使用寿命，对光传输系统的正常运行至关重要。缆沟和硅芯管管道沟只有达到足够的深度才能防止各种外来的机械损伤；缆沟达到一定深度后地层温度较稳定，降低了温度变化对光缆传输特性的影响，从而提高了光缆的安全性和通信传输质量。

当经过流沙地带时，应及时敷设硅芯管，防止塌方；当遇塌方严重地段时，可边挖沟边敷设，也可以使用机械敷设硅芯管或定向钻顶管跨越流沙地带。在高速公路的路肩、中间隔离带敷设硅芯管管道时，应核定设计部门和公路部门给定的标高。

直埋光缆埋深标准见表 5-6，直埋光缆工程应按照表 5-6 严格执行，对冬季冻土层较深的地区，沟深应在表 5-6 的埋深标准上增加 0.2 ～ 0.3m。硅芯塑料管道埋深要求见表 5-7，硅芯管管道的埋深应根据铺设地段的土质和环境条件等因素分段确定，且符合表 5-7 的规定。

表5-6　直埋光缆埋深标准

<table>
<tr><th>序号</th><th colspan="2">敷设地段或土质</th><th>埋深 /m</th></tr>
<tr><td>1</td><td colspan="2">普通土、硬土</td><td>≥ 1.2</td></tr>
<tr><td>2</td><td colspan="2">半石质（砂砾土、风化石等）</td><td>≥ 1.0</td></tr>
<tr><td>3</td><td colspan="2">全石质、流沙</td><td>≥ 0.8</td></tr>
<tr><td>4</td><td colspan="2">市郊、村镇</td><td>≥ 1.2</td></tr>
<tr><td>5</td><td colspan="2">市区人行道</td><td>≥ 1.0</td></tr>
<tr><td rowspan="2">6</td><td rowspan="2">公路边沟</td><td>石质（坚石、软石）</td><td>边沟设计深度以下 0.4</td></tr>
<tr><td>其他土质</td><td>边沟设计深度以下 0.8</td></tr>
<tr><td>7</td><td colspan="2">公路路肩</td><td>≥ 0.8</td></tr>
<tr><td>8</td><td colspan="2">穿越铁路（距路基面）、公路（距路面基底）</td><td>≥ 1.2</td></tr>
<tr><td>9</td><td colspan="2">沟、渠、水塘</td><td>≥ 1.2</td></tr>
<tr><td>10</td><td colspan="2">河流</td><td>同水底光缆深埋要求</td></tr>
</table>

注：1. 公路边沟设计深度为公路或城建管理部门要求的深度。人工开槽石质边沟的深度不得小于 0.4m，并按设计要求采用水泥砂浆等防冲刷材料封沟。

2. 石质、半石质地段应在沟底和光缆上方各铺 0.1m 厚的碎土或沙土。

3. 表中不包括冻土地带的埋深要求，其埋深应符合工程设计规定。

表5-7　硅芯塑料管道埋深要求

序号	铺设地段或土质		上层管道至路面埋深 /m
1	普通土、硬土		≥ 1.0
2	半石质（砂砾土、风化石等）		≥ 0.8
3	全石质、流沙		≥ 0.6
4	市郊、村镇		≥ 1.0
5	市区街道	人行道	≥ 0.7
		车行道	≥ 0.8
6	穿越铁路（距路基面）、公路（距路面基底）		≥ 1.0
7	高等级公路中央分隔带		≥ 0.8
8	沟、渠、水塘		≥ 1.0
9	河流		同水底光缆埋深要求

注：1. 人工开槽的石质沟和公（铁）路石质边沟的埋深不得小于 0.4m，并应按设计要求采用水泥砂浆等防冲刷材料封沟。硬路肩不得小于 0.6m。
2. 管道沟沟底宽度应大于管群排列宽度，且每侧不得小于 0.1m。
3. 在高速公路中央隔离带或路肩开挖管道沟，硅芯塑料管的埋深及管群排列宽度确定，应避开高速公路防撞栏杆立柱。

为了便于检测沟深，施工班组通常自己制作测量沟深和沟宽的工具——测量杆，测量杆由底板、杆体、刻度线组成，底板是一块圆板，圆板直径就是沟底宽度，沟深测量杆示意如图 5-53 所示。使用时将测量杆底板向下插入光缆沟，与地面齐平的刻度线是被测沟深。测量杆既可以测量深度，还可以在填埋缆沟时压住光缆。

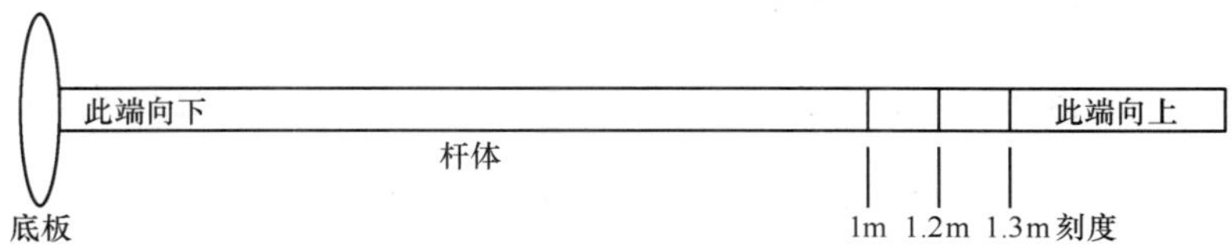

图5-53　沟深测量杆示意

③ 沟底。缆沟或管沟的沟底应平坦，不能出现局部梗阻、塌方或沟深不够的问题；在石质地带用爆破方法开沟时，沟底宽度不应小于 0.2m，应在石质沟底垫厚 0.1m 的碎土或砂土，确保光缆、硅芯管不与碎石的尖锐部分接触。施工开凿的路面水泥及挖出的石块等应与泥土分别堆置，不得在其他光缆线路标石及消火栓上堆土。

④ 截面和沟宽。为了保证光缆或硅芯管的安装质量，必须按标准确定沟底宽度。光缆沟的截面尺寸应符合施工设计图要求，直埋光缆沟底宽度一般为 30cm，当同沟敷设两条光缆时，应保持 10cm 间距。在土质松软易于崩塌的地段，可制作临时防土墙。直埋光缆土质

沟截面示意如图 5-54 所示。

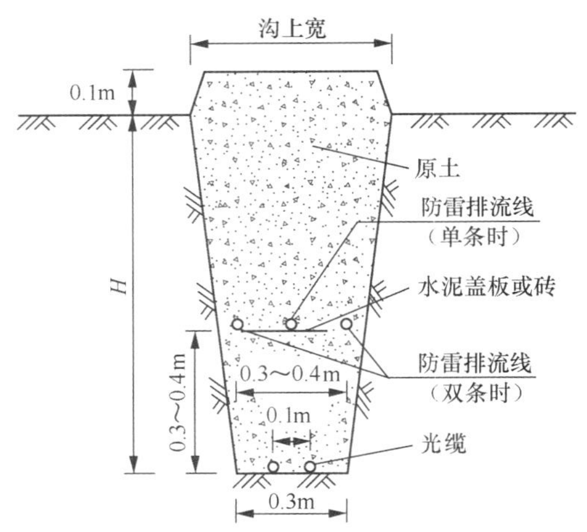

图5-54 直埋光缆土质沟截面示意

⑤ 开挖方式。缆沟或硅芯管管道沟可以选择人工开挖或机械开挖。人工挖沟按土质不同每人每天工作量在 5 ～ 20m。开挖距离长时需要多名施工人员，施工效率不高。通常人工开挖多用于作业面较小、交越、土质特殊等对施工安全性要求较高的施工环境。

在土质较好的情况下，可采用机械开挖。其中，转盘式挖沟机外形如 5-55 所示，采用特制低速发动机，开沟宽度为 6 ～ 30cm，深度达 1.5m，工作效率为 100 ～ 500m/h。链条式挖沟机外形如图 5-56 所示，小型链条式挖沟机的开沟宽度为 10 ～ 30cm，深度为 0.5 ～ 1.5m，工作效率为 150 ～ 450m/h；中型链条式挖沟机的开沟宽度为 20 ～ 60cm，深度为 0.6 ～ 1.8m，工作效率为 150 ～ 500m/h；大型链条式挖沟机的开沟宽度为 30 ～ 150cm，深度为 0.5 ～ 2.3m，工作效率为 150 ～ 700m/h，可挖 1.5m 深冻土。

图5-55 转盘式挖沟机外形

图5-56 链条式挖沟机外形

在沙质土地挖掘，坑壁容易塌方，可以使用小型挖掘机换 60cm 及以上挖斗进行挖掘。挖掘机外形如图 5-57 所示，使用挖掘机主要考虑挖掘速度快，沟宽扩大允许部分塌方，可以弥补土方量增加造成的不利影响。

⑥ 间距及保护措施。开挖缆沟或硅芯管管道沟时，会发现路由下方有管线经过，新敷设的直埋光缆在地下需要与这些管线设施平行或交越。为保证光缆及其他管线设施的安全，相互间应保持一定距离，直埋光缆与其他建筑设施间的最小净距见表 5-8。如果间距达不到要求，应改变敷

图5-57 挖掘机外形

设路由或采取钢管保护通过。

硅芯管管道与其他地下通信光缆同沟敷设时，间距应大于100mm，不能重叠和交叉，挖出的与原有光缆交越的部分可采用竖铺砖保护。硅芯管管道与燃气管、输油管等交越时，宜采用钢管保护。垂直交越时，保护钢管长度每侧5m，共10m，斜交越时应加长。硅芯管管道采用钢管保护时，钢管的管口应被封堵。

表5-8 直埋光缆与其他建筑设施间的最小净距

名称	平行时净距 /m	交越时净距 /m
通信管道边线［不包括人（手）孔］	0.75	0.25
非同沟的直埋通信光（电）缆	0.5	0.25
埋式电力电缆（交流35kV以下）	0.5	0.5
埋式电力电缆（交流35kV及以上）	2.0	0.5
给水管（管径小于300mm）	0.5	0.5
给水管（管径300～500mm）	1.0	0.5
给水管（管径大于500mm）	1.5	0.5
高压油管、天然气管	10.0	0.5
热力管、排水管	1.0	0.5
燃气管（压力小于300kPa）	1.0	0.5
燃气管（压力300kPa及以上）	2.0	0.5
其他通信线路	0.5	—
排水沟	0.8	0.5
房屋建筑红线或基础	1.0	—
树木（市内、村镇的大树、果树、行道树）	0.75	—
树木（市外大树）	2.0	—
水井、坟墓	3.0	—
粪坑、积肥池、沼气池、氨水池等	3.0	—
架空杆路及拉线	1.5	—

注：1. 直埋光（电）缆采用钢管保护时，给水管、燃气管、输油管交越时的净距不得小于0.15m。

2. 对于杆路、拉线、孤立大树和高耸建筑，还应符合防雷要求。

3. 大树指胸径0.3m及以上的树木。

4. 穿越埋深与光（电）缆相近的各种地下管线时，光（电）缆应在管线下方通过并采取保护措施。

5. 最小净距达不到表中要求时，应按设计要求采取行之有效的保护措施。

⑦ 修改配盘图。当一个段落的缆沟或硅芯管管道沟开挖完毕，应进行路由检查，复核地面距离，估算光缆或硅芯管的敷设长度，确定光缆或硅芯管的接续位置，修改配盘图。确定配盘图后，施工距离、材料、工作量也可以确定，允许多个队伍在不同位置同时敷设光缆，以缩短工期，加快施工进度。

应在合理的范围内修改配盘图，尽量不做大范围的变动，可适当增加预留光缆的位置和长度。为了方便后期维护，区分相邻的接续点，通常两个接续点之间的缆长应大于500m；

当路由有较大变化、增加距离超过 500m 时，应通报建设单位、设计单位、监理单位，按设计变更流程处理。

修改配盘图的重点是确定光缆接续点、硅芯管管道人（手）孔的位置。需要根据实际的光缆盘长、硅芯管盘长、人（手）孔间距调整接续点和人（手）孔的位置，让光缆在合适的位置或孔内进行接续；避免将硅芯管接续点安排在常年积水的洼地、水塘、河滩、堤坝，以及铁路、公路的路基下；避免后期敷设光缆、硅芯管时，裁剪过多多余的材料，造成浪费。

5.4.2 管线敷设

直埋光缆和硅芯管敷设过程可分为准备阶段、布放光缆、布放硅芯管、处理突发事件、后期调整 5 个阶段。

（1）准备阶段

布放前，待敷设段落路由应全程贯通，沟深和沟底应完成隐蔽工程验收。还应根据当地的天气、环境、地质条件确定每天敷设光缆的工作量，安排参加敷设的施工人员，通常条件下，20 人的施工班组一天（12 小时）可人工布放整盘 3000m 光缆或 2000m 硅芯管。光缆盘、硅芯管盘的放置点一般选择在路由中间，向两个方向敷设。

布放前，应对光缆进行绝缘测试，测量全部金属外护套和加强芯对地绝缘值，一般测试值在 500MΩ 以上为合格。还应检查硅芯管的气密性，将外端从硅芯管盘上取出，检查两端口上的塑料端帽是否封堵严密；布放过程中，端口应保持严密封堵，严禁水、土、泥及其他杂物进入管内。

布放前，技术负责人需要对参与敷设的全体施工人员进行交底工作，确保每位施工人员都了解施工方法和注意事项，还应对抬放人员进行操作训练，关键位置放缆点和路由拐点应安排经验丰富的技工看护，现场指挥要安排经验丰富的技工担任。为统一指挥、方便联络，一般将 3 ～ 5 台对讲机放置在关键位置。使用的材料和工器具有缆盘、放缆架、对讲机、红黄两色信号旗、穿线器、滑轮、手套、胶靴等。到达现场后，应检查本次敷设路由，确认布放过程中的重要位置和关键位置，并分派看护人员。

（2）布放光缆

直埋光缆布放一般从中间地点向两侧敷设，可采用人工抬放和牵引两种方式布放。通常多采用小范围人工抬放和直线长距离牵引的混合布放方式。

① 人工抬放。

人工抬放方式多用于直线长距离、可动员人数较多的施工环境。人工抬放光缆流程：人工托举光缆将光缆置于肩上，人与人间隔 10 ～ 15m，沿光缆敷设方向边抬边走；光缆被托举离开地面，不在光缆沟中拖放，直至全部从缆盘上绕出；光缆端头到达接续点后，每人将手中光缆摆放进缆沟，缆沟中的光缆应沿缆沟中心线排直理顺，不得翻滚翘曲。

人工抬放方式施工简便，避免光缆与地面摩擦，对光缆外护套损伤小，但需要的施工人员较多且需要周密组织、参加人员应步调一致；在崎岖山区，应减小人员间隔；全程应确保光缆无扭转、无打小圈、无背扣等现象发生；光缆在缆沟内避免用锹、镐、叉或其他利器顶拨光缆，否则将直接影响光缆外护套的绝缘特性。

当施工人员人数不足时，常采用“8”字抬放。将光缆在放缆点预先盘成若干个“8”字圈适当捆扎，每圈约为 50 ～ 100m，施工人员将光缆圈扛在肩上，边走边放直至到达终点，光缆入沟和整理过程与人工抬放相同。光缆圈“8”字抬放所用人力较少，对于路由中间没有障碍、不需要穿管的段落非常适用。

② 牵引方式。

牵引方式是指预先在光缆沟上间隔一定的距离安装一组三角状导引器，拐弯、陡坡地点安装一架导向轮，光缆由带轴承的牵引端头，通过牵引索，由一组或两组施工人员在光缆沟两侧进行牵引。

机械牵引方式是采取光缆端头牵引及辅助牵引机联合牵引的方式，一般是在光缆沟旁牵引，然后人工将光缆放入缆沟中。牵引方法与管道光缆牵引方式基本相同，主要牵引力应加在光缆加强芯上，瞬间最大牵引力不得超过光缆允许张力的 100%，牵引端头与牵引绳之间应加入转环。光缆通常采用在中间地点向两侧敷设方式，为了不损伤光缆外护套、延长敷设的一次牵引长度，需要在路面的适当距离处安装若干个地滑轮，在沟坎位置安装导向轮或地滑轮，改变光缆敷设方向。

实际施工过程中，仅用机械牵引很难避免光缆外护套与地面的摩擦，容易造成光缆绝缘性能下降。

（3）布放硅芯管

布放硅芯管时，硅芯管应从轴盘上方出盘入沟。转动轴盘，抬起硅芯管，沿沟槽方向前进，待整盘硅芯管全部放入轴盘，将硅芯管由始端按顺序向前放入沟内。硅芯管在沟底应顺直、无扭绞、无缠绕、无环扣和无死弯。

硅芯管敷设与普通管道的不同在于，硅芯管可直接放入沟底，不用另做专门的管道基础和包封；对土质较松散的局部地段，宜将沟底进行人工夯实；硅芯管敷设后应使用专用接头件尽快连接密封，对引入人（手）孔的管道应及时封堵端口。铺设硅芯管的最小曲率半径，不应小于硅芯管外径的 15 倍。硅芯管在河、沟、塘水底敷设时不得有接头，应整条敷设；应避免将接续点安排在常年积水的洼地、水塘、河滩、堤坝，以及铁路、公路的路基下。钢管中或管箱内的硅芯管接续可使用金属接头件。不同规格的两根硅芯管接续时应使用变径接头件。

同沟敷设多根硅芯管时，应采用不同色条或颜色的硅芯管作为分辨标记，也可使用不同颜色的 PVC 胶带缠绕硅芯管端头。同沟敷设的多根硅芯管，应每隔 2 ～ 5m 用尼龙扎带捆绑一次，以增加硅芯管的挺直性，并应保持一定的管群断面，硅芯管群敷设现场如图 5-58 所示。

图5-58　硅芯管群敷设现场

（4）处理突发事件

在敷设过程中常会发生的突发情况和应对措施如下。

- **光缆拉拽过快，**需要立即通知领头拉线人员控制节奏，严格按 10m/min 匀速拉拽光缆。
- **光缆拉拽受阻，**应通报缆盘位置和中间辅助拉缆位置所在人员，尽快解决受阻问题，恢复拉缆速度。
- **光缆打小圈，**发现后应立即停止拉缆，上报打圈处光缆尺码，将小圈复原后继续布放，通知测试人员，待布放完成后立即进行单盘测试。
- **光缆外护套磨损，**在磨损点应使用地滑轮，将光缆远离磨损点，或使用人工拉缆，平直路由上可采用棉纱、废旧衣物、塑料袋、塑料管包裹光缆隔离磨损点。
- **光缆穿越管道、障碍物，**可先使用放线器试通再用放线器连接光缆，拉拽放线器通过。
- **穿越架空线路，**可以将光缆先敷设在杆下的地面或分段挂在杆上，待整理至该段落时再将光缆挂在吊线上。
- **人员、车辆越过警戒线，**应立即制止危险行为，使其退回安全区域，也可安排专人负责疏导交通。

（5）后期调整

光缆和硅芯管的端头到达预定接续点后，在放缆点的光缆盘需要继续放缆，将预定的余缆长度拉拽到预定接续点盘留起来，并做好保护；整修人员从接续点一端步行至另一端进行整理和检查，整理光缆弯曲弧度、检查光缆预留长度，预留不足的位置应立即安排抽放余缆。

光缆在沟底应自然平铺，不得有绷紧腾空现象；光缆同沟敷设时应平行排列，不得重叠或交叉布设，缆间的平行净距不应小于 100mm；光缆穿越保护管的管口处应封堵严密。埋式光缆进入人（手）孔处应按设计要求采取套子管、硅芯管或钢管等保护措施；光缆进入人（手）孔内套单层波纹管保护，单层波纹管应向人（手）孔外延伸至保护管中约 100mm 处。硅芯管敷设主要检查在沟底应顺直、无扭绞、无缠绕、无环扣和无死弯；硅芯管可直接放入沟底，不另做专门的管道基础和包封；硅芯管敷设后应使用专用接头件，尽快连接密封，对引入人（手）孔的管道应及时封堵端口。

光缆布放完毕后，应立即预回土 0.3m，以避免光缆裸露在野外发生损伤，但不必立即全部回填。光缆端头应使用防水端帽封焊或自黏胶带包裹，做密封防潮处理；在接头处两侧，光缆至少重叠 10 ～ 20m。光缆布放 24h 后，应测试金属构件对地绝缘电阻，指标应不小于布放前单盘标准的一半，发现有绝缘故障时要及时修复，一般采用电缆包管封焊处理。直埋光缆金属护层对地绝缘指标见表 5-9。

表5-9　直埋光缆金属外护套对地绝缘指标

测试项目	绝缘电阻 500V DC	耐压强度 DC，2min
单盘光缆浸水 24h（出厂前抽测）	≥ 2000MΩ · km	≥ 15kV
工程竣工验收时，单盘光缆	≥ 10MΩ · km	—
单盘光缆允许 10%	≥ 2MΩ	—

光缆打小圈或外护套损伤有可能伤及纤芯的情况，应用 OTDR 进行测试并立即处理障碍。

5.4.3　人（手）孔建筑

对于硅芯管敷设，在管道路由中需要建设人（手）孔。人（手）孔应根据敷设地段的环境条件和光缆盘长等因素确定，建设地点应选择在地形平坦、地质稳固、地势较高的地方；应避免安排在安全性差、常年积水、进出不便，以及铁路、公路的路基下。人（手）孔的规格应满足光缆穿放、接续和预留的需要，并应根据实际情况确定预埋铁件在人（手）孔内的位置及预留光缆的固定方式。

人（手）孔的规格尺寸应根据敷设的硅芯管数量确定，样式与普通人（手）孔基本相同，一般多使用手孔，管道数量较多时，为敷设和接续方便也可考虑设置较大的人孔。手孔建筑可采用砖砌混凝土手孔或新型复合材料的手孔，建筑形式可为普通型与埋式，埋式手孔盖距地面约 0.6m，为便于查找，埋式手孔上方应设标石，也可增设地下电子标识器。在光缆接续点、非接头位置的光缆预留点宜设置普通型手孔，其他需要的地点可增设手孔。

硅芯管管道在市区建设手孔时，应符合 GB 50373—2019《通信管道与通道工程设计标准》的有关规定。人（手）孔间距应根据敷设方式、光缆盘长，考虑光缆接头重叠和各种预留长度后确定，一般郊区井距较远，市区井距与普通人（手）孔间距相同。

如果多根硅芯管同沟敷设，管群排列方式应符合设计规定；对引入人（手）孔的硅芯管应及时封堵；硅芯管在人（手）孔内的预留长度应不小于 400mm，以便于气流敷设光缆时设备与硅芯管连接，手孔内硅芯管留长示意如图 5-59 所示；硅芯管在人（手）孔内，距上覆和孔底的距离不得小于 300mm；距两侧孔壁不得小于 200mm；手孔内硅芯管端口间的排列间隔应不小于 30mm。

根据工程建设环境条件，不需要设置人（手）孔时，应在气吹光缆后，将硅芯管端头密封，上方铺设水泥盖板进行保护。

5.4.4 线路路由整理

线路路由整理在光缆或硅芯管敷设完毕后进行，包含缆沟回填、埋设标石、标志牌安装等步骤，线路路由整理质量关乎整个工程质量的评价。

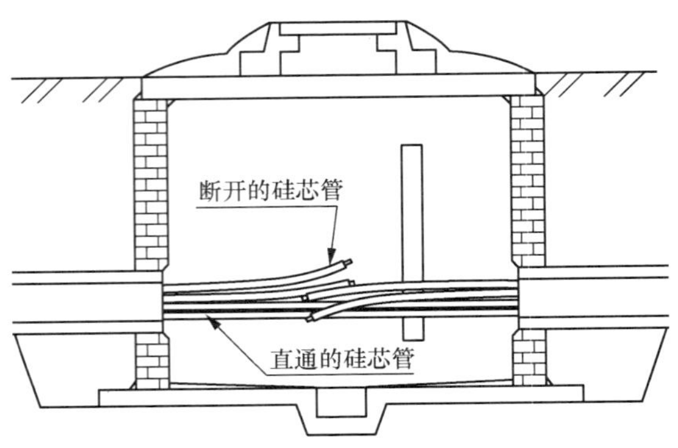

图5-59 手孔内硅芯管留长示意

（1）缆沟回填

直埋光缆和硅芯管敷设的缆沟回填应在防雷排流线、红砖、盖板等配套设施安装完成后，且相关隐蔽工程检查完毕，获得签证的情况下进行。缆沟回填多使用人力回填，在有青苗的区域回填时应尽量不损伤沟边的青苗，有条件的区域可采用机械回填。硅芯管管道沟和人（手）孔坑的回填方式与普通管道的回填方式相同，主要考虑回填材料、回填高度、夯填强度。硅芯管属于硬质管材，通常市区内的回填要求较高，在野外回填时的要求与光缆沟回填要求接近。

直埋光缆回填要求如下。

- 光缆沟回填土时，应先回填碎土，后回填原土，不得将石块、砖头、冻土等推入沟内。每回填土约 300mm，应夯实一次。
- 市区或市郊埋设的光缆沟每回填土约 300mm，应夯实一次。在车行路面或地砖人行道上应与路面平齐，回填土在路面修复前不得有凹陷现象。
- 野外埋设的光缆沟应将开挖的土全部回填于沟内，土路可高出路面 50 ～ 100mm，郊区及野外大地可高出地面 150mm。
- 在缆沟回填的过程中，按照设计要求可埋设各种标石或增设地下电子标识。当设计文件对回填土有特殊要求时，应按设计文件处理。
- 回填后因降雨等原因，沟内有凹陷现象，应在验收之前及时补充回填。

（2）埋设标石

路由标石具有确定光缆线路的走向，标示线路设施的具体位置，方便部门日常维护、故障修理等作用。埋设标石需要考虑埋设地点、埋设位置、埋设深度、标石朝向、标石编号、经纬度定位等内容。

通常，直埋光缆和硅芯管敷设工程需要埋设标石，标石埋设位置也可增设地下电子标识。当硅芯管管道工程设置手孔时，可根据其维护需要，确定是否设置监测标石；不设置手孔时，后期光缆接头处应设置监测标石。硅芯管管道中敷设的光缆，可隔一个光缆接头设置一处监测标石。

标石通常在施工场地附近的水泥制品厂加工制作，标石型号和尺寸应按设计图纸要求执行。

① 埋设地点。

标石埋设地点应在光缆接头、转弯点、预留处；硅芯管敷设的人（手）孔、管道开断点、接头处、气吹点、牵引点、拐弯点，以及埋式人（手）孔的位置；敷设防雷排流线的起止点，同沟敷设光缆的起止点，架空光（电）缆与直埋光缆交接点或硅芯塑料管道光缆的交接点；穿越障碍物点，直线段落较长，利用前后两个标石或其他参照物寻找光缆路由的障碍位置，直线段落间隔不应大于 200m。在需要埋设标石的其他地点，如果利用固定的标志来标识光缆位置，可以不埋设标石。

监测标石设置在装有监测装置的直埋光缆接头处，可以不设置普通标石。监测标石上方有金属可卸端帽，端帽和内部钢管是反丝的，顺时针旋转即松开，可以防盗；钢管直径与监测尾缆应相互匹配。线路标石如图 5-60 所示。

（a）1.5m 普通标石

（b）监测标石及方形底座

图5-60　线路标石

② 埋设位置。

标石应埋设在光缆或硅芯塑料管的正上方；接头处的标石应埋设在缆（管）接头处的路由上；转弯处的标石应埋设在线路转弯处两条直线段延长线的交叉点上；标石应埋设在不易变迁、不影响交通与农业耕作的位置；直线路由段一般每 100m 设置一处直线标石；当接头 5m 范围内有田埂时，接头标石可迁至田埂旁；对于不易选择埋设标石位置或中继站进入时，可在附近增设辅助标记，以三角定标方式标定光（电）缆或硅芯管的位置。

当不同项目的多条光缆同沟敷设时，通常只埋设一套标石系统。普通标石的埋设作用是公共的，在接头处需要埋设各自的监测标石，标石顶部常刷涂红色、蓝色和黑色，用于区分项目级别。

③ 埋设深度。

标石应按不同规格确定埋设深度，长度 1m 的普通标石应埋深 0.6m、出土 0.4m ；长度

1.5m 的大标石应埋深 0.8m、出土 0.7m。实际施工中，由于下雨土壤松动或下沉等原因，标石埋设后会出现倾斜、下沉现象。处理方法是开挖标石坑，将标石坑底部周围土壤夯实，再重新填埋标石，也可以适当减少埋深。基座套安装在标石接近地面位置规定的尺寸线处，需要使用水泥砂浆将基座和标石之间的缝隙填满，成为一个整体。

④ 标石朝向。

在标石制作生产过程中，标石 4 个侧面应有一面用水泥抹面抹平，用于刷描标石编号。埋设时，普通标石的编号面应朝向公路，便于观察；监测标石的编号面应朝向光缆接头点，指示接头盒位置；转角标石的编号面应朝向光缆转角的角平分线方向。

⑤ 标石编号。

标石的颜色、字体应满足设计要求，当设计无特殊要求时，标石地面上的部分应统一刷为白色，标石的符号、编号应为红色正楷字，字体应端正。长途光缆及硅芯塑料管道的标石编号应以中继段为编号单元，按传输方向由 A 端至 B 端编排。标石编写格式如图 5-61 所示。

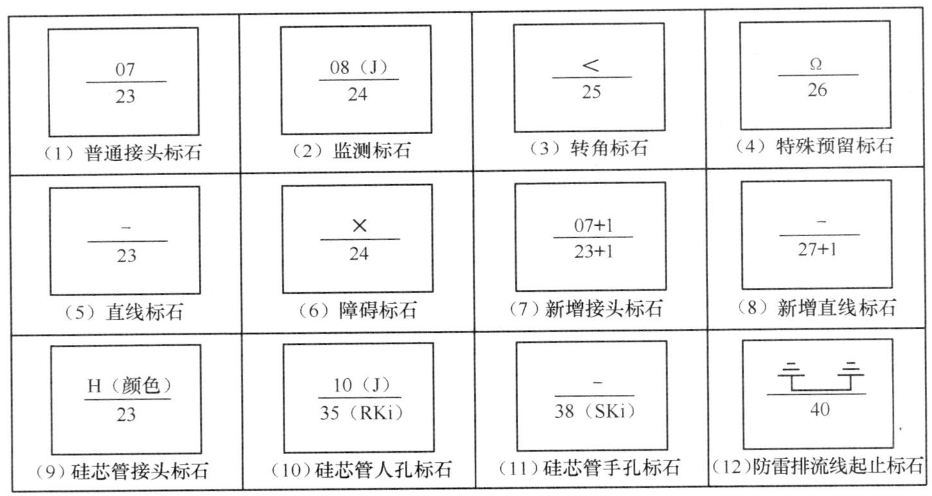

图5-61　标石编写格式

标石的符号、编号说明如下：编号的分子表示标石的不同类别或同类别标石的序号，如图 5-61（1）（2）；分母表示一个编号单元内总标石编号；图 5-61（7）（8）中分子 +1 和分母＋1 表示新增加的接头标石或直线光缆标石；图 5-61（9）表示硅芯管管道接头标石，括号内标注接头的硅芯管管道颜色，当所有硅芯管均在此处接头时，括号内标注“全”；图 5-61（10）（11）为硅芯管管道人（手）孔标石，分子表示标石的不同类别或同类标石的序号，分母表示一个编号单元内总标石编号，括号内“RK”表示人孔，“SK”表示手孔，i = 1、2、3……表示人（手）孔编号，在一个编号单元内，人（手）孔一并编号；图 5-61（12）表示防雷排流线敷设的起止点。

在标石上刷白色底漆，不能使用容易起皮的油漆，一般选用水泥漆。刷标石时，应先将标石表面的灰尘、泥土清除干净，刷漆过程中应将四面的气泡孔洞全部刷到。刷白漆时一般使用 3 寸刷，刷面宽 76.2cm；描字可以用 3 号排笔，刷毛宽 7mm。

标石除了刷漆编号，也可以使用定制的标石套。标石套使用薄钢板制作，尺寸比标石略大，外表面光滑，部分编号文字可以由厂商定制，省去刷漆工作。安装时，将标石套和标石顶用铆钉固定，标石套安装如图 5-62 所示。

⑥ 经纬度定位。

随着季节更替、植被和农作物生长，路由上的标石会被遮盖、隐藏。施工单位需要对路由上的标石位置进行经纬度定位，并将经纬度数值写入竣工图，方便后期维护人员查找路由。经纬度定位精度一般以度为单位，取小数点后四位有效数字。

（3）标志牌安装

直埋光缆和硅芯管敷设按设计要求沿路由方向需要在路由附近安装宣传标志牌、水线标志牌、禁止抛锚标志牌。一般设置水线标志牌的位置需要同时设置禁止抛锚标志牌。

① 宣传标志牌。

宣传标志牌也称光缆警示牌，在跨越公路、可能挖沙取土的土坡、过河位置 3 种情况下必须设置。宣传标志牌的规格、标识内容及安装地点应符合设计要求，宣传标志牌如图 5-63 所示。

图5-62　标石套安装

图5-63　宣传标志牌

② 水线标志牌。

在通航河流敷设水底光（电）缆，应在过河段的河堤或河岸上设置水线标志牌。水线标志牌的数量及设置方式应符合相关海事及航道主管部门的规定。

无具体规定时，可按下列规定设置水线标志牌。水面宽度小于 50m 的河流，应在水底光（电）缆上、下游一侧的河堤上各设置一块水线标志牌；水面较宽的河流，应在水底光（电）

缆上、下游的河道两岸各设置一块水线标志牌；当河流的滩地较长或主航道偏向河槽一侧时，应在近航道处设置水线标志牌；有夜航的河流应在水线标志牌上设置灯光设备。

水线标志牌应设置在地势高、无障碍物遮挡的地方，其正面应分别与上游或下游方向呈 25°～30°的夹角；水线标志牌应根据设计要求或河面宽度的大小采用单杆或双杆，并在水底光（电）缆敷设前安装在设计确定的位置上；在土质松软的地区或埋深达不到规定要求时，应添加拉线，并在水泥杆根部采取加装底盘、卡盘等加固措施。水线标志牌结构如图 5-64 所示。

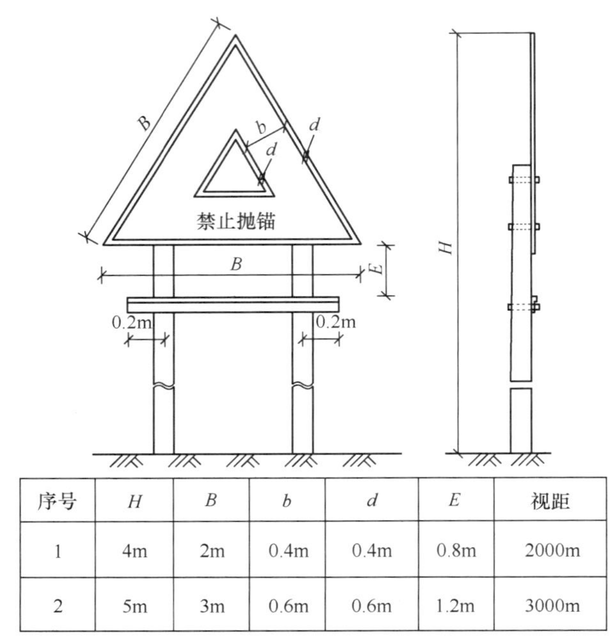

序号	H	B	b	d	E	视距
1	4m	2m	0.4m	0.4m	0.8m	2000m
2	5m	3m	0.6m	0.6m	1.2m	3000m

图5-64　水线标志牌结构

③ 禁止抛锚标志牌。

敷设水底光（电）缆的通航河流应划定禁止抛锚区域，其范围应按设计规定与相关海事及航道主管部门的规定执行。水线区范围见表 5-10，水线区范围无具体规定时，可按表 5-10 划定禁止抛锚区域。

表5-10　水线区范围

河面宽度	上游禁区距光（电）缆弧线顶点	下游禁区距光（电）缆路由基线
小于 500m	50～200m	50～100m
500m 及以上	200～400m	100～200m
特大河流	> 500m	> 200m

水线光（电）缆禁止抛锚区域如图 5-65 所示，通常在水线标志牌上直接用“禁止抛锚”

文字进行标示，也可采用如图 5-66 所示的标志。

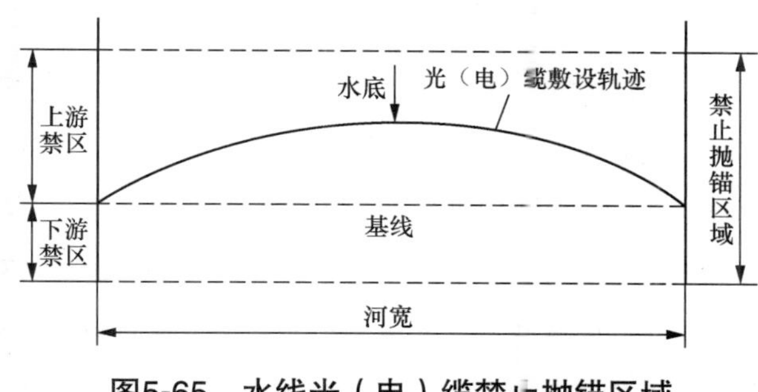

图5-65　水线光（电）缆禁止抛锚区域

图5-66　禁止抛锚标志

5.4.5　机械敷设

当施工环境允许，直埋光缆和硅芯管敷设可以使用机械设备完成。敷设机械设备通常由动力、开沟、运输、引导、掩埋等多个部件组合而成，能一次性完成挖沟、放缆、回填步骤，施工效率得以提高，避免施工人员速度不可控造成的工程延误。机械敷设施工前，需要分辨地下土质，查清水、气、电等管道的深度和位置及其他危险源，需要查看土质，在土质酸、碱度偏高易对光缆造成腐蚀的特殊区域应慎用。在控制深度的条件下，还可以使用机械设备在直埋光缆上方敷设防雷排流线或警示带。通常使用的敷设机械设备有链式挖沟放缆系统和犁埋机。

（1）链式挖沟放缆系统

链式挖沟放缆系统是由加装了光缆导放槽的链式挖沟机与小型货车组合而成。小型货车装载光缆盘缓慢前进，车厢安装放缆架和光缆盘，主要负责光缆盘的运输和光缆的输送；链式挖沟机负责挖沟，链式挖沟机尾部长度为 160 ～ 170cm，边前进边进行开挖作业，在土质较好的地区，开挖深度约 150cm，工作效率为每小时 150 ～ 250m；在链式挖沟机链条后部有光缆导放槽，可以将光缆引入地下，完成放缆功能；后置的覆土装置利用链式挖沟机的动力，使用三角形挡板将沟槽两侧泥土聚拢推至沟中，落入沟槽，实现回填覆土功能，没有夯土过程，需要人工二次回填。施工人员由挖沟机和货车驾驶员各一名、货车上配备两名放缆人员、地面上的 2 ～ 3 名观察人员组成。

链式挖沟机作业时会排出泥土，对土质要求较高，易塌方、土壤中石块较多的地段不能使用链式挖沟机。链式挖沟机作业时会排出土石块，存在危险因素，施工时后方观察人员需要保持距离，避免自身受到伤害。当链式挖沟机作业时，光缆同步敷设进缆沟，不得呈绷紧状态，不得有明显弯曲，应自然落于沟底。链式挖沟机在土质较硬或冻土地区作业时，土壤阻力大，容易造成开挖深度不够，导致直埋光缆埋深不够，应注意检查沟深，使链式挖沟机的链条以较大的倾斜角度进行作业。链式挖沟机挖沟如图 5-67 所示。

（2）犁埋机

犁埋机是一种适用于长距离敷设光缆或硅芯管的专用机械设备，除了岩石较多地区和沼泽地不适用其敷设作业，其他地质条件均能采用犁埋机进行敷设，在人员稀少、社会条件差、地表植被相对稠密的地区，其优越性更为显著。

犁埋机不仅可以敷设光缆，还可以用于钢缆、电缆、柔性管线的敷设，地下开沟、铺埋、下线和复平多项工序一次完成，极大地提高了作业效率。犁埋机工作示意如图 5-68 所示，犁埋机使用履带拖拉机做牵引动力，尾部使用特殊设计的大刀外形、可升降的铁板，铁板迎土面是刀刃，刀背焊有导孔，光缆通过导孔敷设到地下。通过控制大刀的升降，犁埋机在施工过程中能够有效保证直埋光缆或硅芯管的敷设深度，当大刀插入土地中，通过拖拉机牵引可以在地面劈出一条狭窄的缝，没有泥土翻出，不需要回填覆土，因此犁埋机也称为劈沟机。

图5-67　链式挖沟机挖沟

图5-68　犁埋机工作示意

野外犁埋机敷设光缆如图 5-69 所示。犁埋机可同时向地下敷设 1 ～ 5 根光缆，光缆在地下呈水平分布，光缆间隔为 10 ～ 20cm，光缆拉力低于额定拉力不损伤光缆，光缆埋深 1.7m 以内，埋缆速度 0 ～ 3500m/h。

图5-69　野外犁埋机敷设光缆

犁埋机施工需要根据设计提供的线路图、实地勘察的地质结构和现场地下探测结果制定合理的犁埋技术方案。在现场每间隔 100m 打标志桩，并用白灰线绘制光缆及硅芯管敷设中心线。沿敷设中心线，用大型推土机清除障碍物并平整作业带。按设计要求选择适当的犁，设定振动力，调整液压泡沫轮，确定行走速度。核实所要敷设光缆或硅芯管辊轴的实际重量、直径和宽度。用随车起重机或汽车起重机将检验合格的光缆或硅芯管引到线轴上，并将敷设光缆、硅芯管通过滑轮引到振动犁上。将光缆或硅芯管预放一段长度，以满足接续及预留需要，通常光缆预留 20m，硅芯管预留 10m。调整缆盘与放线导槽之间导向设备的位置，满足光缆、硅芯管的最小曲率半径要求，应确保光缆、硅芯管输送的摩擦力小，防止管材过度受力造成损伤。在犁开一个或多个通道时，应确保路径清晰并能达到需要的深度。在距离光缆上方 0.3 ～ 0.4m 处，按设计要求可同时敷设防雷排放线或警示带。

在犁埋机将光缆带入和带出地面的过程中，升降速度不宜过快，过快极易造成光缆外皮损伤，甚至光纤受损。通常在线路路由起点和终点开挖 0.5m×0.5m×1.2m（长 × 宽 × 深）的工作坑。起点坑用于将犁埋机大刀无阻力插入地下，终点坑用于无阻力抬升大刀，通过在坑中升降大刀，人工拉拽光缆，避免光缆受到大刀的拉拽、上提的拉力和泥土阻力。工作坑后期可直接用作接续坑或扩大作为人（手）孔坑。

5.4.6 绝缘测试

直埋光缆线路对地绝缘测试也称作光缆对地绝缘测试。当直埋光缆敷设完毕，回填 0.3m 土层后进行第一次对地绝缘测试，测量光缆金属构件的绝缘电阻值；光缆接续完毕后，接头盒封装时应安装对地绝缘监测装置，在接头盒覆土回填后进行第二次测试，应测量监测尾缆上的测试端子；在竣工验收时需要核对竣工资料数值是否准确，打开监测标石，对监测尾缆各端子进行绝缘测试。

当下雨或相对湿度大于 80%时，绝缘电阻容易出现较大误差，应避免进行测试。测试前，应检查仪表引线的绝缘强度是否合格，且引线长度不得超过 2m。对地绝缘监测装置的导线连接方式应参考 YD/T 5241—2018《通信光缆和电缆线路工程安装标准图集》中对地绝缘监测装置的监测尾缆色谱及连接方式。接头盒对监测尾缆连接示意如图 5-70 所示，接头盒内 1 号红色芯线接 A 向光缆金属护层，2 号橙色芯线接 B 向光缆金属护层，3 号蓝色芯线接 A 向光缆金属加强芯，4 号绿色芯线接 B 向光缆金属加强芯，5 号黑色芯线和 6 号白色芯线接接头盒进水监测电极。测试后每个接头盒测得 A 向光缆金属护层和金属加强芯、B 向光缆金属护层和金属加强芯、接头盒进水监测电极共 5 个数据。中心束管式光缆的金属护层与金属加强芯相连接，只能获得 A 向光缆金属构件、B 向光缆金属构件和接头盒进水监测电极 3 个数据。监测标石内监测尾缆安装示意如图 5-71 所示。

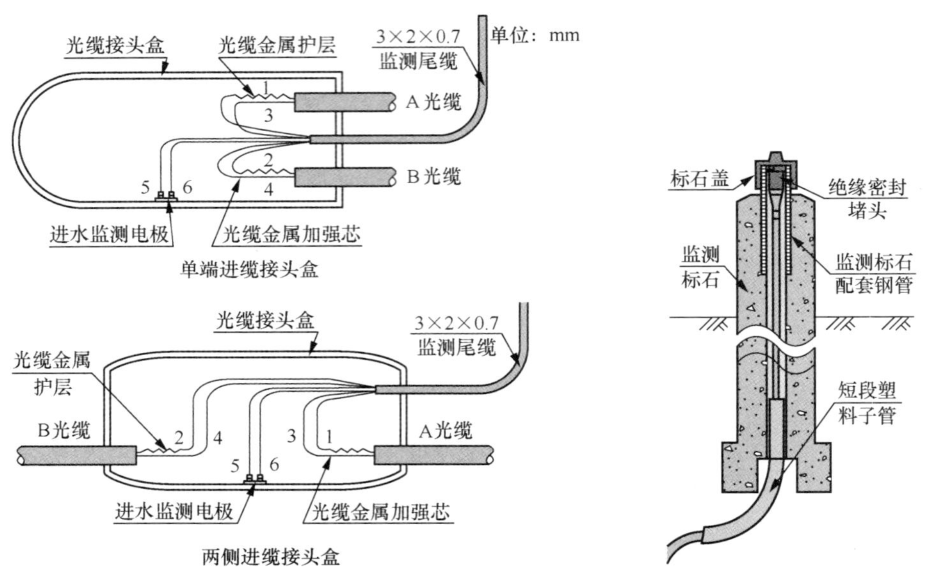

图5-70　接头盒对监测尾缆连接示意　　图5-71　监测标石内监测尾缆安装示意

对地绝缘测试仪表通常选用规格为500V DC的高阻计或兆欧表，兆欧表外形如图5-72所示。使用高阻计测试时，应在测试2min后读数；使用兆欧表测试时，应在仪表指针稳定后读数。下面以兆欧表为例介绍对地绝缘测试步骤。

图5-72　兆欧表外形

- 将兆欧表摆放在干燥、平稳的物体上。兆欧表L接线端接一根绝缘导线，绝缘导线另一端接被测物。兆欧表E接线端接一根绝缘导线，绝缘导线另一端连接接地探针，接地探针插入导电良好的大地，充当临时接地体。
- 翻开表壳盖子露出表盘指针，左手压住兆欧表，右手顺时针摇动手柄，摇动速度由慢逐渐加快，并保持速度在每分钟120转左右，眼睛注视兆欧表指针；如果光缆绝缘良好，兆欧表指针会慢慢接近“∞”，并稳定在表盘的某个刻度，这个刻度值就是所测线路的绝缘电阻值；如果指针指在“0”点附近，说明被测金属构件绝缘电阻低，应立即停止摇动手柄，以免烧坏仪表。
- 测量完毕，应将两根绝缘导线的端头、被测光缆的金属构件与大地或其他接地体碰触，充分放电。避免因测试电压过高，接近500V，人员触摸会造成触电事故。

在使用兆欧表时，通常用短路和开路状态来检验兆欧表是否正常工作。短路：将兆欧表水平放置，轻摇手柄，使兆欧表L接线端和E接线端输出线瞬时短接，指针应迅速归零。开路：接线端断开，空摇兆欧表手柄，指针应指到“∞”处。将L接线端和E接线端短接时观察到指针归零应立即分开导线，避免损坏兆欧表内部电路。

当发生某段光缆对地绝缘电阻下降不合格时，通常是光缆外护套被划伤造成的，需要对该段光缆线路进行障碍查找，找出破损部位进行修复。

5.5 气流吹放

气流吹放光缆是一种在硅芯管等塑料管道内用高速压缩气流穿放通信光缆的方法，简称吹缆。气流吹放的原理是气吹机把空压机产生的高速压缩气流和光缆一起送入管道，由于管壁内层固体硅胶极低的摩擦系数和高压气体的流动性，使光缆在管道内呈悬浮状态，从而减小了光缆在管道中的阻力，让光缆如同河水中漂浮的木头一样顺流而下。

整套吹缆系统由空压机、气吹机、动力源、通气管等部件组成。吹缆系统如图 5-73 所示。气流吹放光缆技术与硅芯管管道技术配套使用，可以敷设长距离的光缆，减少人（手）孔的设置数量，降低敷设路由的建设成本。气流吹放光缆敷设施工流程如图 5-74 所示。

图5-73　吹缆系统

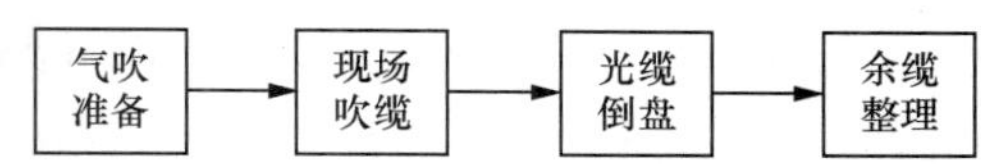

图5-74　气流吹放光缆敷设施工流程

一台气吹机一次性吹放距离应依据硅芯管管道的质量确定，通常情况下为 1km。硅芯管管材质量好、耐压高，深埋地下，环境温度较低，有利于气流吹放，若条件相反，则气流吹放距离会缩短，甚至会吹爆硅芯管造成管道障碍。通常硅芯管内径与光缆直径比为 2 ～ 2.3，小于 1.8 容易造成光缆前进受阻，贴紧内壁，光缆头无法前进。

气流吹放光缆的设备必须选用适合工程特点的空压机机型。空压机提供 0.69 ～ 1.03MPa 气压，即 6.9 ～ 10.3 个大气压。流量范围每分钟 5 ～ 8m^3（适用于 Φ25 ～ 32mm 子管）；每分钟 8 ～ 11m^3（适用于 Φ38 ～ 51mm 子管）。气吹机的液压驱动推进（气流驱动推进）装置的推进力应符合要求。

在正常状态下，吹缆系统吹放 2 ～ 3km 的单盘光缆用时约 4h，按每天吹 2 ～ 3 盘光缆计算，1 个施工班组日平均敷设单条光缆约 10km。吹缆过程中适当加入润滑剂，可以增加吹缆长度，提高吹缆速度。气流吹放与其他布放方式相比，有速度快、节省人力等优点，也存在限制条件，具体如下。

- **硅芯管的弯曲数量：** 硅芯管管道自身波动、微弯变形越频繁，则气吹长度越短。通常管道路由的坡度变化和拐弯角度的大小等宏观几何形变对气吹效果的影响很小，管道没有微弯才能达到理想的气吹效果。硅芯管管道路由不宜选择在山坡陡长、起伏频繁、公路盘旋、地形复杂、段落较长、石方较多的大山区，在地下水位高或常年积水的低洼区，以及河、渠、沟、塘交叉纵横的水网地区。在这些区域敷设硅芯管，在回填缆沟时应避免因硅芯管漂浮而产生的埋深不够和微弯问题。
- **空压机与人（手）孔距离：** 气吹点距空压机不宜超过 200m，空压机的排气软管过长、中间接头多、气流损失大会严重影响气吹效果。
- **外界自然环境：** 高原地区采用气流法敷设光缆，由于高原地区大气压较小，空压机性能需要经过厂商确认或进行相应改造后方可使用。当管道埋深不足，环境温度较高，影响管道表面温度时，硅芯管内外压强不平衡会发生吹爆硅芯管的现象。建议硅芯管应深埋，在夜间环境温度较低时施工，可有效减少吹爆硅芯管的数量。

5.5.1 气吹准备

气流吹放光缆属于机械施工，现场施工过程衔接紧密，施工效率高，现场发生停工对施工工期影响较大。

气流吹放准备过程对施工人员和器材的准备提出了特殊要求。气流吹放施工班组由相应技术培训合格，能熟练掌握气流吹放各道工序的施工操作方法，具备一定的质量和安全意识，严格按照国家和通信行业的规范、标准和操作规程施工的人员组成。一般由组长 1 人、操作手 2 人组成，按工作需要可增加开井、接管、拉缆、巡视、整缆等辅助人员 2 人。气流吹放过程对施工人员的素质要求较高，施工班组应精心组织、明确分工、各就各位，敷设工作要统一指挥，统一行动，团结协作，密切协调配合。吹缆在地面施工受外界气候、自然环境、人为因素干扰小，人员集中于吹缆设备的一端。由于吹放过程需要控制光缆的敷设速度，吹缆设备端至少需要 2 名施工人员。气流吹放光缆需要使用的机械设备和配件工具较多，还需要运输光缆，一般配置 2 辆卡车。气流吹放使用的施工器材见表 5-11，器材装车要求与架空、管道敷设相同。

气流吹放准备过程还包含：选择施工地点、连接硅芯管管道、检查空压机、硅芯管管道试通等步骤。

气流吹放施工地点位于硅芯管管道人（手）孔周围，当硅芯管管道建设在高速公路隔离带中，吹缆设备需要上高速公路占道施工，当硅芯管管道建设在较偏僻的郊区 / 田野中，吹缆设备需要运输至人（手）孔周围才可以施工。有高度落差的施工段落，气吹机尽量选择由高处往低处吹放，或采取向低处吹放的距离长、向高处吹放的距离短。

表5-11　气流吹放使用的施工器材

序号	名称	数量	用途	序号	名称	数量	用途
1	空压机 0.7 ～ 1.2Mpa	1	提供 6.9 ～ 10.3 个大气压	13	扳手	2	修复故障点
2	气吹机	2	吹缆机	14	硅芯管接头	若干	接续管道
3	倒盘机	1	光缆倒盘	15	柱状海绵	若干	清洗管道
4	放缆架	1	架、放光缆盘	16	护缆膨胀塞	若干	光缆堵头
5	润滑剂	适量	润滑管道和光缆	17	端头膨胀塞	若干	硅芯塑料管堵塞
6	探测器	1	障碍探测	18	热可缩端帽	若干	光缆头密封
7	卡车	1 ～ 2	运输机械设备	19	喷火枪	1	热可缩端帽封口
8	小汽车	1 ～ 2	沿途巡视、 联络及运输	20	空气冷凝器	1	降低压缩空气温度，温度≥ 30℃时使用
9	吊车	1	吊装光缆等	21	钢锯、锯条	1	切断硅芯管
10	对讲机	3	通信联络	22	老虎钳	1	制作光缆端头
11	纵向剖割器	2	纵剖硅芯塑料管	23	闪光警示灯	4	光线不明时警示
12	管剪	2	剪断硅芯塑料管	24	安全帽	5	安全用品

在吹缆之前，需要打开硅芯管管道人（手）孔，在孔内用专用硅芯管接头和短段硅芯管，将选用段落内的硅芯管管道直接连接成一个较长的一次气吹通道。通常气密性检查时，所连接的通道长度大于单段气吹长度，完成管道气密性检查之后，在吹缆之前需要将保留余缆的人（手）孔内的硅芯管接头和短段硅芯管拆除。其余长度约 1km 的单段气吹段落，使用的硅芯管接头和短段硅芯管在吹缆后不再拆除。

在吹缆之前，应检查空压机是否严格按照说明书的要求和注意事项进行操作，应检查高压气流系统的接口连接是否紧固，避免脱落而发生人身与设备安全事故；应检查所有密封接口是否密封，避免因漏气而影响吹缆效果；需要预设起始启动、中间运行、敷设终期 3 个阶段的气压、气流，避免后续操作失误；高压气管接口处严禁站人，管道终端气流的出口严禁对准人体，避免造成人身伤害事故。

在吹缆之前，硅芯管气密性检查是将硅芯管两端密封，管内充气 0.1Mpa，24h 后压力降低应小于规定的 0.01Mpa。如果管道出现障碍必须先修复后吹缆，非连接原因导致的障碍点需要开挖土方，可以在障碍点将原本一次吹入的光缆分两次吹入管道。

在吹缆之前，硅芯管的试通和预润滑采用向管道中吹放泡沫海绵来完成，同时清除沿管道方向阻塞的积水和灰尘。管道内水分过多会影响吹缆效果，需要反复多次地向管道吹放泡沫海绵，直至管内积水全部清除。若管道中泡沫海绵无法吹出，说明管道中间有堵塞或压扁等使管孔变形。此时充气端的气压值往往高于正常值，必须设法排除故障。若泡沫海绵无法吹出，充气端的气压低于正常气压值，管道终端管口气流很小，说明管道中间有较大漏气点，通常是接续件连接密封不严，应查看管道路由沿线和人（手）孔内接头设法排除故障。

在吹缆之前，硅芯管内径的不圆度可利用高压气流将长 80 ～ 100mm、直径不小于硅芯管标称内径 80% 的硬橡胶或尼龙棒吹入管道进行试通，检查硅芯管是否有压扁、窄径、内壁滴溜等问题，可用探测器探测尼龙棒在管内的位置后排除故障。当硅芯管发生故障时，可使用电飞梭进行检测。电飞梭由信号发生器和信号接收器两部分组成。气吹机将信号发生器送入硅芯管中，信号发生器在故障点停止前进，并连续发射信号。施工人员手持信号接收器沿管道路由寻找，找到信号发生器的位置，即为硅芯管变形阻塞故障点位置。对影响光缆吹放的故障点需要开挖土方，找出硅芯管的故障点进行修复。

5.5.2 吹缆

吹缆阶段的工作可分为光缆进管、吹缆、倒盘 3 个步骤。

（1）光缆进管

吹缆作业如图 5-75 所示，气吹机放置于吹缆孔附近 3m 范围内，距离过长会造成井下硅芯管管口气压过低，影响吹放距离。液压管需要连接到气吹机，液压泵站包含一台小型汽油机，应位于操作人群下风口处，废气排放途径应远离管道井口。空压机通常安放在距离气吹机 5 ～ 20m 内平整的道路或货车车厢上，配备两条 10m 胶管，可以连接成 20m 管道，将压缩空气输送至气吹机，空压机工作时会产生较大噪声，需要远离操作人群。将气吹机架设在人（手）孔附近的平整地面上，气吹机出口通过短段硅芯管和硅芯管接头与人（手）孔内硅芯管管道连接，气吹机外观如图 5-76 所示。

图5-75　吹缆作业

图5-76　气吹机外观

吹缆前应按照光缆尺寸选择合适的牵引头，牵引头也称作气吹头、拖拽器，可自制，牵引头与光缆加强芯连接处应用绝缘胶带缠好，避免吹缆过程中脱落，牵引头与光缆的轴线应保持一致、外观顺滑，若轴线弯曲则容易在吹缆时卡在管道中。在完成一次吹缆后应取下牵引头，待下次吹缆时使用。打开气吹机，按照所铺设光缆的尺寸选择合适的光缆夹和密封圈；在气吹头前端和后端可以加入适量的润滑剂，将光缆安放到气吹机的传送带上，沿短段连接硅芯管送入管道。

（2）吹缆

吹缆时，主操作人员面对气吹机进行操作，副操作人员、拉缆人员拉拽光缆且控制前进速度。为了控制速度经常需要拉缆人员拉紧光缆。主操作人员启动气吹机，试气工作时的空气压力为 0.81Mpa，光缆被气流带动向前，控制速度主要依靠主操作人员开关气流的强弱。初始进气阀门开启要小，随着光缆长度的增加逐渐把阀门开大直至完全开启。主操作人员操纵控制台上的调速手柄，控制光缆的敷设速度，当光缆前端的牵引力过大时可以牵制光缆的行进速度，当气压不足时能提供辅助推力，可以使光缆在较小的气流下前进。工作时，正常气压约为 0.6MPa，正常的光缆前进速度为每分钟 50 ～ 70m。

吹缆过程中，放缆速度与吹缆速度需要保持一致，副操作人员和拉缆人员用含水海绵包裹光缆，一边拉拽光缆按主操作人员的需要输送光缆，保持吹缆速度，另一边清洁光缆外护套防止泥土、水随同光缆进入管内，增加光缆前进的摩擦力。在吹放过程中，光缆吹放速度宜控制在每分钟 60 ～ 90m，不宜超过每分钟 100m，放缆过慢会影响吹送效率，放缆过快会造成光缆拖地，损伤光缆，且施工人员不易操作，容易造成光缆扭伤现象。

在管道路径爬坡斜度较大的情况下，宜采用气封活塞头，以增加光缆前段的牵引力；管道路径比较平坦，但在个别地段的管道弯曲度较大的情况下，宜采用无活塞气吹头，增加气流速度，避免光缆贴紧管壁，气封活塞头外观如图 5-77 所示。

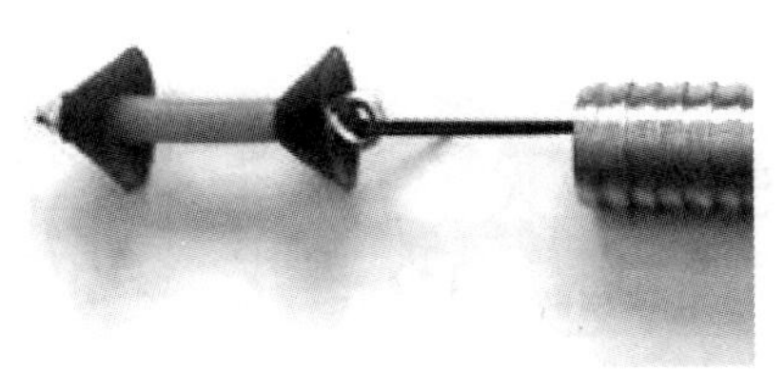

图5-77　气封活塞头外观

当吹缆快结束时，管道对端必须安排专人防护，并保持通信联络，防止试通棒、气吹头等物吹出伤人。防护人员同时还应做好光缆吹出后的预留盘放工作。吹缆井的井距一般超过 300m，在平直路段可以达到 1000m，吹缆井内的余缆无法通过人工拉拽进行调整，只能在有气流的情况下才能拉拽。当敷设快至终点时，终点人员与始点人员应及时联系、协调，避免造成终点人（手）孔内的光缆过长或过短，人（手）孔内的光缆过短，需要让气流继续吹送光缆，若光缆超过预定长度，就需要在吹缆端的气吹机正常吹气的同时，由人工拽回光缆。光缆在吹放、“8”字预留盘放时，光缆弯曲半径应大于设计要求，气流吹放后的光缆受专用管道的保护。

当遇管道故障无法吹进或速度极慢（每分钟 10m 以下）时，应先查找故障位置，处理后再进行吹放，以防止损伤光缆或气吹设备。

（3）倒盘

光缆从吹放点向两侧吹放，当一侧的半盘光缆吹入硅芯管后，另一侧半盘光缆需要“倒盘”，即从光缆盘上倒出，找到另一端缆头从反方向吹入另一侧硅芯管。为了确保光缆的中间倒盘质量，可使用光缆机械式倒盘器。光缆机械式倒盘器如图 5-78 所示。

使用光缆机械式倒盘器的优点是，现场 2 名施工人员使用机械式倒盘器时，不需要增加倒盘工人。倒盘器占地面积小，操作灵活方便，体积小、重量轻、携带方便。光缆在倒盘器内盘绕整齐，与周围场地隔离，可以避免弄脏光缆，影响继续吹缆施工。使用卧式放缆架和废光缆架组合可以代替倒盘器进行人工倒盘，人工倒盘示意如图 5-79 所示。人工倒盘应注意确保两盘光缆的输入 / 输出速度接近，避免光缆落地。

图5-78　光缆机械式倒盘器

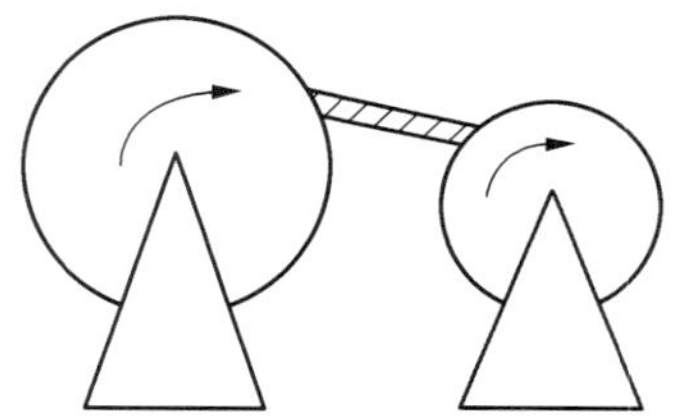

图5-79　人工倒盘示意

5.5.3　人（手）孔整理

气流吹放后，人（手）孔内的余缆和接头盒的整理安装与普通管道基本相同，不同点体现在以下 4 个方面。

（1）余缆

硅芯管管道的人（手）孔间距一般大于 300m，部分直线管道距离可达 1000m，人（手）孔内的余缆很难回抽，过多的余缆无法利用，保留设计要求的长度后，必须提前剪掉多余的光缆，否则将影响光缆接续。

吹缆配盘应对余缆进行调整，尽量做到人（手）孔间距和光缆段长相匹配。较多的余缆可以均匀分配到间距小于 200m 的人（手）孔内盘留或尽量将余缆集中到一个人（手）孔，吹缆完成后，保留足够的接续余缆，剪断的余缆应作为工余料带走上交。硅芯管人（手）孔余缆处理如图 5-80 所示。

图5-80　硅芯管人（手）孔余缆处理

（2）硅芯管

硅芯管的使用寿命约 50 年，光缆的设计寿命是 15 年，硅芯管可以重复使用。为了方便重复使用时与吹缆机的吹气管对接，人（手）孔墙壁的硅芯管伸出部分应大于 40cm。

直通的硅芯管人（手）孔不留余缆，硅芯管使用硅芯管接头连接直线贯穿，光缆就在硅芯管里面，硅芯管接头如图 5-81 所示。在余缆人（手）孔中，伸出人（手）孔墙壁的硅芯管应保留长度，不需要剪短；有光缆的硅芯管使用专用护缆塞包裹光缆塞入硅芯管；空的硅芯管应用专用硅芯管堵头塞住。硅芯管护缆塞如图 5-82 所示。

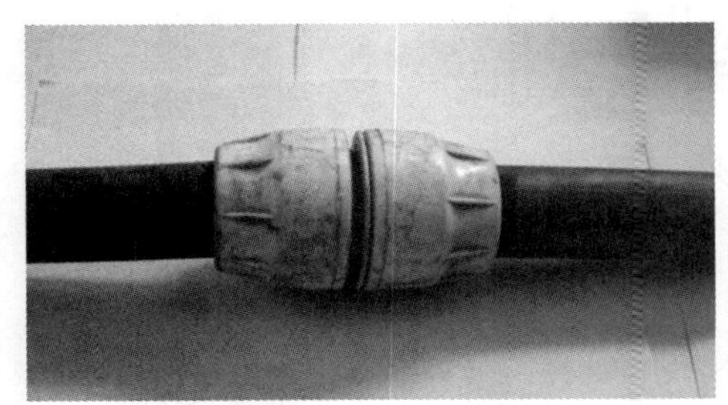

图5-81　硅芯管接头

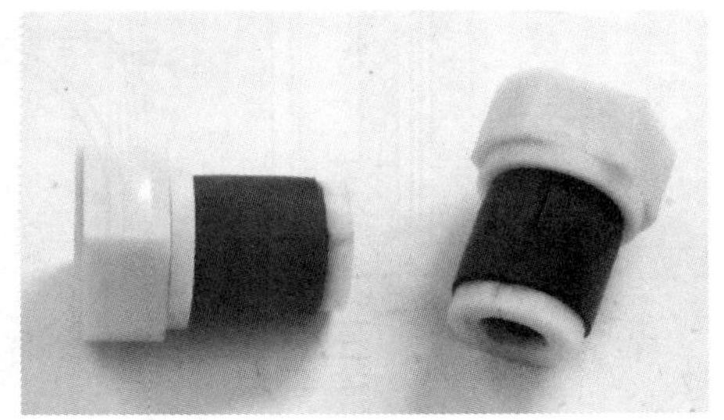

图5-82　硅芯管护缆塞

（3）接头孔

硅芯管接头孔内的光缆无法抽动，接头盒和余缆在同一个人（手）孔内固定。接头盒宜安装在长年积水水位线以上的位置，并采用保护托架承托。光缆接头盒固定在靠近出管孔一侧的墙壁上，手孔较小的情况下，接头盒和余缆可以分别安装在两个孔壁上。接头盒的安装应不影响人（手）孔中其他光缆接头的安放，接头盒、余缆应挂光缆挂牌。硅芯管人（手）孔接头盒安装及光缆绑扎样式如图 5-83 所示。

敷设在高速公路、偏远农村的硅芯管，施工检查极为不便，应在施工完毕后立即整理人（手）孔，拍照并存档，作为检查隐蔽工程的依据。

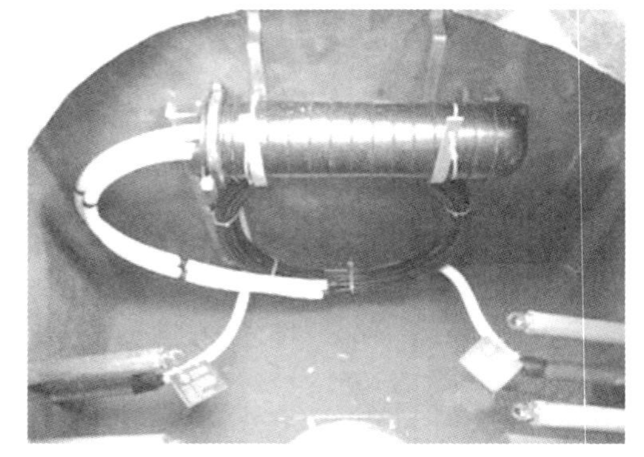
图5-83　硅芯管人（手）孔接头盒安装及光缆绑扎样式

（4）立标石

硅芯管管道人（手）孔应按设计要求埋设标石。直通人（手）孔埋设普通标石，标石立于人（手）孔面向光缆线路 A 方向的位置。接续人（手）孔埋设监测标石，监测标石必须立于光缆主沟之上，标石标注面必须面向接头盒所在的位置，标注样式同于埋式光缆。硅芯管接续人（手）孔整修示意如图 5-84 所示。

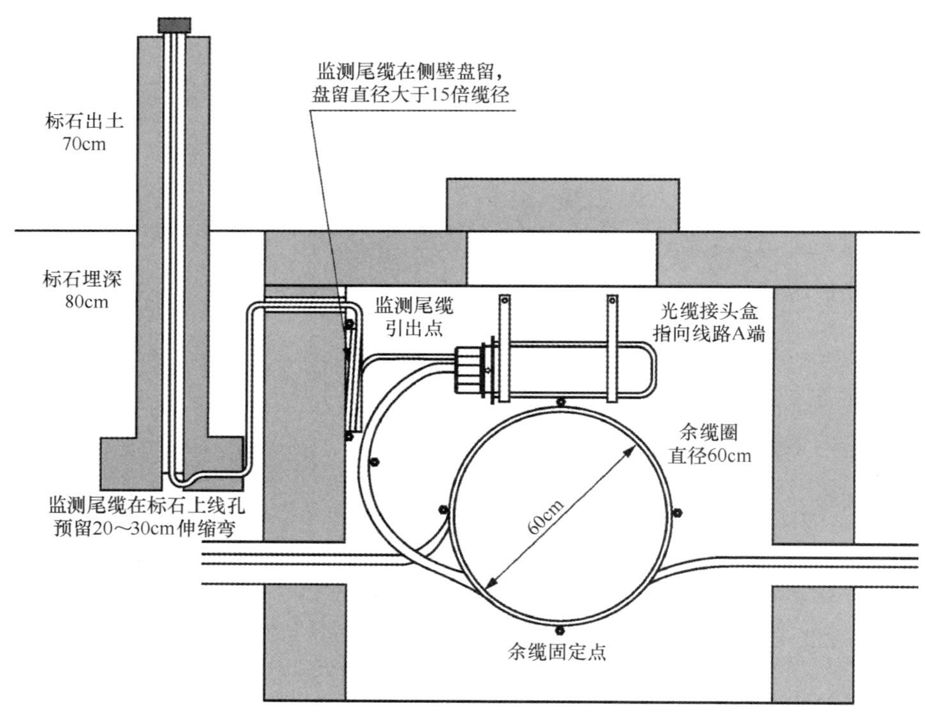

图5–84　硅芯管接续人（手）孔整修示意

5.5.4　气吹微缆

气吹微缆是一个全新的光缆网络施工概念，它是一种完整的电信网络体系结构的施工方法，突破了现有的室外光缆敷设技术的局限性。这项新技术是将专门设计的微型子管放入HDPE母管或已有的PVC母管中，然后按需吹入微缆，中间可以大幅减少接续光缆。这种施工技术适用于室外光缆网络的各个部分。

气吹微缆运用于长途网，先将所需芯数的微管敷设到一些硅芯管或其他子管中，后续按需求再次吹入微缆，这样可以保证光纤数量随业务量的增长而增长。气吹微缆运用于接入网，先将微管进行简单的耦合通路，再根据客户要求将具有室外缆性能的微缆气吹入微管通路，这样不需要接续就可完成分歧。按照这种方法，接入网的容量将随需求数量和需求地点而变化，大幅提升网络的灵活性。

（1）材料介绍

气吹微缆一般使用微管、集束管、微型光缆3种材料。

微管在网络架构中的作用是导入微缆，同时避免接续。微管由HDPE材料制成。常用微管的规格有 *Φ*7/5.5mm 和 *Φ*10/8mm 两种。应用于干线和接入层，一般采用 *Φ*10mm 微管，每根微管可容纳一根48芯或60芯的微缆。应用于接入层和到用户的环境，一般采用 *Φ*7mm 微管，每根微管最多可容纳一根4～24芯微缆。

集束管是一种特殊管道，比微管的密度高，可以最大限度地利用通道空间。其截面如同蜂窝，所有的管束被集中在一种保护性外套中。集束管的规格有下面几种，*Φ*5/3.5mm 有1、2、4、7、12、19、24孔；*Φ*8/6mm 有1、2、4、7、12孔；*Φ*10/8mm 有1、2、4、5、7孔。

微型光缆是接入网中关键的组成元素，其作用是传输信息。微型光缆的光学传输指标与普通光缆相同，由于其外径比普通光缆细，所以简称微缆。微缆有中心钢管式、全介质中心管式、松套式等结构。

钢管结构的微缆中间是一根无缝焊接的防水钢管，光纤在填充了纤膏的钢管内，钢管外施加了一层发泡HDPE护套。无缝焊接的钢管可防止水或其他物质渗入光纤。全介质结构的微缆是无金属缆，可防止介电干扰，中间填充水凝胶起到防水作用。

（2）效率影响因素

气吹微缆的施工效率会受到以下因素的影响。

- **地形地貌及硅芯管敷设质量的影响**。管道弯曲的幅度越大，周期越小，弯曲越频繁，气流穿放光缆的长度越短。
- **管道参数和材料特性是决定用气吹微缆技术进行特定安装的关键因素，包含管道、微管空气封闭性、形状圆整性、内壁摩擦系数、管道壁厚、光缆与管道内孔的截面积比等因素。**对于特定的微缆，管道内径越小，空气流速越低，吹放长度也就越短。管道内径必须保证光缆能够正常吹放，通常取微缆与管道内孔截面积的45%～60%为宜。

- **微缆单位长度重量及外皮材料。**微缆最大安装长度受光缆硬度和单位长度重量的影响，柔软的光缆只能用很小的推进力来吹放。光缆外护层（套）的摩擦系数和管道内壁的摩擦系数越大，吹放光缆长度越短。
- **吹缆点的选定。**在上下坡的地段，尽可能选择由上往下吹的位置。不同的配盘方案，决定不同的吹缆点和气吹机移动次数，也会影响施工效率。
- **空压机的性能参数和施工时的环境温度、湿度也会影响施工效率。**

（3）微管准备

微管吹放前的准备工作包含管道选择、管道连接、试气标准，需要对吹放管道和气吹设备进行检查，检查完成后应及时封堵管道端头。

- **管道选择。**吹放管道应布放在良好的基础上，管道最小曲率半径不小于1m。选择管道时应避免小尺寸微管或微缆占用较大孔径的外管道。管道内径一般为26～54 mm，吹放微管的数量按截面积之和不应大于管道内径面积的60%，母管直径与微管的数量关系见表5-12。通常使用直径为40～50mm的硅芯管作为母管。

表5-12　母管直径与微管的数量关系

母管内径 /mm	可布放的微管数量 / 根	
	10mm 微管	7mm 微管
25	1	2
32	3	6
40	5	10
50	7	14
63	10	20

使用微管吹放微缆，必须对微管进行贯通检查。管道应是内壁平滑或有内肋条的低摩擦圆形管，管道的贯通检查可以保证管道内不存在水、尘土、石头等障碍物；可以检查管道全长是否圆整，而非扁平，并且在整个长度上保持横截面的一致性。用气流将直径为微管内径80%的钢珠打入管道，检查微管是否变形。

微管末端必须安装捕捉器，末端严禁面向建筑物、行人和车辆。如果微管存在阻碍，可以采用分段排除法，查找和排除微管阻碍。用外径为微管内径2倍、长度约为40mm的海绵球检查管道内是否有水，如果有水，用海绵球吸收干净，也可吹入胶质芯轴排出微管内的杂物。如果管道内壁的摩擦系数大于0.1，可以将润滑剂倒入管道并塞入一个海绵球，启动空压机用低压推动海绵球将润滑剂涂抹在管道的内壁上。

• **管道连接**。管道必须能够承受吹放的压强，管道连接点必须采用气闭接头，连接后不拆除，气吹点采用气闭活接头。管道端头应无应力，微管在应力的作用下会出现拉伸变形，影响后期吹放微缆。有故障的管道应在气吹微管前修复。采用定向钻施工的管道应着重检查出入口是否发生管道变形、扭曲和破碎现象。管道接口端面应平直、无毛刺，采用配套的密封接头件接续，接头外面应做防水处理。

• **试气标准**。管道的完整性和连续性不足会影响光缆气吹机的使用效果。为保证微缆在微管内顺利吹送，微管必须承受必要的内压，以无过多漏气为合格标准。当管道内气体压力为1MPa，压强减弱速度每分钟大于0.05MPa时，管道系统不可进行气吹施工，需要查找漏气点、修复故障。

（4）微缆吹放

微缆吹放时，可采用串联气吹法、中间点向两侧气吹法、缓冲式串联气吹法3种方式，在不需要接续的情况下延长光缆的一次性气吹距离。微缆吹放操作过程可分为端头制作、准备转接管道、气吹机调整、持续吹放微缆、微缆到达、路由转换处理、扫尾7个步骤。

• **端头制作**。按现场情况选择是否使用活塞。使用活塞时，活塞与微缆应可靠连接；不使用活塞时，需要使用一个与光缆相匹配、重量较轻的光缆牵引头，使光缆能够较容易地通过弯道或微管接头。

• **准备转接管道**。转接管道一端连接吹缆管道或微管，另一端连接气吹机。

• **气吹机调整**。调整光缆推送机械设备，以适应微缆外径。清洁光缆，将光缆塞入气吹机，将光缆导入微管，将光缆固定在气吹机上，塞入机械设备，将微管用合适的接头固定在气吹机上，以避免在吹缆过程中丢失气压。通知微管末端的施工人员，即将气吹。

• **持续吹放微缆**。启动气吹机，空压机产生的高速气流将微缆拖入微管。气吹过程中，微管内的最大气压不大于1.5MPa。持续送气直至微缆达到敷设长度。

• **微缆到达**。微缆即将到达时，通知管道远端人员并降低微缆的气吹速度。如果接收端为该段光缆结束点，微缆出管口后，保留接头及盘留长度，通知气吹点关闭气吹机，停止吹缆。如果接收端为倒盘点，将气吹微管用一根引管连接到倒盘器上，利用气流将微缆倒盘，直至倒盘的微缆长度可达到配盘预计的位置，再将气吹机转移至倒盘点，继续向下一段微管吹放。

• **路由转换处理**。如果吹放中途需要转换微缆路由，在准确确定微缆前端所在位置后，用滑轮割刀切开保护管，用微管滑轮割刀小心切断气吹微管，将气吹微管用一根引管连接到倒盘器上，利用气流将微缆倒盘，直至倒盘的微缆长度满足配盘要求的长度。将倒盘后的微缆按新的路由敷设。

- **扫尾**。微管敷设完毕后，用微管割刀在微管壁上切出一个小孔，平衡微管内外压强。待微管内的压力排出后，再撤出微管端帽和充气阀门。气吹后的微管必须马上连接或用微管堵头密封，以免污水或杂质进入微管。

（5）气吹微缆优点

气吹微缆初期建设成本低，投资随着需求的增长而增长。气吹微缆可以在不开挖的基础上随时对现有的管道进行扩容。新的敷缆技术可以随时满足商业和客户对网络的需求。在有需求的地方可采用子母管分歧技术，光纤不需要在分歧点进行接续。光缆接头少，可以在任何地方、任何时间改变光缆通道。

气吹微缆可以达到更快的吹缆速度。气吹微缆使用范围广，适用于室外光缆网络的各个部分（长途网、接入网），并且大楼布线和线路分歧灵活。

5.6 特殊环境敷设

除了架空、管道、直埋、气吹这 4 种光缆敷设方式，还有墙壁敷设、局（站）内敷设、建筑物内敷设，以及槽道（地槽）、顶棚内敷设等其他敷设方式。这些敷设方式的施工方法、保护措施与施工环境密切相关，彼此之间存在差别。

5.6.1 墙壁敷设

墙壁敷设光缆，也称作布放墙壁光缆。当建筑物周围不便立杆和开挖时，可以依附墙壁敷设光缆，常用于仓库、货场、老旧小区的建筑物内部和外部布放光缆。墙壁光缆常用的敷设方式有吊线式、卡钩式和钉固式 3 种，具体敷设方式应根据设计要求和光缆外形选择。

墙壁光缆一般选用适于架空敷设的层绞式、自承式、蝶形光缆，不宜采用铠装或油麻光缆。室外墙壁敷设时，宜采用吊线式，室外墙壁敷设如图 5-85 所示；室内墙壁敷设时，宜采用卡钩式或钉固式。

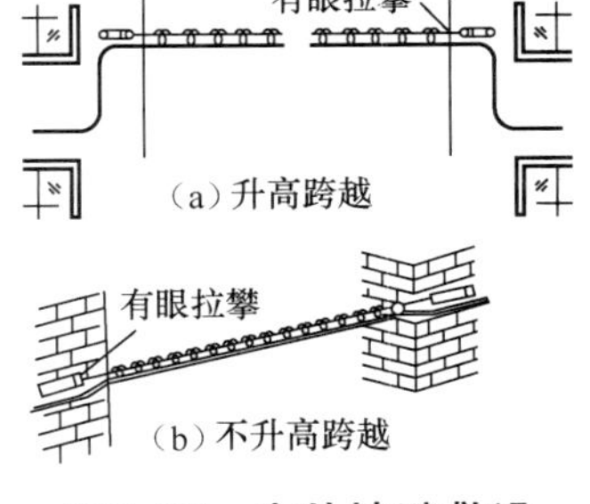

图5-85　室外墙壁敷设

（1）吊线式

吊线式墙壁光缆，是利用墙壁支撑物与终端固定物代替电杆，利用墙壁上的吊线，使用挂钩敷设光缆的一种敷设方式。与吊挂式架空光缆敷设相似，先放吊线，再挂光缆。

光缆敷设前，应先敷设吊线或检查已经敷设的吊线。吊线程式应符合设计规定：吊线应水平敷设，各种终端、中间支撑物应装设牢固，横平竖直，各支撑点应水平；终端固定物距离墙角应不小于 250mm，墙壁上支撑物的间距宜为 8 ～ 10m，终端固定物与第一个中间支撑物之间的距离不应大于 5m。

吊线在墙壁水平敷设安装示意如图 5-86 所示。与墙面垂直的吊线，应呈 U 形，拉攀在墙壁上做终端，吊线在墙壁上的终端支撑安装示意如图 5-87 所示。

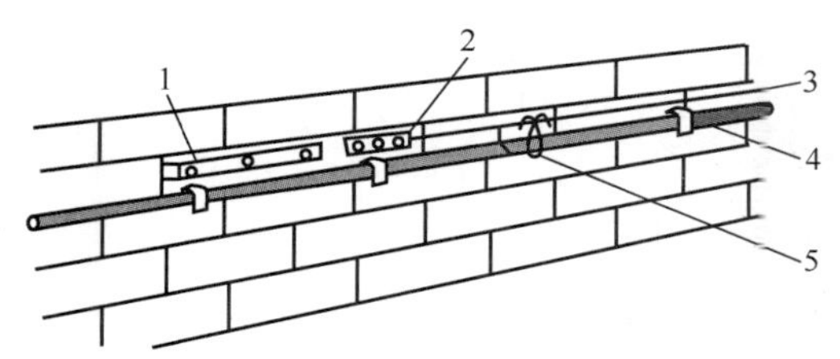

1—有眼拉攀；2—双槽夹板；3—钢绞线；4—光缆；5—挂钩

图5-86　吊线在墙壁水平敷设安装示意

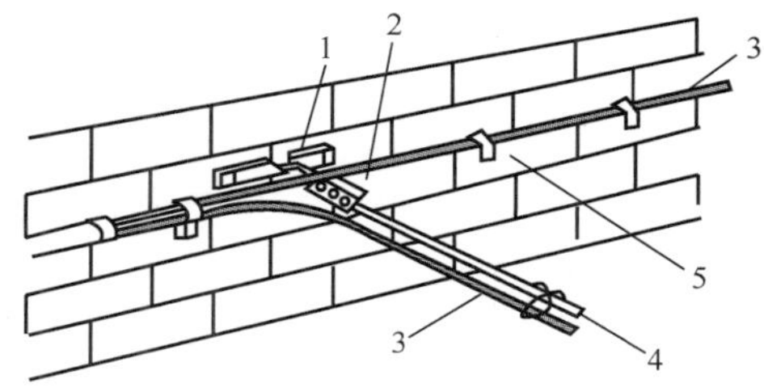

1—U 形拉攀；2—双槽夹板；3—光缆；4—钢绞线；5—铁卡子

图5-87　吊线在墙壁上的终端支撑安装示意

安装敷设吊线时，常采用三眼角钢或有眼拉攀作为吊线终端支撑物，使用 Φ10mm 膨胀螺栓固定；中间支撑物可使用三角支架，使用 Φ10mm 膨胀螺栓固定；吊线一般采用 7/2.2mm 钢绞线。墙壁光缆在使用挂钩段落上不需要套子管，经过热源、电力线路段时，宜采用子管及其他措施进行保护。

（2）卡钩式

卡钩式墙壁光缆是利用卡钩直接将光缆固定在墙壁上的一种敷设方式，敷设卡钩式墙壁光缆时，应在光缆上加套塑料管予以保护，应按设计尺寸选用塑料管和与光缆和塑料管外径相配套的卡钩。

卡钩分为金属卡钩和塑料卡钩。卡钩的型号应与光缆外径配套，光缆直径对应卡钩型号见表 5-13。卡钩固定使用材料有扩线螺钉、木塞木螺钉、水泥钢钉、射钉等，可以因地制宜选择使用，其中施工速度较快的是用水泥钢钉固定。墙壁光缆的卡钩安装间距要求为 0.5m，允许偏差为 ±30mm，与杆路架空的挂钩间距要求相同。转弯两侧的卡钩间距应为 150 ～ 250mm，两侧距离应相等，卡钩式墙壁光缆敷设如图 5-88 所示。

表5-13　光缆直径对应卡钩型号

光缆外径 /mm	卡钩型号
≥ 8	8 号
8 ～ 12	12 号
12 ～ 14	14 号

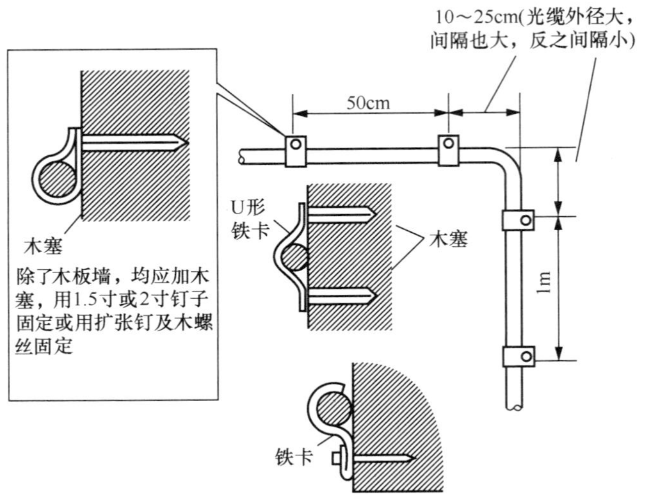

注：1.5 寸钉子长约 40mm，2 寸钉子长约 50mm。

图5-88　卡钩式墙壁光缆敷设

（3）钉固式

钉固式墙壁光缆是通过固定物将光缆固定在墙壁上的一种敷设方式，通常应用在 FTTx 等客户光缆接入施工中。此类项目依赖客户需求和现场条件，钉固式敷设是最经济、最便捷的光缆敷设方式之一。

敷设蝶形光缆通常使用钉固式。首先根据设计要求选用塑料卡钉规格，塑料卡钉必须与光缆外径相配套。敷设钉固式墙壁光缆时，不得在外墙使用木塞钉固光缆；钉固螺丝应在光缆的同一侧。光缆塑料卡钉间距为 500mm，允许偏差 ±50mm。转弯两侧的卡钉距离为 150 ～ 250mm，两侧距离需要相等。室外墙壁钉固式蝶形光缆敷设工艺如图 5-89 所示。

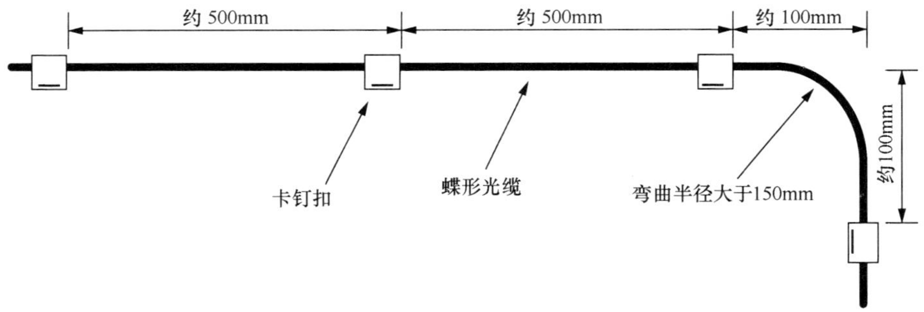

图5-89　室外墙壁钉固式蝶形光缆敷设工艺

（4）敷设间距

墙壁光缆离地面高度不应小于 3m，在有过街楼的地方穿越，缆线不应低于过街楼底的高度，跨越街道、院内道路等位置应采用钢绞线吊挂，架空光缆架设高度见表 2-4。墙壁光缆与其他管线的最小间距应符合设计要求。

5.6.2 局（站）内敷设

敷设局（站）内光缆是指在通信局（站）内部敷设光缆，局（站）内部建有专门用于光缆敷设的地槽、管道、垂直爬梯、水平槽道 / 走线架等走线通道，在敷设过程中应充分利用。敷设过程应考虑光缆选型、光缆预留、穿放要求，以及特殊地点的敷设要求。

（1）光缆选型

国家规范要求进局（站）光缆应选用非延燃型光缆。若没有采用非延燃型光缆，应按设计要求采取防燃、阻燃措施。针对局（站）的防火要求不同，光缆进局（站）可采取直接敷设进局（站）和进线室接续进局（站）两种方式。

直接敷设进局（站）是室外光缆直接敷设到机房 ODF 的进局（站）方式。直接进局（站）需要做好严格的防火措施，例如光缆刷涂防火材料或缠绕不燃烧材料，通常采取光缆包裹石棉防火布的方式。该方法适用于中小型局（站），优点是无中间接续点、故障点少、成本低。

进线室接续进局（站）是指室外光缆经过局（站）前井进入机房进线室，阻燃型光缆从机房布放到进线室，两个方向的光缆在进线室进行接续，构成光纤通道，实现光缆进局（站），阻燃型光缆通常选用无铠装层非金属光缆。进线室接续进局（站）多用于大型局（站），优点是进线室接续，将线路侧光缆金属构件上可能引入的雷击、感应电流阻隔在机房以外，提高了机房防雷安全性。

当机房发生火灾事故，已经燃烧的情况下，阻燃型光缆可以避免助燃，减少损失。实际施工中，阻燃型光缆与线路光缆生产批次不同，缆中光纤的模场直径存在差别，接续后单向接续损耗偏大，全程损耗增加。进线室与机房 ODF 之间距离近，测量并控制接续损耗过程复杂，而通常不控制将造成全程损耗增加。为了降低全程损耗，更方便地控制接续损耗，采用延长阻燃型光缆敷设距离的方法，将出局（站）第一接续点安排在距离机房 1000 ～ 2000m 以外的光缆路由上。

（2）光缆预留

进局（站）光缆预留包含考虑验收规定的预留长度和测试、接续、成端工序所需要的预留长度。光缆预留长度要求及增长参考值（机房）见表 5-14，验收时光缆的预留长度及在进线室或机房中的盘放位置应符合设计要求和表 5-14 的规定，并应远离热源。

表5-14　光缆预留长度要求及增长参考值（机房）

类型	预留长度
接头处每侧预留长度	5 ～ 10m
地下局（站）内每侧预留长度	5 ～ 10m，可按实际需要调整
地面局（站）内每侧预留长度	10 ～ 20m，可按实际需要调整

通常，成端工序之前，在机房成端 ODF 位置可以预留约 10m 光缆，工程完工后机房、槽道、走线架、爬梯等光缆布放通道均不得预留光缆。光缆应预留在专门预留光缆的位置，例如室外、地下进线室，机房可以安装盛缆箱，专门存储余缆。

（3）穿放要求

局（站）内光缆的一般穿放路由是从局前人（手）孔经管道至进线室（或室内走线架、走线槽内），经过楼层通道或机房间通道进入传输机房，沿光缆槽道或走线架到达 ODF。

光缆布放完成后，光缆经过的进线管孔或槽孔要进行严密堵塞，防止出现渗漏。局（站）内光缆的外护套一般采用阻燃材料，当普通光缆直接进局（站）时，采用 PVC 阻燃胶带包扎或套上具有阻燃性能的聚氯乙烯塑料软管，做防火处理。为防止室外光缆的金属构件感应雷电引入机房，当具有金属护层的光缆进入机房时，应将光缆的金属护层做接地处理。无金属护层的光缆若穿钢管埋地引入，钢管两端应做好接地处理。

光缆弯曲部位的曲率半径要满足动态 20 倍、静态 15 倍的要求；施工完成后余缆应盘放合理，便于日后调用；在穿放路由上光缆的标志应明确醒目，每条光缆的来去方向、端别要清楚准确。

（4）进线室布放

进线室布放按光缆选型不同可分为光缆直接敷设和进线室接续两种。

当阻燃光缆或普通光缆直接敷设至 ODF 时，在进线室应进行预留光缆的安装固定，光缆在托架上的位置应理顺，避免与其他光缆交叉，同时尽量放置于贴近墙壁位置。针对无铠装层光缆，在进局（站）管孔至第一个拐弯部位及其他拐弯部位，应用蛇皮管加以保护，必要时做全段保护，如图 5-90（a）所示。另一种安装固定方式是将预留光缆盘成符合曲率半径规定的缆圈，适用于地下进线室窄小或直径较小的无铠装层光缆，如图 5-90（b）所示。预留光缆部位应采用塑料包带缠绕包扎并固定于托架上，对于设计要求光缆预留较多的进线室，可分两处盘留。

当光缆不直接敷设至 ODF，可在进线室进行预留光缆的安装固定，并增设一个光缆接头，敷设时，室外光缆在进线室做盘留固定，留 3m 余缆接续；局（站）内阻燃光缆、软光缆在爬梯固定后上楼，如图 5-90（c）所示。

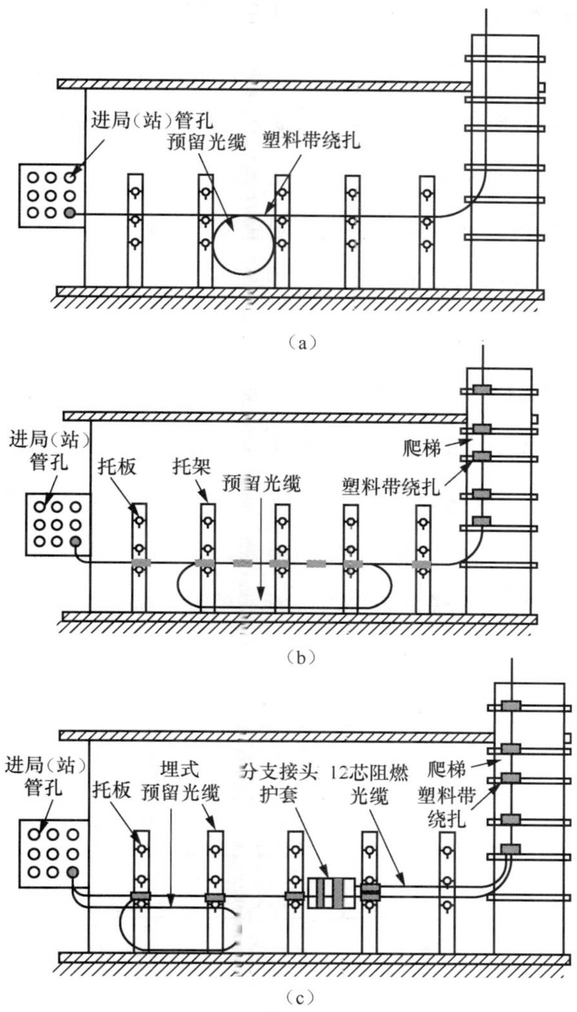

图5-90　进线室布放样式

（5）楼层间布放

楼层间光缆布放通常指光缆由爬梯引至机房所在楼层；光缆经由走线架、拐弯点，应予绑扎；垂直上升段应分段绑扎，绑扎间隔不大于 1m；上下走道或穿越墙壁应每隔 0.5m 绑扎固定；光缆绑扎应分散固定，均匀受力。有爬梯的通信楼可利用爬梯固定，没有爬梯的机房，应在墙上安装“∩”形支架用于绑扎光缆。

（6）机房内布放

机房内光缆布放按使用材料不同可分为普通槽道 / 桥架、专业槽道、地槽布放。机房内光缆布放在一次进场即可完成成端接续施工的条件下，光缆应正式固定，机房内不预留光缆，光缆成端后所有预留光缆应全部抽放至进线室，绑扎在余缆架上；当需要后期光缆接续时，通常将余缆绑扎在局（站）前井或局（站）边杆上，并为后期布放和 ODF 成端储备余缆。若无法一次性布放完成或较长时间后才成端接续，为了防止光缆拉伸或折弯造成光缆的机械损伤和光纤断裂，通常将光缆临时固定，此时光缆应盘成符合弯曲半径要求的圆环，固定在靠边的墙壁、靠机架侧的槽道或者相邻走线架的空槽道位置。当设计明确指出可以利用机房盛缆箱进行预留，才可以在机房预留光缆。

① 普通槽道 / 桥架布放。

普通槽道布放时，光缆在机房槽道内整齐地靠边松弛平放，注意避免重叠交叉，光缆可以不绑扎。在槽道的拐弯处，为防止光缆被拉动而造成拐弯半径过小，可与槽道内其他线缆做适当绑扎。当布放至光缆成端 ODF 附近，通常预留 3 ～ 5m 供接续使用。普通桥架布放是指光缆在机房桥架或走线架上边绑扎固定边走缆，一般中小机房采用桥架方式布放，隔挡绑扎。除非设计明确提出预留光缆，机房内一般不预留光缆，若有预留，临时槽道布放光缆方式如图 5-91 所示。

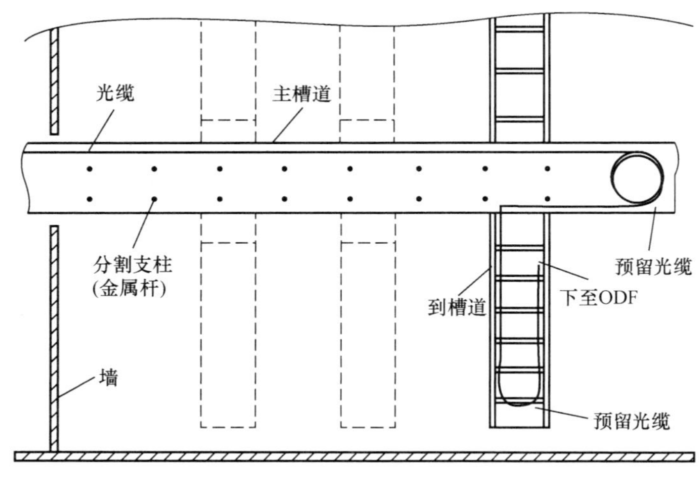

图5-91　临时槽道布放光缆方式

② 专业槽道布放。

专业槽道是通过注塑或挤出成形技术制作的产品，由走线槽道、走线架、波纹管、各种接头、弯头、支撑件等组成，可以保护通信线缆不受损伤，按材质可分为 ABS、PE/ABS、PVC 等。专业槽道内部槽底净宽分为 120mm、240mm、360mm 等尺寸标准，槽道高度一般为 100mm，专业槽道布放光缆如图 5-92 所示。

图5-92　专业槽道布放光缆

专业槽道布放光缆时，应按排列顺序先走上走道，接近下缆位置后再按要求从分槽道引出，避免光缆交叉或频繁地上下走道位置。放绑人员应站在光缆走道旁边的梯凳或木桥上，每人负责一段，禁止在走道或槽道内踩踏。牵引光缆时，分为主要牵引和分部牵引，主要牵引力应加在光缆加强芯上，分部牵引应作用在光缆外护套上。布放光缆的牵引力应小于光缆允许张力的80%，对光缆瞬间最大牵引力不应超过光缆允许的张力。光缆盘转动应与光缆布放同步，光缆牵引速度一般为0.2m/s。光缆出盘处应保持松弛的弧度，并留有缓冲的余量，避免光缆出现小圈、背扣现象。光缆在走道上拐平弯时，转弯部分不可位于横铁上，以免绑扎困难，应将转弯部分选在邻近两横铁之间，并保证对称。

光缆与电缆同管布放时，可在暗管内预制塑料子管，塑料子管的内径应不小于光缆外径的1.5倍，将光缆布放在塑料子管内，使光缆和电缆分开布放。

③ 地槽布放。

地槽布放为专业槽道在地板下布放，主要适用于地面覆盖拼装地板或地毯的办公场所。地槽布放因其灵活性好、线缆位置具有较大的随意性，在一些大开间的办公场所、大厅及厂房等场所获得广泛使用。

地槽布放光缆，通常从机架后部整齐有序引入，放入地槽后的光缆应理顺无扭曲。出槽口时，光缆应按最小曲率半径要求适度拐弯，拐弯处应成捆绑扎。地槽施工中地插、地槽及线管等大部分部件暗敷于楼板的找平层（在垫层、楼板上或填充层上整平、找坡或加强作用的构造层）内，故其施工难度较大。

5.6.3　建筑物内敷设

在建筑物内需要敷设光缆用于通信设备、计算机、交换机和终端用户的设备。采用的敷设方式有弱电井敷设、顶棚内敷设、吊顶敷设。

（1）弱电井敷设

弱电井敷设需要检查施工环境和光缆盘的完整性。当光缆穿墙或穿楼层时，应使用带护口的塑料管保护光缆，施工完成后应使用阻燃填充物堵塞光缆孔洞。敷设时依据设计图纸选配光缆长度；光缆牵引时，端头做好保护性技术处理，牵引应着力在加强芯，牵引力大小不应超过 1500N，牵引速度宜为 10m/min，一次牵引长度不宜超过 1000m。光缆一般每两层或每 10m 用缆夹固定，弱电井楼层示意如图 5-93 所示。

弱电井敷设光缆的方式有向上牵引和向下垂放两种。

① 向上牵引。

敷设 5G 基站软光缆、特殊光缆时，当光缆搬运至高楼层困难、敷设的缆线不多的情况下，可采用人工向上牵引。若缆线较多，可采用电动牵引绞车向上牵引，绞车向上牵引示意如图 5-94 所示。

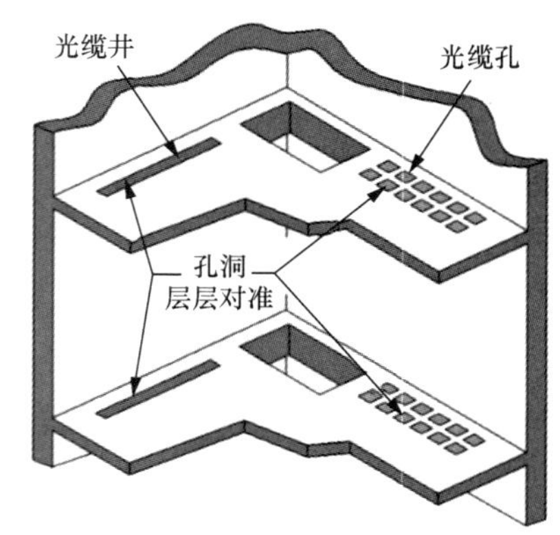

图5-93　弱电井楼层示意

施工时先安装绞车，在绞车中穿拉绳，往下垂放拉绳，直至拉绳前端到达安放缆线的底层；将拉绳连接到缆线的牵引头上，慢速而均匀地将缆线通过各层的孔向上牵引；当光缆到达顶层时，持续拉缆，直至光缆长度足够使用；敷设完毕停止绞动，将光缆在各层走线架上按 2m 间隔进行绑扎，在地板孔边缘用夹具将缆线固定；所有缆线敷设完成后拆除绞车。

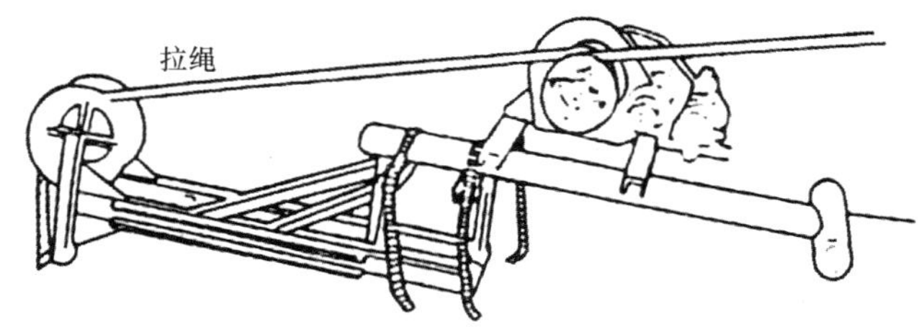

图5-94　绞车向上牵引示意

② 向下垂放。

利用光缆自重向下垂放，常用于 5G 基站软光缆、特殊光缆的敷设，与向上牵引光缆相比，向下垂放光缆容易操作、工时少、工程进度快。

施工时距槽孔 1 ～ 2m 处放置光缆盘，将光缆盘置于转动支架上，保持缆盘平稳转动（如图 5-95 所示）。通过大孔洞时，可在孔洞的中心上方处安装一个滑轮，滑轮直径应大于 70mm，然后将光缆绕到滑轮上（如图 5-96 所示）。通过较小孔洞时，应先安装一个塑料导向板，防止光缆与混凝土摩擦损坏光缆。慢慢推放光缆盘，手送光缆向下垂放，直到下一层施工人员将光缆头导引到下一孔洞；持续推放光缆盘，将光缆送达所需要的楼层；敷设完毕后应将光缆在各层走线架上按 2m 间隔进行绑扎；所有缆线敷设完成后将布放工具拆除。

图5-95 转动支架

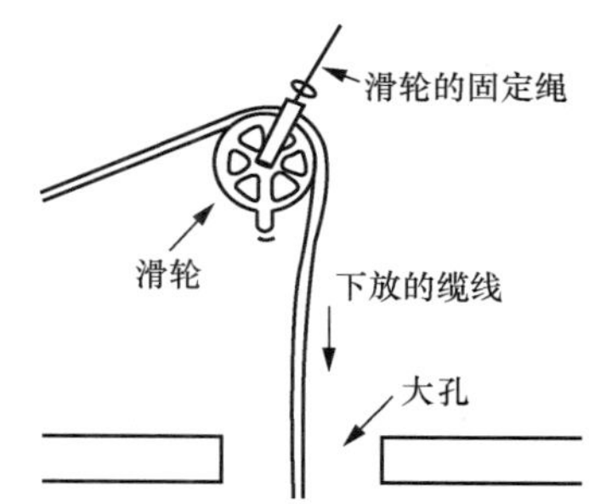

图5-96 利用滑轮向下敷设光缆示意

（2）顶棚内敷设

建筑物顶棚内敷设光缆应着重考虑防火要求，宜采用金属管敷设方法和硬质塑料管敷设方法。光缆敷设应单独设置吊架，不得敷设在顶棚吊架上，顶棚内光缆架设示意如图 5-97 所示。

光缆护套应阻燃，光缆截面选用应符合设计要求。3 根及以上光缆穿于同一根管时，其总截面积（包括外护层）不应超过管内截面积的 40%。两根光缆穿于同一根管时，管内径不应小于两根缆线外径之和的 1.35 倍，立管可取 1.25 倍。光缆管道与其他管道（不包括可燃气体及易燃、可燃液体管道）的平行净距不应小于 0.1m。当给水管同侧敷设时，光缆管道宜敷设在给水管的上面。当与热水管、蒸汽管同侧敷设时，光缆管道应敷设在热水管、蒸汽管的下面。

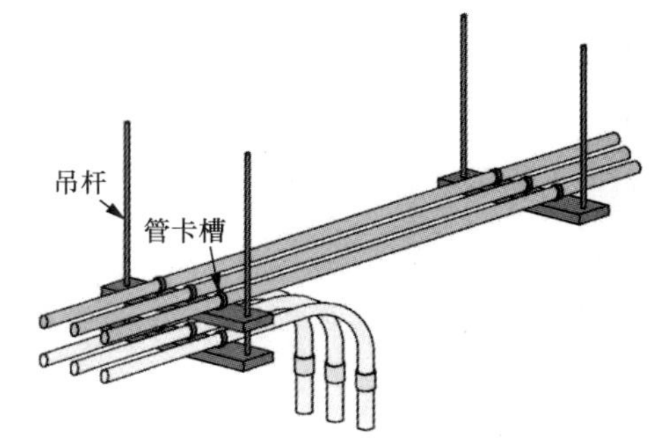

图5-97 顶棚内光缆架设示意

光缆管道较长或有弯时，宜适当加装拉线盒，两个拉线点之间的距离应符合以下要求：管道无弯时，不超过 30m；两个拉线点之间有一个弯时，不超过 20m；两个拉线点之间有两个弯时，不超过 15m；两个拉线点之间有 3 个弯时，不超过 8m。

敷设光缆时需要注意，光缆绝缘、规格程式应符合设计要求；光缆外皮完整，不扭绞，不破损，不折皱；光缆敷设的路由、位置和截面应符合施工图纸的要求；在建筑物的金属顶棚上作业前，施工人员应用试电笔检查确认无电后方可作业；捆绑光缆要牢固、松紧适度、平直、端正，捆扎线扣要整齐一致；敷设时应严格控制光缆所受拉力和侧压力，以及光缆的弯曲半径，施工中的弯曲半径不得小于光缆允许的动态弯曲半径；定位时弯曲半径不得小于光缆允许的静态弯曲半径；光缆穿管或分段布放时应严格控制光缆扭绞，必要时宜采用“∞”字方法，使光缆始终处于无扭绞状态，以去除扭绞应力，确保光缆的使用寿命。

（3）吊顶敷设

吊顶敷设方式常用于安装石膏板吊顶上布放光缆，也用于光缆从弱电井到配线间的敷设。吊顶敷设示意如图 5-98 所示。

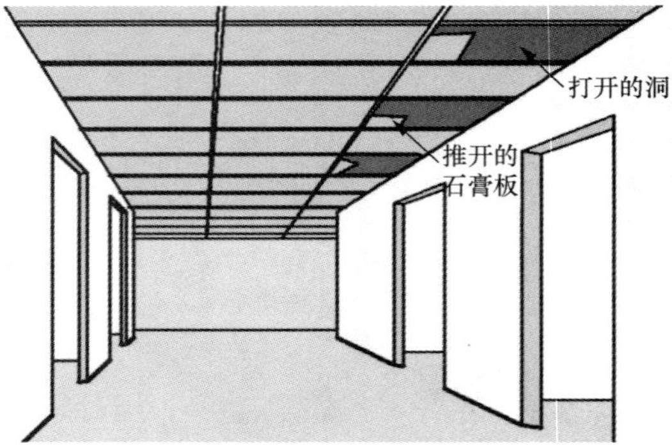

图5-98　吊顶敷设示意

施工时沿光缆敷设路径打开吊顶，制作光缆牵引头，在光缆端头 0.3m 处环切，去除光缆外护套，保留加强芯，将加强芯与牵引带扭绞，用胶布缠住 20cm 左右长的光缆外护套；将加强芯送到合适的夹具中，直到被牵引带缠绕的外护套全部塞入夹具，牵引夹具与光缆缠绕，可以牵引光缆到需要的位置。

牵引过程中，应在光缆的首、尾、转弯，以及每隔 5 ～ 10m 处进行控制，在转角处需要预留足够长度的光缆；在梯架及托盘中敷设光缆时，应对光缆进行分束绑扎，间距应均匀，不宜绑扎过紧或使光缆受到挤压。光缆在建筑物内易触及部分、易受外力损伤处、梯架及托盘中绑扎固定时，应使用塑料波纹管、塑料软管、塑料线槽等材料进行保护。

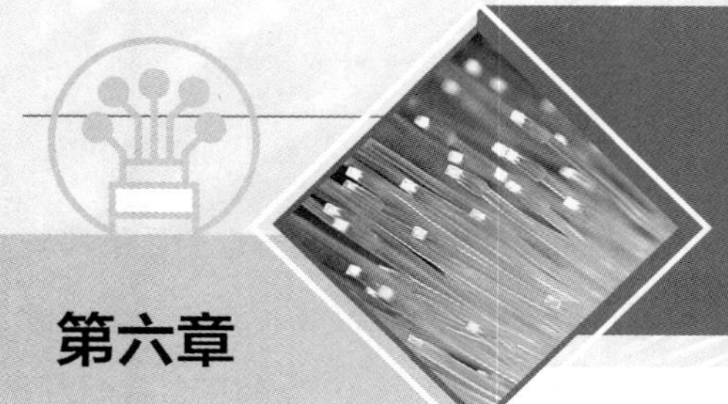

第六章

光缆接续、测试与障碍处理

光缆敷设后，需要进行光缆接续，将光缆盘布放的光缆连接起来形成光缆线路；需要成端接续将光缆中的纤芯制成一个个光纤传输通道，并测试光纤传输通道的传输性能；当发现光纤传输通道中存在异常的光纤损耗点，或者光缆外护套破损需要障碍处理时，应将障碍数值恢复到设计预计范围。光缆管线施工中的光缆接续、测试与障碍处理是管线工程的核心部分，施工质量直接决定工程评级。

光缆接续是光缆施工中对技术要求较高的一道工序，接续质量的好坏直接影响光缆线路传输质量和使用寿命，接续速度的快慢直接影响光缆工程进度。

光缆测试包括光缆单盘测试、光缆接续现场监测和光缆中继段测试。光缆单盘测试属于施工材料进场检验环节。在光缆管线工程中，为了优质高效地完成光缆接续，通常采用光缆接续现场监测，对线路接续和成端接头的每一芯光纤熔接的质量进行监测，对接头损耗不合格的纤芯直接返工重接，这个过程俗称光缆监测。光缆中继段测试是中继段的线路和成端接续全部完成后，进行的光缆传输性能测试和资料整理过程，也称作竣工测试。用户光缆测试和光纤链路测试与光缆中继段测试过程类似，多在 FTTH 工程中进行。

光缆线路障碍，一般表现为光纤接头损耗变大、光纤断裂、光缆金属构件绝缘不良、接头盒进水等，以上故障多发生在接续部位，与施工人员的施工质量、接头盒材料、光缆接续工艺有着密切联系，障碍处理过程需要光缆接续班组参与，需要接续和测试相互配合。

6.1 施工准备

光缆接续、测试与障碍处理的施工地点在光缆路由沿线，远离施工驻地，受环境影响大。施工任务通常由光缆接续班组独立完成，不需要较多协助。为了安全顺利地完成施工任务，在施工准备阶段，光缆接续班组需要详细了解施工环境，按照工作内容配置人员、车辆、工器具、材料，选择最优的施工方法。在未发现光缆障碍时，光缆接续班组通常先进行光缆接续，再进行中继段测试。

6.1.1 人材机配置

光缆接续、测试与障碍处理的施工与工程整体质量的关系极大，光缆接续班组必须由经过相应技术培训合格，能熟练掌握光缆接续、测试各道工序操作方法，具备一定的质量和安全意识，严格按照国家和通信行业的规范、标准和操作规程施工的人员组成。通常一个接续班组由 2 名熔接人员、1 名辅助工和 1 名司机共 4 人组成，其中设组长 1 名，按工作需要可增加 1 名实时测试人员和 1 名辅助工。

光缆接续、测试与障碍处理的施工对施工人员的技术素质要求较高，施工班组长应精心组织，明确分工，施工人员各就各位，敷设时要统一指挥，统一行动，团结协作，密切协调配合。施工人员应经过专业操作培训，考核成绩合格；上杆登高人员必须持有有效的高处作业操作证。施工人员应按要求穿戴工作服、安全帽、绝缘鞋、棉纱手套等劳保防护用品进行作业。

接续班组进行接续作业时，每天工作量为线路接续 4 个 48 芯或 2 个 96 芯或 1 个 144 芯，成端接头 144 芯；当接续班组进行 144 芯测试作业时，完成光纤通道衰减测试约 1.5h、PMD 存盘约 0.5h、OTDR 单方向单波长存盘约 1.5h、光纤扫测约 10min。工程项目部应根据工程量和施工进度安排接续班组数量。

接续、测试施工，除了熔接机、OTDR、笔记本计算机、发电机、帐篷、操作台、围挡、凳子等接续必备工器具，进行架空作业需要安全帽、脚扣、安全带等；进行管道作业需要抽水机、水管、人字梯、电锤、长筒胶靴等；进行直埋施工需要携带锹、镐、兆欧表等。

除此以外，光缆接续、测试施工还需要配置数量合适的劳保防护用品和足够的接头盒、热熔管、光缆挂牌、波纹管、自粘胶带、扎带等接续材料。

接续、测试施工需要使用的材料和工器具较多，接续班组还需要伴随转移，宜配置专用工程车辆，应有足够空间摆放施工材料和工器具，车辆不得超员、超载，宜选用皮卡、面包车、双排座货车。车辆应按照交通法规行驶和停靠，特殊地区应办理临时通行证。

进行光缆测试作业的车辆宜选用车况较好、车速较快的轿车。为了提高工作效率，测试时可以根据人员数量、携带工器具体积大小、工地距离远近等条件选择使用出租车。

光缆接续、测试的施工环境随着工作内容的变化而变化。光缆接续的施工环境主要考虑光缆路由沿线接续点附近的区域，一般指交通可以到达的城区、平原、水田、丘陵、山区；机房成端接续的施工环境一般是通信局（站）、机房的内部环境；光交箱成端熔接时的施工环境是城市的道路周围。光缆接续、测试的施工环境与施工安全关系密切，施工班组应按照项目部所辨识的一般危险源和重大危险源，尽量远离生产经营活动中可能导致事故发生的危险状况，避免人的不安全行为和管理上的不足。

施工班组携带工器具要考虑自然因素，依不同天气需要携带遮阳、挡风、防雨雪、供暖的器材设备；夏季施工需要携带充足的水、降温解暑和防蚊虫的药品；为防台风需要，配备雨衣、安全警示服、灯具等；依山区、树林、河流、稻田等不同地形，需要携带雨衣、胶鞋、砍刀等避障物品；照明不充足或夜间施工时，需要携带照明灯具等。

施工班组要考虑劳动作业环境因素，因杆路、管道、直埋等路由的不同，需要携带不同的专用工器具：城市施工需要携带道路围挡、安全警示器材；公路施工需要携带公路限速警示牌、锥桶、安全警示服、车用警示牌等安全警示用品；有限空间作业需要携带有毒有害气体检测仪；乘坐车辆、用火施工需要携带灭火器；班组作业区域相距较远时应携带手机、对讲机等通信工具；噪声限制区域应避免使用汽油发电机、汽油抽水机，可使用噪声较小的蓄电池供电，使用潜水泵抽水；在应急机房、居民家中施工时，应携带鞋套、垃圾袋等文明施工用品。

施工班组应做到文明施工，不乱丢施工废料、垃圾，不破坏环境，应当避免以下现象：人（手）孔抽水沿街漫流；机房墙壁楼板钻孔、机架固定时产生的噪声、飘散的粉尘；随意丢弃废电池、包装垃圾；接续时随意丢弃下脚料、加强芯等废弃物；光缆封焊热缩制品使用喷灯产生的高温伤害；随意倾倒餐饮废渣和生活垃圾等。

6.1.2　施工方法

光缆线路通常由多段光缆接续而成，光纤通过接续形成符合设计要求的光纤通道。光缆接续包括缆内光纤、铜导线、光缆护层等的连接，直埋和特殊光缆接续还包含监测装置线的连接。沿光缆线路路由进行的接续过程称为线路接续，光缆与尾纤熔接制作终端接头的过程称为成端接续。

光纤连接按重复性不同分为固定连接、活动连接、临时连接 3 种方式。光纤固定连接被称为永久性连接（死接头）。熔接法，也称热熔法，是使用熔接机利用高压电产生高温电弧熔化两个光纤端面并瞬间连接在一起的方法，是我国应用最广泛的光纤接续方法之一，无特别说明时光纤固定连接应采用熔接法。光纤的活动连接被称为连接器接续（活接头），是通过光纤连接器让两个甚至多个方向的光纤形成通道的方法。光纤连接器是组成光纤通信线路和测试系统不可缺少的部件，也称为活动连接器，由于其可随时装拆，使用方便，在光纤通信系统中常用于更换光纤链路、光端机与光缆线路连接，以及光缆线路的测试连接。光纤的临时连接被称为耦合器连接，是通过 V 形耦合槽、弹性毛细管、熔接机辅助方式将两段裸光纤纤芯对准，形成光传输通道。光纤临时连接时的连接点损耗较大，多用于短时间、不太考虑连接损耗的测试场景，例如单盘测试、熔接监测。

当一个中继段的光缆接续点需要接续时，通常由接续班组按照光缆布放方向及顺序依次接续完成。目前光缆中的光纤数量较多向 144 芯、288 芯发展，可以由多个接续班组同时施工，每个接续班组负责各自的段落；也可以多个接续班组在同一地点，负责各自的熔纤数量，同时施工同时结束。

为了保证施工质量，光缆接续过程需要实时监测，监测方法有近端双向监测法和远端单向监测法。采用近端双向监测法，测试者随着熔接位置的变化而变化，测试熔接损耗正反双向数值，对施工质量控制最严格，熔接返工较多，会导致接续时间延长，降低施工效率。采用远端单向监测法，测试者位于机房或预设的远端测试点，不再移动，测试熔接损耗只有单向数值，需要结合测试者经验评估接续质量，光纤线路损耗相对较大，但熔接返工较少，施工效率较高。项目管理者应综合多方因素选取测试方法。

每天的光缆接续施工场所均会变换，施工班组每日应提前向项目部报告施工计划，施工班组应配合项目管理人员、监理人员、建设单位随工到达施工现场进行旁站和检查。施工班组进入机房应预约时间，由项目管理人员办理机房进出手续。

6.2 线路接续

线路接续的主要任务是按照设计要求，将敷设至接续点的光缆和缆内的纤芯连接起来，将接头盒安装固定在接续点。线路接续的施工过程可分为接续准备、光纤接续、接续整理 3 个步骤。

接续点是配盘过程确定的，应有经纬度定位，经监理单位审批后不得随意更改。接续点一般位于电杆上、管道人（手）孔中、直埋接头坑内，光缆未敷设至接续点时，可拖拽至接续点，再进行接续。接续可以在距离接续点较远的位置，在完成接续后摆放到接续点进行固定安装，此时应注意光缆与电杆、管道内线缆的穿放位置，不要产生扭绞。

6.2.1 接续准备

接续准备主要完成场地选择、工器具核对、光缆检查、光缆开剥、光缆固定等内容。

（1）场地选择

接续场地多选择在道路边、田野中，面积在 2 ～ 4m^2，场地要求地势平坦，周围无高压线、无扬尘、环境干扰小。最佳场地是提供 220V 稳压电源、光照充足的室内环境。

雨雪天气时，接续施工宜搭设小型帐篷或在汽车上进行；夜间接续应保证现场灯光照明；在城市路边接续应对场地进行围挡；高速公路接续多在道路中央绿化带中。

（2）工器具核对

在线路接续过程中，从运输车辆的停放点至接续场地之间有一段距离，为了提高搬运效率和整体施工速度，工器具搬运顺序见表6-1，分成2～6个工具包以便搬运。

表6-1　工器具搬运顺序

序号	类别	名称
1	通信记录	对讲机、手机、记录本等
2	寻找余缆	开孔钩子、铁锹、脚扣、抽水机等
3	光缆开剥	美工刀、钢筋钳等
4	光纤接续	工作台、熔接机、发电机、接续工具箱等
5	接头盒安装	扎线、扎带、塑料波纹管、接续标石、监测尾缆等

工器具到达接续场地后应立即核对，若有缺失应立即找回，满足当前接续需要，核对时应特别注意熔接机和接头盒所包含的配套工具和部件。

（3）光缆检查

光缆检查环节需要完成光缆取出、光缆信息核对、现场信息记录等内容。

接续班组通过上杆抽缆、抽水下井拽缆、直埋开挖等方式将接续点余缆取出，拖拽至接续场地，取出的光缆不得出现打结、缠绕、套圈、穿越物体无法取出等现象。当余缆需要抽放到接续点两侧人（手）孔或电杆时，为防止光缆轴向扭转，可以将余缆理顺绕一个大圆弧。

接续人员应核对并记录光缆的型号规格、尺码、光纤芯数等信息，对光缆进行确认，若有疑问应与管理人员核对。光缆外护套应无明显破损、压扁、拉拽变形等损伤，靠近末端发生损伤不影响接续的光缆应直接截断；光缆损伤距离影响接续的应将现场照片和损伤情况报告项目管理人员或监理单位，由其决定处置措施。光缆损伤原因一般是制造过程工艺缺陷，或运输、搬运、卸货过程中挤压光缆，以及动物或外力损坏光缆。

接续使用余缆长度一般为5～10m，过长的光缆应剪断，剪断的光缆可称为废缆，不得随意丢弃。大于50m的废缆可以转交放缆队，由放缆队协助处理，转交过程应有记录；小于50m的废缆可以作为工程垃圾处理。在线路割接施工过程中，现场余缆应由建设单位或维护单位的人员剪断或在其明确指挥下剪断。

含金属构件的架空光缆靠近供电杆，金属构件会产生感应电压，当人体接触金属构件就会形成感应电流，使人触电。在处理不明光缆时，如果不确定光缆是否带电，应使用测电笔测量光缆的金属部分，判断是否有感应电压，测电笔使用方法如图6-1所示。感应电压一般为交流高压电，确认存在感应电压后应采取断电施工、佩戴绝缘手套操作、在金属部分装设临时接地线后施工。

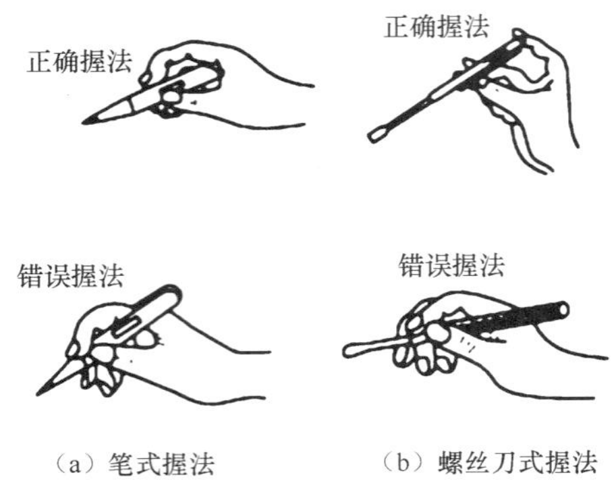

图6-1 测电笔使用方法

接续班组长应将每个接续点各方向光缆的型号规格、光纤芯数和开断点最近的光缆尺码信息记录在工作笔记上，并于每晚将信息上报项目管理部。

（4）光缆开剥

开剥光缆应选择外观完好、圆柱形的光缆端头；清洁光缆外护套，去除灰尘和杂物长度约2m；将光缆端头整理为笔直状态；根据光缆结构选择开剥方式，剥除外护套，露出光纤单元。

层绞式光缆通常使用转刀或美工刀环切光缆外护套，接续班组成员可用双人拔河式拉拽外护套的方式去除外护套；当开剥光缆较长时，可以分段环切，每段 30 ～ 60cm；长度减小，摩擦力也减小，便于拉拽；去除束管扎线、去除填充管，将束管和光缆加强芯分散开，适当清洁束管，光缆开剥示意如图 6-2 所示，在直埋接续时，光缆的金属护层需要剥离出来。

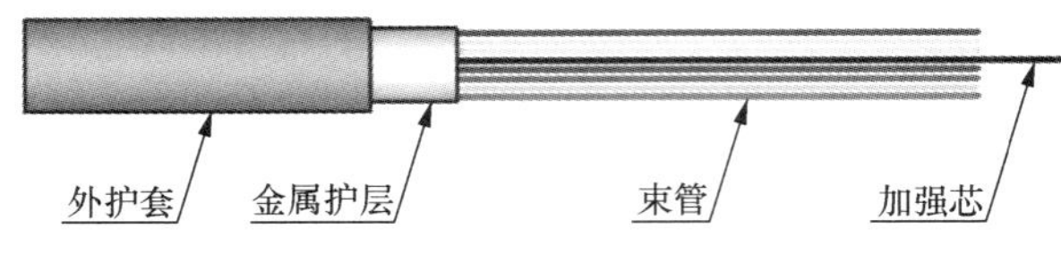

图6-2 光缆开剥示意

中心束管式光缆的加强芯在光缆两侧，光缆开剥长度就是破坏外护套的长度。破坏外护套时先弯曲光缆使其露出一侧加强芯，用钢丝钳夹住一侧露出的加强芯，旋转钢丝钳，破坏一侧外护套；使用同样方法再破坏另一侧外护套，两侧外护套的破坏长度相同；接下来环割外护套，剥离破坏的外护套，露出中心束管。根据接头盒加强芯的固定位置，整理光缆的加强芯，加强芯一般保留 10 ～ 15cm，使其便于固定在接头盒的加强芯固定位置上，剪去多余长度的光缆。

光缆连接监测线时，需要将金属护层剥出，通常采用环割法，环割法光缆金属护层接地如图 6-3 所示。在开剥光缆外护套后，去除光缆端头部分塑料护套，露出长度约 5mm

的金属护层；将一根监测线去除 30 ～ 50mm 绝缘层，露出裸铜线，绕光缆金属护层两圈并拧紧，另一根监测线缠绕金属加强芯 5 圈以上；用塑料胶布包裹两处缠绕点。

（a）斜割外护套

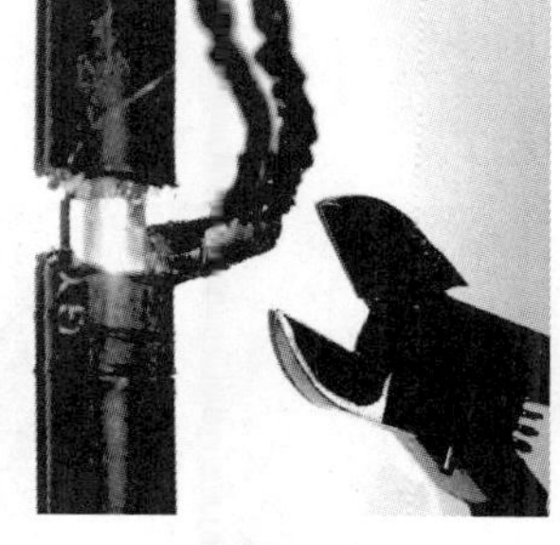

（b）剥去外护套露出金属护层

（c）裸铜线缠绕金属护层

图6-3　环割去光缆金属护层接地

当接续过程发生意外造成光纤预留长度不足时，需要重新开剥光缆。开剥层绞式光缆多使用美工刀，因美工刀的刀刃锋利，应注意适度用力，防止切断束管损伤光纤；应做到不划伤自己，不划伤他人，防止被他人划伤，并提醒他人注意安全距离。

（5）光缆固定

光缆接续时，光缆需要从接头盒进缆口引入，固定在接头盒中，同时也将光缆加强芯固定在加强芯紧固件中。通常在进缆口位置的光缆外护套需要使用砂纸横向打磨，使光缆外护套变得毛糙，消除布放光缆产生的纵向纹路。

使用卧式接头盒时，在打磨位置按使用说明包裹防水胶泥或自粘胶带，缠绕至少 1.5 圈；将开剥完毕的光缆穿过卡环，加强芯穿进加强芯紧固件；当裹胶位置正对光缆进缆口时，拧紧加强芯紧固螺丝和卡环螺丝，完成光缆固定。某卧式接头盒固定安装如图 6-4 所示。

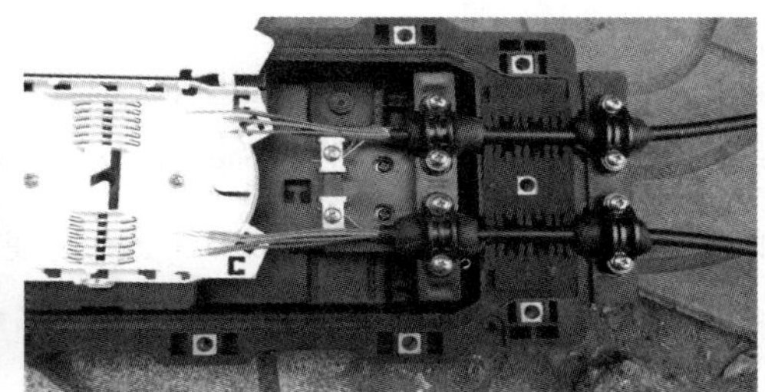

图6-4　某卧式接头盒固定安装

使用帽式接头盒时，先将热缩包管从光缆端头套入，用铝箔片包裹光缆打磨部位，用塑料片刮平铝箔片的凸起；将开剥完毕的光缆穿过底座洞口，加强芯穿进加强芯紧固件，当热缩包管口与铝箔片刻度线平齐时，拧紧加强芯紧固件，完成定位；用喷灯对热缩包管进行烘烤，类似于“电缆封焊”，当封焊结束热缩包管自然冷却，完成光缆固定。光缆固定后，加强芯在固定位置超出固定点 1cm 左右，可以打弯。接头盒内每条光缆的金属加强芯和金属护层应保证互不相通，可以套上塑料管或包裹塑料绝缘胶带再进行固定，某帽式接头盒固定安装如图 6-5 所示。

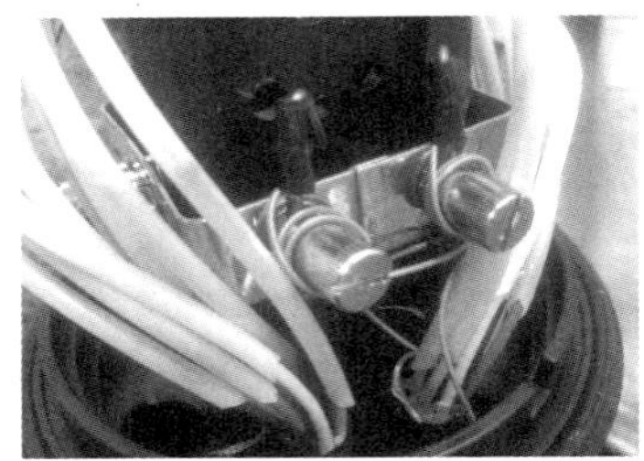

图6-5　某帽式接头盒固定安装

6.2.2 光纤接续

光纤接续既是基本的光缆线路施工技术，又是一项环节复杂、要求较高的精密技术。光纤接续的工作内容包含束管开剥、套保护管、比纤、放电试验、色谱辨识、套管刮纤、端面制作、光纤熔接、熔接点保护、返工、余纤收容、带状熔接等施工步骤。

（1）束管开剥

检查清洁全部光缆束管，根据熔纤盘扎带口位置决定束管保留长度。在熔纤盘外侧距离进纤口 3 ～ 4cm 的位置，将束管割断，去除束管，沿光纤方向擦拭掉附着在光纤上的油膏。擦拭光纤的过程中不得沾染泥沙，光纤清洁后应保持无灰尘的状态；使用溶剂清洁光纤油膏时，应注意溶剂的流动性和防火安全。

（2）套保护管

光纤从光缆束管到熔纤盘进纤口应使用一段软质的保护管作为过渡管道。通常保护管选用直径略大于光纤束管的、透明或半透明的塑料管，裁剪长度比束管到进纤口圆弧长度略长 4cm 以上，保护管伸入熔纤盘 1 ～ 2cm，使用小扎带扎牢保护管，不得压迫光纤。当光缆束管不便于区分时，应在保护管上贴标签。当多根保护管需要贴标签时，标签位置应相互错开。光缆侧标签不得紧贴光缆开剥处。

（3）比纤

束管开剥后，光纤长度远大于实际需要的长度。将光纤绕熔纤盘 1.5 ～ 2 圈，对应热熔管存储区位置，是光纤盘留最佳长度，多余的光纤长度可以去除。盘绕光纤、量取需要长度、去除多余长度的过程称为比纤。在大芯数光纤接续过程中，熔纤盘层数多，盘片高度不同，每层光纤盘留长度不同，需要多次比纤。若不进行比纤，盘留的光纤将无法贴合熔纤盘内圈，会产生微弯和侧压，造成损耗。

（4）放电试验

熔接机跨时间、跨地区施工或者遇到光纤种类有差异的情况下，在正常接续之前，应进行熔接机放电试验，当一天之中气温、湿度、气压变化较大时也需要进行放电试验。通过放电试验，熔接机修改放电时间、调整电极位置和电极间隙，可得到当前环境的最佳数值，减小光纤接续损耗。熔接机的放电试验操作过程为，选择放电试验程序，摆放好两根端面制作好的光纤；进入放电试验程序，熔接机自动进行多次放电和检测过程；选择最优放电参数，退出放电试验，进行正常接续。住友 39 熔接机放电试验如图 6-6 所示。

（5）色谱辨识

通过光纤色谱对光纤进行区分，国家标准光纤 12 色色谱是“蓝、橙、绿、棕、灰、白、红、黑、黄、紫、粉红、青绿”。在光缆分歧接续时，会遇到不同色谱的光纤相熔接的现象，两个方向的光缆应严格按照各自的色谱顺序进行接续。12 色光纤如图 6-7 所示。

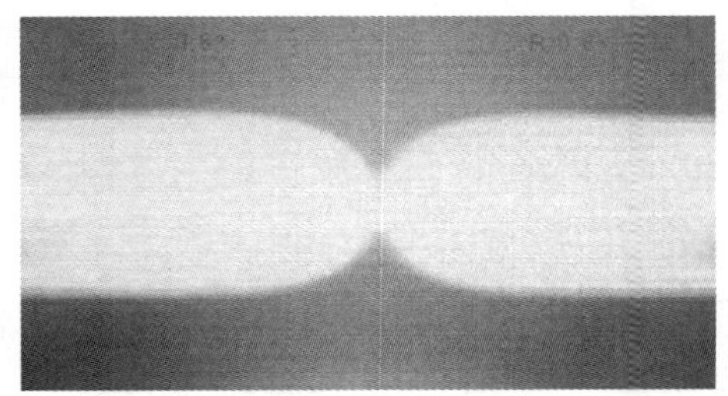

图6-6 住友39熔接机放电试验

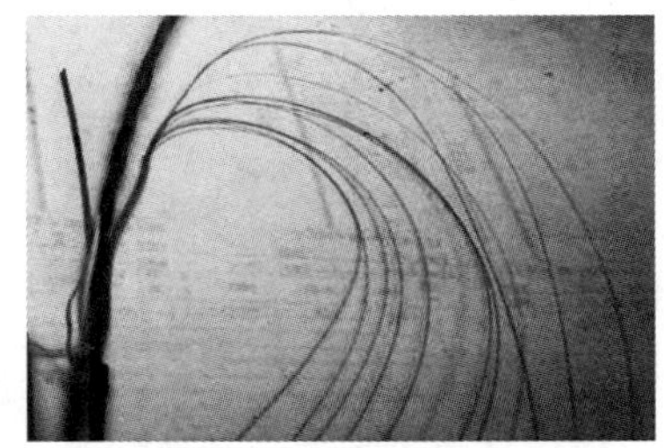

图6-7 12色光纤

（6）套管刮纤

光纤熔接时，两个方向的光纤应分开摆放在熔接机两侧，严禁交叉。对应一个束管内的两侧光纤称为一组，光纤熔接通常按组进行。将本组内右侧每根光纤逐一穿过一根单芯热熔管，这个过程称为套管，光纤穿过单芯热熔管时必须从管中通光纤的孔中穿过。套管后进行刮纤。

用剥纤钳刮除待接续光纤的涂覆层。刮纤过程应掌握平、稳、快三字剥纤法，“平”即持纤要平，左手拇指和食指捏紧光纤，使之呈水平状，露出长度以 3 ～ 5cm 为宜，余纤在无名指、小拇指之间自然打弯，以增加力度，防止打滑；“稳”即握稳剥纤钳，保证剥纤钳不打滑，传力效果好；“快”即剥纤要快，剥纤钳应与光纤垂直，上方向内倾斜 10°，然后用钳口轻轻卡住光纤，右手随之用力，顺光纤轴平行推出。使用电加热器可以一次性剥除多芯光纤的涂覆层。对不易剥除的涂覆层，可以多次剥除，对零星残留的涂覆层可用酒精棉单向擦除。冬季施工时，涂覆光纤发脆易断，可用电暖器烘烤，待涂覆层膨胀、软化后剥除。

（7）端面制作

端面制作是光纤熔接中最为关键的部分。管线工程中一般采用专用手动光纤切割刀制作光纤端面，端面制作可以分为清洁光纤、切割光纤、摆纤检查 3 个过程。

清洁光纤： 用左手拇指和食指捏紧去除涂覆层的光纤，用酒精棉沿光纤轴从涂覆层向光纤末端用力擦拭 3 ～ 5 次，听到酒精棉擦拭过程发出“吱吱”的响声为止。擦拭过程中，光纤或酒精棉需要转换 90°，保证光纤整体擦拭干净。清洁光纤应使用无水乙醇或丙醇浸泡的医用脱脂棉或专用擦纤纸。清洁光纤还要擦拭切割刀上压紧光纤的四个橡胶面和切割刀刀刃。

切割光纤： 打开切割刀上盖和压纤板，将清洁后的光纤平放在 V 形槽中，涂覆层末端位于刻度 11 ～ 13mm 处。分别盖上压纤板、上盖，推动滑块，光纤因刀片刻痕断开，打开切割刀取出光纤。此时光纤端面制备成功，裸光纤为预定长度。端面制作时要求切割刀摆放平稳；切割时动作要自然、平稳、勿重、勿急；制备好的光纤端面应避免碰到异物、沾上灰尘、撞碎纤角。

摆纤检查： 打开熔接机防风盖，将制备好的光纤摆放至熔接机的 V 形槽内，盖上防风盖，通过熔接机屏幕观察光纤端面。合格的光纤端面如图 6-8 所示，端面不良示意如图 6-9 所示。当光纤端面不合格时，熔接机将拒绝熔接，应重新刮纤制作端面。

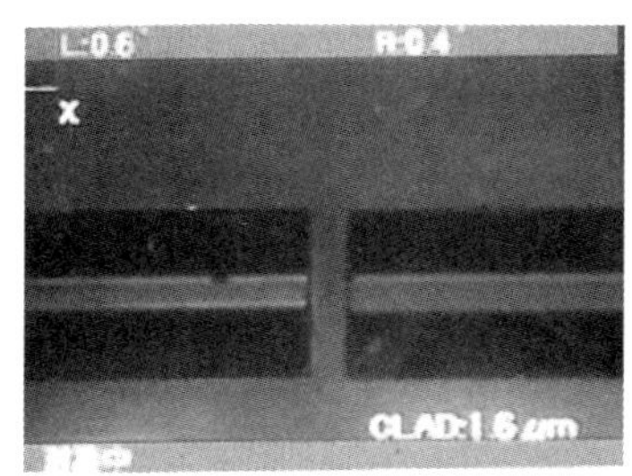

图6-8　合格的光纤端面

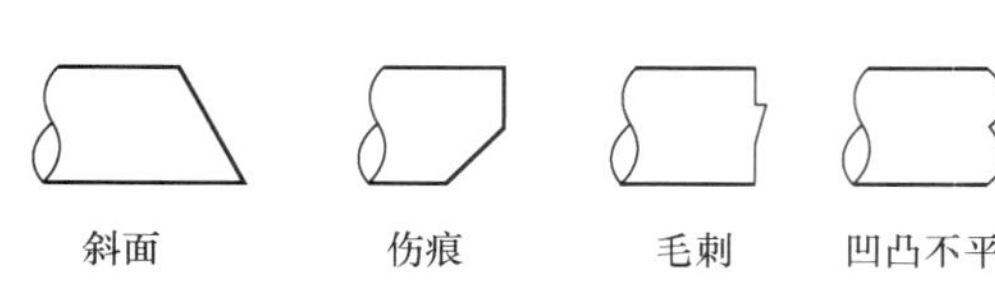

图6-9　端面不良示意

（8）光纤熔接

当两个光纤端面摆放至熔接机的 V 形槽内，经过熔接机判断端面合格后，就会自动进入光纤熔接环节，并发声提示或显示光纤熔接完成。若估算熔接损耗不合格，熔接机会建议重新熔接。

接续人员通过观察显示器中纤芯部分是否平直来判定熔接质量，若纤芯接续不良，存在错位、气泡、过细、过粗、分离，应重新制作端面，再次熔接。接续不良示意如图 6-10 所示。

通常重新制作端面、再次接续就可以得到合格的熔接点。熔接完毕后熔接机显示的损耗值仅为参考值，记录的接续损耗值应以 OTDR 测试的数据为准。光纤熔接过程中应保持熔接机摆放平稳，不得随意打开防尘罩。若端面正常，多次接续均不合格，应考虑光纤材料、

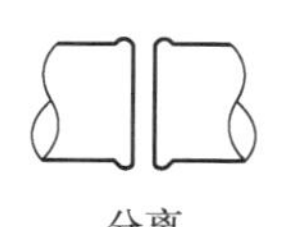

图6-10　接续不良示意

使用的接续程序是否匹配、熔接机是否被灰尘污染，并检查电极棒积碳是否过多。

（9）熔接点保护

熔接点保护也被称为加热补强。熔接成功后，平稳地将光纤和套好的热熔管准确地放入打开的加热仓中，接续点位于热熔管中间位置，盖上加热器盖板，定时加热完成后打开加热器盖板，双手拉直光纤，将热缩完成的光纤和热熔管一次性取出。加热完成后，热熔管中不得有异物，发现有气泡、砂石、昆虫、光纤涂覆层等异物，应重新熔接。光纤熔接点被热熔管的钢棒保护，保持平直的状态。在取出和摆放热熔管的过程中，不得用金属棒对中间熔接点做戳、挑等压迫性动作，热熔管受外力容易造成裸光纤受压，会产生损耗、断纤等隐患。

（10）返工

返工环节包括持续进行端面制作、光纤熔接、加热补强 3 个步骤，直到光纤完成接续。接续的同时，监测班组实时测试接续损耗，并将平均损耗超标的光纤编号和色谱报给接续班组，要求其重新接续，称为返工。返工一般按熔纤盘摆放位置先上后下进行，先按束管 / 组顺序整理光纤束，通过弯折光纤与监测班组确定需要修复的纤芯，通过重新接续降低接续损耗值。返工纤芯的数量和接续次数并不是越多越好，一般返工一次就可以使接续损耗合格，当一对光纤经多次（一般 3 次）返工仍未合格，且排除仪表、接续测试方法、环境等因素造成的影响后，应认可多次接续所达到的最小损耗结果，并通知现场监理记录情况。

（11）余纤收容

全部光纤接续后经测试检查合格，就可以进行余纤收容，称为盘纤，盘纤也可以按照熔纤盘顺序进行。收容时光纤在熔纤盘内的光纤盘圈直径应大于 30mm，尽量沿大圈盘绕。光纤在熔纤盘内走纤，不应有光纤跳起、盖住热熔管、压住熔纤盘内凸起的现象。接头盒光纤收容样式如图 6-11 所示。

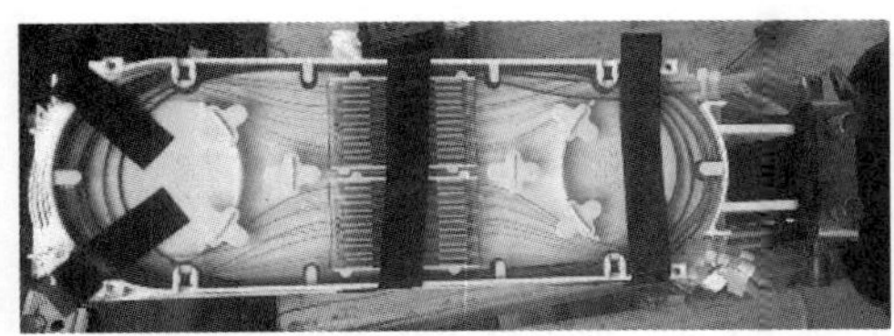

某接头盒盘纤 -1

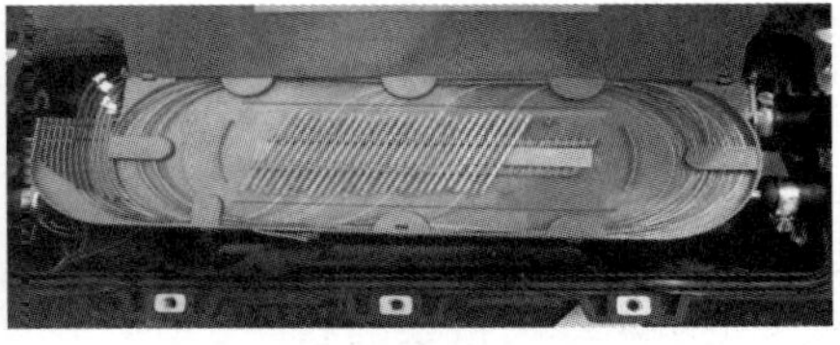

某接头盒盘纤 -2

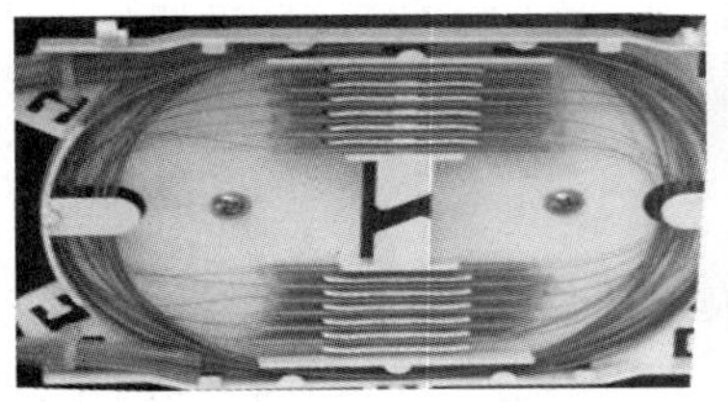

某接头盒盘纤 -3

某接头盒盘纤 -4

图6-11　接头盒光纤收容样式

盘纤可选择先中间后两边的方式，将热缩后的套管逐个放置于熔纤盘固定卡槽中，再将余纤绕圈盘留在熔纤盘内。这种方式的优点是有利于保护光纤接续点，避免盘纤可能造成的损伤。盘纤也可选择先多数后特殊的方式，当个别光纤过长或过短时，先放置不做处理；先盘好大多数光纤，再单独盘绕特殊光纤。优点是可以保证多数光纤安放，可避免少数光纤出现急弯、小圈现象。

收容过程应仔细观察“底、边、沿、坎”4个重点部位。可使用少量胶带、棉花对光纤包裹保护后再将光纤盘入熔纤盘内。

（12）带状熔接

光纤熔接除了使用全自动单纤熔接机，还可选用一次可熔接多达12纤的带状熔接机，带状光纤的熔接也称为多纤熔接。熔接高达4000～6000芯的用户带状光缆，使用带状熔接将极大地提高施工效率。由于带状熔接无法精确地控制每一根纤芯的熔接损耗，因此多用于对光纤损耗要求不高的工程。

带状熔接机的结构及操作方式与单纤熔接机类似，最大区别在于带状熔接机具有可熔接带状光纤的专用多芯V形槽。另外为了适应多纤熔接，带状熔接机的放电电极间距也比单纤熔接机宽。带状熔接机必须使用专用的带状热熔管、带状夹具、带状剥纤钳。带状夹具的规格应与带状光纤数量相配套，一般备两套成对使用。

带状光纤熔接需要使用带状光纤热缩管；需要使用专用的带状夹具夹住光纤带，使用专用的带状剥纤钳剥除3mm长的带状光纤涂覆层；清洁裸光纤带后需要将夹具和光纤带放入光纤带切割刀，制作端面；当需要接续的两个方向的光纤带端面制作完毕后，需要将夹具连同光纤带放入带状熔接机；当光纤带对准V形槽后就可以进行熔接。熔接机自动熔接完成后，将接续完成的带状熔接点套入带状光纤热缩管中，放入加热器补强。此时取出另一副带状夹具，准备下一组带状光纤的制作。

6.2.3 接续整理

接续整理是线路接续的收尾工作，由接续卡片填写、监测尾缆安装、接头盒密封、接头盒安装等施工步骤组成。线路接续是隐蔽工程，进行下一道工序之前，必须通知监理单位现场检验工程质量，确定工作量，完成隐蔽工程签证。隐蔽工程签证需要在接续整理环节完成。

（1）接续卡片填写

接续卡片是由接续人员填写、摆放在接头盒内的施工质量责任卡片，记录了工程名称、施工时间、天气、操作者、使用仪表等信息。卡片内容应填写完整，字迹清晰。卡片应摆放在接头盒内的醒目位置，不得压迫光纤，对光纤性能造成影响。光缆接续卡片外观如图6-12所示。

（2）监测尾缆安装

为了满足维护工作的需要，测量光缆外护套损伤、接头盒密封绝缘状况，通常采取在光缆接头盒内接一根监测尾缆的方式。监测尾缆使用 GJYYTN 型 - 3×2×0.7 电缆制成，长约 5m，一端制作成绝缘密封堵头与监测标石连接，另一端伸入接头盒。未使用时用热缩端帽密封。安装监测尾缆在直埋光缆线路工程中较为常见。

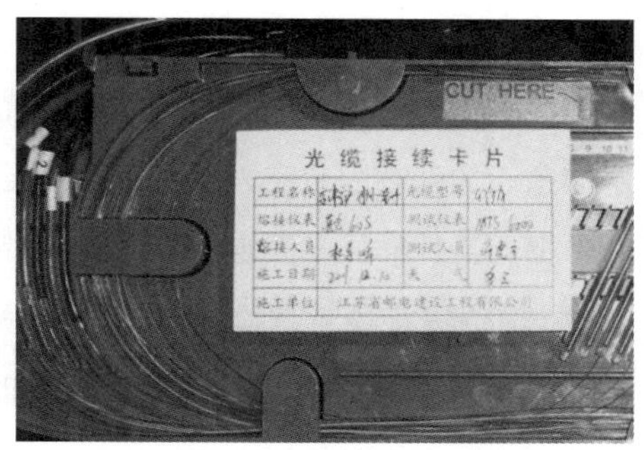

图6-12　光缆接续卡片外观

监测尾缆安装步骤如下。

① 从包装袋中取出监测尾缆，安装配件，分别存放。

② 不使用监测标石时，将监测尾缆盘成直径 30cm 的圆圈，固定在人（手）孔内部接头盒附近的孔壁上方。使用监测标石时，将监测尾缆的绝缘密封堵头从监测标石底部穿进，从标石头部穿出，将两片 C 形的标石安装配件取出，安装在尾缆测试头部卡槽中，压紧。将测试头固定在监测标石头部铁座上，测试头凸起与铁座缺口相对应。

③ 将监测尾缆从距离密封端帽 60cm 处开剥，去除塑料护套，露出 6 根不同颜色的塑料铜线，按固定光缆的方式将监测尾缆安装固定在接头盒中，占用一个光缆进线孔位置。

④ 将塑料铜线去除塑料绝缘层 5 ～ 15cm，按设计色谱对应关系将 4 根铜线的铜芯分别绕接在对应光缆的加强芯和金属护层上，较长的塑料铜线应避开熔纤盘和盒内金属部件，可以绕在对应的光缆外护套上。为查看方便，不要求包裹绝缘胶带。剩余的 2 根铜线是接头盒的防水检测线，通常对折后摆放在熔纤盘底部保持电气断开，间距大于 2cm。

⑤ 监测尾缆接线完毕后，应检测光缆绝缘数据并记录，在接续完成后应再次检测，确认连接无误才能封装接头盒。监测标石的铁帽子应在接头盒埋设后安装，铁帽子是反丝，不要过分拧紧，否则无法打开。

YD/T 5241—2018 中，对地绝缘监测尾缆色谱及连接方式的要求见表 6-2。2000 年以前，江苏省电信监测尾缆头接线如图 6-13 所示，与国家通信行业标准不同。

表6-2　对地绝缘监测尾缆色谱及连接方式的要求

芯线序号	芯线色谱	连接位置
1	红	A 端方向光缆金属护层
2	橙	B 端方向光缆金属护层
3	蓝	A 端方向光缆金属加强芯
4	绿	B 端方向光缆金属加强芯
5	黑	接头盒进水监测电极
6	白	

（3）接头盒密封

接头盒密封之前应对光缆固定位置、光缆防水胶条、加强芯固定点、保护管上盘扎带、热熔管卡槽、盘纤样式、固定熔纤盘粘扣带这些关键部件/部位进行检查，检查绑扎牢固程度、光纤是否受力，不合规的部件/部位应立即整改，合格后对接头盒内部拍照留存。密封前必须由测试人员确认光纤损耗测试合格，接头盒密封完毕后测试人员应对当前接续点的所有纤芯进行再次扫测。

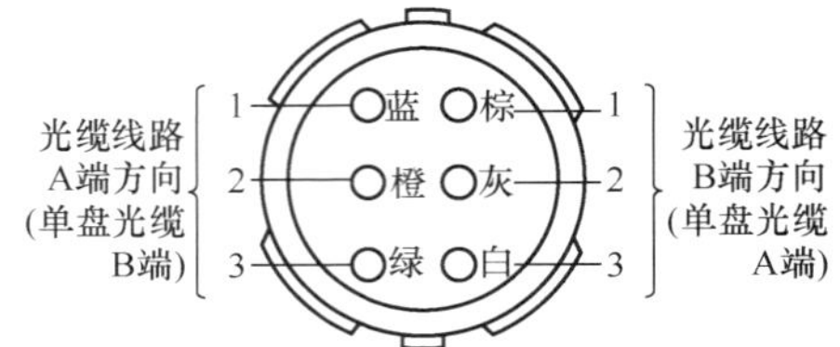

注：1.“蓝、棕”接光缆内金属护套。
2.“橙、灰”接光缆内金属加强芯。
3.“绿、白”接接头盒内防水监测点。

图6-13 江苏省电信监测尾缆头接线

因接头盒的样式不同，主要有以下 3 种密封操作方法。

帽式接头盒密封：帽式接头盒一般分帽筒和底座两部分。将底座熔纤盘向上，光缆向下，橡胶密封圈安放在底座上；检查底座和帽筒的凹凸部位卡槽，两者保持吻合；帽筒安装后，帽筒与底座接触面的高度应一致，用卡箍将合拢的接触面包裹、固定；将卡箍上的销子固定到指定位置，锁死。

哈弗式接头盒密封：哈弗式接头盒多使用密封胶和螺钉密封。将密封胶填充到需要的缝隙位置，拧紧螺钉一般采用先两边后中间的方法循环递进加力，从光缆进入口开始，从外向内交叉拧紧接头盒螺丝，使盒体受力均匀，将密封胶挤入上下盒体接触面的间隙中。全部螺丝一次性拧紧后应间隔 5min 再按顺时针方向将全部螺丝旋紧一遍，使密封胶完全扩散填满缝隙。

卡接式接头盒密封：卡接式接头盒先将上下盒体闭合，手动拧紧两个螺丝，再将 4 片卡槽插到盒体 4 条边缝，用橡胶锤用力锤卡槽，直至卡槽移动到固定位置。橡胶锤敲击过程中应按压固定盒体，防止盒体跳动，熔纤盘内光纤跳出散开或互相缠绕后会产生损耗。

（4）接头盒安装

接头盒安装是光缆接续、割接、故障修复中的最后一道工序，根据架空、管道、直埋敷设方式的不同，有不同的安装方法。其中，在管廊、桥洞、特殊空间内采用箱式安装。接头盒安装固定包含接头盒安装和余缆固定两项内容：接头盒对光纤接头进行密封保护，光缆间的连接、分支在接头盒内完成，接头盒安装保护对线路的可靠性、使用寿命有着至关重要的作用；余缆固定应根据光缆的实际情况选定光缆的最小曲率半径，盘圈过小会增加光缆盘圈施工难度，盘圈过大则会影响绑扎美观性。

① **架空安装。**架空光缆接头单杆安装如图 6-14 所示。安装时，在地面理顺余缆，在接头盒上安装抱杆构件；上杆后安装杆上抱箍，将接头盒吊上电杆；根据吊线高度调整接头盒

高度，调整接头盒面向，拧紧抱杆构件；整理余缆，使进出缆圈以相同的直径盘留 4 ～ 5 圈，缆圈自然无扭绞，缆圈与接头盒之间的光缆形成弯曲弧度，绑扎固定缆圈，固定接头盒。单杆安装优点是所需施工人员少。接头点两个方向的余缆圈应大小相近。

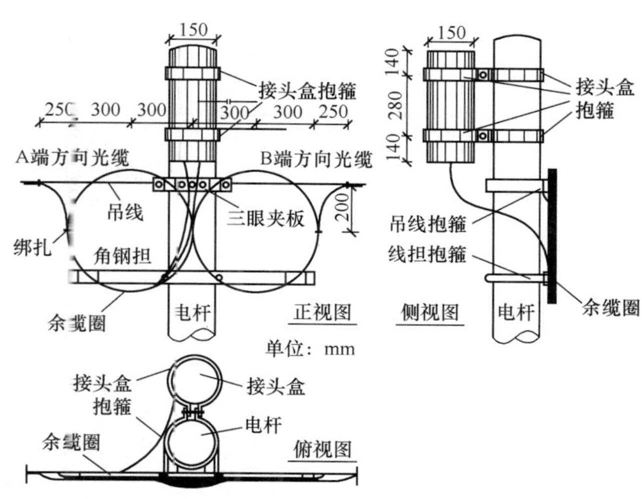

图6-14　架空光缆接头单杆安装

架空光缆接头三杆安装如图6-15所示。安装时，在地面理顺余缆，在接头盒上安装悬挂构件；上杆，将接头盒吊上电杆，盒体安装在钢绞线上。盒体应在钢绞线水平面以下；整理光缆，保留滴水弯弧度，盒体、滴水弯与电杆的距离应符合设计要求，余缆沿钢绞线向对端顺出。两侧电杆上的余缆固定流程为：接头盒电杆、余缆电杆各上一人；在余缆电杆上安装余缆支架，将光缆余缆盘成圆圈，盘圈直径一般为60cm；用扎带、绑扎线将余缆绑扎在余缆支架上。三杆安装的特点为接头盒和余缆位置分开，安装和拆除时拉拽余缆需要两人配合操作。

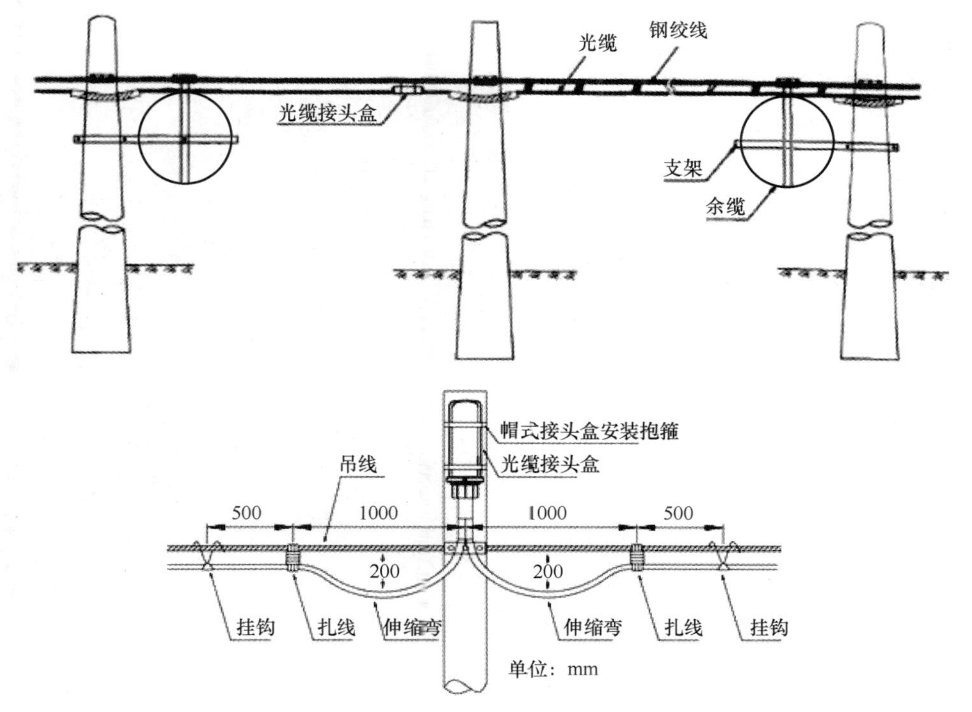

图6-15　架空光缆接头三杆安装

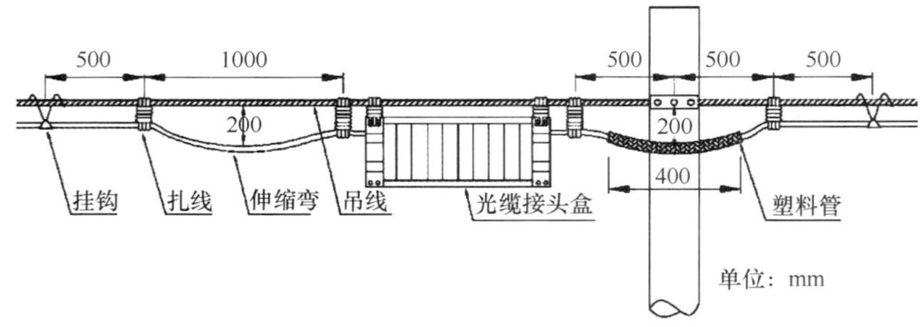

图6-15　架空光缆接头三杆安装（续）

② **管道安装**。YD/T 5241—2018 中建议接头盒和余缆在同一个人（手）孔中进行安装固定，位于引上位置的接续点，接头盒应摆放在人（手）孔内。人（手）孔内接头盒的摆放方式多采用卧式放置，单端进缆的接头盒可竖立放置。人（手）孔大小不同，接头盒安装固定样式也略有不同，管道光缆接头盒固定样式如图 6-16 所示。部分地区接头盒和余缆安装固定占用 3 个人（手）孔，接头盒在中间，余缆在前后两侧人（手）孔。

安装时，接头盒采取托架绑扎，按设计要求使用射钉或膨胀螺栓贴人（手）孔墙壁安装接头盒托架；在人（手）孔外整理接头盒和余缆，余缆盘圈直径宜为 0.4 ～ 0.5m；将接头盒和余缆拖入人（手）孔中，接头盒摆放在托架上，用扎带（扎线）捆扎牢固；余缆圈按敷设管孔靠孔壁安装，使用射钉或膨胀螺栓作为固定点，用扎线捆扎牢固；系上光缆挂牌和接头挂牌，剪去影响美观的多余扎带（扎线）。

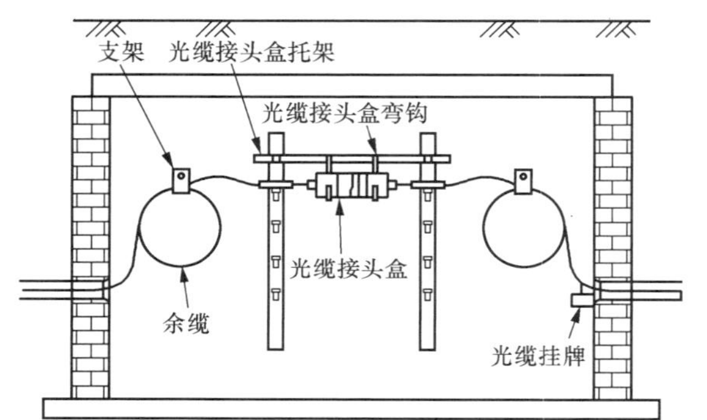

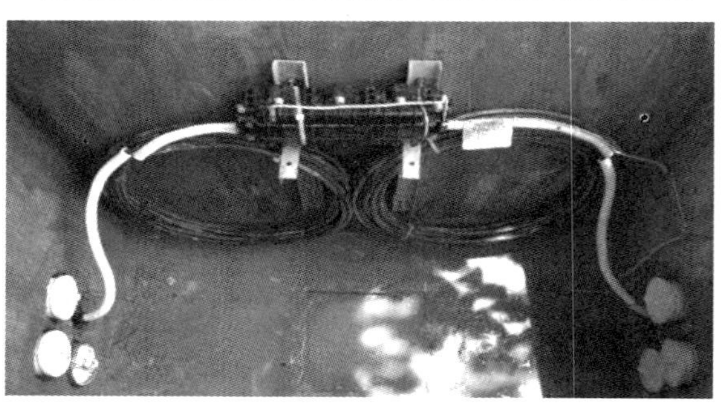

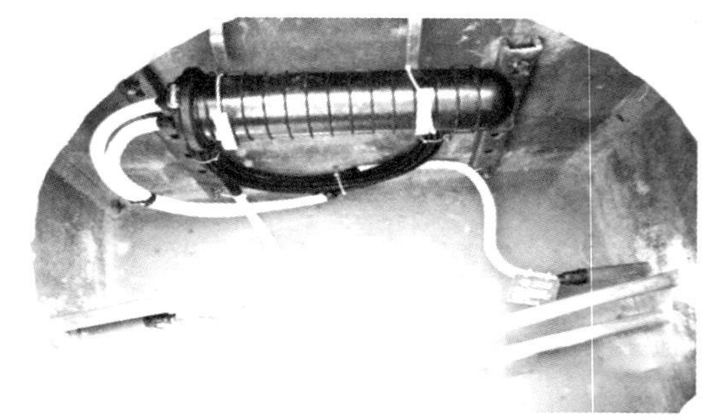

图6-16　管道光缆接头盒固定样式

管道接头盒宜固定在常年积水线上方的位置，接头盒两侧进缆时宜采取卧式安放于人（手）孔中间；接头盒同侧进缆时可选择卧式安放，帽式接头盒可竖立安装；若手孔尺寸较小，则可以将接头盒安放在余缆圈的对面。埋式光缆人（手）孔内的子管伸出长度可为 20 ～ 40cm，硅芯塑料管的预留长度应为 40cm，超出孔壁过多的部分应截断；接头盒加装监测尾缆时，人（手）孔外立监测标石，埋式光缆人（手）孔接头盒安装方式如图 5-84 所示。

③ **直埋安装**。直埋安装采用挖接头坑，将接头盒卧式放置在接头坑中。接头坑位于线路前进方向的右侧，形状为梯形，宽度不宜小于 2.5m，深度应符合直埋光缆的埋设深度要求，埋式光缆接头坑及余缆处理示意如图 6-17 所示。安装时，按设计要求挖坑至合适深度，处理接头坑底，坑底应平整无碎石，铺 10cm 细土或砂土并夯实；整理接头盒和余缆，光缆盘留应整齐，对地绝缘监测装置的引出位置应一致；将接头盒和余缆摆放在接头坑中，接头盒不宜放置在光缆沟内，接头盒上方覆盖厚约 20cm 的细土或砂土后，盖上水泥盖板或砖或采用其他防机械损伤的措施进行保护。

接头坑应挖在地形平坦和地质稳固的地方，尽量避开水塘、河渠、沟坎、道路等施工和维护不便的地方。预留光缆的最小曲率半径不应小于光缆外径的 15 倍。回填接头坑时，应先回填细土、砂土，再回填较大颗粒的土。不得将石块、砖头和冻土等推入接头坑，对回填土有特殊要求时，应按设计文件处理。光缆沟发现光缆翘起，不能用锹头的金属部分按压，应用锹柄按住光缆后立即覆盖大量土压住。使用监测标石时，标石要摆放在主沟光缆的正上方，监测标石刷字的一面应面向光缆接头。

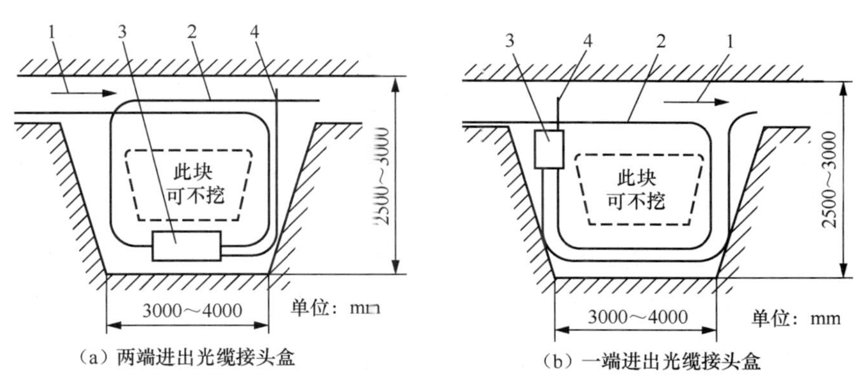

（a）两端进出光缆接头盒　（b）一端进出光缆接头盒

1—光缆前进方向；2—光缆；3—光缆接头盒；4—监测尾缆

图6-17　埋式光缆接头坑及余缆处理示意

④ **箱式安装**。光缆沿着涵洞、管廊、隧道和桥洞等特殊环境敷设时，在接头点常采用将接头盒和余缆穿放到铁箱中的方式，提高接头点对外界伤害的防护能力。通常情况下，铁箱的外形尺寸可大可小，内部可容纳一个或多个接头盒；通过选择铁箱壳体材料和厚度可以抵抗啮齿类动物啃食和外力冲击，保护内部接头盒；铁箱壳体设有固定构件，可以牢固地安

装在特殊环境中。

安装时，采用打膨胀螺栓或铁件安装方式固定接头铁箱；光缆从预留进缆洞进入铁箱，再将接头盒放入铁箱，确定安装位置；进行光缆接续，接续完毕固定接头盒，堵塞光缆的进缆洞；按设计要求将余缆安装在铁箱内部，或固定在铁箱附近的槽道或桥架上；关闭铁箱面板，在面板上做标记。

6.3 成端接续

光纤或光缆在成端设备与尾纤或尾缆进行接续成为终端的过程，称为成端接续。常用的光缆线路成端设备有光纤分配架、光缆终端盒、终端托盘、光交接箱和光分纤箱等。本节以光纤分配架的成端接续过程为例进行介绍。

成端接续施工过程可分为成端准备、尾纤熔接和成端整理 3 个步骤。成端接续和线路接续一样也是隐蔽工程，必须通知监理单位现场检验工程的质量，确定工作量，完成隐蔽工程签证后，才能进行下一道工序。对不具备接续条件的施工现场应先安装设备再进行成端接续。

6.3.1 成端准备

成端准备一般由检验器材、尾纤整理、光缆走线、光缆开剥、光缆接地、光缆固定和套保护管等步骤组成。

（1）检验器材

成端接续需要的专用材料有尾纤、蛇形管、光纤保护管和 $4mm^2$ 多芯铜导线等，尾纤种类较多，黄色护套标示纤芯使用单模光纤，橙色护套标示纤芯使用多模光纤，绿色塑料外壳表示尾纤白色陶瓷头部呈 8° 倾角并做微球面研磨抛光。常用的尾纤头如图 6-18 所示，从左到右为 FC 紧套、SC 紧套、SC、FC、LC、ST、FC/APC、ST 多模、SC/APC 尾纤。

图6-18 常用的尾纤头

（2）尾纤整理

尾纤整理按是否使用一体化熔纤盘，可分为两种施工方式。

一体化熔纤盘也称作光纤托盘、成端盘片，每个盘片将尾纤、连接器、熔纤盘集成到一起，提高了纤芯密度和空间使用率，SC 尾纤一体化熔纤盘如图 6-19 所示，FC 尾纤一体化熔纤盘如图 6-20 所示。使用盘片的成端设备内含有插槽，需要使用盘片作为插件，组成一个完整的光缆终端。使用此类成端设备时，尾纤整理已经包含在盘片处理过程中。

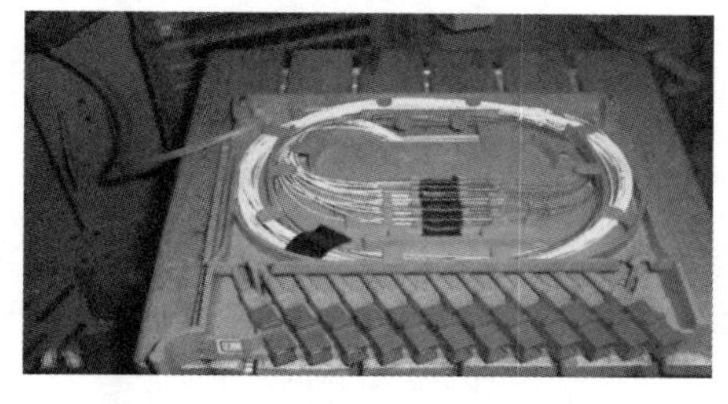

图6-19 SC尾纤一体化熔纤盘

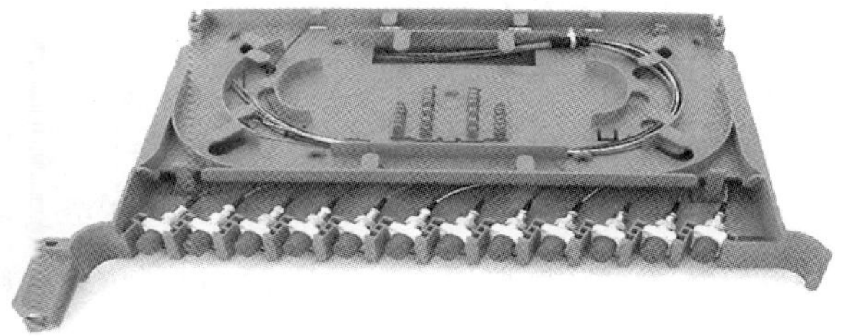

图6-20 FC尾纤一体化熔纤盘

盘片接续前，尾纤可以去掉外护套和凯夫拉绳，仅保留塑料紧套层；使用全色谱的紧套尾纤按照色谱分纤序时可不做标记，使用白色紧套尾纤熔接需要在尾纤尾部按顺序做标记；紧套尾纤在熔纤盘绕 1 ～ 2 个大圈，需要比纤并剪去多余部分；接续依照色谱顺序或标记顺序进行；接续完成，将热熔管放入熔纤盘的专用卡槽，盘纤，盖上盘片盖子，将盘片插入设备中或摆放在一起待用。不同厂商生产的盘片和插槽样式略有差别，混用会造成整体变形、槽口不对等问题，使用时需要提前检验。

不使用一体化熔纤盘时，成端设备配备专用的尾纤端子框和熔接框，尾纤整理比较复杂。使用此类成端设备，应先模拟尾纤的走线方式，估算尾纤束的长度；将单头尾纤理直，首尾两端贴记号标签；按标签顺序将尾纤端头安装在端子框的连接器上，多根尾纤整理成束，用魔术粘贴带绑扎；尾纤束伸出端子框至熔接框，保留合适的盘留和熔接长度，在尾纤束上做记号截去多余长度的尾纤；尾纤束进入熔接框内部，按标签顺序，尾纤分束进入熔纤盘，用记号笔在尾纤的绑扎点位置和熔接点位置做标记；在熔接点做标记，剪去多余的尾纤，将尾纤标签贴于绑扎点；在绑扎点将尾纤外护套和芳烃保护线剪断，仅保留尾纤紧套管；按熔纤盘尺寸，对紧套管、光纤进行比纤、熔接。尾纤走线如图 6-21 所示。

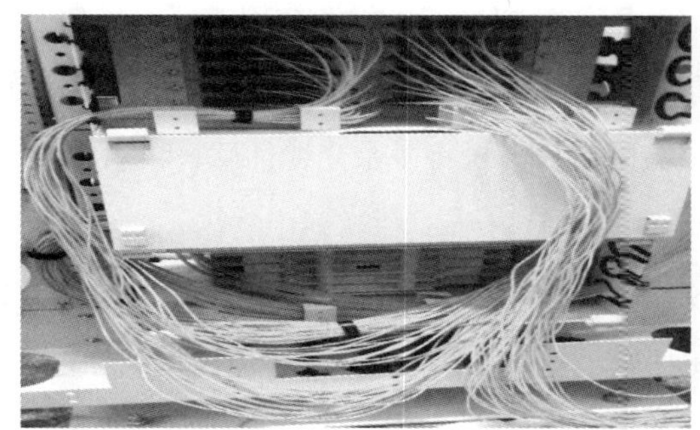

图6-21 尾纤走线

当绑扎完尾纤和尾纤束后，尾纤附着在设备上成为一个整体。尾纤转弯部位需要弯成圆弧形状，圆弧直径不小于 8cm。绑扎尾纤应使用受力面较为大的软扎带，例如魔术粘贴带，或使用电话跳线缠绕，也可以使用蛇形管、塑料胶带、泡沫填充条包裹尾纤再用扎带绑扎，扎带不得勒紧。

（3）光缆走线

光缆进入机房后，机房内不留余缆，按图纸要求走线至成端机架，留取足够成端长度的光缆，其余光缆应回抽至地下室、楼顶或机房外电杆上。光缆在机房入口、拐弯处、机架入口位置需要安装光缆挂牌。光缆进入架体或箱体后，应按先里后外、先中间后两边的顺序绑扎固定，光缆在敷设过程中的曲率半径应符合表 5-3 中最小曲率半径的规定。

（4）光缆开剥

成端光缆开剥长度应考虑架内束管弯曲、子框内束管弯曲和熔纤盘内光纤预留的长度，光缆开剥长度分解见表 6-3。光缆开剥多使用人工拉拽的方式去除外护套，对于大于 2m 的开剥长度常采用多段开剥，每段约 0.5m。光缆开剥后，需要清理干净包裹束管和加强芯的油膏；需要根据固定装置的尺寸估算光缆加强芯的长度，剪断加强芯过长的部分；需要记录光缆的末端尺码。

表6-3　光缆开剥长度分解

光缆固定方式	光缆开剥长度		
	束管留长	保护管留长	熔纤盘留长
光缆架顶固定	加强芯固定点至拐弯点长度 + 固定点至熔纤盘长度	保护管整体长度 − 与束管重叠的长度	光纤盘留长度 + 20cm
光缆架底固定	固定点至熔纤盘长度		
光缆随子框固定			

不同厂商、不同型号成端设备的光缆固定区、熔接区各不相同，使用一体化熔纤盘时盘片的高低不同，盘片抽出时需要伸缩的软管长度不同，确定开剥长度时应现场测量后取最大值。某些型号成端设备的光缆开剥位置高，正常拉拽光缆外护套较困难，可以松开槽道内绑扎的光缆，降低开剥高度，待光缆开剥成功后将光缆重新穿放绑扎；也可以在机房内保留较长的余缆，待完成光缆开剥、光缆端头固定后，再将多余光缆抽回、重新绑扎。

（5）光缆接地

通信行业标准对光缆防雷接地的要求分为 3 个部分：一是机架内光缆接地一般使用不小于 $6mm^2$ 的铜导线，一端与金属构件连接，另一端引出至机架内的高压防护接地装置；二是机架自身使用不小于 $16mm^2$ 的铜接地线连接光缆成端设备的机框接地端子，引出至机房列间或电源柜的高压防护接地装置；三是站点内使用不小于 $35mm^2$ 的多股铜芯电缆连接高压防护接地装置至机房第一级接地汇流排或小型局（站）的总接地汇流排。以上 3 个部分的接地线和接地电缆应短、直，应截断多余的光缆，不得盘缠。

光缆从室外进入机房，在成端设备上成端，存在将雷电引入机房设备的风险。实际施工中无法严格做到 3 处高压防护接地，较安全的做法有 3 种：一是含金属光缆在室外进入地下室分界面之前先接入总接地汇流排，经汇流排接入地面，使外界光缆与机房光缆只存在光纤相互连通，或者机房内采用非金属光缆；二是含金属结构的光缆外护套和加强芯经过多次与总接地汇流排直接接地，成端设备上机架内高压防护接地装置不得与机房设备的汇流排或列头柜的接地排接地，只能接到站内的专用防雷地排上；三是成端设备需要检查机架内高压防护接地装置与机架自身的接地是否有效断开，只有两者有效断开才可以避免发生感应电压和感应电流的破坏。对于有特殊防雷接地指标要求的地点，应完成整个接地连接后再进行测试，光缆整体接地电阻检测值应小于 5Ω。若使用非金属光缆进入机房，在光缆保存环境良好的情况下可不考虑接地，当非金属光缆处于曝晒、浸水等易老化、渗水的环境中，同样易受到雷击的危害。

光缆金属铠装层、加强芯等金属部件必须从机房防雷接地端子接地，不得直接接入机房普通设备的接地端子。光缆接地需要采用环割法去除光缆部分外护套，一般情况下，光缆露出 5mm 左右的金属护层或铠装层，缠绕 2 ～ 3 圈的裸铜线，接地电阻值在 0.2Ω 以下，如图 6-3 所示。

（6）光缆固定

在走线架上，光缆使用扎带绑扎固定，扎带间隔 3 ～ 5cm，扎带扣向内，应从根部剪断扎带多余部分；在加固件附近，光缆端头包裹自粘胶带后套上卡箍，加强芯穿过固定装置，将卡箍连着光缆套入加固件；先拧紧加强芯紧固螺丝，然后拧紧卡箍紧固螺丝；光缆接地线可采用接头圈方式或焊接铜鼻子后用螺丝固定在高压防护接地装置上，架顶光缆固定装置如图 6-22 所示，架侧面光缆固定装置如图 6-23 所示。

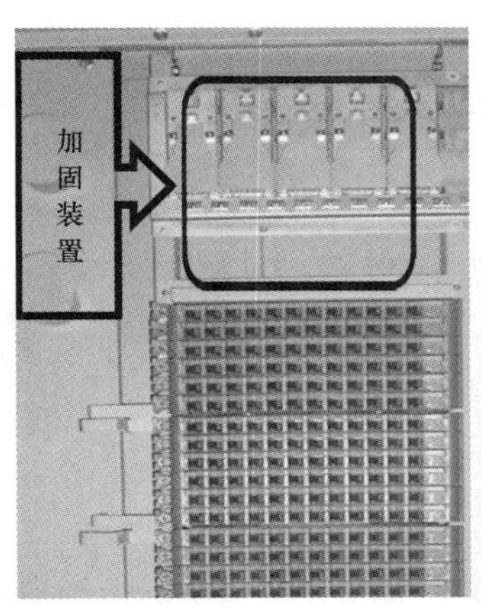

图6-22 架顶光缆固定装置

图6-23 架侧面光缆固定装置

光缆固定时以外护套固定为主，加强芯固定为辅；非金属加强芯、多钢丝的光缆并不要求加强芯或钢丝受力过大。对于常用的层绞式光缆，一般的固定顺序是先安装加强芯、后固定外护套。

（7）套保护管

光缆开剥后，光纤应使用软管保护，软管一端伸至熔纤盘用扎带固定，另一端包裹光缆束管重叠 7 ～ 10cm。当光缆开剥长度较长时，可以在使用蛇形管包裹光缆束管一段长度后，再套软管至熔纤盘，保护管、尾纤绑扎如图 6-24 所示。

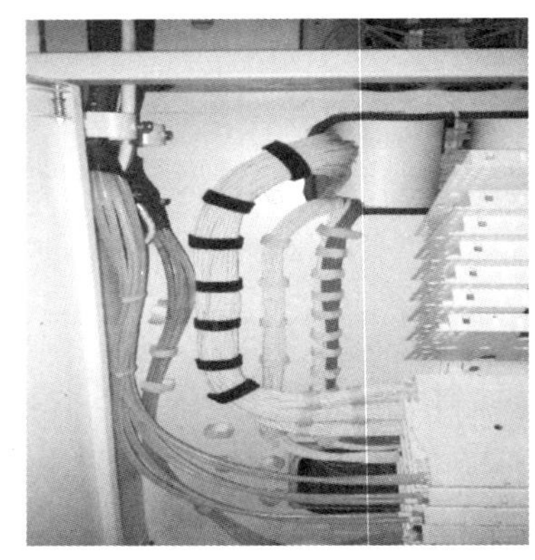

图6-24　保护管、尾纤绑扎

当光纤束穿入软管较费力时，可将少量酒精滴入软管，起到润滑的作用，光纤穿越软管后应及时将酒精排出。使用蛇形管包裹束管和软管时，走线应走大圈防止束管折弯，弯曲弧度的半径应大于最小弯曲半径。软管、尾纤束应分类绑扎，绑扎使用软性材料，例如魔术粘贴带。

6.3.2　尾纤熔接

尾纤熔接的工作包含尾纤熔接和测试衰减。尾纤熔接由安放操作台、固定软管、比纤、套热熔管、制作端面、熔接、加热补强、盘纤、插槽等施工步骤组成，尾纤熔接与光纤接续施工步骤大致相同，略有差异。测试衰减用于保证尾纤熔接的工作质量。

尾纤熔接的操作台安置在成端设备附近，成端设备的熔纤盘位置较高时可以架高操作台，机房尾纤接续如图 6-25 所示。固定软管时，尾纤和软管伸进成端熔纤盘的长度不小于 5cm，应分散粘贴熔纤盘中的尾纤标签，方便辨识。比纤时应逐盘进行，先在尾纤侧进行，尾纤盘 1 ～ 2 圈，末端至热熔管安放位置的中部，每层盘片的光缆纤芯长度略有不同，应按接续顺序逐盘比纤。尾纤熔接盘纤样式如图 6-26 所示。

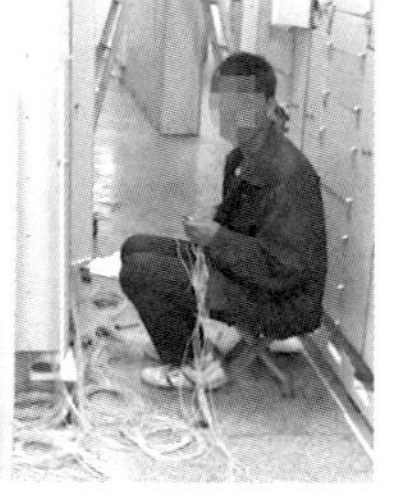

图6-25　机房尾纤接续

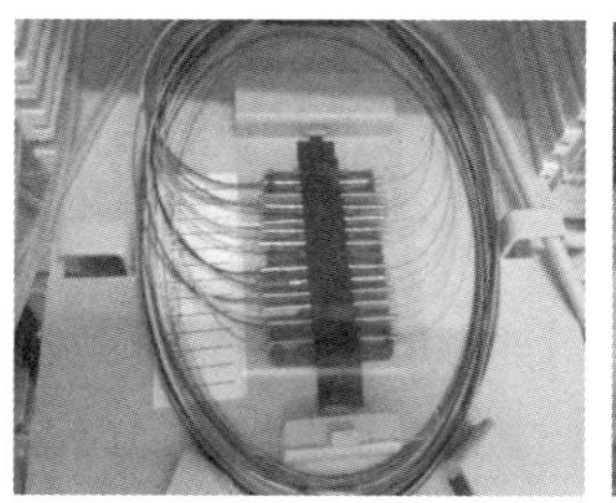
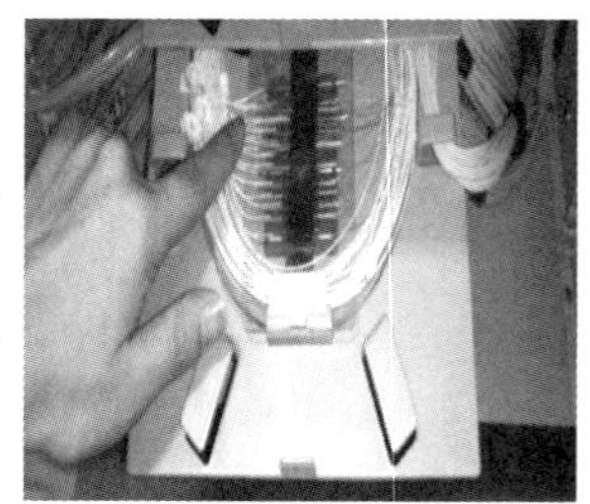

图6-26　尾纤熔接盘纤样式

套热熔管时，热熔管宜穿放在尾纤一侧，加热补强时热熔管从尾纤侧向纤芯侧移动；制作端面时，尾纤侧切割长度约为 13mm，纤芯侧端面切割长度约为 11mm；熔接时应检查盘片标记和光纤色谱顺序；为了减少熔接点断裂，熔接完毕后捏住尾纤根部，先打开纤芯压板，然后打开尾纤压板，捏住两段光纤的根部，将热熔管推至熔接点，再平移到加热炉进行加热。

成端熔纤盘的盘纤区域较大，先盘纤芯后盘尾纤，尾纤弹性大，盘好后用塑料胶带粘贴，一体化托盘的盘纤样式如图 6-27 所示，盘纤完毕后必须进行成端检测，发现损耗超标时需要检查原因，多数情况为绑扎过紧或尾纤质量问题。检测合格后，将熔接盘片盖上盖子，使用一体化熔纤盘的成端设备，应将盘片推到插槽中并卡到位，关闭机柜面板。终端盒尾纤安装如图 6-28 所示。

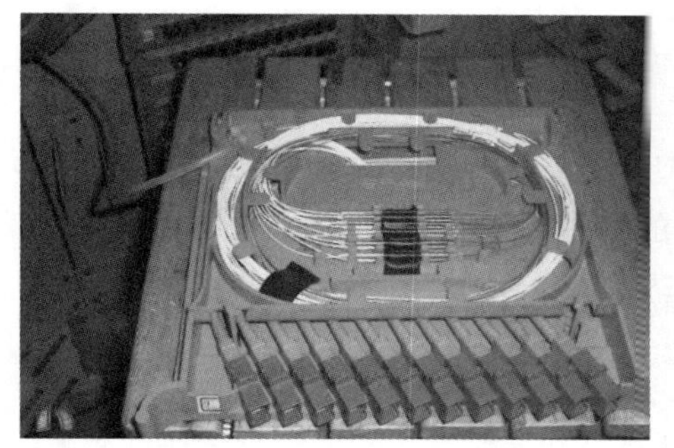

图6-27　一体化托盘的盘纤样式

图6-28　终端盒尾纤安装

6.3.3　成端整理

成端整理是对成端后的光缆、尾纤、成端设备进行标记和清理，让成端设备更容易被接续人员使用，一般包含标签制作、机房整理等内容。

标签制作。光缆进入机房桥架、桥架拐弯处、机架位置需要悬挂光缆挂牌，在设备机架的机框上应标明工程名称和使用序列号，在没有明显区分的束管 / 保护管上可粘贴分组编号，在尾纤上宜粘贴光纤编号。悬挂挂牌、粘贴标签是为了方便后期人员的检查、验收和使用，子框盖板标签如图 6-29 所示，ODF 熔纤子框标签如图 6-30 所示，一体化托盘标签如图 6-31 所示。

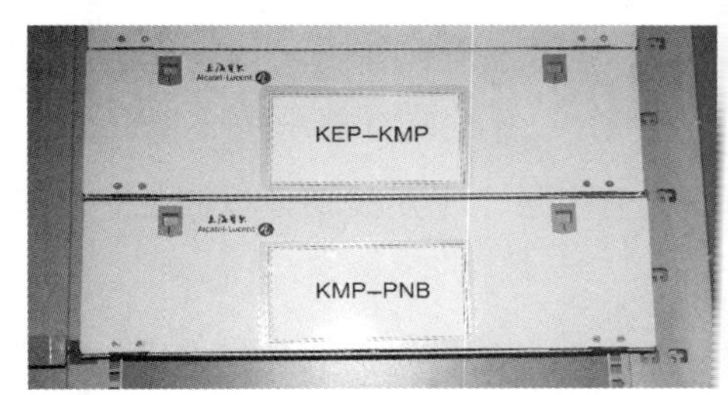

图6-29　子框盖板标签

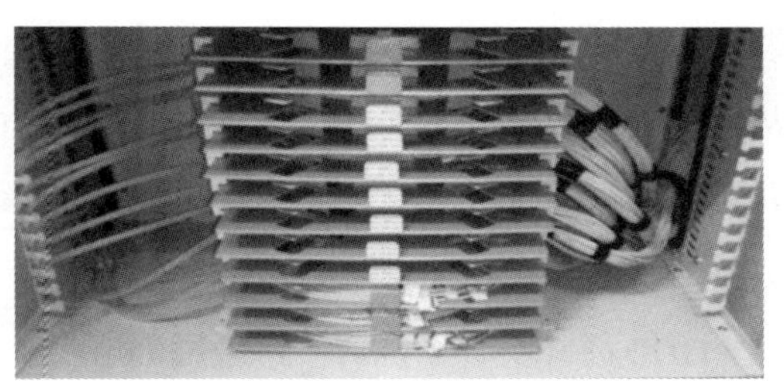

图6-30　ODF熔纤子框标签

图6-31　一体化托盘标签

机房整理。成端接续过程中会产生一些垃圾、污渍，对原有的工作环境造成不好的影响，现场接续工作结束后应清理施工现场，恢复整洁的环境。应清理成端接续产生的现场垃圾，例如剪断的光缆、开剥的外护套、光缆束管、丢弃的脱脂棉和废纤等；应清洁机房地板上的光纤油膏、污渍，并将垃圾带离机房；为防止落灰污染尾纤端头，较长时间不使用的适配器应套上防尘帽，关闭成端设备面板，多余的防尘帽可以收集起来交给机房值班人员或摆放在机柜底部；离开机房之前，接续人员应查看放缆槽道中是否遗留工具。

6.3.4　设备安装

在成端接续施工过程中，会遇到成端设备未安装或者安装存在安全隐患需要整改的情况。接续人员需要了解常用的光缆线路成端设备的安装过程和施工要求。常用的光缆线路成端设备有 ODF、终端盒、终端托盘、光缆交接箱和光分纤箱等。

（1）ODF 安装

ODF 用于室外光缆进入机房后的成端，可实现线路光纤通道与通信设备光纤通道的连接，具有光缆固定和保护功能、光缆终结功能、调线功能、光缆纤芯和尾纤保护功能。

一般通用型 ODF 整体可以分为机柜外壳、光缆固定区、光纤熔接区、尾纤终端区和尾纤盘绕区等功能区域。通过独立突出或弱化部分功能区可以形成特殊型 ODF，例如，将尾纤盘绕区独立，可成为 ODF 配套的储纤架；将光缆固定区和光纤熔接区组合，可形成熔接型 ODF；去除光缆固定区和光纤熔接区，只保留尾纤终端区，则形成大容量尾纤终端架；增加尾纤端口识别电路板，可成为电子标签化管理的智能 ODF。大容量光纤通道跳接的场合可使用光纤总配线架（MODF），MODF 采用开放式结构，可以拆除左右侧板与前后门板多架并排安装；机架采用双面操作，正面为直列模块，可用于外缆的固定、开剥、熔接与终端；背面为横列模块，可用于成端设备的跳线与尾缆，模块左侧有固定设备的尾缆，右侧有存储跳纤的绕纤轮；机架适用于上、下进缆的环境中，上走线环境中光缆（光纤）从顶部进入机架，并有独立的进缆（纤）孔；光缆（光纤）进孔洞应有护缆（纤）条保护，并有足够大的过缆（纤）面积；机架的横列模块区安装有多层水平走线槽，以满足多个机架并架时走缆（纤）。

ODF 通常安装于机房，常采用落地安装和壁挂安装，安装过程可分为现场查看、器材检验、抗震基座安装、机架安装、保护地线布放、子架及配件安装、检查整理 7 个步骤。

现场查看：成端设备安装前应先检查机房是否具备施工条件，一般需要检查装修、供电、照明、空调、接地、监控与消防是否完工及是否能够正常使用；现场机架、槽道、地板是否与设计相符；接地线缆、光缆是否符合设计要求；应确保施工工器具合格，仪表可以正常使用；应有完备的施工人员进场手续。现场查看的重点在于：检查机房接地装置，需要确定机房防雷地排和普通机柜接地的位置，用于核对接地线缆的长度；检查接地线缆的铜鼻子端子压接或焊接工具能否正常使用；根据设计图纸确定机柜的位置，画线占位；确定机柜加固方式是使用底座还是对顶加固方式，以及使用加固铁件的种类和数量。

器材检验：成端设备检验对象包括 ODF 本体、接地线缆、尾纤及加固铁件，主要进行外观检验。ODF 检查包括检查架内高压防护接地装置和机框接地端子的安装方式，两者必须使用绝缘材料分离，两者的绝缘电阻应≥ 1000MΩ/500V（直流），机架间的耐压≥ 3000V（直流）。接地线缆检查包括检查接地用铜鼻子孔洞直径与线缆铜线直径是否匹配，是否配备各种颜色的绝缘护套、塑料胶带。查看尾纤的纤芯数量和长度是否满足要求。要检查加固铁件的型号、数量和实际的安装方式。

抗震基座安装：对于敷设防静电地板的机房，需要将 ODF 安装在抗震基座上，抗震基座与机柜底部接触面应与防静电地板面平齐。制作抗震基座时可采用角钢焊接或采用标准部件组装的方式；焊接基座一般底大顶小，底部与地面接触面应预留膨胀孔洞、顶部与 ODF 接触面应预留夹板或螺栓安装孔洞；预制的抗震基座一般由 ODF 厂商提供，已经按标准制作安装孔洞，基座高度可以调节以适应不同的需要。安装抗震基座时需要将底座用膨胀螺栓固定在地面，通过在底部加垫片的方式调节基座上表面以达到水平状态。

机架安装：ODF 落地安装按照机架底角的孔洞数量安装底脚螺栓，机架底面为 600mm×300mm 及其以上时应使用 4 只底脚螺栓，机架底面在 600mm×300mm 以下时可使用两只底脚螺栓。在机架底角处放置金属片可调整机架的垂直度，最多垫机架的 3 个底角；一列有多个机架时，先安装列头首架，然后依次安装其余机架；整列机架前后允许偏差为 3mm，机架之间的缝隙上下应均匀一致。ODF 底部通常使用螺杆、螺母加固，除了对地加固外侧方向或并柜加固通常采用钻孔或利用侧向孔直接使用螺杆、螺母加固；对顶加固通常使用两条 L 形角钢，ODF 对顶加固示意如图 6-32 所示。

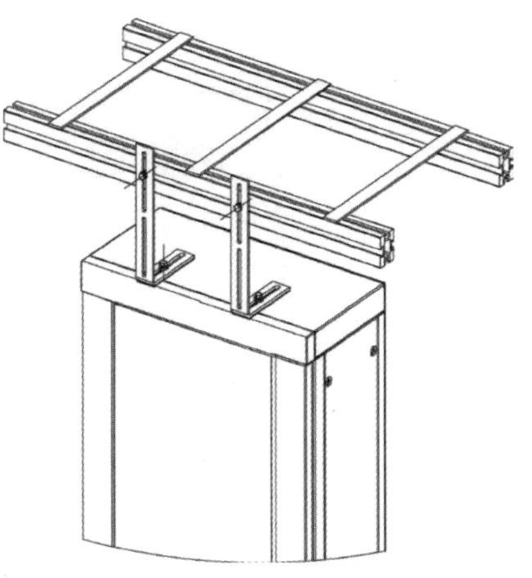

图6-32　ODF对顶加固示意

保护地线布放：ODF 有机架接地端子和光缆专用高压防护接地装置，两套接地端子应保持绝缘隔离。ODF

需要连接两根接地线：一根从机架接地端子引出至机房列间或电源柜的防护接地装置，使用不小于 16mm^2 的铜接地线；另一根从专用高压防护接地装置引出至机房第一级接地汇流排或小型局（站）的总接地汇流排，使用不小于 35mm^2 的多股铜芯电缆。ODF 的两根接地线布放和安装应与架体同时设计、同时安装和同时使用。这样做是为了将可能引入的雷电或大电流以最短路径、最快的速度入地。仅用于光纤跳纤的 ODF 只需要做机架接地。

子架及配件安装：安装加固 ODF 后，应按照设计要求的位置和数量安装子架及子框面板、侧板、前后门等相关配件；使用一体化托盘的机柜应按照要求插入托盘。

检查整理：安装 ODF 后，检查项目包含，是否按设计位置安装；机架垂直度偏差应不大于 1‰；地线安装正确，连接牢固；机门安装位置正确，开启灵活；机架标志应正确、清晰；机架内光纤适配器配置的防尘帽应齐全；架内无多余的工具和废弃物。

ODF壁挂安装时，在墙壁上画出壁挂打孔的位置，钻孔、塞入膨胀螺栓或化学螺栓，固定螺栓，取出螺母，将 ODF 安装孔对准螺栓，将 ODF 贴紧墙壁挂在墙上，安装螺母，调整 ODF 上下高低和左右水平后，拧紧螺母。壁挂安装的 ODF 体积小、容量小，多用于空间狭小的机房和楼道。

（2）终端盒和终端托盘安装

终端盒和终端托盘可供光纤成端的数量较少，需要另外制作接地装置，从室外架空引入的含金属构件的光缆会成为机房引入雷电的危险源。

终端盒多用于空间狭小的机房，一般摆放在槽道或走线架内，光缆、终端盒、尾纤连为一体，可以小范围移动。成端熔接时，光缆从终端盒一端进入，光纤在盒内熔纤盘与尾纤熔接，尾纤从终端盒内引出。终端盒内部结构如图 6-33 所示。

终端托盘一般安装在集装架或龙门架内部，使用 2 个或 4 个子框固定螺丝固定，光缆进线口和固定装置在托盘的侧面或后方，光纤在托盘内部的熔纤盘与尾纤熔接，尾纤头连接在托盘正面的光纤适配器上。终端托盘内部结构如图 6-34 所示。

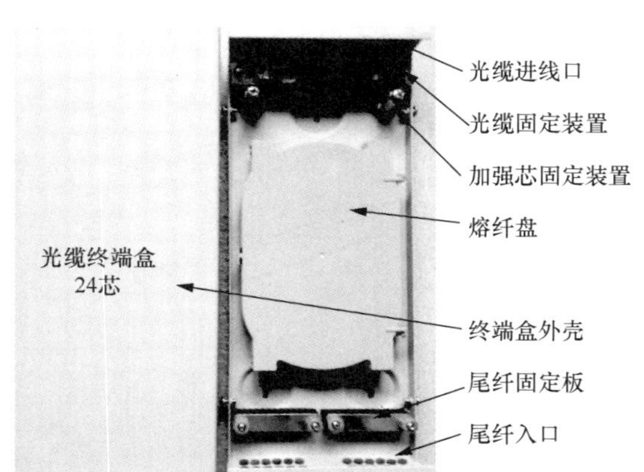

图6-33　终端盒内部结构

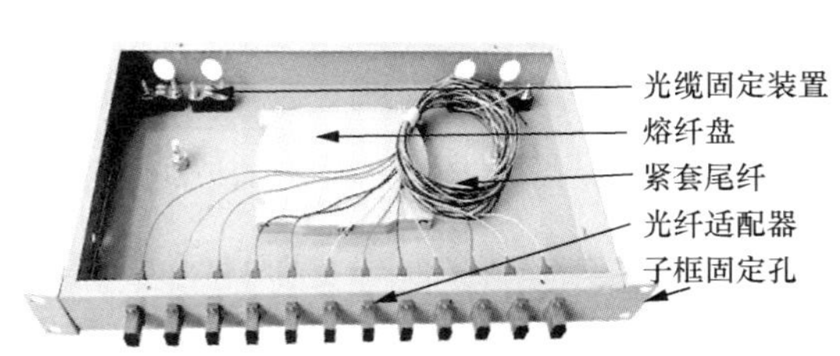

图6-34　终端托盘内部结构

（3）光缆交接箱安装

光缆交接箱是用于室外连接主干光缆与配线光缆的接口设备，也被称为光交箱。光交箱多落地安装在光交箱基座上，也可以架空安装在 H 杆的工作平台上，也可以壁挂式安装。光交箱内部结构如图 6-35 所示。

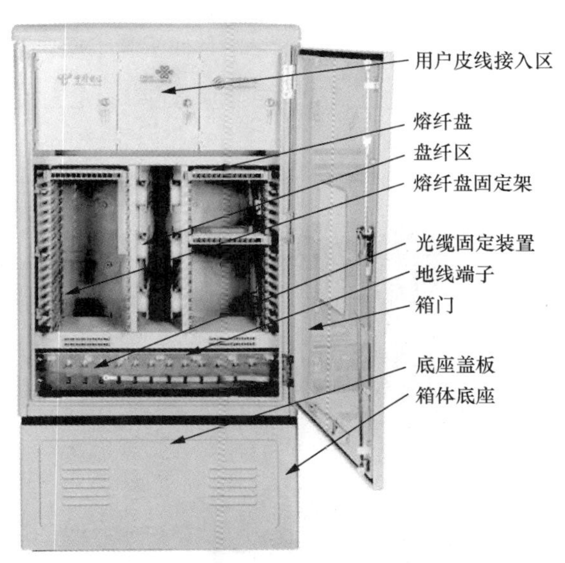

图6-35　光交箱内部结构

落地式光交箱的安装一般选择在地势较高、土质较硬的地方，多安装于人行道地面上；安装光交箱需要建设基座，基座外沿距光交箱箱体应大于 150mm，基座地面以上高度宜为 300mm；基座下方开挖基座坑，坑的深度应符合设计规定；基座坑的内壁距基座各边应大于 150mm；基座坑内有与人（手）孔连接的管材，在坑底基础部位采用弯头对接方式将管道引上与光交箱底座的预埋管口对齐；坑内预埋铁件应安装位置正确、安装牢固、保持横平竖直、水平偏差应不大于 3mm；光交箱应按设计要求制作接地装置，基座坑内并在基座中间预留接地点；光交箱基座地面以上的外表面应按设计要求进行外表装饰，通常采用贴瓷砖的方式；在正常温度下，基座建筑的养护时间应不少于 7 天，有抗渗、抗冻要求的养护时间应不少于 14 天。

光交箱安装在基座养护期满之后实施；光交箱和基座之间应铺设防水胶垫或做防水处理；将光交箱放置在防水基座之上，基座螺杆穿过光交箱底座安装孔；测量箱体垂直偏差不大于 3mm 后，在基座螺杆上安装平垫、弹垫和螺母，按对角线顺序拧紧螺母，固定光交箱；外露的螺杆、螺母需要刷涂防锈漆；用封堵材料将光交箱和基座接缝的内外侧填实，用防火泥严密封堵空管孔上下口、穿放光缆管孔的缝隙、基座底部光缆进出口缝隙。

架空式光交箱一般安装在工作平台上，工作平台底部距地面应不小于 3m，且不影响行人和车辆的通行；将光交箱吊放至工作平台，用长杆螺丝和夹板将光交箱固定在工作平台上；采用与落地式光交箱相同的方式处理箱体垂直度、固定光交箱、对螺杆螺母做防锈、填实接缝和用防火泥封堵。

光交箱壁挂式安装如图 6-36 所示。壁挂式光交箱多安装于室内、楼道等不便于开挖、立杆的环境。光交箱固定可采用三角支撑架支撑或墙面打膨胀螺栓固定的方式。壁挂安装时，光交箱底部距地面的高度应不影响居民出行，且便于施工操作和维护，通常高度应不小于 1.5m；采用与落地式光交箱相同的方式处理箱体垂直度、固定光交箱、对螺杆螺母做防锈、填实接缝和用防火泥封堵。

图6-36　光交箱壁挂式安装

为了防止直接雷击和感应电流对光交箱和内部安装的光缆造成破坏，光交箱应做到接地良好，通常光交箱单独设置接地装置，且接地电阻不大于 10Ω。光交箱接地装置由接地网、基座连接线、基座接地体、交接箱地线连接线和光交箱接地排组成。接地网与基座坑应同步建设，简单的可使用接地棒或角钢，复杂的需要开挖接地坑并埋设多根接地体，直至地阻值达标。接地网至基座接地体之间的基座连接线可用扁铁，连接可采用焊接方式；光交箱地线一般用截面积不小于 16mm^2 的多股铜导线，一端与基座接地体焊接，并涂 3 层沥青、2 层麻丝进行防锈处理；另一端用铜鼻子压紧，并用螺栓固定在光交箱接地排上；光交箱内部接地排之间应使用铜导线连接。架空光交箱的接地线应单独设立，通常沿电杆入地，接地线穿过光交箱与工作平台时应做绝缘隔离。壁挂式光交箱的接地要求应与光纤分配架的接地要求相同，应就近接入机房第一级接地汇流排或总接地汇流排。

（4）光分纤箱安装

光分纤箱是一种连接配线光缆和用户光缆的分配单元。光分纤箱通常采用两层结构，或具有两大功能区。外层（配线区）主要由光分插片固定装置和蝶形引入光缆盘绕固定装置，以及储纤装置组成；内层（熔接区）配有光纤熔接盘片和皮线光缆熔接盘等。光分纤箱内部结构如图 6-37 所示。

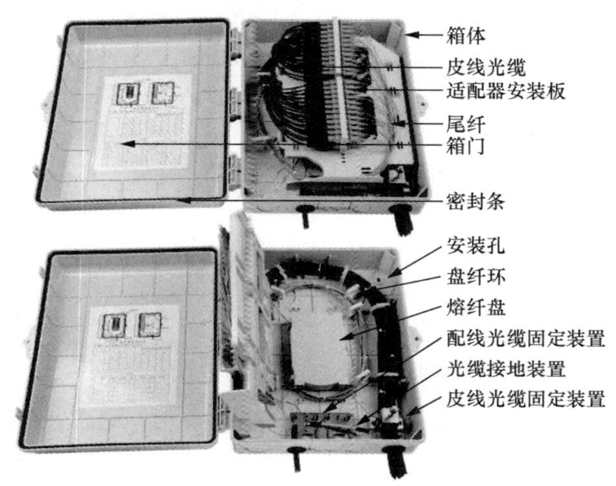

图6-37　光分纤箱内部结构

光分纤箱可以采用墙挂、杆挂方式安装。安装步骤：打开包装纸箱，清点箱内物品，包括单元箱体及固定附件；采用墙挂方式时，按照设计要求，在墙面根据箱体固定孔或背板安装孔的位置在墙上标记钻孔，安装膨胀螺栓并拧紧；采用杆挂方式时，按照设计要求确定箱体的面向和高度，保持箱体水平，用抱箍将箱体背板固定在电杆上，拆下光分纤箱；光分纤箱需要先熔接后装配，根据安装位置，将合适长度的光缆、皮线光缆按对应孔洞穿入光分纤箱；引入设备后，光缆的金属挡潮层、铠装层及加强芯需要可靠连接至高压防护接地装置，光缆开剥后需要用塑料套管或螺旋管保护光纤束管并固定引入熔纤盘，光纤与尾纤在熔接区熔接，尾纤穿过盘纤环，适度绑扎后绕行至配线区，尾纤端头安装在适配器一侧；皮线光缆穿过盘纤环绕行至配线区，皮线光缆端头安装在适配器另一侧，整理皮线光缆的预留弧度，将多余皮线光缆退出光分纤箱，在皮线光缆固定装置处固定皮线光缆；将成端完毕的光分纤箱对准膨胀螺栓或背板上的安装孔，拧上螺母，调整箱体水平、拧紧固定螺母；按设计要求布放地线至箱体外，并测试接地电阻值；堵塞空余的进线孔洞，将箱体关闭锁紧；清扫施工现场，将垃圾清运至垃圾存放点。

安装光分纤箱时，箱门开启角度不小于 180°，门锁的启闭应灵活可靠。所有紧固件连接应牢固可靠，箱体密封条粘结应平整牢固。光缆引入时其弯曲半径应大于光缆直径的 15 倍，光纤在箱内布放时其转弯曲率半径应不小于 30mm。皮线光缆在箱体内的预留长度不应小于 0.5m，盘绕与绑扎必须自然平直，无扭绞、打圈等现象，以确保不受到外力的挤压和操作损伤。使用光分路器时应检测光分路器的性能，光分路器必须牢固地固定在箱体内。

光分纤箱体积小，没有充足空间安装较粗的地线，小芯数塑铝护层光缆的塑铝层较薄，分离难度大，施工人员往往会忽略光缆金属构件接地。为了尽量避免雷电侵入造成损失，可选用非金属光缆作为用户段光缆，或者采用环割法去除光缆塑料护套，露出金属护套再接地。杆挂式光分纤箱的接地线必须单设接地体，可使用地线棒接地，严禁借用拉线或避雷线入地，接地方式可选用直接接地或延伸接地。

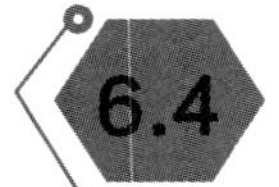

6.4 光缆监测

光缆监测通常采用 OTDR 对光纤线路进行测试，通过对测试图像的判断分析获得光纤接续损耗值和光纤长度，是控制施工质量的方式之一。

线路接续的光缆监测也被称为实时监测，通常采用远端环回的双向测试或测试点固定的单向测试。双向测试时，测试人员随着接续人员移动；单向测试时，测试人员在机房、光交箱等相对固定的位置进行测试。成端接续的光缆监测也被称为成端测试，测试人员与接续人员一起在机房内配合工作。光缆监测中记录的原始数据仅作为现场自检参考，不作为光缆线路竣工资料。

光缆监测对测试人员的操作水平要求高于单盘测试要求。光缆监测中测试纤长是单盘测试纤长的 10 倍以上，为了测试较长的纤长，需要降低光纤的耦合损耗，以提高耦合精确度，但增加了耦合难度；实时监测数据查找和记录的次数远大于单盘测试，提高耦合质量，做到快速定位，可以减少每次测试的时间，提高整体施工效率。光缆监测与单盘测试比较见表 6-4。

表6-4　光缆监测与单盘测试比较

名称	特点	施工环节		
		辅助	步骤	相关技术要求
单盘测试	固定位置、单向、实时、多纤芯、短距离、快速、双窗口	开盘、开剥、端面制作	开盘、开剥、耦合、测试、记录、封盘	OTDR 测试、光缆开剥
实时监测	双向测试	自环点接续	自环点接续、测试准备、光纤耦合、纤芯测试、光纤扫测、现场清理	
	单向测试	成端熔接或临时成端	临时成端、测试准备、纤芯测试、光纤扫测、现场清理	OTDR 测试
成端测试	靠近成端设备、单向	清洁、插纤	测试准备、测量、报障碍	

6.4.1　OTDR操作

OTDR 是光缆通信工程施工和维护的必备仪表之一，OTDR 是根据瑞利散射的原理制造的，其间断发光，同时接收并测量光纤内瑞利散射返回光的时间和大小数值，并按返回光的能量大小与距离的远近关系转换成一条以距离为横轴、光功率为纵轴的曲线，称为光纤通道的后向散射信号曲线图像，俗称光纤图像。

熟练使用 OTDR 可以获得更好的测试图像，更方便地分析出光纤的长度、接续点的距离、接续点损耗值和光纤损耗值等信息，相关操作要求如下。

（1）检查电源

OTDR 使用发电机供电时，必须使用稳压源连接发电机，OTDR 电源适配器连接稳压源。使用便携式 OTDR 自带电池前，应检查电池的可使用时间，尽量在满电状态使用 OTDR，防止测试中途断电而影响施工进程。

（2）清洁测试接口

OTDR 和尾纤的连接部位被污染后会影响测试结果的数值和准确度。应使用酒精棉球清洁 OTDR 测试接口和测试尾纤端面，清洁后，连接时应拧紧测试尾纤，尾纤头凸起应与 OTDR 接口凹槽相匹配，使连接部位的损耗值最小。

（3）设置参数

开启 OTDR，进入操作界面，检查并设置测试日期、时间、波长、测量范围、脉冲宽度、平均化时间（次数）和折射率等参数。OTDR 设置参数说明见表 6-5。不同厂商的 OTDR 按键位置和操作方法不同，请参照仪表说明书操作。

表6-5　OTDR设置参数说明

参数类别	设定要求	注意事项
测试日期和时间	按当前日期和时间	影响资料存储文件名生成，影响正确归档
波长	一般选用 1550nm 波长	1550nm 波长测试距离较长，1310nm 波长可越过微弯或小圈障碍
测量范围	一般选择预估纤长的 1.5 倍	设置长度小于实际长度，图像会产生“诡峰”
脉冲宽度	5 ～ 20km 脉宽选择 300ns、20 ～ 40km 脉宽选择 500ns、40 ～ 60km 脉宽选择 1μs	在图像同样清晰可见的情况下，应选择较小的脉宽存取图像
平均化时间（次数）	一般设定平均化时间为 5 ～ 10s	距离短、图像清晰可设为 3s
折射率	1.4666 ～ 1.4690	应按厂商提供的值设置，数值大，显示长度小于实际长度；数值小，显示长度大于实际长度

（4）屏幕显示

OTDR 配置显示屏，可实时显示光纤测试的图像。测试人员可以按照需要对图像进行局部放大和缩小；OTDR 的光纤图像上有两条可以左右移动的标记线；标记线可以定位距离长度，并显示测试图像在该点的光功率值；移动标记线，两个测试位置之间的距离长度、损耗值（光功率差值）、平均光功率会立即在提示框中显示出来。

（5）确认接续点

当待测光纤图像出现在 OTDR 显示屏后，在 OTDR 两条标记线上分别定位自环点、正反向接续点和图像末端点，记录监测点到正向接续点的纤长、监测点到自环点的纤长、监测点到反向接续点的纤长。OTDR 的双向测试图像及五点法测损耗示意如图 6-38 所示，距离较近的接续点是该光纤的正向接续点，距离较远的接续点是相关自环光纤的反向接续点。

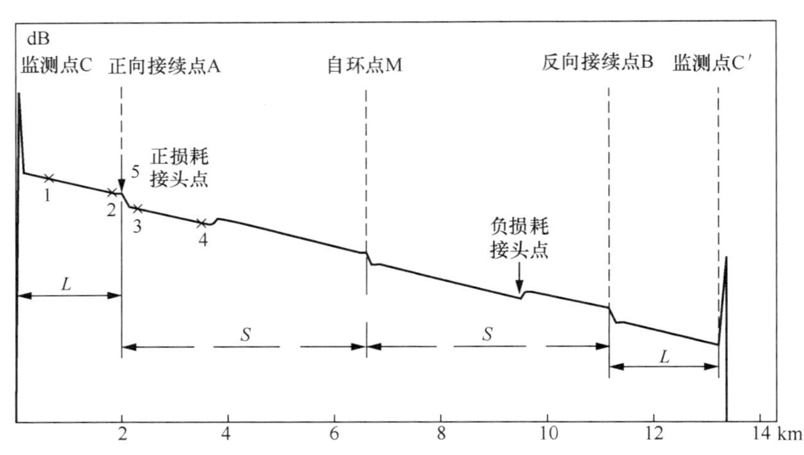

图6-38　OTDR的双向测试图像及五点法测损耗示意

（6）五点法测损耗

在正反向接续点附近，调整 OTDR 为接头损耗模式，将出现的“1”和“2”定位点定于接续点左侧，保持两点间是平直线段，间距一般应大于 500m；将“3”和“4”定位点定于接续点右侧的平直线段上，要求同上；“5”一般定位在“2”和“3”定位点之间的第一个突变点。当 5 个点调好后，OTDR 的屏幕上将自动显示接续损耗值，移动“5”时，“1、2、3、4”定位点跟随移动。根据测试的图像不同，“5”的设定位置存在 3 种情况：一是定位于图像有明显下降拐弯的起始处，这种情况的损耗是正值，称为正损耗；二是定位于图像有明显上升拐弯的起始处，这种情况的损耗是负值，称为负损耗；三是参考其他光纤进行定位，定位后不做调整，更换被测光纤，就可以测得损耗值，也称作定点测纤。

6.4.2 双向测试

远端环回的双向测试特点在于测试人员随着接续点的前进方向，提前在下一个接续点利用远端环回的自环点对该接续点进行双向测试。测试一根纤芯可以得到正反两个损耗值，测试两根相关的纤芯可以得到两根纤芯的 4 个正反损耗值，通过正反损耗值计算可以获得平均损耗值，从而判断该接续点是否合格。双向测试多用于对光纤接续损耗、光纤线路全程损耗值要求严格的工程。

在双向测试实施过程中，首先需要接续班组将光缆线路一端的光纤进行自环熔接，该位置是自环点。在后续的接续过程中，接续班组需要为测试人员做好辅助工作，搭建测试环境；完成接续后，测试人员需要为下一次接续做准备。

双向测试的优点在于：通过判断平均损耗值是否小于预设值，作为判定合格的标准，这种方式测试准确度高，且超标纤芯现场返工，直到合格为止；每个接续点的接续损耗都受到控制，全程接续损耗累加后数值较低，光纤线路的整体传输性能较好。缺点在于：接续点、测试点是 2 个位置，接续完成后转换场地车辆要在 3 个地点转换，对人员、车辆、工器具的管理要求较高；返工时判断一根光纤是否合格需要正反向测试两次，测试时间较长。

双向测试过程包含自环点接续、测试准备、光纤耦合、纤芯测试、光纤扫测和现场清理等步骤。

（1）自环点接续

自环点接续也称作自环，是临时的接续工作，是双向测试的必要条件。自环点设置在连续敷设的线路一端，距离间隔一般小于 30km，超过 30km 可选择新的自环点或在线路中点设置自环点向两个方向做自环。将待接续的光缆开剥 0.6m，光纤按束管组序先后进行接续，每组束管中将光纤按纤序分为奇偶两组；将一组光纤套热熔管，使用熔接机按 1 和 2、3 和 4……的方式熔接；将全部接续点套入热熔管中加热补强；继续下一束管的光纤接续，直到完成全部纤芯接续。自环点的光纤光缆在使用期间应做保护，可使用塑料胶带将熔纤管、余纤和余缆缠绕成一个整体，避免因振动造成断纤，再将自环的光纤和光缆在硬纸板上或饮料瓶中进行简易固定，也可以使用接头盒进行固定和保护。为防止他人误操作造成断纤，可涂绘明显标记并留下联系电话。

（2）测试准备

接续人员开始接续后，测试人员就可以到达当前接续点的前一个接续点；先找到被测光缆，检查光缆，截掉光缆有损伤的端头，若损伤长度较大、影响后续接续，则拍照留存并报告项目管理人员；核对光缆型号、尺码和光纤芯数等信息，记录测试地点。寻找地势平坦、无高压线、灰尘少、干扰小的场地作为测试点；摆放测试桌凳，将OTDR、耦合台、单头尾纤等器材摆放在桌面，光照强烈的位置应使用遮阳伞。将被测光缆开剥约0.6m，保留10cm束管，擦净光纤油膏，将其摆放在桌边，光纤分组摆放便于后续操作，严禁随意断开光纤光缆。

光纤端面制作：清洁涂覆光纤的油膏后，用剥纤钳或双面刀片去除光纤涂覆层。使用双面刀片时，左手取纤、右手大拇指和中指捏住刀片；涂覆光纤轻放在食指上，刀刃轻压光纤，先用刀刃在光纤上试探性地刮，涂覆层被刮起后再用力将刀口由下向上移动；刮除涂覆层过程中，需要旋转左手手腕，一般两次，先手掌水平，接着掌心向下，然后手掌垂直于地面，直至涂覆层被刮干净。刮除光纤涂覆层不宜过长，一般约30mm，过长容易产生碎纤影响耦合，降低测试速度和质量。用切割笔在距光纤末端10mm的位置垂直轻划裸光纤，用笔头轻轻击打划痕上方的裸光纤，裸光纤沿划痕断裂，完成端面制作。可以分批制作裸光纤端面，一次制作芯数在12芯以下。制作好的端面应悬空摆放，不可接触其他物体，防止灰尘污染端面和杂物碰碎端面。

尾纤端面制作：使用的单头尾纤长度一般大于50cm，理直尾纤，去除约30cm的尾纤外护套和芳烃纤维，露出白色塑料紧套管光纤。用剥纤钳或双面刀片去除紧套管，露出裸光纤；使用双面刀片时，应平放刀片刀口，略向下紧贴紧套管，倾角不超过10°，刀片保持不动；用手拉动紧套管，通过刀片的相对运动将紧套管去除。用酒精棉球清洁裸光纤后，用制作裸光纤端面的方法使用切割笔制作尾纤端面。

仪表设置：将OTDR与电源适配器连接后开机。用酒精棉球清洁OTDR测试接口和尾纤端面，将尾纤端头插入测试接口拧紧。进入OTDR设置界面，设置测试日期和时间、波长、测量范围、脉冲宽度、平均化时间（次数）和折射率等测试参数，将测试状态设置成实时状态。

（3）光纤耦合

打开光纤耦合台，将做好端面的尾纤从耦合台左侧插入，当尾纤端面位于中央V形槽中间的位置时，将左侧压纤板下压固定尾纤。右手拿起已做好端面的裸光纤，捏住距端头4cm位置处，以小于15°的倾角从耦合台右侧插入中央V形槽，当裸光纤端面接触尾纤端面时，裸光纤受阻形成弧形，左手将中间压纤板下压，眼睛注视OTDR屏幕，当出现一条高于杂波的水平线段时，说明尾纤与裸光纤耦合成功。此时，轻轻按压中间压纤板使水平图像的高度达到最高，并保持最高的高度。若没有出现水平线图像或者图像比较毛糙，说明尾纤与裸光纤的耦合不成功，可以清洁V形槽，重做裸光纤端面，重新耦合。在中央V形槽使用甘油做匹配液可以提高尾纤与裸光纤的耦合效果，降低端面耦合的损耗，提升水平图像的高度。

（4）纤芯测试

纤芯测试需要定位正向接续点、反向接续点、自环点、图像末端点，并在测试记录本上记录 4 个纤长数值。

纤芯测试主要的工作是使用五点法在正反向接续点测试光纤接续损耗，测试步骤如下：将 OTDR 调整到测量接续损耗状态；耦合 1 号光纤，先测得正向接续点损耗值 A，记录在 1 号光纤的左侧空格，后测得反向接续点损耗值 B 记录在 2 号光纤的右侧空格。耦合 2 号纤时，正向接续点损耗值 A' 记录在 2 号光纤的左侧空格，反向接续点损耗值 B' 记录在 1 号光纤的右侧空格。测试两根光纤可以读取 4 个数据，每根光纤都有正反向接续损耗，被称为“双向测试”。对正反向的两个接续点损耗值取平均值，就得到该接续点的接续平均损耗，接续损耗记录见表 6-6。

表6-6　接续损耗记录

光纤序号	正向距离 2km 损耗值	反向距离 11km 损耗值	接续平均损耗值
1	A	B'	（A+B'）/2
2	A'	B	（A'+B）/2
3	C	D'	（C+D'）/2
4	C'	D	（C'+D）/2
……	……	……	……

纤芯测试过程不需要边接续边测试。测试人员发现平均损耗值超过预定阈值的纤芯时，在记录本的光纤序号上做不合格标记；按 12 芯或 24 芯为一组，每测完一组就向接续人员报告不合格的纤号，并继续下一组测试；接续人员一般连续接续，熔接 3 ～ 4 盘后才开始返工；熔接、测试配合顺利时可以做到熔接一盘、测试一盘、返工一盘、合格一盘、盘纤一盘，之后再进行下一盘接续。

测试人员发现连续接续平均损耗不理想时，应提醒接续人员做一次放电试验矫正熔接机的熔接参数，降低接续损耗值。测试人员发现光纤存在断纤、损耗超标等现象时，应记录纤号和色谱，并报告给现场施工人员，由施工人员安排时间处理。

（5）光纤扫测

测试人员完成接续损耗测试后，接续人员进行盘纤、密封接头盒、安装固定接头盒工序，为了监测后续作业是否对光纤损耗产生影响，测试人员需要将所有光纤快速测试一遍，判断是否出现异常，这个测试过程俗称扫测。

在扫测过程中，OTDR 处于实时工作状态，图像定位线定位于正向接续点，判断依据是核对测试记录与图像显示的接续点损耗数值是否存在较大的差别。测试人员通常采用屏幕纵向刻度高低估算损耗数值，数值合格即更换下一根纤芯。

在扫测过程中，如果发现光纤损耗超标应立即定位，测出数值并报告接续人员。接续人员开启接头盒、重新盘纤就可以消除这种光纤损耗超标。

（6）现场清理

完成测试工作后，应将 OTDR 及配套工器具整理到仪表箱、工器具箱中，等待运输车辆到达。若测试点需要进行下一次接续，测试人员应完成光缆检查、光缆开剥、接头盒检查和光缆固定等接续前的准备工作。并且应将遗留光缆头、纸屑废料等垃圾清理至垃圾堆放地点，保持工作现场整洁干净。若测试点不接续，测试人员应剪掉光缆开剥的部分，用自粘胶带裹好缆头，将光缆摆放至安全位置，避免受到外力破坏。

6.4.3 单向测试

远端单向测试也被称为单向测试，其特点在于接续班组按由近及远的顺序依次接续的同时，测试人员在固定地点进行测试。测试一根纤芯只能得到当前接续点的正向损耗值，不能准确判断该接续点是否需要返工，需要结合前一个或前几个接续损耗值共同判定。单向测试多用于有全程损耗值合格要求、对单个接续损耗要求不高的工程。

通常单向测试在机房或光缆成端处测试，也可使用一体化熔纤盘、单头尾纤等材料进行光缆临时终端进行测试。单向测试的优点在于：测试人员综合多个接续损耗值、结合全程损耗值判断本次接续是否合格，接续返工量较少；测试人员利用成端尾纤耦合，提高了测试速度，成端尾纤耦合衰减小，单向测试可监测距离约 60km；在接续过程中，测试人员位置固定，运输车辆主要供接续班组使用，管理过程简单。单向测试的缺点在于：接续班组要完成每个接续位置的准备和接续工作，测试人员等待时间较长；测试人员无法获得准确的光纤损耗值，返工后会发生损耗值不减反增的现象，延长了接续时间，造成光纤通道的全程损耗值相对较高，光纤传输性能较差。

单向测试包含做临时成端、测试准备、纤芯测试和现场清理等步骤，各步骤内容与双向测试相近，但存在一些不同。

（1）做临时成端

做临时成端是指为方便监测，使用 ODF 子框、终端盒、一体化熔纤盘等器材将测试点光缆纤芯的部分或全部与尾纤熔接成端。临时成端一般位于线路的一端，测试点与接续点的距离一般小于 60km。

临时成端的施工过程与机房成端相似，光缆开剥约 1m，将加强芯、余缆和成端器材固定，按纤序将光纤和尾纤熔接起来，按顺序排列尾纤或排列一体化熔纤盘，逐个测试尾纤，测试合格后盖上防尘帽备用。

制作临时成端的测试点一般在野外，为了方便使用、保护成端器材不受损伤，一般将临时成端摆放在人员干扰比较少的地方，器材和光缆应做保护和警示标记。

（2）测试准备

测试人员在测试点搭建测试平台，摆放测试仪表，去除适配器的全部防尘帽；对 OTDR 进行设置，设置内容和过程与双向测试相似；清洁尾纤端头、OTDR 测试口和测试尾纤，将双头尾纤插入 OTDR 和被测尾纤端头；为延长 OTDR 发光器件的寿命，OTDR 在测试并判断接续点纤长正确后会暂时关机，等到完成 12 ～ 24 芯的接续任务后，再重新开机进行测试。

（3）纤芯测试

测试人员将 OTDR 定位线固定在接续点，记录纤长，使用五点法测试接续损耗，按序号更换被测尾纤并记录接续损耗数值，直至测完全部尾纤。

当前接续点损耗≤ 0.10dB 时，判定接续损耗合格，不返工。当前接续点损耗≥ 0.10dB 时，需要综合前一个接续点损耗进行判断 前一个接续点损耗为负值时，当前接续点不返工；前一个接续点损耗≥ 0.05dB 时，当前接续点需要返工；前一个接续点损耗≥ 0.10dB 时，当前接续点必须返工。

单向测试无法获得准确的接续损耗值，全程所有接续损耗值的平均值为 0.06dB 时，允许部分纤芯接续损耗≥ 0.10dB。

单向测试通知接续人员返工的过程与双向测试相同，但是单向测试不需要测试反向，返工完成后复测的速度较快。单向测试发现光纤存在断纤、损耗超标等现象时，应记录纤号和色谱，并报告给现场施工人员，由施工人员安排时间处理。

（4）现场清理

当接续点施工完成时，若当天工作全部结束，测试人员应整理 OTDR 及配套工器具；将成端尾纤适配器套上防尘帽，将临时成端放置在安全位置，打扫测试现场；携带仪表箱和工器具箱离开测试点。

若接续班组继续下一个接续点的接续工作，测试人员应关闭 OTDR，并充电，等待接续班组联系，再继续下一个接续点的测试。

6.4.4 成端检测

成端检测是指在成端接续过程中，对已完成熔接的纤芯进行检测的过程。成端检测过程可分为测试准备、测量和障碍修复 3 个步骤。

检测过程包括使用 OTDR 估测尾纤接续损耗，使用红光源核对尾纤的位置和序号，检测发现接续损耗、尾纤位置问题必须修复。

（1）测试准备

成端检测前需要再对被测尾纤端面进行一次清洁。将 OTDR 的测试参数调整为脉宽 200ns、测量范围 5km，并处于实时状态，屏幕仅显示被测曲线图像的头部 500m，将定位线移动到第一个线路接续点前、距离为 200m 的位置，将图像纵向放大。

（2）测量

将测试尾纤依次连接被测尾纤，观察被测图像曲线在定位线位置的高度，即光功率值。记录光功率值，每测 12 芯，计算一次平均值，标记超标 0.3dB 或最大损耗的尾纤序号。测试全部成端尾纤，得到所有超标纤芯的序号。清洁超标成端尾纤端面，再次测量，除去测试合格的尾纤序号。

（3）障碍修复

造成光纤测试损耗值变大的因素可称为障碍。经过测量后，数值超标的尾纤就是不合格尾纤、障碍尾纤，成端检测必须修复障碍。通常情况下，障碍尾纤修复采用替换方式，使用合格尾纤替换问题尾纤，重新成端接续，修复障碍。需要将问题尾纤进行废品标记，不得再次使用。

6.5 竣工测试

光缆线路工程竣工测试是光缆线路工程施工中的一道关键工序，竣工测试必须在光缆路由沿线全面完成施工后进行。

竣工测试以中继段为测量单位，检查光缆线路的全面光电特性和光纤线路的传输指标，并为编制中继段竣工测试记录收集资料、提供完整数据，竣工测试又被称为光缆的中继段测试。竣工测试的内容包含中继段光纤线路衰减系数及传输长度、中继段光纤通道总衰减、中继段光纤后向散射曲线、直埋光缆线路对地绝缘电阻测试、中继段光纤偏振模色散系数、色度色散测试，其中绝缘电阻、偏振模色散系数和色度色散 3 项测试应按设计要求进行。

竣工测试按流程可分为准备阶段、测试阶段和资料整理 3 个阶段。

6.5.1　准备阶段

竣工测试要求现场将数据完整、快速地保留在纸质或OTDR存储部件中。为了提高测试效率、节约人员，需要充分地准备并合理地安排工时。

进场之前，竣工测试以中继段或一对收发端之间的段为单位，测试一般在相隔较远的机房、基站、光交箱等成端设备之间进行。竣工测试时间受中继段数量、测试站点间距、纤芯数量和测试项目数量的影响较大。提前规划测试线路，合理安排工作顺序、人员、仪表、车辆的数量和使用分配方案，可以提高测试质量和效率，缩短施工时间。

竣工测试时，进出测试点需要施工单位、监理单位和建设单位的相互配合。施工单位应提前预约进出机房的时间，办理进出机房的手续；测试点在无人机房时，需要提前拿到机房钥匙或由监理单位、建设单位派专人协助进入机房；竣工测试必须提前通知监理单位或建设单位随工到场，在测试过程中进行旁站和监督。

当仪表和人员充足的情况下，多台仪表同时测试可以加快测试速度，提高测试效率；竣工测试应根据人员的数量、携带器材的数量和工地距离远近等条件安排车辆，宜选用皮卡、面包车和厢式货车；竣工测试应准备测试记录表；竣工测试应使用合格的尾纤进行测试，检查发现的断纤、损耗大的尾纤应立即报废，不得再次使用。

进场之后，测试人员可根据施工图纸核对ODF的位置和被测光纤的类型，找出本次施工的光纤端子板，在测试点附近放置测试器材、连接尾纤。在测试时，应注意不要弯折、踩踏、拉扯和重压尾纤，尾纤受侧向压力容易衰减，影响测试结果。

测试过程应注意环境温度。机房中一般都有空调，环境温度适合测试；当环境温度在–10℃以下时，低温可以降低各种仪表电池的电压，甚至使电池的电压消失，导致使用电池的仪表无法正常工作；在严寒环境下使用仪表时，应使用交流供电或为仪表电池单独保温。

测试过程应尽量保存仪表电池的电量，使用外接电源、移动电源及时为仪表充电。在机房测试时，电源距测试位置较远，可使仪表靠近电源插座，使用长尾纤连接仪表和被测光纤端子。OTDR、PMD仪表是智能仪表，通常在没有输入指令的情况下超过1h会自动黑屏或关机，测试人员应注意及时唤醒仪表，保持正常的工作状态。

光源、OTDR、红光笔、PMD专用光源会发送光功率，测试过程中不可用眼睛直视光源。

测试前应清洁待测尾纤端面。取下所有被测尾纤端子的防尘帽，收集到塑料袋中；使用棉花棒蘸取无水酒精插入适配器孔清洁内部尾纤端面、测试尾纤端面和测试仪表的光接口；清洁后打开OTDR，连接尾纤进行检验，OTDR调整为实时状态、脉宽200ns，观察测试图像的盲区右侧应显示直角，通常没有明显圆弧或圆弧小于50m，即可判定清洁合格。

6.5.2 测试阶段

竣工测试项目按测试人员和测试地点数量可分为单人单向测试和双人配合测试。中继段光纤通道总衰减、中继段光纤偏振模色散系数需要两人配合；OTDR 存取曲线图像可以单向测试。

双人配合测试时，仅有一方人员到达机房，一般先进行 OTDR 存取曲线图像工作；当双方人员到齐后，要立即转换成测试需要相互配合的项目；最后再补测未完成的OTDR 存取曲线图像任务。

竣工测试结束，应将 OTDR 摆放到对应的仪表箱内，将工器具放回工器具箱，使用防尘帽复原机房设备上被测尾纤端子，恢复施工现场原样，带走废棉球、废标签、扎带头和纸屑等垃圾或丢到垃圾桶中，有进出登记的机房应完整填写本次进出信息。

（1）光纤通道总衰减测试

光纤通道总衰减测试使用光源、光功率计，通常测试 1310nm 和 1550nm 两个波长双方向的数据。测试时需要双人配合测试，一端使用光源发光，另一端使用光功率计接收并记录光功率数据。光纤通道总衰减测试具有方向性，行业标准建议测试一个方向的光发和光收即可。总衰减测试的详细步骤如下。

① **测光源发送光功率。**使用两根测试尾纤和一个光纤适配器连接光源、光功率计，记录此时的光功率计数值，结果必须以 dB 为单位，测试 3 遍获取 3 个数据，取平均值作为光源发送光功率。

② **测光源接收光功率。**在收发测试点开机，选择相同的 1310nm 或 1550nm 测试波长，光源选取连续发光，OTDR 预热 1min 后开始测试光纤通道，并记录数据。测试中规定，发送端光源对每根光纤保持发光 5s 后换下一个光纤通道测试；接收端待光功率计测试数据稳定后记录数值，作为被测光纤通道的接收光功率；接收端发现光信号消失后，换下一个光纤通道测试，直至测完全部光纤通道。接收光功率一般为负值。

接收光功率减去发送光功率的数值就是中继段光纤通道总衰减，单位为 dB。一个波长测试完，收发测试点两端选择新的波长再进行一遍测试，获得新波长的测试值。两个测试点都配有光源和光功率计时，测试人员不用交换场地就可以实现双向测试。

③ **注意事项。**在测试过程中，尾纤端面要保持清洁，不得沾染泥沙和灰尘。每测试 5 根光纤宜使用酒精棉球清洁测试尾纤端面。在测试过程中，测试尾纤的弯曲半径应大于 20cm，要注意保持尾纤的外观形状不变，过度弯曲和重压会产生损耗，增加总衰减值。

在测试光纤通道总衰减的同时，也检查了成端尾纤的顺序与线路接续中的纤序是否一致；光纤通道总衰减值超过平均值 0.5dB 时，应清洁光纤端面再重新测试，当数值没有减小应作为障碍进行记录，并通报施工人员作为线路障碍处理。

测试过程中的记录表需要记录机房 ODF 和子框的位置、测试日期、仪表型号、测试波长、光缆型号和光缆总长等信息。

（2）光纤后向散射曲线测试

光纤后向散射曲线测试使用 OTDR 存取，通常光缆工程需要存取 1310nm 和 1550nm 波长的双方向测试图像。曲线测试具有单向性，存取双方向的图像需要仪表交换场地，分先后摆放在中继段的两端测试。测试资料的纸质文档需要 OTDR 打印出来或者从 OTDR 导到计算机再打印出来。曲线测试详细步骤如下。

① **仪表设置**。OTDR 开机后进入操作界面，此时激光器应处于关闭状态；先进行参数设置，检查并设置测试日期、时间、波长、测量范围、脉冲宽度、平均化时间（次数）和折射率等。参数设置的要求与 6.4.1 节（OTDR 操作）大同小异，不同之处在于，为了获得清晰可见的测试图像，60 ～ 100km 脉宽选择 2μs；100 ～ 150km 脉宽选择 4μs；后向散射曲线测试的波长范围增加了 1383nm 和 1625nm 波长；平均化时间一般设定为 5 ～ 10s。

OTDR 可以选择平均化完成后自动保存测试图像文件。测试的光纤图像文件应按日期或工程段落名称存储，方便查找和数据处理。OTDR 文档中应建立文件夹，设置文件的保存路径，使测试图像文档自动保存到对应的文件夹；测试纤号设置为“递增”且增量值为“1”；将文件的后缀名改为“.sor”，方便后期资料通过软件处理。

② **图像测试**。将双头测试尾纤一端连接 OTDR，一端插入被测光缆 1 号光纤连接适配器中，检查设置参数，按下测试键，待平均化时间结束后，出现被测光纤的测试图像，OTDR 测得的光纤后向散射信号曲线如图 6-39 所示。通常情况下，OTDR 显示界面有“A”“B”两条定位线，存取图像时将“A”定位线定位在图像的起始端，一般距离约为 200m，不得定位在起始的反射峰和拐弯位置。放大图像尾端将“B”定位线定位于末端反射峰的左侧，与反射峰相隔距离小于 50m。

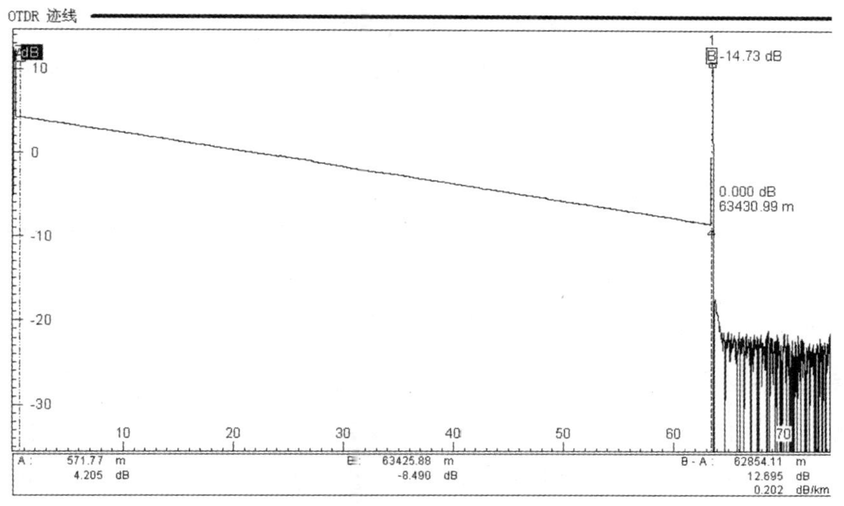

图6-39　OTDR测得的光纤后向散射信号曲线

③ **图像存取。**将显示画面缩小，从起始端依次放大，让“A”“B”之间的图像布满整个显示界面，按照这种显示方式依次保存图像，直到测试完所有纤芯。部分OTDR有自动保存功能，可以自动测试完多个波长图像后自动保存，节省了操作时间。

④ **注意事项。**OTDR存取图像可用于接续损耗数据分析或背向散射图像打印。一般使用较小的脉宽、延长平均化时间可以获得较准确的接续点、障碍点定位；使用较大的脉宽进行测试，OTDR图像显示平滑，打印效果较好。施工中应按照需要灵活存取图像。

测试过程中，测试3～5根光纤后宜使用酒精棉球清洁测试尾纤端面。测试时，注意光纤线路衰减系数（dB/km）和传输长度（km）的数值，发现线路衰减系数超标时，需要清洁光纤端面，调小脉宽重新测试，并保存测试数据，将纤号报告项目施工人员。通常情况下，线路衰减系数超标说明光纤线路或接续点存在较大的损耗点，需要通过查障方式修复。

在编制竣工资料时，需要中继段测试双向双波长图像，图像要对应排列，图片大小格式、测试参数和定位线位置需要统一。为了方便，需要在测试时记录并调用测试参数。部分OTDR可以将测试参数和定位线位置保存为“模板”。调用“模板”就可以快速设置OTDR测试参数，新的曲线图像外观与“模板”一致。

（3）光纤偏振模色散系数测试

PMD是指单模光纤中的两个正交偏振模之间的差分群时延，其在数字系统中使脉冲展宽产生误码（尤其在WDM和DWDM系统中）。PMD是指在一定时间内、一定波长范围内或在指定波长上某时间窗口上的平均时延，与时间相对无关，具有确定性。

光纤偏振模色散系数的测试方法有琼斯矩阵特征分析法、干涉测量法、波长扫描法和庞加莱球。干涉测量法的仪表体积小、成本低，适合施工现场使用，是施工现场测试光纤PMD的首选仪表。测试时需要两端人员配合，一端使用专用偏振光源发光、调纤；另一端使用偏振模测试仪表测试并存取图像；导出的PMD测试文档可利用计算机分析软件处理。详细测试步骤如下。

① **仪表设置。**

文档设置：开启PMD仪表后进入操作界面，选择测试模块，进入测试界面；建立含有中继段名称的目录，将测试图像保存在这个目录；将“测试纤号”设置为“递增”且增量值为“1”；设置“自动保存”，每根光纤的测试结果将以文件形式自动保存在设定的目录内。

测试参数设置：用测试尾纤连接PMD仪表和被测尾纤端子，检查并设置测试日期、时间、1550nm波长、光纤序号、耦合方式（必须选择强耦合“Strong coupling”）、中继段名称、测量长度（OTDR测量纤长）、平均化次数（3次）、色散值范围（0.1～0.3ps）和耦合光能量指示（显示收到光信号的强弱）。观察耦合光能量指示条，等待对端发送光信号。

② 测试和结果存取。

发送光源端人员打开专用偏振光源，设备预热 3min 后正常工作，偏振光通过测试尾纤，经过被测尾纤端子传送到对端仪表；接收端的 PMD 仪表屏幕收到偏振光信号，显示出耦合进入仪表的光能量指示条；当指示条显示光能量大于 30% 且强度稳定时，表明测试通道正常，可以进行测试。

按下测试键，PMD 仪表自动测试并显示生成的 PMD 测试图像，数据文件存储在指定文件夹中。测试过程必须保证光源一直发光，一个光纤通道的测试时间约 20s。通过电话联络，两端同时更换下一根测试光纤，重复这一过程直到测试完所有光纤。

③ 注意事项。

在测试偏振模色散系数和色度色散时，因测试仪表贵重、使用成本高，应合理规划施工顺序，充分利用仪表的使用时间，避免发生重复测试、长时间等待的情况。

通常情况下，在光纤通道总衰减测试之后安排偏振模色散系数和色度色散测试，在前面的测试过程中可以边测试边排除光纤通道障碍，后面的测试则可以较快完成。PMD 专用光源在整个测试过程中需要接 220V 稳压电源，与使用干电池的普通光源不同。为了保证测试过程的完整和数据的准确，PMD 光源和仪表在测试时禁止碰触和晃动测试尾纤及仪表电源。每测试 3 ～ 5 根光纤，应使用酒精棉球清洁测试尾纤端面。当偏振模色散系数测试值超过设计指标时，应重新清洁被测光纤端面重新测试，若数值仍超过指标应作为障碍记录下来，报项目施工人员处理。测试结束后应尽快导出资料，用仿真软件整理数据、打印文档。

偏振模色散系数障碍通常与光纤接续的关系较小，主要是光纤纤芯制造工艺不合格导致的，可以采用分段替换的方法查找 PMD 测试值超标的光缆段落，通常修复的方式是替换有问题段落的整盘光缆。

④ 直埋光缆线路对地绝缘电阻。

直埋光缆金属外护套对地绝缘电阻的竣工验收指标不应低于 10MΩ · km，其中允许 10% 的单盘光缆应不低于 2MΩ。对地绝缘竣工测试应在直埋光缆埋设接续完毕后通过光缆线路对地绝缘监测装置进行测试。

对地绝缘监测装置通常安装在光缆接续标石或接续人（手）孔中，在人（手）孔内放置时，需要将探测头拖拽到孔口测试。对地绝缘电阻测试应避免在相对湿度大于 80% 的条件下进行，测试仪表引线的绝缘强度应满足测试要求，且长度应不超过 2m。

6.5.3　资料整理

项目部管理人员应完成整套竣工测试资料的制作，测试人员应在规定的时间内将测试资料电子档、原始记录资料移交施工管理人员。竣工测试资料中除中继段光纤后向散射信号曲线图片外，其他测试文档均需要填写测试人员和监理人员名称。项目部管理人员应联系现场监理负责人在测试资料上签字确认，并妥善保管测试资料，以备编制竣工资料，一般电子版测试记录保存期限不低于2年。

竣工测试资料以GB 51171—2016附录E中的光缆线路中继段测试记录表为模板编制，资料中中继段纤长应为测试曲线中定位线“B”点所在的光纤长度，该数值在竣工资料各类表中应统一。折射率按光缆厂商提供的数值填写，后续测试文档中的折射率应为同一值。

（1）中继段线路光纤衰减统计表

光纤衰减统计表通过分析A—B方向的OTDR曲线图像获得，该表格显示的是光纤线路不含接续损耗情况下的光纤损耗数据。

波长为1550nm，测试光缆出厂盘号应严格按光缆实际配盘使用的顺序填写，对截断后使用两次的光缆必须填写两次，可以加括号补充光缆字码；表格中光纤长度应为接续点之间的纤长；接头编号从1号接头编起，按光缆段的接续点顺序依次编号；光纤损耗是OTDR曲线图像中接续点之间光缆段的平均损耗，单位是dB/km；总损耗值是每段光纤长度 × 光纤损耗后，再相加得到的和；衰减常数是总损耗值 ÷ 中继段纤长所得到的值。

（2）光纤接头损耗测试记录表

通过分析A → B方向和B → A方向的OTDR曲线图像，可获得接头损耗测试记录表，该表格显示的是光纤线路中每个接续点的接头损耗数据。

测试记录表的中继段、熔接机、OTDR和温度按实际情况填写；波长为1550nm；接头编号从1号开始，依次递增；“纤长（A → B）”为A点至接续点的测试纤长，也被称为正向纤长，“纤长（B → A）”为B点至接续点的测试纤长，数值等于中继段段长减去正向纤长；“正向、反向、平均”损耗值需要打开背向散射曲线文件，用“五点法”在接续点位置测得接续点损耗，将相关数据填入表格；“正向”下填写A → B方向的接头损耗值；“反向”下填写B → A方向的接头损耗值；“平均”为“正向”和“反向”的算术平均值。

（3）中继段光纤线路衰减测试记录表

光纤线路衰减测试记录表通过分析A → B方向和B → A方向的OTDR曲线图像获得，该表格显示的是光纤线路包含接头损耗下的光纤损耗数据。

衰减系数指标为设计文本中的线路衰减平均值，与选用的光纤型号有关；表格中每根光纤的“dB/km”处填写OTDR曲线图像中首尾定位线之间的平均每千米损耗值（dB/km），该数值通常为0.190 ～ 0.230dB/km；“dB”处填写平均每千米损耗值（dB/km）和中继段段长（km）的乘积。

（4）中继段光纤通道总衰减测试记录表

国家标准建议中继段光纤通道总衰减测试测一个方向的光发送和光接收即可。光纤通道总衰减测试记录通过分析 A、B 两点间的光源、光功率计测试记录获得，该表格显示的是光纤通道包含成端接头损耗的光纤损耗数据。

总衰减测试记录指标为设计文本中的光缆线路总衰减；光源、光功率计按实际型号填写，便于验收时核对；光源发送光功率、被测光纤通道的接收光功率是现场测试的数值，原始记录需要保存，以便备查，中继段光纤通道总衰减 = 接收光功率－发送光功率；光纤通道平均每千米损耗值 = 总衰减值 ÷ 中继段纤长。

（5）中继段光纤偏振模色散系数测试记录表

光纤偏振模色散系数测试记录表通过分析 A、B 两点间 PMD 曲线获得，该表格显示的是 A、B 两点间光纤通道的 PMD 系数。

PMD 系数测试记录表中的指标为设计文本中的 PMD 系数值；PMD 仪表按实际型号填写；通常用计算机分析软件分析 PMD 曲线，将 PMD 系数按纤序填写表格；PMD 曲线图像可以作为附件。

（6）光缆线路对地绝缘测试记录表

对地绝缘测试记录表可通过统计接续点对地绝缘监测装置的对地绝缘电阻测试值获得。直埋光缆金属外护套对地绝缘电阻的竣工验收指标不应低于 10MΩ · km，其中允许 10% 的单盘光缆不应低于 2MΩ。

对地绝缘测试记录表中的天气、温度和日期按实际情况填写；起止标石号为接续点之间的标石编号；缆长应结合配盘图填写，与配盘图数据应一致；测试值应按实际测试值填写，在满足指标的要求下可以按较小值取整。MΩ · km 项为测试值和缆长的乘积，测试日期宜选择最后一次测试日期。

（7）中继段光纤后向散射曲线图

光纤后向散射曲线图通过分析 A → B 方向和 B → A 方向的 OTDR 曲线图像获得，通常情况下，1310nm 波长和 1550nm 波长是不可缺少的，其他测试波长应按照设计要求选择，该图显示的是每个光纤通道中按距离分布的光信号能量的曲线。

光纤后向散射曲线图通常使用专用曲线分析软件进行分析；图片需要消除接续点信息、确定显示范围、设置“A”“B”定位线；生成曲线图时，A → B 方向和 B → A 方向的图片格式、尺寸、样式应相同；编排资料时，曲线图是按设计要求的测试波长从小到大顺序归类；每个光纤通道图片中，A → B 方向图片在上，B → A 方向图片在下。对图片中的测试仪表、测试波长、测试脉宽、折射率、测试日期信息和图片中较模糊的测试数据可以通过表格方式单独显示。

6.6 障碍处理

由于光缆线路造成通信业务的阻断被称为光缆线路障碍。施工过程产生的障碍按照产生位置可分为断缆断纤障碍、小圈障碍和接续点障碍3类。施工障碍与在用系统“先抢通，后修复，分故障等级进行处理”的障碍处理原则不同，施工障碍通常不影响在用系统，不需要立即处理，通常在空闲时间处理，不影响下一道工序的施工即可，有些施工障碍在工程验收之前修复即可。

障碍处理人员通常由临时抽调的光缆接续班组和光缆敷设班组组成，障碍处理需要的器材与光缆施工器材基本相同。障碍处理过程包含发现定位、修复接通和现场恢复3个步骤，障碍处理过程除了要修复障碍，还需要找出障碍产生的原因，为后续的赔偿、责任事故认定和经验教训总结提供依据。伴随着障碍类型变化，障碍处理过程也要做出相应的改变。

6.6.1 断缆断纤障碍

断缆断纤障碍通常是在光缆接续过程中监测光缆发现的，引起断缆断纤的原因较多，多为突发性外力破坏，例如，火灾雷击、鸟啄鼠害和车辆刮断等。障碍修复过程如下。

（1）发现定位

断缆断纤障碍由OTDR测试后判定，一般1310nm和1550nm波长均发现断点的反射峰可以确定为断纤障碍，全部纤芯均中断认定为断缆障碍。

断缆断纤障碍发现后，可以按照OTDR测试距离在光缆路由附近查找障碍现场；通常现场会出现光缆破损、纤芯断裂的场景；发现破坏点后，现场人员应迅速将障碍现场的光缆破损、断纤环境拍照保存并上报项目经理，完成定位。光缆破损案例如图6-40所示。

（a）钉子扎破光缆

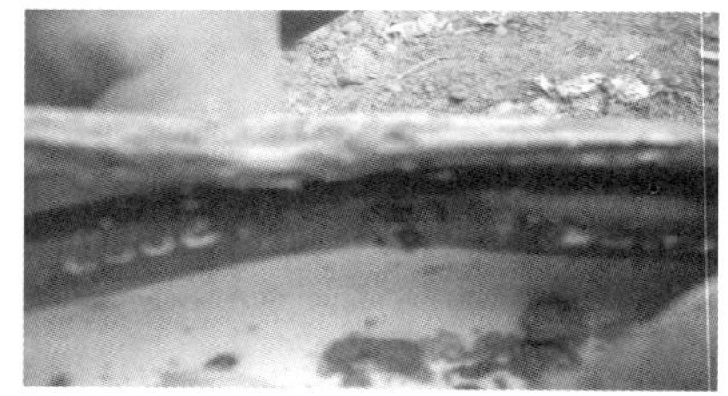

（b）挖掘机抓斗损伤光缆

图6-40　光缆破损案例

若未发现破坏点的具体位置，需要OTDR测量断纤点两个方向的纤长，估算障碍的大致范围，为修复障碍估算光缆长度，一般修复补充的光缆长度应不小于200m。此外，现场人员需要找出破损点300m范围内的光缆路由位置，为重新布放光缆跨越障碍点、替换损坏光缆修复障碍做准备。

（2）修复接通

断缆断纤障碍可以用替换光缆的方式修复，修复过程通常按光缆敷设、接续、测试依次进行，不需要寻找障碍的准确位置。

若障碍点附近的光缆预留点有足够余缆，则利用余缆覆盖障碍段落；若没有余缆或余缆长度不足，可放置新的光缆覆盖障碍段落。通常光缆重叠 3 ～ 5m 才能通过接续方式修复障碍。接续班组进场，在现场边接续边监测。障碍点光纤及其他通信线接通后，两端机房需要进行通光测试，确认光纤通道的传输性能是否符合设计指标。

（3）现场恢复

线路施工人员对障碍点附近的光缆路由进行检查，对路由破损位置进行恢复整理，将接头盒按验收要求安装固定，将光缆余缆按验收要求绑扎和保护。

（4）注意事项

障碍修复应尽量减少接续点的产生，接近接续点的障碍处，补充光缆可以替换至原接续点。为了降低修复的难度，可以延长新放光缆的长度，重新选择接续位置。架空和直埋线路的补充光缆可以临时敷设在地面，待接续完成后再整理。管道线路修复完成后，产生障碍的光缆段落不得继续占用管孔资源。

光缆受外力产生 1m 以上的光纤大损耗区域，且无法修复时，应按照断缆断纤障碍处理，替换大损耗的段落。例如，光缆被车辆碾压造成外护套变形，OTDR 测试显示有 160m 光缆损耗超过正常值，则应截掉碾压段光缆，不得继续使用，被汽车碾压的光缆如图 6-41 所示。

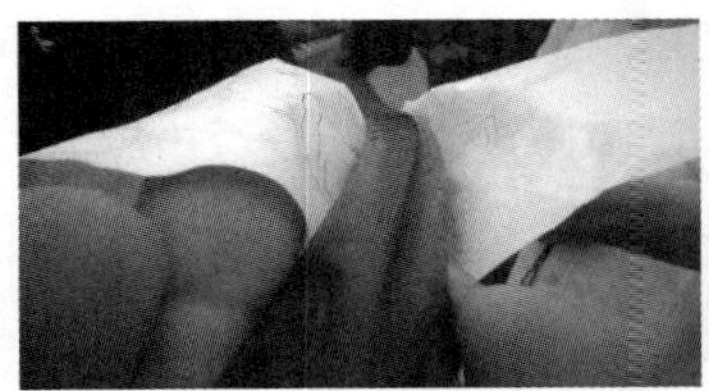
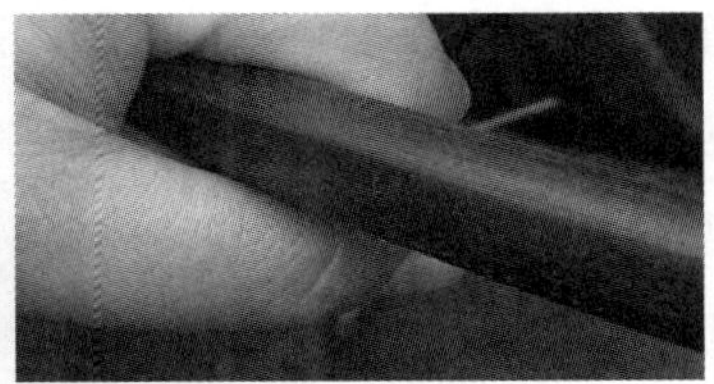

图6-41　被汽车碾压的光缆

6.6.2　小圈障碍

小圈障碍容易在层绞式光缆敷设过程中产生，小圈产生并被扯直后，光缆加强芯扭曲凸起将光纤束管压扁，束管变形压迫光纤，造成光纤受侧压损耗增大。单个小圈障碍的损耗为 0.2 ～ 3dB，短距离内含有多个小圈，光纤损耗互相叠加会产生更大的损耗。小圈障碍修复过程如下。

（1）发现定位

小圈障碍判定依据是 OTDR 测试曲线在接续点以外的位置产生了损耗点，1550nm 波长下测得的损耗值较大，1310nm 波长下测得的损耗值较小或没有。

发现小圈障碍后，需要 OTDR 精确测量光纤长度并推算障碍点的字码，然后在光缆路由上寻找小圈障碍的大致位置。架空状态下手紧握光缆滑动，可以感受到小圈障碍部位的外护套存在明显扭曲；直埋和管道敷设状态下需要开挖覆土，露出光缆。小圈障碍一般情况下没有断纤，若使用钢丝钳撇直光缆会造成断纤障碍。

（2）修复接通

小圈障碍修复过程需要人工修复光缆障碍点。修复过程通常按障碍定位、光缆抽放、剖缆、封焊准备、封焊和测试依次进行。

障碍定位：测试人员在 OTDR 测试图像上，定位障碍点与前后两个接续点的距离 L_1、L_2，$L_1 < L_2$，如图 6-42（a）所示。在接续点现场查找光缆字码 M_1、M_2，$M_1 < M_2$。计算光缆光纤比值 $K=(M_2-M_1)\div(L_1+L_2)$。计算障碍点字码 Z，当障碍点靠近小字码 $Z_1= M_1+L_1\times K$、$Z_2=M_2-L_2\times K$；当障碍点靠近大字码 $Z_1= M_1+L_2\times K$、$Z_2=M_2-L_1\times K$；由上述两个计算公式得到光缆字码 Z_1、Z_2 两个数值，两个数值偏差在 20m 内，可将障碍定位在 Z_1、Z_2 之间。

光缆抽放：放缆人员通过抽放、开挖等方法找到光缆，找出光缆上字码为 Z_1 至 Z_2 的段落，如图 6-42 的（b）所示；将障碍段落光缆拉拽至地面，用手摸缆皮，光缆外皮有扭曲的地方就是小圈障碍点，如图 6-42（c）所示。

剖缆：修复人员在光缆扭曲的区域选取 30 ～ 40cm，用美工刀小心剖去光缆外护套；去除金属护层，将光缆束管暴露出来，可以看到束管被加强芯压扁；如图 6-42（d）（e）（f）（g）所示；去除束管上的缠绕线，小心地用尖嘴钳把压扁的塑料束管捏圆，消除束管内光纤的侧压力；联系机房测试所有的光纤，观察图像中小圈障碍点的损耗是否已经消失。没有损耗的小圈障碍点图像应是一条平滑的曲线，曲线斜率与光纤其他位置相同。

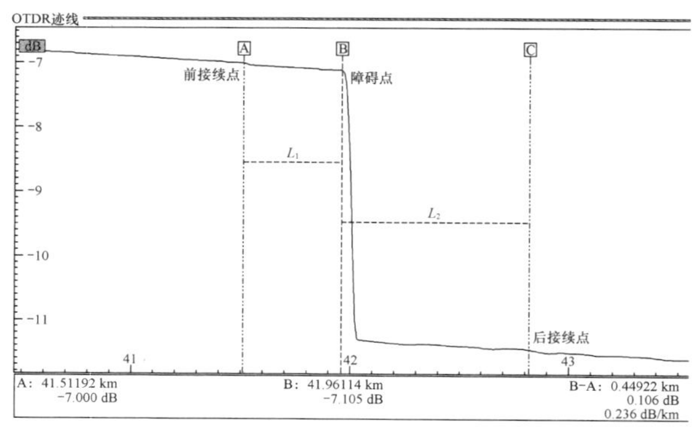

（a）障碍定位，其中 A 为接续点、B 为障碍点

（b）光缆抽放

图6-42　小圈障碍处理

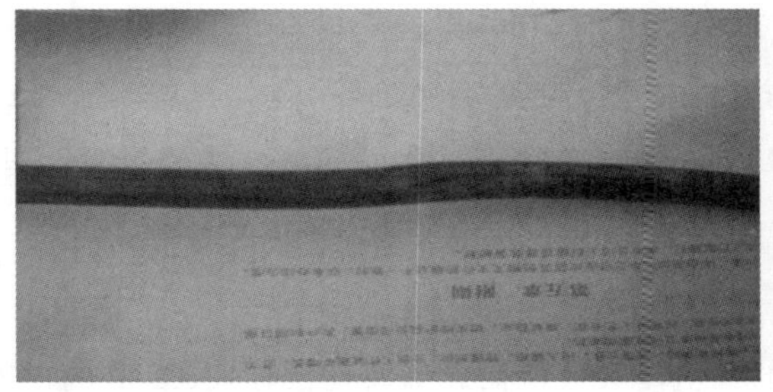

（c）光缆小圈障碍的形状

（d）剥除光缆外护套

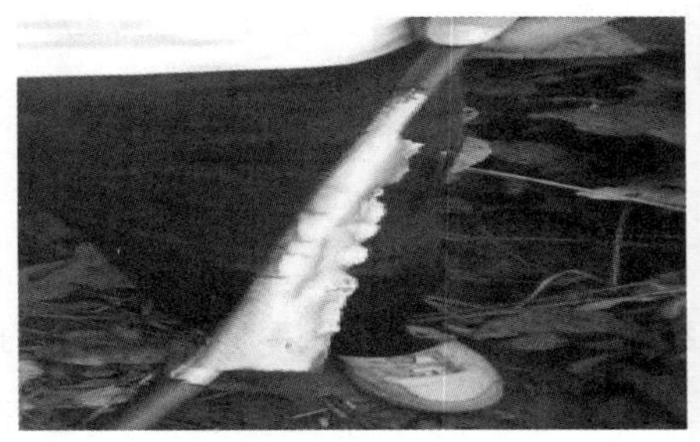

（e）剥除金属护层

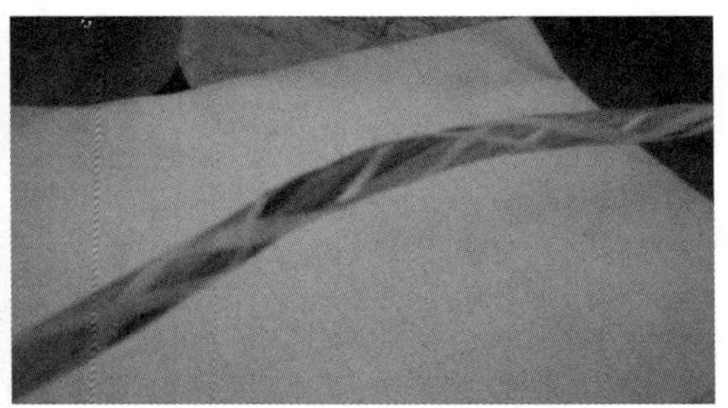

（f）剥除光缆外皮后塑料束管形状

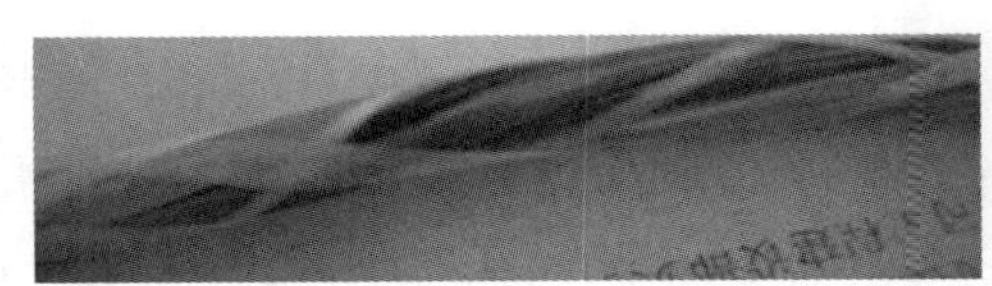

（g）放大后，可见束管已扁平

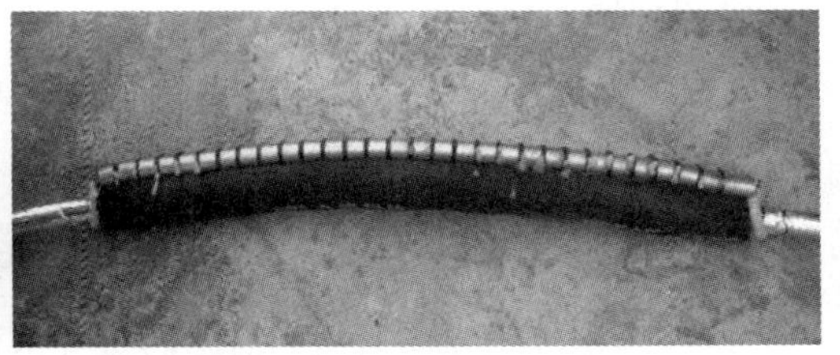

（h）封焊处理后，光缆和包管的样式

图6-42 小圈障碍处理（续）

封焊准备：用钢丝钳将变形弯折的光缆加强芯理直，用纸将束管包裹，用塑料绝缘胶布缠绕束管部位，胶布包裹后束管直径应与原束管捆扎直径相同；开剥光缆外皮露出光缆金属外护套，用配套黄绿铜导线连接开剥位置两侧的金属外护套，拧紧铜导线连接部位，并用塑料胶带包裹导线连接部位；用电缆纵包管内铝箔纸包裹光缆两侧的开剥部位，用电缆纵包管套住全部开剥的位置，包管中央位于开剥点的中央，安装金属拉条。

封焊：点燃汽油喷灯，待喷灯火焰正常后使用。用汽油喷灯均匀烘烤电缆纵包管的热可缩部分，先中间后两侧，直到包管内的凝胶层受热熔化后从包管两头冒出。当电缆纵包管上热敏漆经烘烤消失，包管热缩到最小直径后停止加热，封焊结束，如图 6-42（h）所示。

测试：待包管冷却，联系机房监测人员再次测试光纤，确认小圈障碍点未见任何光纤损耗现象，光缆内其他光纤也没有损耗现象，证明小圈障碍已经修复。

（3）现场恢复

待包管完全冷却后，用美工刀沿金属拉条边沿将凸起的金属拉条切除，只剩下包裹在光缆上的热缩包管。小圈障碍修复后，封焊后的包管直径比 Φ38/26mm 子管的直径小，架空状态下余缆回抽光缆可以复原，管道状态下包管和光缆可以敷设到原管道的子管中。

（4）注意事项

由于存在 OTDR 的测试精度和缆纤的比值，其数值估算障碍定位存在 ±20m 的误差，精确定位只能采取手摸的方式，手摸光缆外护套的过程中施工人员双手不得佩戴手套。

在处理小圈障碍时，一旦发生断纤应按断纤障碍处理，线路上需要增加一个接续点，资料也应按实际情况编制。

6.6.3 接续点障碍

接续点障碍多发生在接续过程中，接续点的光纤或尾纤在绑扎、熔接、盘纤时受外力影响、接续损耗过大、弯曲半径过小而产生光纤损耗，影响光信号传输。正常监测接续过程可以尽早尽快地发现障碍点。接续点障碍修复过程如下。

（1）发现定位

线路接续点障碍由 OTDR 测试后判定，通常将 OTDR 测试参数设定为 1550nm、实时状态，测试全部接续损耗。通常情况下，单个单向接续损耗在 0.25dB 以上被列为可疑对象。若接续点接续损耗双向平均值小于 0.08dB，则判定合格；若超过 0.08dB，则初步判定为接续点障碍。

发现线路接续点障碍后需要对障碍进行定位。打开最近接续点的接头盒，将障碍纤芯和部分正常纤芯从熔纤盘取出，通过光纤绕小圈的方式测出障碍点纤长与接续点纤长。对比障碍点纤长与接续点纤长，当两个纤长位置一致时，障碍点通常在接续点；如果存在偏差，则不能按接续点障碍处理，宜按小圈障碍处理。

光缆成端检验常使用红光源测试，利用红色激光从损耗点透射的特性查看光纤、尾纤的损耗点，通常透射的红光亮度越高光纤的损耗越大，透射点之后没有红光则说明透射点发生了断纤。使用红光源测试需要按测试距离选择不同的型号，一般红光源的量程可以选择 1km、3km 和 10km。近端发红光查障碍如图 6-43 所示。

（2）修复接通

接续点障碍修复需要对接头盒进行操作。接续人员拖动余缆让接头盒可以摆放至地面或者清理出允许两人共同操作的区域。接续班组需要打开障碍接头盒，整理障碍纤芯，重新接续修复障碍。测试人员可以在机房或最近的接续点测试，使用 OTDR 时，观察到损耗台阶消失、损耗数值变小，符合要求，可判定接续点障碍已经处理；使用红光源时，光纤障碍点红光透射现象变得微弱，可判定障碍已经被处理。接续班组重新盘纤时，需要加大光纤的曲率半径、减小光纤在盘绕时的扭力。

（a）红圈处光纤损坏

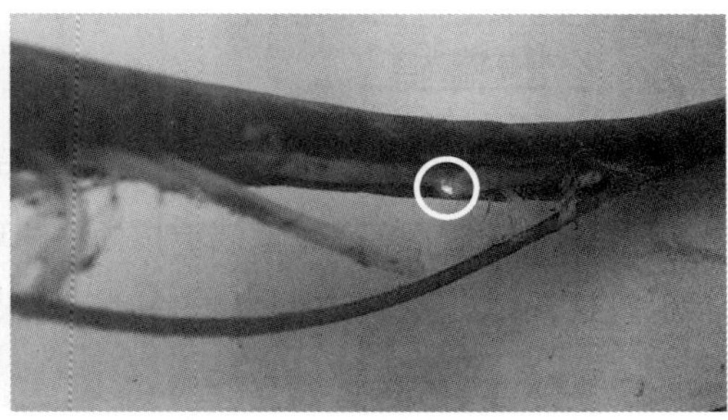

（b）红光从损坏处透射

图6-43　近端发红光查障碍

接续点障碍产生的原因和修复的过程分类见表 6-7。

表6-7　接续点障碍产生的原因和修复的过程分类

序号	障碍原因	修复过程
1	接头盒、成端设备光缆固定点，光纤束管受到压力	更换固定的方式和位置
2	接头盒内盘纤过小、扭绞、受压、受拉力	重新盘纤
3	熔接点光纤接续熔接损耗大	重新熔接
4	两个接头点间距百米之内，接续损耗未判定	打开两个接头盒分别处理
5	尾纤或光纤盘纤状态受到侧压力	重新盘纤
6	尾纤成端接续熔接损耗大	重新熔接
7	尾纤损耗大，产品质量不合格	更换尾纤重新熔接
8	一体化熔纤盘尾纤适配器损坏	更换新的尾纤适配器

（3）现场恢复

查找线路接续点障碍时，放缆施工人员配合查障人员将接头盒重新密封、安装固定，余缆重新绑扎整理。测试人员在线路整理完毕后，应对全部纤芯进行扫测，如果障碍点损耗值合格，则可以判定该处的接续点障碍已经修复。

机房光缆成端查障后，曾经松动的尾纤应绑扎牢固，一体化熔纤盘应推放到位，打开的尾纤适配器的防尘帽应重新插上，测试产生的垃圾应清理带出机房。

（4）注意事项

接头盒内的光纤相关操作需要专业人员处理，操作过程应谨慎小心。如果光纤从光缆根部断开，则需要重新开剥光缆、重新接续，重新接续时间通常大于查障时间，例如，48 芯光缆重新接续通常需要 1h。

红光源发出的红光是可见激光，其亮度高、能量大，施工人员不能直接注视激光口，也不能长时间注视透射出来的激光。

6.6.4 绝缘障碍

光缆绝缘障碍一般是指在敷设直埋光缆后，由于光缆外护套破损，所以造成光缆金属护层、金属加强芯对地绝缘数值低于指标值的现象。绝缘障碍与光纤障碍不同，绝缘障碍产生并不立即影响光纤的传输性能，长时间的水分浸入让光纤产生“氢损”，增加光纤的衰减，降低光缆线路的传输质量。发现绝缘障碍后，应尽快处理修复受损的外护套，避免光缆内部金属构件的锈蚀。绝缘障碍修复的过程如下。

（1）障碍发现

绝缘障碍在测试直埋光缆对地绝缘电阻时才能被发现。在施工过程中，敷设后24h、光缆接续、监测标石检查3个时间点均需要测试对地绝缘电阻值。测试对地绝缘电阻时，被测光缆两端必须同时对地面保持干燥，如果光缆金属护层和金属加强芯的绝缘电阻值低于指标值，就可以判定光缆存在绝缘障碍。测试对地绝缘电阻如图6-44所示。

图6-44　测试对地绝缘电阻

（2）障碍定位

绝缘障碍查找需要定位障碍点，通常可以根据绝缘电阻值的大小粗略判断光缆外护套的破损情况。当金属护层电阻值≤ 0.1MΩ、加强芯电阻值≥ 200MΩ 时，通常判定为外护套破损达到金属护层，但加强芯未受损；当一段光缆两端的金属护层绝缘电阻值较小且一端≤ 0.1MΩ，通常判定为有一处破损且位置靠近阻值较小的一端在200m以内；当光缆两端的外护套绝缘电阻值相同，且其值在1 ～ 10MΩ，通常被判定为障碍破损不严重，位置可能在人（手）孔、预埋子管中。

对光缆绝缘障碍精确定位应使用地下电缆路由 / 故障探测仪。探测仪由信号发射器、移动式检测器、接地支架、接地棒、连接线等组成，3M 2273E 地下电缆路由 / 故障探测仪如图6-45所示。探测仪工作原理是，发射机产生电磁波并通过不同的连接方式将发送信号传送到地下线缆的金属部件上，在金属部件上产生感应电流，感应电流沿着管线向远处传播，在电流传播的过程中，会通过该地下管线向地面辐射出电磁波，当接收机在地面探测时，就会在地下金属管线正上方的地面接收到电磁波信号，通过接收到的信号的强弱变化就能判断地下金属管线的位置和走向。当光缆外护套没有破损时，检测器测量的电磁波均匀衰减，检测器指针和告警声处于正常状态，通常用来探测光缆路由；当光缆外护套破损时，破损点前后的电磁波衰减变化较大，检测器指针会有较大偏转，并伴随较大的"嘟嘟"声，指针偏转最大时，检测器竖直指向地面的位置就是破损点位置。

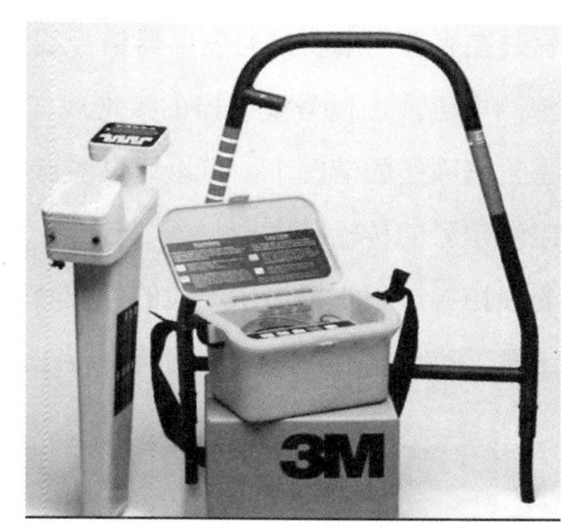

图6-45 3M 2273E地下电缆路由/故障探测仪

定位破损点位置后，需要在破损点位置前后 2m 的光缆路由上进行开挖；挖到光缆后，用检测器再次确定破损点位置，用竹片、螺丝刀等手持工具小心地掏出光缆下方的泥土；清洁光缆外护套，用手指摸光缆，找到外护套破损点；将破损点抬离地面 10cm、保持光缆干燥，断开探测仪信号发射器，用兆欧表测试对地绝缘电阻，当绝缘电阻在合格电阻值 ≥ 50MΩ 时，说明光缆外护套有且仅有一处绝缘障碍，且此处破损点就是障碍点。若绝缘电阻值仍未合格，则说明有第二处障碍点，需要使用检测器在路由上继续寻找，直至找出所有光缆外护套破损点。

（3）障碍修复

绝缘障碍修复通常采用烘烤电缆纵包管的方式，烘烤过程与电缆的封焊过程类似。其操作过程如下：使用汽油喷灯先烘烤光缆外护套，去除破损处的潮气，烘烤外护套的温度以手能触摸为界限；确认绝缘电阻值已经提高，将包管包住光缆破损处，不使用任何金属包裹光缆；使用汽油喷灯外焰均匀烘烤电缆纵包管，先中间后两侧；包管受热逐步收缩，包管内的凝胶层受热熔化后从包管两头冒出；当包管上热敏漆经烘烤全部消失，包管已经热缩到最小直径后停止加热，封焊过程结束。将封焊的部位在空气中逐渐冷却，使用兆欧表测试光缆的对地绝缘电阻，当绝缘电阻大于 50MΩ 时，说明该处光缆的绝缘障碍已经被修复。

处理完绝缘障碍后，需要将开挖的光缆沟按设计要求回填，不得损伤光缆外皮和纤芯。回填完毕后，再次使用兆欧表测试光缆对地绝缘电阻，并记录绝缘电阻值。

（4）注意事项

兆欧表在测试时会产生高达 500V 以上的高电压，在触碰光缆、使用电缆路由 / 故障探测仪测试光缆时，应先将光缆接地放电，防止高电压造成危害。

使用地下电缆路由 / 故障探测仪时，若远端接地良好，则选择低频；若远端没有接地，则选用较高的频率。由于接收器可以通过空气接收信号，因此接收器应在距离发射器 15m

外测试。在光缆一端将信号发射器信号线连接到光缆金属层或贴近光缆通过感应线圈向光缆释放探测电磁波，信号发射器的接地线在被测光缆路由的反方向侧插入地面，并良好接地。在冬季土壤冻结的情况下，可以通过多点接地、采用热水浇接地体的方式减小接地电阻，提高电磁波信号的传输距离。

光缆挖掘过程不得损伤光缆的外护套，通常采用人工开挖，接近光缆深度时不能使用锹、镐等工具，可使用竹片、螺丝刀等手持工具小心挖掘。

第七章 缆线施工安全

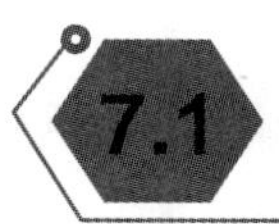

7.1 杆路施工

架空线路是通信网络的组成部分。通信线路随着通信业务的发展，规模不断扩大，线路环境越来越复杂，施工、维护时需要根据周围不同的作业环境，做好安全防范。

（1）开挖及爆破

在市区打洞、挖沟时，应先了解打洞地区是否有燃气管、自来水管或电力电缆等地下管线。如果有此类地下管线，应小心谨慎，切勿硬掘强撬。靠近墙根打洞时，应注意墙基墙体是否牢固，如果有潜在危险，应采取安全加固措施。在土质松软或流沙地区打洞，如果洞深在 1m 以上时，则应加护土板支撑。需要说明的是，在市区打洞、挖沟时不得妨碍公共交通，并确保市政设施相对完好。

需要土石方爆破时应严格执行有关规定。没有“爆破作用单位许可证”不得实施爆破，市区或人车繁多的地段严禁使用爆破方法。野外爆破时，第一，应在爆破前明确规定警戒的时间、范围和信号，人员全部避入安全处后，才能起爆；第二，不得在建筑物、电力线、通信线及其他设施附近爆破，如果必须爆破时，则只能放小量炸药，并采取措施防止土石块飞起。

（2）立杆、拆杆、换杆

立杆工作必须由有经验的人员负责组织，明确分工，严格检查工具是否齐全牢固，参加作业的人员应听从统一指挥，各尽其责。立杆时，非工作人员一律禁止进入工作现场，在人口稠密地区作业时，应设专人维持现场和公共交通秩序，以防发生意外。立起的电杆应注意埋深是否符合规定、是否有足够的扩土层、土质是否坚硬。如有上述情况不满足要求或未回土夯实前，应禁止施工人员上杆作业。立起的电杆应有“2m”或“3m”标示线，以便检查、观察电杆的埋深情况，以防埋深不足发生倒杆。人工立杆（无立杆器）法，只限用于 8m 以下的水泥杆，其杆洞开口不能超过标准洞深的 1/3，禁止使用杆洞开口到底的立杆方法。

拆杆、换杆工作前，应先检查水泥杆的杆根埋深以及有无拆断危险，若有倒杆等危险隐患，则在未采取防范措施前禁止施工人员上杆。拆除电杆时，必须先拆移杆上的钢绞线及附属设备，再拆除拉线，最后才能拆除电杆。更换电杆时，先立新杆并与旧杆捆扎在一起后，再上杆拆除钢绞线和附属设备。拆杆、换杆都应了解作业地点的周围环境，事先设定倒杆的方向，采取相应措施，如果措施不到位，就绝不能随意施工。

（3）放、紧、拆吊线

布放架空吊线时，施工人员应穿绝缘鞋，戴绝缘手套，用干燥的麻绳牵引，严格注意钢绞线不要受外力损伤。布放时应均匀用力，切忌突然用力猛拉。布放吊线应尽量使用整根钢绞线，以减少中间接头。新架挂的光缆吊线在任何情况下，一个杆档内只允许有一个接头。在遇到雷阵雨、刮大风等天气时，应立即下杆，且不得在杆下站立。跨越铁路及高速公路等敷设钢绞线、光缆应采用环系渡线法。应在两边设专人看守、观察指挥，当有列车临近时，应停止工作。跨越低压电力线放线，需要用保护支架或绝缘棒托柱，不准放在低压电力线上拖拉；下穿高压线等需要设置安全保护装置，防止缆线上弹，触碰电力线路。

检查吊线的收紧情况，以免线条卡住，引起吊线弹起或崩断伤人。收紧吊线时，每段紧线档数最多不超过 20 个杆档。如果遇到角杆较多，或吊线坡度变化较大时，则可适当减少紧线档数。在收紧吊线的过程中，要避免吊线碰触电力线，其他建筑物吊线收紧后，应使各杆档间吊线的张力或垂度保持均匀。升高或降低吊线时，必须使用紧线器，严禁肩扛拉拽。

拆除吊线时，应用紧线器将被拆除吊线收紧，然后拆除吊线抱箍或吊线终结，再慢慢放松紧线器，使吊线的张力消失。拆除中间多道钢绞线，应先将夹板松脱，最后一条钢绞线在松脱前应观察水泥杆变化，如果有倒杆危险，则应采取必要的安全措施。拆除多条钢绞线时，最后一条钢绞线在松脱前，应先检查杆路变化，如果有倒杆危险，则应采取必要的安全措施。拆除钢绞线或旧电缆时，要先观察有无电力线，并在拆线时，通知其他杆上施工人员。

（4）登高作业

上杆工作前必须认真检查杆根埋深和有无折断危险，如果发现已折断、腐烂或不牢固的水泥杆，则切勿在未加固前上杆。上杆前需要检查脚扣和安全带的各个部位有无损伤。观察、了解附近有无电力线或其他障碍物，如果发现有不明线条，则一律按电力线处理。上杆时，除了个人配备工具，不得携带笨重工具 / 材料上杆，在杆上与地面人员之间不得将工具 / 材料上抛下掷。登高上杆时，应双手扶杆，不得徒手操作。

杆上工作应使用测电笔对杆上的钢绞线等设备进行是否带电的测试。到达杆顶后，安全带的放置位置应在距杆梢 50cm 以下。高空作业时，所用材料应放置稳妥，剪下的零星材料禁止扔、掷，所用工具应随手装入工具袋内，防止坠落伤人。应注意检查脚扣、安全带在杆上的牢固情况。杆上有人员作业时，杆下一定范围内，禁止人员站立。在街道、车来人往频繁的地段应设置安全护栏。

滑车（吊板）作业，在钢线周围 100cm 范围内有电力线（含用户灯线）时，禁止坐滑车（吊板）作业。吊板上的挂钩已磨损 1/4 时，应禁止使用，吊板的交联绳捆扎应牢固。坐吊板时，必须扎好保险带，并将保险带拢在吊线上。禁止两人同时在一档内坐吊板工作。7/2.0mm 以下的吊线（不包括 7/2.0mm），禁止使用吊板。坐吊板过吊线接头时，必须使用梯子；经过水泥杆时，必须使用脚扣或梯子，严禁爬抱而过，否则容易造成意外事故。

（5）墙壁线缆作业

严禁非施工人员进入墙壁线缆作业区域；在人员密集区应设置安全警示标志，必要时，应安排人员值守。在梯上作业时，禁止将梯子架放在住户门口。墙壁线缆在跨越街巷、院内通道等处时，其线缆的最低点距地面高度应不小于 4.5m。在墙上及室内钻孔布线时，如果遇到与电力线平行或穿越，必须先停电、后作业；墙壁线缆与电力线的平行间距不小于 15cm，交越间距不小于 5cm。

在墙壁上打孔应注意用力均匀。收紧墙壁吊线时，必须有专人扶梯且轻收慢紧，严禁突然用力；收紧墙壁吊线后，应及时固定。

7.2 管道建筑

随着城市建设和通信线路的发展，原有的架空线路改为地下管道，新建的管道与原有的电力、供水和供气管道共同挤占地下空间，管道施工难度越来越大。为了安全，施工时需要避开影响管道施工安全的各类危险源，采取合理的施工安全措施，并且施工人员应遵守现场施工的安全规范。

（1）一般规定

在施工前，施工单位应积极与市政、交通等部门以及沿线各单位联系和沟通，取得相关手续后方可进行施工。施工现场应按交通、市政、城管等部门规定设置施工告示牌、交通指示牌、施工标志灯，以及其他安全标志与设施（包括安全旗、安全红灯、防护栏、临时便桥等）。

施工现场存放材料、工具和设备，应以避免影响交通和不影响建筑物及设施的安全为原则。水泥管块平放，码放高度不应超过 4 层；人（手）孔口圈码放高度不应超过 2 层。水泥、砂石和水泥管块，不应靠墙或依靠其他设施堆放。

临近道路、在道路上施工时应遵守交通规则。运送物料或携带工具时，应注意行人和车辆，穿越道路时，不得与机动车争道抢行。

注意文明施工，在作业过程中，应随时清扫，防止“刮风尘土起”“下雨脚踩泥”。使用挖土机、顶管机、空压机、路面切割机和风镐等噪声较大的机械设备施工时，应合理安排施工作业的时间，坚决做到不扰民。

（2）挖掘沟、坑

挖掘沟、坑之前，应采取的安全防护措施包含：施工前，应熟悉管道路由沿线市政管线等的分布情况，在现场做好标识，做好安全宣传工作；距离沟、坑边缘较近的建筑物、设施及树木，且有倒塌或损坏可能的，应按有关部门的规定与要求，预先采取支撑、加固和保护措施。

挖沟时，两个人的相邻距离应保持在 2m 以上；应根据土质及沟、坑深度和底部宽度，挖出自然坡度，不得垂直向下挖掘；严禁“挖空底脚”或出现“探头”“鼓肚”现象。边挖掘边支撑护土板（也称挡土板），一般采用“一字驾”“井字形”（含双井字形）和“密排形”3 种护土板。

在以下部位和以下情况时，必须支撑护土板，沟、坑距机动车道较近处；与其他沟交叉处或平行距离较近处；不能按规定放置坡度处；距离建筑物和设施较近处；沟、坑底部低于地下水位时；回填土、砂土、流沙、砂石、碎石地带；搭设临时机动车便桥处。

在沟、坑边沿 80cm 以内，禁止堆放土石方；在 80cm 以外堆土的高度，一侧出土时的外堆土高度应不超过 1.5m，两侧出土时的外堆土高度不应超过 1m。挖掘出来的土石方，不得埋压在消火栓、排水口、测量标志和邮政信筒旁。挖出来的土石方，不得靠房屋或墙壁堆放，以防房屋或墙壁潮湿或被挤倒。遇有上水、下水、煤气等管线，或坑道、枯井、防空洞等设施，应立即报告现场负责人处理，并慎重作业，防止碰坏。

（3）沟、坑内施工

沟、坑内施工应戴安全帽；上 / 下沟、坑应使用梯子，禁止蹬踩护土板、地下管线及设施。禁止随意拆除沟、坑内设置的护土板，因操作需要拆除或移动撑木时，应经现场负责人同意，方可拆、移，并采取其他有效措施，防止塌方。在沟、坑内作业应随时注意沟、坑壁有无异常情况；禁止上 / 下抛扔工具和材料。严禁在沟、坑内躺卧休息。在沟、坑内装置的模板应牢固，避免露出钉子尖。拆除模板应随拆随清理，禁止乱放在沟、坑边沿。

水泥管块不应斜放或立放于沟边；重叠平放时，不应超过两层；沟边土质较松，不应存放水泥管块。使用手推车运送砂浆、砂石、砼，向沟、坑中倾倒时，车轮距沟、坑边沿至少保持 30cm 的距离，并设置土墩，以防手推车落入沟、坑。铺设水泥管块时，施工人员必须相互配合，防止砸脚和挤压手指。

砌人（手）孔时，应使用斜面传送机砖，严禁抛扔。支搭脚手架应稳固，脚手板厚应不小于 5cm。搬运、安装人（手）孔口圈，应防止碰伤手脚，安装完毕应及时盖好盖板。在人（手）孔坑已回填的人（手）孔内作业时，应设置防护栏或安全旗。

（4）回填清理现场

回填土之前，应先拆除护土板。拆除护土板时，要谨慎，如果遇有塌方等危险情况，则应先回填一部分土夯实后再拆除护土板。拆除方法是由下往上依次拆除，禁止将一组或一段沟的护土板同时、全部拆除。危险性较大的部位，经批准可不予拆除。

回填土时，先用细土同时回填管道两侧，并同时夯实，然后分层回填，逐层夯实。回填土时，应防止砸坏管线、人（手）孔外壁，以及沟、坑的其他管线及设施。禁止往沟、坑内回填砖、瓦、石块或其他硬物。

在道路施工时，各种安全标志、设施应在回土夯实后，恢复交通时拆除，当沟、坑未填平时，不得将防护栏全部撤走。沟、坑边沿建筑物及设施的加固支撑，必须在回填夯实后再拆除，禁止先拆除后回填土。拆除各种临时便桥时，沟、坑内不得有人作业，应先将回填土夯实，恢复交通后再拆除临时便桥。

（5）非开挖施工

在作业点必须设置安全警示标识，禁止非施工人员和车辆进入作业区内。施工人员需要正确穿戴防护用品，佩戴安全帽；在有电击危险的地方，施工人员需要佩戴护目镜和绝缘手套，穿绝缘鞋；严禁非专业人员操作非开挖机械设备。

需要指定专人负责，明确统一信号；施工人员应密切配合，服从统一指挥、调度，地面上、下人员需要协调作业，必要时，应设专人维持、指挥通行的车辆。作业前，应调查清楚作业区内地下设备（例如，其他通信线缆、电力电缆、自来水管和燃气管道等）的埋设位置、走向，并做好必要的防护。在高压电缆附近作业时，需要做好接地保护。禁止施工人员在设备下方休息。夜间作业需要设置充足的照明。

使用机械顶管机作业必须遵守的事项：使用前，认真检查设备的各个部件，确保安全、可靠；顶管机的卡头使用吊车装卸，吊车吊臂下方禁止站人；顶管机卡头放入坑内要平稳，并用撑木固定；顶管机卡口的规格应与所顶管的直径相匹配。

使用非挖定向钻必须遵守的事项：使用前，认真检查各连接件牢固、可靠，吊车吊臂下严禁站人；操作时，禁止超过设备规定的钻杆最大扭矩和拉伸力，钻进（回拖）时，严禁钻杆逆时针旋转；非施工人员禁止接触设备的任何部位；设备运转时，禁止手或身体的其他任何部位接触设备；设备停止运转时，拨动各控制键使机器卸压，打开各部位排水阀排尽积水；在调试或维护时，应关闭发动机并取下钥匙，挂上指示牌，确认设备已冷却再进行维修，维护结束后，应将护罩盖好并扣好。

（6）有限空间施工

有限空间是指封闭或者部分封闭，与外界相对隔离，出入口较为狭窄，施工人员不能长时间在内工作，自然通风不良，易造成有毒有害、易燃易爆物质积聚或者氧含量不足的空间。有限空间需要同时满足以下 3 个条件，缺一不可：体积足够大，施工人员能够完全进入；进出口有限或者受到限制；不得设计为长时间占用空间。在地下室、无人站及人（手）孔等处于地下、内部体积大、入口较小的施工环境符合有限空间的定义，在这些场所施工需要格外注意。施工时应由检测人员进行检测，应当记录检测的时间、地点、气体种类和浓度等信息，检测记录经检测人员签字后存档。

应使用钥匙启闭人孔盖，防止受到损伤。雪天、雨天作业注意防滑，人孔周围可用砂土或草包铺垫。开启人孔盖前，人孔周围应设置明显的安全警示标志和围栏；作业完毕，确认孔盖盖好后再撤除。

下人孔作业应当严格遵守**“先通风、再检测、后作业”**的原则，必须先行通风，确认无易燃、无有毒有害气体后再下孔作业，**未经通风和检测合格，任何人员不得进入有限空间作业。检测的时间不得早于作业开始前 30 分钟**。排气管不得靠近孔口，应放在人孔外的下风处。应当对作业场所中的有害因素进行定时检测或者连续监测。作业中断超过 30 分钟，施工人员再次进入有限空间作业前，应当重新通风，经检测合格后方可进入。在孔内作业，孔外应有专人看守，随时观察孔内人员的情况，作业期间，应保持不间断的通风，并使用仪器对孔内气体进行适时检测，**禁止采用纯氧通风换气**；施工人员若感觉不适，应立即呼救，并迅速离开人孔，待采取措施后再作业。严禁在孔内预热、点燃喷灯、吸烟和取暖；燃烧着的喷灯禁止对人。在孔内需要照明时，必须使用行灯或带有空气开关的防爆灯，现阶段可优先使用低电压，能提供充足光线的 LED 光源。

人孔内如有积水，必须先抽水；抽水必须使用绝缘性能良好的水泵，施工人员必须戴好安全帽，穿防水裤和胶靴。凿掏孔壁、石质地面或水泥地时，必须佩戴防护眼镜。传递工具、用具时，必须用绳索拴牢，小心传送。在作业时遇到暴风雨，必须在人孔上方设置帐篷；若在低洼地段，则应在人孔周围用沙袋筑起防水墙。上 / 下人孔时必须使用梯子，并将其放置牢固，禁止将梯子搭靠在孔内线缆上，严禁施工人员蹬踏线缆或线缆托架。

7.3 线缆敷设

随着社会发展、城市建设、道路施工，通信线路的敷设环境越来越复杂，需要考虑各种内部及外部危险因素。为了防范各种危险、有害、不安全情况的发生，要求施工人员严格遵守现场施工规范，做到安全文明施工。

（1）架空、管道敷设

敷设光缆应由专人指挥，统一信号，保持通信联络。在车来人往的繁华地区布放光缆，沿线应设警示标识，并有专人负责指挥车辆和行人。

敷设光缆前应对缆盘进行清理，以免钉子伤人。敷设光缆时，应保持水平，缆盘离地面不可过高，以能自由转动为宜。牵拉引线、钢丝绳及敷设电缆时，应佩戴手套。

布放架空光缆，如果遇到电力线、灯头线等外来线时，应严防触电。遇公路、铁路道口处，禁止影响行人、车辆和列车通行。

（2）埋设光缆敷设

放缆时，必须做到统一指挥，规定哨令旗语，保持通信联络；应严格看管光缆盘，应从上方牵出光缆，牵引速度不应过快；抬缆时，间距不可过长，要保证光缆的曲率半径不得小于光缆直径的 20 ～ 30 倍；严禁抛甩光缆，光缆下沟时，不得强行踩踏。

放缆完毕需要进行全线检查，有气压的光缆应复查气闭是否良好，然后立即填入 20cm 细土，不得使光缆外露，在交通路口应及时填平或搭临时便桥，尽快恢复交通。

（3）气吹光缆敷设

气吹光缆敷设时指定专人负责，施工人员必须服从指挥，协调一致。施工人员必须穿防护用品，戴安全帽；在人口密集区和车辆通行处应设置警示标识，必要时，应安排人员看守；禁止施工人员进入吹缆作业区域。

吹缆设备必须处于良好的工作状态，防护罩和气流挡板必须牢固可靠，设备内部的所有软管或管道应无磨损、状态完好；电器元件完好无缺。吹缆作业前，必须固定光缆盘，接好硅芯塑料管；吹缆时，非施工人员必须远离吹缆设备，防止硅芯塑料管爆裂、缆头回弹伤人。吹缆收线时，人孔内严禁站人，防止硅芯塑料管内的高压气流和砂石造成伤害。

使用吹缆机及蜗杆式空压机应遵守以下事项：吹缆机操作人员需要佩戴护目镜、耳套等劳动防护用品；严禁将吹缆设备放在高低不平的地面上；严禁施工人员在密闭的空间操作设备，需要远离设备排出的热废气；应保持液压动力机与建筑物和其他障碍物的间距在 1m 以上；严禁设备的排气口直接正对易燃物品；确保所有软管无破损，并连接牢固；空压机排气阀上连有外部管线或软管时，禁止移动设备；连接或拆卸软管前，需要关闭空压机排气阀，确保软管中的压力被完全排除。

7.4 接续测试

光缆接续、测试与障碍处理的工作环境是光缆路由沿线中危险源种类较多的环境。施工时，应及时分辨一切不安全因素，避免施工资源和施工现场周围的环境受到损坏，防止安全事故的发生，减少事故损失。

（1）有形施工资源

施工人员、车辆、工器具、仪表、材料和财务等有形施工资源是施工顺利进行的保障，必须制定妥善的保护措施以消除人的不安全行为和物的不安全状态。对施工人员的安全保护主要涉及人员的行为、安全意识及自我保护能力。对物的保护主要涉及防损坏、防丢失、防浪费等问题，具体包括：在光缆开剥前需要确认光缆金属构件不带电，以防电击伤人；熔接机和 OTDR 较为贵重，损坏后修复困难，操作者需要熟悉使用方法，设置专人看管并按照使用说明正确操作；开启仪表前，需要正确连接电源线和保护地线，防止电击伤人；严禁在易燃液体或易燃气体环境中操作熔接机，以防在熔接时放电引起火灾和爆炸；在光纤制备和熔接过程中应穿着工作服、工作鞋，佩戴安全防护眼镜，防止光纤碎屑进入眼睛、皮肤，造成伤害；应爱护光缆接续工具，做到轻拿轻放，保持清洁干燥，防止敲击、碰撞和雨淋；完成光纤光缆接续后，应清理现场，注意应妥善处置废纤芯、废光缆，并检查、清点工具。

（2）施工环境

周围环境中可能进入施工现场的人员、车辆的安全也是施工需要考虑的问题，具体包括在公路施工时，应采取措施保证施工人员、材料及路上过往车辆的安全，防止发生交通事故，防止工程材料被车辆轧坏；在农田中施工时，应采取措施保证施工人员和农作物的安全，防止施工人员坠落，防止农作物被损坏；在铁路附近施工时，应采取措施保证施工人员的安全、铁路设施的安全和铁路的畅通，防止发生铁路交通事故，防止损坏铁路路基及信号系统。

在山区、高温天气、低温雨雪天气、室内、市区内等环境下施工，除了施工过程中进行的安全防护，安全员应考虑特殊环境下的安全问题，应对可能存在的安全隐患及容易发生安全事故的重要部位或工序进行重点检查。

安全问题包含以下内容。

① 材料堆放场所、施工现场及驻地的安全问题：检查现场防火、安全用电、低温雨期施工时的防滑、防雷和防潮措施。

② 机械设备、仪器仪表的安全问题：检查机械设备、车辆、仪器仪表的安全存放、安全搬运及安全调遣；机械设备、车辆、仪器仪表的合理使用。

③ 其他设施的安全问题：例如人（手）孔内作业时，原有线缆的安全；施工过程中，水、电、煤气、通信光（电）缆等市政或电信设施的安全。

④ 施工中的安全作业问题：人（手）孔内作业时，防毒、防坠落；公路上作业的安全防护；高处作业时人员和仪表的安全；未将光纤连接至光输出连接器时，不得启动激光器；设备工作时，严禁直视接至光输出口的光纤端，以防伤害操作者的眼睛。

（3）应急预案

对光缆接续、测试与障碍处理施工中会出现的较大风险或归为一类的风险可以制定应急预案或应急救援预案。为了证明应急预案的可行性，保证应急事件发生时有效降低事件造成的损失，接续班组应对重要工具、仪表操作人员进行应急防护知识培训，提高自防和自救能力，必要时应组织人员进行演练。

附 录

附录A 光缆线路和管道与其他建筑设施间最小净距

直埋光（电）缆、硅芯塑料管道光缆与其他建筑设施间的最小净距见表A1，该表源自GB 51171—2016《通信线路工程验收规范》。

表A1 直埋光（电）缆、硅芯塑料管道与其他建筑设施间的最小净距

名称	平行净距 /m	交越净距 /m
通信管道边线［不包括人（手）孔］	0.75	0.25
非同沟的直埋通信光（电）缆	0.5	0.25
埋式电力电缆（交流 35kV 以下）	0.5	0.5
埋式电力电缆（交流 35kV 及以上）	2.0	0.5
给水管（管径小于 300mm）	0.5	0.5
给水管（管径 300 ～ 500mm）	1.0	0.5
给水管（管径大于 500mm）	1.5	0.5
高压油管、天然气管	10.0	0.5
热力管、排水管	1.0	0.5
燃气管（压力小于 300kPa）	1.0	0.5
燃气管（压力等于 300kPa 及以上）	2.0	0.5
其他通信线路	0.5	—
排水沟	0.8	0.5
房屋建筑红线或基础	1.0	—
树木（市内、村镇大树、果树、行道树）	0.75	—
树木（市外大树）	2.0	—
水井、坟墓	3.0	—
粪坑、积肥池、沼气池、氨水池等	3.0	—
架空杆路及拉线	1.5	—

注：1. 直埋光（电）缆采用钢管保护时，给水管、燃气管、输油管交越时的净距不得小于0.15m。
2. 对于杆路、拉线、孤立大树和高耸建筑，还应符合防雷要求。
3. 大树是指胸径为0.3m及以上的树木。
4. 穿越埋深与光（电）缆相近的各种地下管线时，光（电）缆应在管线下方通过并采取保护措施。
5. 最小净距达不到表中要求时，应按设计要求采取行之有效的保护措施。

通信管道、通道与其他地下管线及建筑物同侧建设时，通信管道、通道与其他地下管线及建筑物间的最小净距见表 A2，该表源自 GB 50373—2019《通信管道与通道工程设计标准》。

表A2　通信管道、通道与其他地下管线及建筑物间的最小净距

其他地下管线及建筑物名称		平行净距 /m	交叉净距 /m
已有建筑物		2	—
规划建筑物红线		1.5	—
给水管	$d \leqslant$ 300mm（注 1）	0.5	0.15
	300mm $< d \leqslant$ 500mm	1	—
	$d >$ 500mm	1.5	—
排水管		1.0（注 2）	0.15（注 3）
热力管		1	0.25
输油管道		10	0.5
燃气管	压力≤ 0.4MPa	1	0.3（注 4）
	0.4MPa ＜压力≤ 1.6MPa	2	—
电力电缆	35kV 以下	0.5	0.5（注 5）
	35kV 及以上	2	—
高压铁塔基础边	35kV 及以上	2.5	—
通信电缆（或通信管道）		0.5	0.25
通信杆、照明杆		0.5	—
绿化	乔木	1.5	—
	灌木	1	—
道路边石边缘		1	—
铁路钢轨（或坡脚）		2	—
沟渠基础底		—	0.5
涵洞基础底		—	0.25
电车轨底		—	1
铁路轨底		—	1.5

注：1. d 为给水管的外部直径。

2. 主干排水管后敷设时，排水管施工沟边与既有通信管道间的平行净距不得小于 1.5m。

3. 当管道在排水管下部穿越时，交叉净距不得小于 0.4m。

4. 在燃气管有接合装置和附属设备的 2m 范围内，通信管道不得与燃气管交叉。

5. 电力电缆加保护管时，通信管道与电力电缆的交叉净距不得小于 0.25m。

附录B 多孔塑料管端面

多孔塑料管常用端面规格见表 B1，栅格管截面示意如图 B1 所示，蜂窝管截面示意如图 B2 所示，梅花管截面示意如图 B3 所示。

表B1 多孔塑料管常用端面规格

序号	类型	材质	端面规格
1	栅格管	PVC-U	3 孔
			4 孔
			6 孔
			9 孔
2	蜂窝管	PVC-U	3 孔
			5 孔
			7 孔
3	梅花管	PE	4 孔
			5 孔
			6 孔

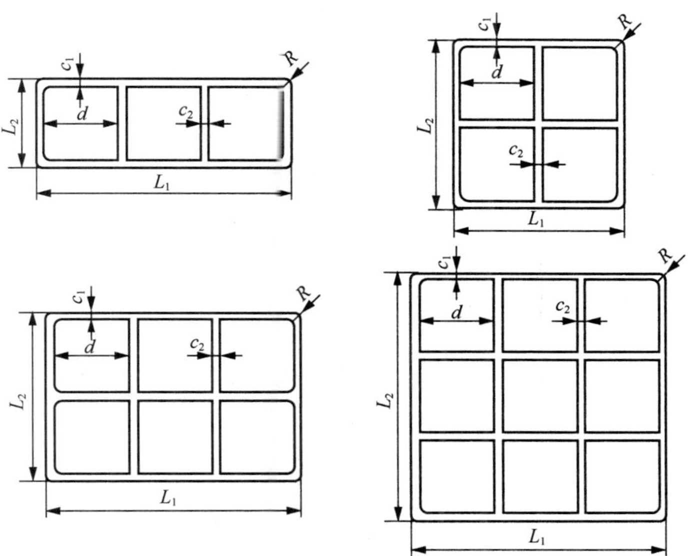

L_1、L_2—外形尺寸；d—内孔尺寸；c_1—外壁厚；c_2—内壁厚；R—角部曲率半径

图B1 栅格管截面示意

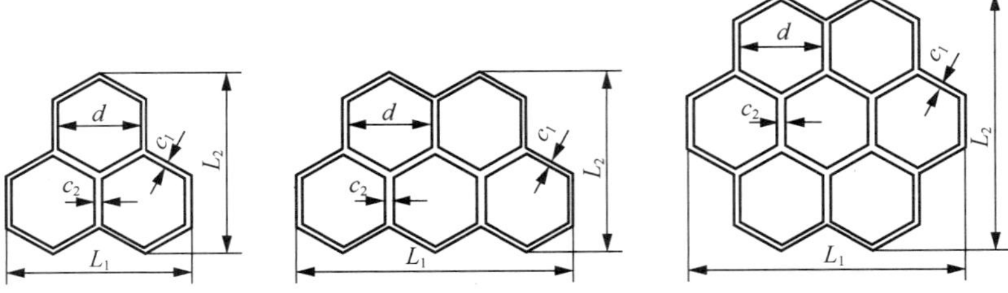

L_1、L_2—外形尺寸；d—内孔尺寸；c_1—外壁厚；c_2—内壁厚

图B2　蜂窝管截面示意

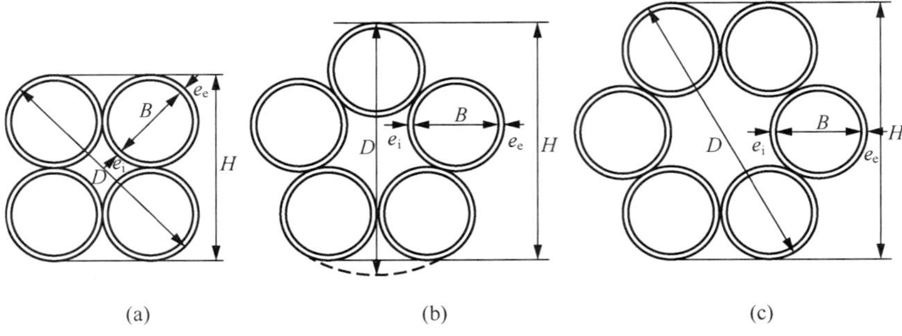

B—内孔尺寸；D—材料总外径；e_e—外壁厚；e_i—内壁厚；H—管材的初始高度

图B3　梅花管截面示意

附录C 土壤及岩石分类

土壤及岩石分类见表 C1。

表C1 土壤及岩石分类

通信线路工程土、石分类	建设部基础定额土、石分类		土、石名称	开挖方式及工具
	土、石类	普氏分类		
普通土（注1）	一、二类土壤	Ⅰ	砂、砂壤土、腐殖土、泥炭	用尖锹开挖，少数用镐开挖
		Ⅱ	轻壤土和黄土类土，潮湿而松散的黄土，含有草根的密实腐殖土，含有卵石或碎石杂质的胶结成块的填土，含有卵石、碎石和建筑碎料杂质的砂壤土	
硬土（注2）	三类土壤	Ⅲ	肥黏土、重壤土、粗砾石、粒径为15～40mm的碎石或卵石，干黄土和掺有碎石或卵石的自然含水量黄土，含有直径大于30mm根类的腐殖土或泥炭，掺有碎石或卵石和建筑碎料的土壤	用尖锹，同时用镐开挖（30%）
砂砾土（注3）	四类土壤	Ⅳ	含有碎石重黏土，含有碎石、卵石、建筑碎料和重达25kg的顽石等杂质的肥黏土的重壤土，泥板岩，含有重量达10kg的顽石	用尖锹，同时用镐和撬棍开挖（30%）
软石（注4）	松石	Ⅴ	含有重量在50kg以内的巨砾的冰碛石，矽藻岩和软白垩岩，胶结力弱的砾岩，各种不坚实的板岩，石膏	部分用手凿工具，部分用风镐开挖
	次坚石	Ⅵ	凝灰岩、浮石，灰岩多孔和裂隙严重的石灰岩和介质石灰岩，中等硬变的片岩，中等硬变的泥灰岩	用风镐开挖
		Ⅶ	石灰石胶结的带有卵石和沉积岩的砾石，风化的和有大裂缝的黏土质砂岩，坚实的泥板岩、坚实的泥灰岩	用风镐开挖
		Ⅷ	砾质花岗岩，泥灰质石灰岩，黏土质砂岩，砂质云片岩，硬石膏	用风镐开挖
坚石（注5）	坚石	Ⅸ	严重风化的软弱的花岗岩、片麻岩，致密的石灰岩，含有卵石、沉积岩的碴质胶结的砾岩，砂岩、砂质石灰质片岩	用风镐开挖

注：1. 普通土：主要用铁锹挖掘，并能自行脱锹的一般土壤。

2. 硬土：部分用铁锹挖掘，部分需要用铁镐挖掘的土壤，例如，坚土、黏土、市区瓦砾土及淤泥深度小于0.5m水稻田的土壤（包括虽可不用铁镐挖掘，但不能自行脱锹的土壤）等。

3. 砂砾土：以镐锹为主，有时也需要用撬棍挖掘，例如，风化石、僵石、卵石及淤泥深度为0.5～1m的水稻田等。

4. 软石：部分用镐挖掘，部分用爆破挖掘的石质土，例如，松砂石、黏性胶结极为密实的卵石、软化石、破裂的石灰岩、硬黏土质的片岩、页岩和硬石膏等。

5. 坚石：全部用爆破或人工用大锤击打方法挖掘的岩石，例如，硬岩、玄武岩、花岗岩和石灰质黏性的砾岩等。

附录D 定型人孔及体积

定型人孔体积示例见表 D1。

表D1 定型人孔体积示例

人孔程式	体积 /m³	人孔程式	体积 /m³
小号直通型	10.33	中号 45° 斜通型	15.48
小号三通型	16.31	中号 60° 斜通型	19.16
小号四通型	17.17	中号 75° 斜通型	18.92
小号 15° 斜通型	10.96	大号直通型	22.09
小号 30° 斜通型	11.21	大号三通型	34.74
小号 45° 斜通型	12.00	大号四通型	38.08
小号 60° 斜通型	12.59	大号 15° 斜通型	22.16
小号 75° 斜通型	13.18	大号 30° 斜通型	23.78
中号直通型	11.59	大号 45° 斜通型	24.86
中号三通型	22.21	大号 60° 斜遥型	25.94
中号四通型	23.27	大号 75° 斜通型	27.03
中号 15° 斜通型	13.55	90mm × 120mm 手孔	1.45
中号 30° 斜通型	14.19	120mm × 170mm 手孔	3.26

定型人孔土方量见表 D2。

表D2 定型人孔土方量

人孔名称		混凝土基础无碎石地基			刨挖路面 /m²
		挖土 /m³	回土 /m³	运土 /m³	
小号	直通型	27.82	13.40	14.42	16.32
	三通型	41.00	18.53	22.47	20.84
	四通型	42.87	18.90	23.97	21.65
	30° 斜通型	32.01	14.74	17.27	18.41
	45° 斜通型	30.38	14.23	16.15	17.62
	60° 斜通型	32.76	14.98	17.78	18.81
中号	直通型	32.27	14.88	17.39	17.63
	三通型	53.37	21.87	31.50	25.99
	四通型	55.57	22.26	33.31	26.91
	30° 斜通型	38.78	17.13	21.65	20.99
	45° 斜通型	36.77	16.29	20.48	20.53
	60° 斜通型	43.40	17.92	25.48	23.72

续表

人孔名称		混凝土基础无碎石地基			刨挖路面 /m²
		挖土 /m³	回土 /m³	运土 /m³	
大号	直通型	50.16	21.38	28.78	24.01
	三通型	70.51	28.54	41.97	30.05
	四通型	73.28	28.98	44.30	31.10
	30° 斜通型	57.12	23.41	33.71	27.05
	45° 斜通型	58.65	23.86	34.79	27.72
	60° 斜通型	58.93	Z3.94	34.99	27.84

定型人孔各部位体积示例见表 D3。

表D3　定型人孔各部位体积示例

人孔名称		口圈混凝土 /m³	上覆 /m³	四壁 /m³	基础 /m³	抹面 /m³
小号	直通型	0.05	0.624	3.471	0.732	0.505
	三通型	0.05	1.121	5.000	1.058	0.726
	四通型	0.05	1.110	4.572	0.950	0.680
	15° 斜通型	0.05	0.650	4.400	0.780	0.540
	30° 斜通型	0.05	0.660	4.110	0.750	0.580
	45° 斜通型	0.05	0.733	4.100	0.676	0.560
	60° 斜通型	0.05	0.812	4.209	0.899	0.691
	75° 斜通型	0.05	0.838	4.547	1.105	0.607
中号	直通型	0.05	0.767	4.213	1.027	0.573
	三通型	0.05	1.226	8.562	1.662	0.863
	四通型	0.05	1.305	8.944	1.619	0.866
	15° 斜通型	0.05	1.122	4.458	1.026	0.607
	30° 斜通型	0.05	1.228	4.662	1.157	0.622
	45° 斜通型	0.05	1.070	4.834	1.237	0.654
	60° 斜通型	0.05	1.427	7.575	1.529	0.919
	75° 斜通型	0.05	1.368	7.900	1.383	0.708
大号	直通型	0.05	1.503	8.393	1.584	0.865
	三通型	0.10	1.760	11.697	1.990	1.065
	四通型	0.10	1.916	11.624	2.185	1.010
	15° 斜通型	0.05	1.480	8.544	1.628	0.762
	30° 斜通型	0.10	1.496	9.480	1.733	0.830
	45° 斜通型	0.10	1.816	9.555	1.665	0.822
	60° 斜通型	0.10	1.932	9.797	1.886	0.856
	75° 斜通型	0.10	2.070	9.807	1.925	0.880

附录E 光缆线路主要工器具

光缆线路工程通用工具见表E1，架空光缆施工常用工具见表E2，管道光缆施工常用工具见表E3，直埋光缆施工常用工具见表E4，气流吹放光缆部分专用工具见表E5。

表E1 光缆线路工程通用工具

序号	名称	单位	配置数量	用途说明	规格型号	样图
1	卷尺	盘	2	测量距离，精度较高	30m、50m、100m	
2	测量绳	捆	2	测量距离，精度一般	30m、50m、100m	
3	放缆架	架	2	承托光缆盘	液压式 1m	
					龙门式 0.3 ~ 2m	
		台	1		拖车式	
4	光缆转盘（需要另配润滑油）	架	1	承托光缆盘	3000kg、5000kg、10000kg	

续表

序号	名称	单位	配置数量	用途说明	规格型号	样图
5	对讲机	部	3 ～ 5	施工现场联络	对讲范围 3km	
6	钢丝钳	把	若干	处理镀锌钢线时使用	8 号（约 200mm）	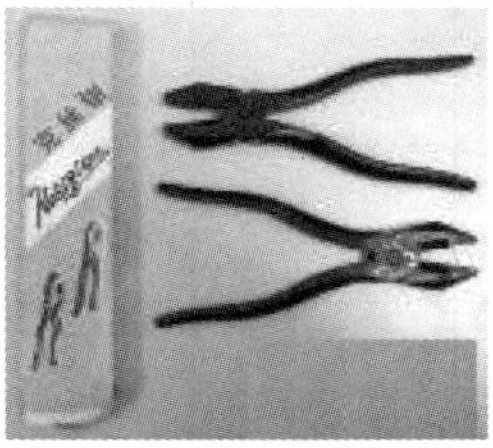
7	钢筋钳	把	1	剪断光缆端头	0.5 ～ 1m	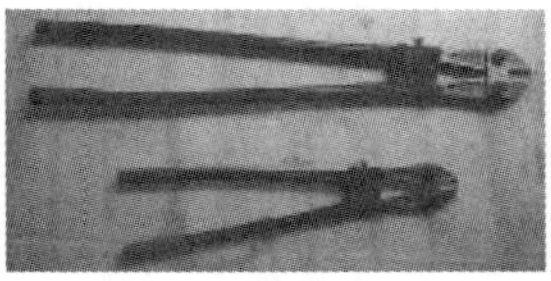
8	汽油喷灯	个	1	加热电缆纵包管	1 ～ 1.5L	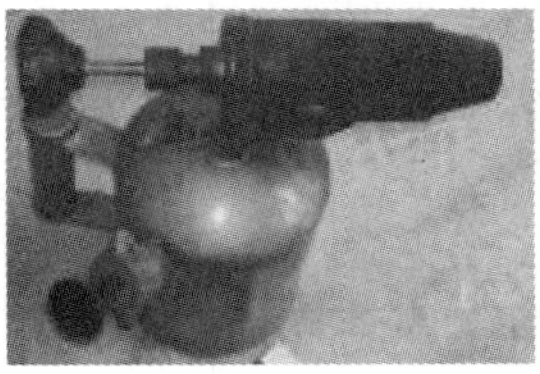
9	手提发电机	台	1	为电工工具供电	1 ～ 2kW	
10	万用表	块	1	检测电源电压	数字式	

表E2　架空光缆施工常用工具

序号	名称	单位	配置数量	用途说明	规格型号	样图
1	竹梯	架	1～2	登高	7m、8m、10m	
2	安全帽	顶	若干	保护施工人员头部	普通或高压电感应	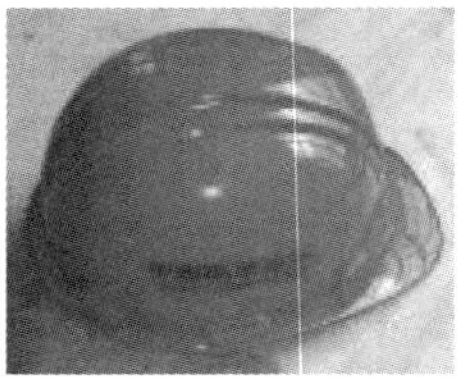
3	铁质脚扣	副	若干	攀登电杆	开口250mm，6～8m 杆	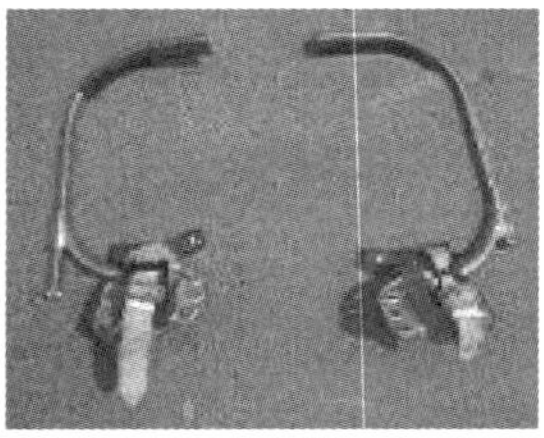
4	安全带	副	若干	防止施工人员意外坠落	五点全身式	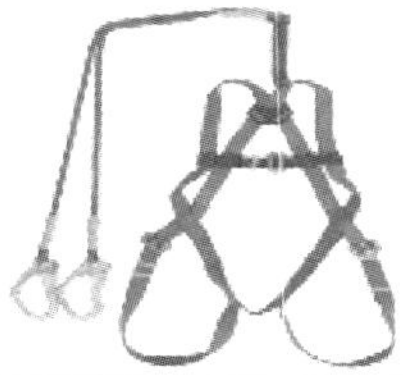
5	滑车	辆	1～2	吊线上挂挂钩	单轮滑车	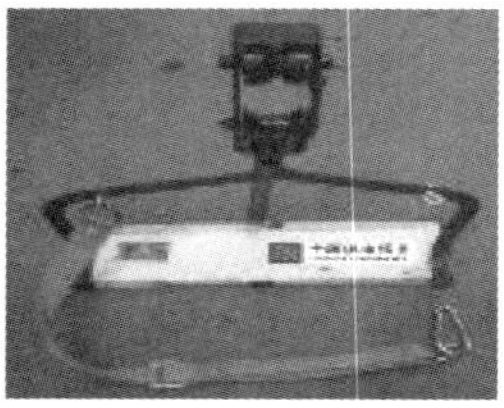
					双轮滑车	
6	挂钩包	个	若干	吊线上挂挂钩时，放在施工人员胸前，内装挂钩	无	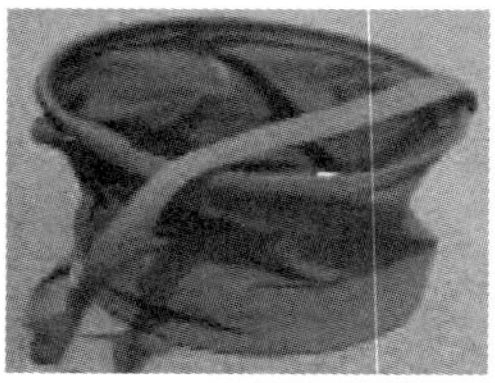

续表

序号	名称	单位	配置数量	用途说明	规格型号	样图
7	工具包	个	若干	盛装个人用工器具	35cm、40cm	
8	放线滑轮	个	若干	导引光缆线缆通过直径小于 20mm	宽 /mm × 直径 /mm 30 × 80、50 × 80、60 × 120	
9	电工腰带	副	若干	系在腰间，放置个人工器具	无	
10	棉纱手套	10 副 / 捆	若干	劳动保护用品保护施工人员手掌、隔离工器具和部件	500g、800g	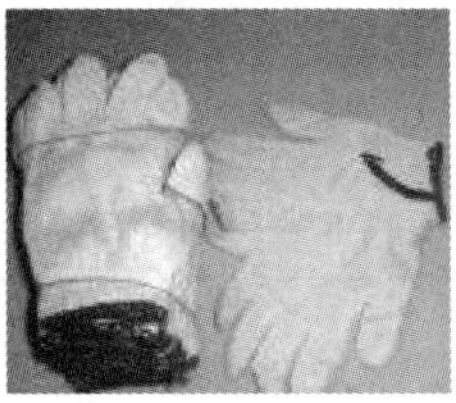
11	施工警示牌	块	若干	警示行人、车辆，提醒注意，隔离施工区域	无	
12	施工警示桩	个	若干	警示行人、车辆，提醒注意，隔离施工区域，组合成隔离墙	无	

表E3　管道光缆施工常用工具

<table>
<tr><th>序号</th><th>名称</th><th>单位</th><th>配置数量</th><th>用途说明</th><th>规格型号</th><th>样图</th></tr>
<tr><td>1</td><td>穿缆器 / 尼龙棒</td><td>架</td><td>1～2</td><td>对管道进行试通，牵引光缆</td><td>100m、200m、定制</td><td></td></tr>
<tr><td>2</td><td>人字梯</td><td>架</td><td>1～2</td><td>下井时使用</td><td>2m</td><td></td></tr>
<tr><td>3</td><td>抽水机</td><td>台</td><td>1</td><td>抽取人（手）孔内积水</td><td>约 3kW</td><td></td></tr>
<tr><td rowspan="3">4</td><td rowspan="3">滑轮</td><td rowspan="3">个</td><td rowspan="3">若干</td><td rowspan="3">托起光缆与接触面隔离，减少磨损</td><td>单个</td><td></td></tr>
<tr><td>井口 / 直角</td><td>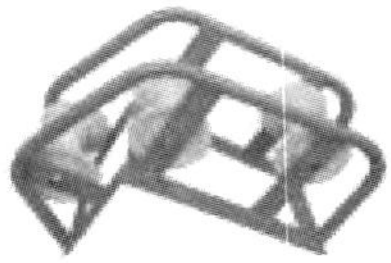</td></tr>
<tr><td>滑轮组</td><td></td></tr>
<tr><td>5</td><td>雨裤</td><td>条</td><td>若干</td><td>下人（手）孔施工时使用，积水较多或有流水时隔离积水</td><td>半身、齐腰、全身，鞋码 36～45 码</td><td></td></tr>
<tr><td>6</td><td>长筒胶鞋</td><td>双</td><td>若干</td><td>下人（手）孔时，孔内积水较少时使用</td><td>鞋码 36～45 码</td><td></td></tr>
<tr><td>7</td><td>开孔钩子</td><td>把</td><td>若干</td><td>开启人（手）孔工具，用螺纹钢制作</td><td>约 400mm</td><td>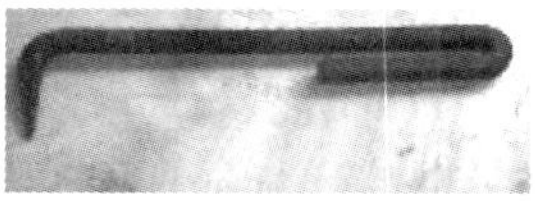</td></tr>
<tr><td>8</td><td>锯弓</td><td>把</td><td>1</td><td>锯断多余的子管或塑料管</td><td>锯条 30mm，全长 45.5mm</td><td>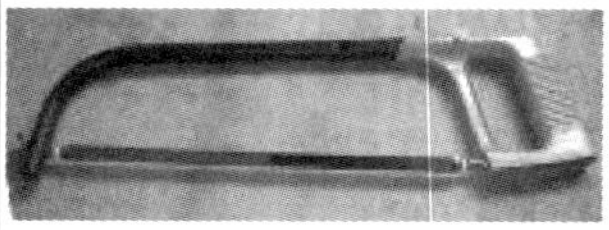</td></tr>
</table>

续表

序号	名称	单位	配置数量	用途说明	规格型号	样图
9	电锤	把	1	在人（手）孔安装膨胀螺栓、在通道墙壁上钻孔	1kW 以上	
10	活动扳手	把	若干	拧紧螺母	10 号（长度约 250mm）、12 号（长度约 300mm）	
11	圆头锤	把	1 ～ 2	安装膨胀螺栓时敲击	整体长度约 350mm，锤头重量 1.5 磅 ≈ 680g、2 磅 ≈ 907g	

表E4　直埋光缆施工常用工具

序号	名称	单位	配置数量	用途说明	规格型号	样图
1	铁锹	把	若干	取土	大号 / 中号尖锹	
2	洋镐	把	若干	刨土、扒石块	镐头 1kg 长 580mm	
3	捣锹	把	若干	插入回填土，捣碎土块，减少土块间隙	约 1m 长	
4	钢钎	根	若干	开启光缆盘时当撬棒使用	约 1m 长	

续表

序号	名称	单位	配置数量	用途说明	规格型号	样图
5	兆欧表	个	1	测量光缆金属护套、加强芯对地绝缘值	ZC25 500 ~ 1000Ω	

表E5　气流吹放光缆部分专用工具

序号	名称	单位	配置数量	用途说明	规格型号	样图
1	空压机	台	1	燃油燃烧，产生高压气体	6.9 ~ 10.3个大气压	
2	吹缆相关机械	交通锥筒（图片左上）、光缆转盘（图片左上）、吹缆机（图片中央）、空压机气管（图片左下）、吹缆机动力电线（图片中央偏下）、液压泵站（图片右下）				

附录F 管线工程零星材料

光缆管线工程耗材及零星材料由项目管理部提供，从施工现场领取。管线工程耗材及零星材料见表 F1。

表F1 管线工程耗材及零星材料

序号	名称	单位	用途说明	规格型号	样图
1	扎带	根	绑扎接头盒、余缆	10mm、40mm	
2	波纹管	卷	在特殊位置包裹光缆，起到保护作用	按颜色每卷 25m	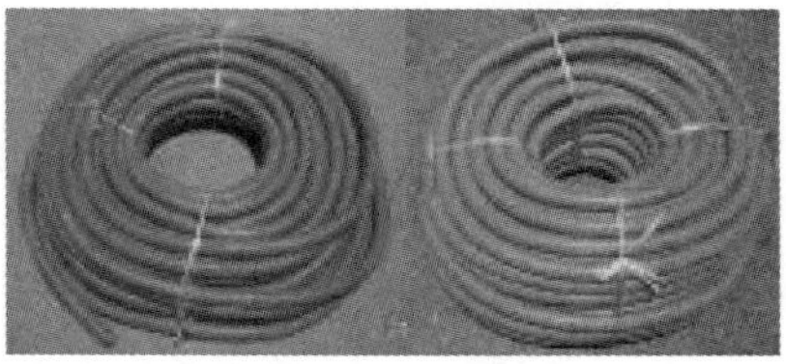
3	扎线	卷	绑扎余缆，架空绑扎首选	铁芯塑料涂覆线	
4	射钉	枚	钉入管道或通道内墙壁，起固定光缆作用	M8	
5	膨胀螺栓	个	安装在管道或通道内墙壁上，固定光缆	M8	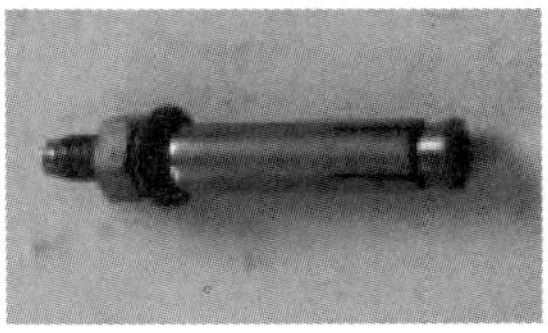
6	自粘胶带	卷	人（手）孔内整理使用	无	

续表

序号	名称	单位	用途说明	规格型号	样图
7	子管夹	个	人（手）孔内，固定子管用	三孔、四孔	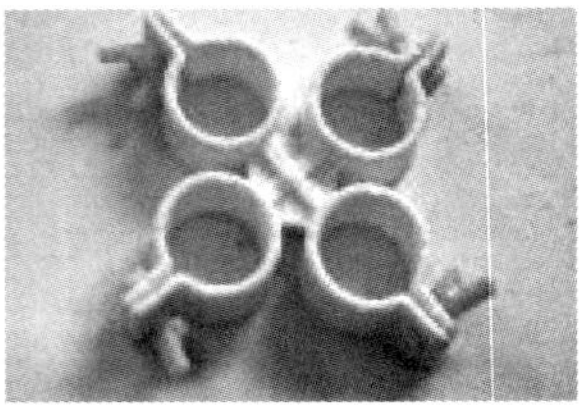
8	光缆挂牌	个	系留在光缆上，起指示说明作用，多用于管道孔、电杆、机房、ODF、光交成端	按设计	
9	警示牌	块	多竖立在光缆路由，易受外界干扰破坏的区域附近，或上方起警示作用	单腿	
				双腿	
10	光纤热熔管	根	光纤补强用品	40～60mm	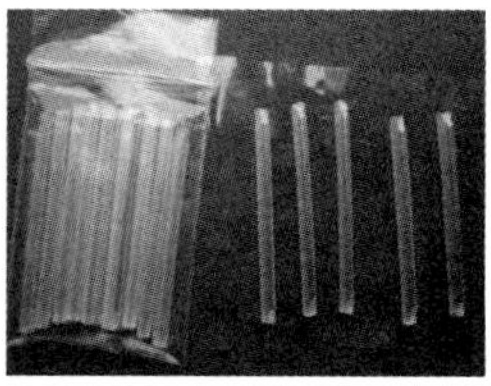
11	酒精棉	瓶	擦拭裸光纤	稀释纯酒精+脱脂棉	

续表

序号	名称	单位	用途说明	规格型号	样图
12	卫生纸	包	清洁光纤油膏	无	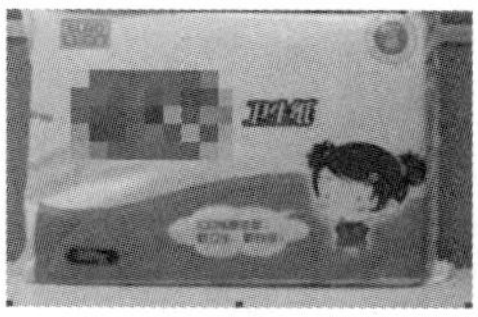
13	蛇形管	米	成端接续时，包裹光纤束管	无	
14	光纤套管	米	保护光纤束管	无	
15	接续卡片	包	接续当天简单记事	89 × 53mm	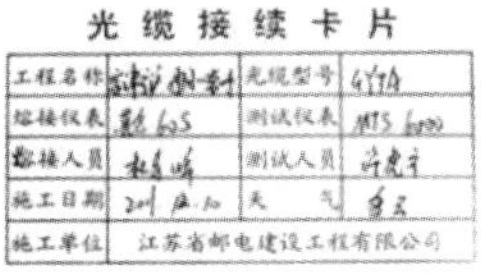
16	接头盒固定件	个	吊钩，适用于卧式架空接头盒	连接铁片、紧固螺栓、螺母	
			挂钩、膨胀螺栓适用于管道光缆	挂钩大小满足接头盒使用、M8 膨胀螺栓	
17	监测尾缆	根	直埋光缆工程使用安装在接头标石内连接接头盒，测量光缆、接头盒内绝缘	6 芯电缆 3 ～ 5m